传感器
与测试技术

王　燕　蔡吉飞 | 主　编
李晋尧 | 主　审

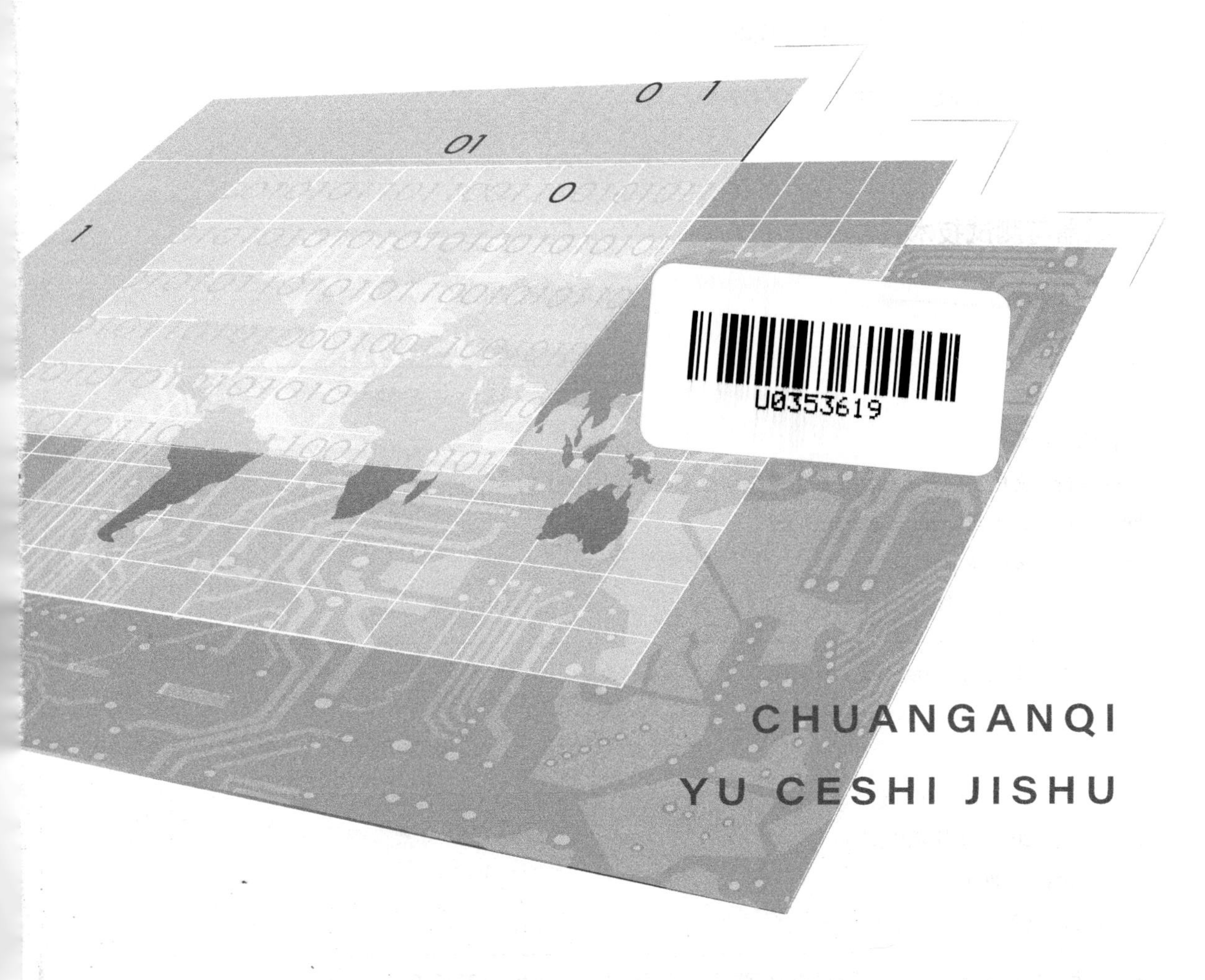

CHUANGANQI
YU CESHI JISHU

内容提要

本书全面介绍了传感器与测试技术的基本概念、基本原理和典型应用。按照传感器、测试技术与测试系统三大模块组织内容，分别对常规传感器、微机械传感器、测量误差分析、常见工程量的测量、信号调理、现代测试系统、测试系统设计等进行了介绍。本书系统性强，内容上注重经典与现代的结合，目标上强调工程实践应用与创新能力的培养，具有良好的教学适应性和可读性。

本书可以作为高等院校测控技术与仪器、自动化、电气工程与自动化、机械设计制造及其自动化、通信工程、计算机应用等专业的本科生教材，也可供从事传感器与测试技术相关领域应用和设计开发的研究人员、工程技术人员参考。

图书在版编目（CIP）数据

传感器与测试技术 / 王燕，蔡吉飞主编．—北京 ：文化发展出版社，2021.8
ISBN 978-7-5142-3550-0

Ⅰ．①传… Ⅱ．①王… ②蔡… Ⅲ．①传感器－检测 Ⅳ．①TP212

中国版本图书馆CIP数据核字(2021)第143738号

传感器与测试技术

主　编：王　燕　蔡吉飞
主　审：李晋尧

责任编辑：魏　欣　　责任校对：岳智勇
责任印制：邓辉明　　责任设计：侯　铮
出版发行：文化发展出版社（北京市翠微路 2 号 邮编：100036）
网　址：www.wenhuafazhan.com
经　销：各地新华书店
印　刷：北京捷迅佳彩印刷有限公司

开　本：787mm × 1092mm　1/16
字　数：380千字
印　张：17.25
版　次：2021年8月第1版
印　次：2022年6月第2次印刷
定　价：49.80元
I S B N ：978-7-5142-3550-0

◆ 如发现任何质量问题请与我社发行部联系。发行部电话：010-88275710

先进的信息技术和自动化系统已成为引领和衡量各个国家迈向高度现代化的支撑性技术之一。目前，世界上许多国家，特别是西方发达国家，已将目光转向信息技术的前端——信息获取与处理的研究和发展上，提出下一代互联网和智能环境的建设，以强化信息获取和智能信息处理，建立人与物理环境更紧密的信息联系。我国政府也高度重视仪器仪表产业的发展，当前，我国仪器科学技术的研究与产业都取得了重大进展，在仪器仪表产品的微型化、集成化、智能化、总线化等方向上紧跟国际发展步伐。

“千里眼，顺风耳”的古代神话传说是人类对扩展感觉器官的能力、更好地了解客观事物本质属性的一种美好憧憬，为此人们经历了千百年的奋斗，陆续发明了各种各样的传感器、探测器、检测装置或系统，一步步地实现着古人的愿望。尤其是进入21世纪以来，在科技飞速发展的推动下，人们获取信息的能力提高到了新的水平。以检测技术为基础发展起来的各种测量方法和测量装置已经成为人类在生产生活、科学研究和防灾保护等活动中获取信息的重要工具，是现代文明的重要标志之一。现代检测技术和现代化的检测系统设计技术也必将成为21世纪教学和科研的重要基础和核心技术。

检测技术应用的领域十分广泛，就这一学科的主要内容来说，有信号获取技术，即传感器技术、误差理论、测试计量技术、信号处理技术、抗干扰技术，以及在自动化系统中的应用技术。检测技术的基础就是利用物理、化学和生物的方法来获取被测对象的组分、运动和变化的信息，通过转换和处理，将这些信息以易于人们观察的形式输出。由于检测技术在各个行业中均有广泛的应用，使得这门技术在现代信息链（获取→处理→传输→应用）中作为源头技术，其发展代表着科技进步的前沿，是现代科技发展的重要支柱之一。

科学技术与生产力水平的高度发达，要以先进的检测技术与测量仪器作为基础。检测技术与科学研究和工程实践密切相关，科学技术的发展促进检测技术的进步，检测技术的发展又促进科学水平的提高，相互促进推动社会生产力不断前进。由于检测技术属于信息科学范畴，是信息技术三大支柱（检测技术、计算机技术、通信技术）之一。因此，在当今信息社会，现代化的检测技术在很大程度上决定了生产力和科学技术的发展水平，而科学技术的进步又不断为现代检测技术提供了新的理论基础和新的工艺。

本书是按照课程教学学时为48～64学时编写的，全书共分为7章。第1章为绪论，第 2 章为常规传感器，第 3 章为微机械传感器，第 4 章为测量误差分析，第 5 章为常见工程量的测量，第 6 章为信号调理，第 7 章为现代测试系统。

本书覆盖了“传感器原理与应用”“检测与转换”“电子测量技术”等课程或教材的核心内容，通过精选和整合，加上编者多年从事该领域科研和教学的经验总结编写而成。本书内容涉及检测基本方法及误差处理的基本概念、传感器的选型与使用，并以传感器、信号调理电路及计算机为核心构成的信息处理系统，以软件作为信号处理的主体，进而学习并掌握检测系统的设计方法，最后介绍了目前该领域的最新发展和先进技术。全书突出理论联系实际，在清楚讲解重点难点的基础上，通过实例加深理解，从而形成全书的主线。书中内容既具有广泛的基础性，又具有先进性，不仅可以学习到目前各个领域和部门进行科学实验与工程应用所需要的检测技术的基础知识，还可以了解新一代先进检测系统和测试仪器方面的内容，为进行检测技术应用和系统的设计打下良好的基础。

本书可作为高等院校测控技术与仪器、自动化、电气工程与自动化、机械设计制造及其自动化、通信工程、计算机应用等专业的本科生教材，也可供从事传感器与检测技术相关领域应用和设计开发的研究人员、工程技术人员参考。

本书由北京印刷学院王燕副教授、蔡吉飞教授共同担任主编，北京印刷学院李晋尧教授担任主审。编写分工如下：王燕编写第 1 ～ 4 章，蔡吉飞编写第 5 ～ 7 章，全书由王燕副教授完成统稿。北京印刷学院研究生谢文杰同学也参与了本书的编写工作，感谢以上老师和同学的辛勤劳动。

鉴于传感器与检测技术的快速发展和广泛应用，限于编者的水平，本书一定存在疏漏和不足之处，欢迎广大读者提出宝贵意见并批评指正。

编　者

2021 年 5 月

CONTENTS

第 1 章 绪论

【学习目标】

通过对本章的学习，掌握现代测试技术的基本概念和测试系统的组成及特点，了解测试技术的地位、作用和发展动态。

【学习要求】

掌握测试技术的概念及研究的基本内容，掌握检测系统的结构特点及组成，了解测试技术的应用情况和发展动态。

1.1 测试技术的地位和作用

在科学研究领域中，测试是人类认识客观事物最直接的手段，是科学研究的基本方法。测试技术隶属于试验科学，并在其中占据着很重要的部分，它主要研究各种物理量的测量原理和测量信号（包括可能的误差信息）的分析与处理方法。近年来，随着各种计算机技术、传感器技术、大规模集成电路技术、通信技术的飞速发展，测试技术领域发生了巨大的变化。现代测试技术的一个主要特点是基于计算机的测试，该系统一般具有开放化、远程化、智能化、多样化、网络化、测控系统大型化和微型化、数据处理自动化等特点，已成为仪器仪表与测控系统新的发展方向。

1.1.1 测试技术的地位

1. 测试是现代生产的推动器

生产力是社会发展决定制造水平的因素之一。自古至今，衡量生产水平的两大指标一直是质量和效率。测试对于保证质量的重要性是不言而喻的，没有测试就无法评定产品质量的优劣，更无从保证产品的质量。现代生产都是通过测试实现反馈并控制产品的质量。

生产效率同样也离不开测试。一台高速切削机床必须有良好的轴系，包括回转精度、动平衡等，而这一切都需要测试。生产效率是以每个人在单位时间内的产值来衡量的，为了提高生产效率必须实现自动化。制造业的自动化起源于 20 世纪初，主要是利用凸轮、挡块等在纺织、钟表等大规模生产中实现刚性自动化。科学技术的进步要求产品不断更新、工艺技术不断进步，这种刚性自动化在多数情况下已经成为生产发展的障碍。现代的自动化是柔性自动化，越是柔性的系统越需要测量。没有测量就无法获得反馈信息，就无法正确、准确地控制工艺过程和执行部件的运动。

生产过程包括物质流、能源流与信息流，其中信息流是最活跃的，物质流与能源流在信息流的指挥下运动。信息技术与制造技术的融合是机械制造技术发展的主要方向，这些年制造业的最大进步是实现制造业的信息化，而作为提供源头信息的测试技术，在这里起关键作用。越是现代化的企业，测控设备在总投资中的比例越大。国家中长期科学技术发展规划指出，仪器仪表是国民经济的倍增器。

作为自动化的进一步发展就是智能化。智能化生产要求生产过程能自动适应环境、原材料、工具和装备条件的变化，使生产系统工作在最佳状态，获得最优的产品与效益。智能化生产要求在整个生产过程中，对环境、原材料、工具盒装备的状态进行检测，并在此基础上做出决策，使生产过程按最佳方式进行，准确测试是智能控制的关键。

2. 没有测试，就没有科学

国力竞争的关键是科技水平，我国与发达国家的差距也主要体现在科技上。我国已将科技兴国作为基本方针，而测试技术是科学发展必不可少的手段。伟大的化学家、计量学家门捷列夫曾说过："科学是从测量开始的，没有测量就没有科学，至少是没有精确的科学、真正的科学。"我国"两弹一星"元勋王大珩院士也说过："仪器是认识世界的工具，科学是用斗量禾的学问。用斗去量禾就对事物有了深入的了解、精确的了解，就形成科学。"

科学上的发现和技术上的发明是从对事物的观察开始的。对事物的精细观察就要借助于仪器，就要测试，特别是在自然科学和工业生产领域更是如此。在对事物的观察、测试基础上，经过分析推导，形成认识。到这一阶段还只能是假说、学说。实践是检验真理的唯一标准，只有经过测试考核，才能真正形成科学，所以说在科学发展的任何阶段都离不开测试。国家中长期科学技术发展规划指出，仪器仪表和测试是"新技术革命"的先导和基础。

纵观科学发展史和科技发明史，许多重大发现和发明都是从仪器仪表和测试技术进步开始的。从 20 世纪初到现在，诺贝尔奖颁发给仪器发明、发展与相关实验项目的达 27 项之多。众所周知，没有哈勃望远镜就难以进行天体科学的研究，天体科学上的许多重大发现都是依靠哈勃望远镜的观测而得到的。扫描隧道显微镜的发明对纳米科技的兴起和发展可以说起到了决定性作用。

苹果落在牛顿的头上，启发了牛顿的灵感。但真正导致万有引力被发现的还是星球的运动。按照牛顿第一定律，在没有外力作用的情况下，月亮应该做等速直线运动，但为什么月亮不飞出去，而是绕地球转动？这是困惑牛顿的一个问题。只有在有向心力作用的情况下，月亮才会绕地球转动。苹果落在牛顿的头上，启发牛顿意识到一定是地球对月亮有一个引力。牛顿根据他假设的万有引力公式和向心力的公式进行了计算，由于当时测量技术的限制，牛顿没有获得正确的答案。牛顿是一个科学家，没有得到实践证明的东西，还不是科学，他没有发表。在他故去之后，由于测试技术的进步，在测量了地球与月亮的较精确的距离和地球的质量的情况下，万有引力学说才得到证实，是他的学生发表了牛顿的论文，使牛顿万有引力成为科学。测试在将"学说"发展为科学中往往起到关键性作用。

3. 测试在信息科技中至关重要

当今时代是信息时代，信息科技包括信息的获取、处理、传输、存储、执行。测试是科技、生产领域获取信息的主要手段，在这个信息流中处于源头位置，所以从一定意义上说，没有测试，信息科技就成了无源之水、无本之木。处于源头的信息是最脆弱、最容易受到干扰的。信息的准确性首先取决于源头信息，取决于测试。为了提高所获取信息的准确性，现代的测试系统往往还包括信息的预处理、预存储、传输和控制，把从信息的获取到控制作为一个整体来对待。

信息时代的主要标志是高性能的电子计算机的发展与广泛应用，因此，计算机的发展也离不开制造技术和测试技术。

计算机的性能指标首先是它的运算速度和存储容量，这些都取决于在一块芯片上能集成多少个晶体管，后来又取决于大规模集成电路的线条能做得多细。目前，大规模集成电路的线宽已做到 0.1μm 左右，进一步的发展要求将线条做到纳米级。知名的摩尔定理说芯片上开关器件的密度每 18 个月翻一番，其实这是在 N.Taniguchi 于 1974 年提出的制造误差按指数曲线下降的预测基础上得出的。正是精密工程按 N.Taniguchi 预测的曲线发展，才保证了计算机工业的发展和摩尔定理的兑现。

4. 国防和高科技的发展离不开测试

在现代的战争中，仪器仪表的测量控制精度决定了武器系统的打击精度。仪器仪表的测试速度、诊断能力决定了武器系统的反应能力。飞机、火箭、宇宙飞船从它们的加工到装配，一步也离不开检测，火箭在现场安装、准备发射都离不开检测。在发射场上精确校正并发射后，由于大气和其他天体、气象等因素的影响，需要不断地检测航行的轨迹，进行校正。不仅要按测量结果校正航行轨迹，还要按测得的加速度控制燃料和气体的排放，以保证飞行轨迹的准确，而对所有这些检测的精度和速度响应的要求是极高的。

一部现代的汽车有五六十个传感器，而一架飞机、火箭、宇宙飞船上则有几百、几千个传感器，它们从加工到装配一步也离不开检测，它们的加工和装配精度都是生死攸关的。俗话说，差之毫厘，失之千里，而今火箭、宇宙飞船的发射差之毫厘，又何止失之千里？

国家中长期科学技术发展规划指出，运载火箭的试制费用一半用于仪器仪表，由此可见测试技术在发展航天、航空、国防等高科技中的作用。应当说今后的载人宇宙飞行、登月计划、到其他星球的探索等很重要的任务，甚至主要任务，还一直在测试。只有通过测试，才能了解宇宙，开发宇宙。以宇宙飞行为例，它不仅包括宇宙飞船，还包括许许多多地面观测站、测控船。可以推测，在宇宙飞行实施中，用于仪器仪表和各种观测站的费用不会少于一半。

核武器和核工业的发展同样离不开测试。核聚变与核裂变相比，不仅具有更高的能量转换效率，释放更巨大的能量，而且是更清洁的能源，这对核工业是十分重要的。利用飞秒激光脉冲激励、泵浦核聚变反应是国际上十分引人注目的一个研究方向，因为飞秒激光脉冲具有非常高的瞬时功率。为了获得较高的激励功率和激励效率，需要将几十路飞秒激光束同时精确瞄准一个直径仅为几百微米的空心靶球的球心，这是一个要求很高的几何量测试问题。当然，在整个核反应过程中还有更多其他重要的测试问题。

在谈论当今时代的高科技时，不能不提及纳米科技和微机电系统。宇宙飞行是向大的方向探索宇宙空间的奥秘，而纳米科技和微机电系统则是向小的方向，包括分子、原子领域探索世界的奥秘。

纳米结构的物质表现出很多独特的性能，这些性能在材料科学、医学等许多领域有重要应用。例如，纳米结构的材料在硬度、密度、强度、延展性、导热性、磁耦合、催化能力、吸附选择性以及电学和光学性能均有很大增进。例如，纳米碳管的抗拉强度比钢高20倍，而强度质量是钢的50多倍。将这些材料用于航空航天和人体上，显示出十分巨大的优越性。纳米粒子、纳米薄膜也显示了其许多独特性能，纳米科技正在带动一场新的科技革命。

5. 测试技术是开展生命科学研究的支撑

随着科技的发展，人类在适应和征服大自然中取得了巨大的成就。改革开放以来，我国人民的生活有了很大的改善，人们越来越多地关心健康，一些发达国家更是如此。工业的发展只有几百年的历史，而人类与生物的进化已经有几千年、几万年的历史，生命科学和生物技术成为21世纪的领头科学和技术。

生命科学研究成为微机电系统又一重要应用领域。进行生命科学和生物技术的研究，需要将各种微型传感器和执行器植入人体或生物内部，探索人体与生物的奥秘。人体的治疗与骨骼、神经和关节等的康复，无损伤的外科手术，药品的准确输送，心脏疾病的准确诊断，人工器官的植入，生物品种的改良等也需要各种微型器械。在微观范畴中，物体、材料的许多物理、力学等性能都是与宏观世界不一样的。许多常用的工程设计数据在微机电系统的设计中都不能应用，必须通过测试来获取适合于微机电系统的新的设计数据。为了获得符合性能要求的微机电器件，必须对微机电系统的工艺过程和成品进行检测。测试技术已经成为发展微机电系统的一个瓶颈。

仪器与测试技术是了解人体和生物生命机制，探测疾患的主要手段。没有良好的测试手段，包括各种植入人体内部的传感器，是不可能洞察人体和生物的奥秘的。对于我国传统的中医学、中草药更是如此。中医学、中草药积累了很多代人的心血和经验，是人类宝贵的文化遗产。中医学关于将人作为一个整体的见地，有关经络、针灸、号脉等的学说与实践都是非常珍贵的，但也存在将它们由经验、技艺变为科学并进一步深化、扩大的问题，这需要靠测试、靠仪器仪表来实现。

仪器仪表及测试技术还能为人类提供多种人造器官，实现康复。这里不仅包括人工眼睛、耳朵、鼻子、舌头等感觉器官，也包括其他的各种器官。例如，上肢的瘫痪可能是感觉—运动通道因麻痹而阻断所引起的。在通过测试得到正常人小脑发出的信号、利用电激励模拟神经刺激后，就可以恢复上肢的运动。若是因为肌肉或骨骼受到损伤而失去上肢运动，则可通过对正常人在小脑指挥下的神经系统机电运动控制信号的测试，构建人工假肢，实现所需运动。

应当说，在机械量的测试与人体或生物测试之间并没有一条鸿沟，其基本原理是完全相通的。在几何量测试中具有广泛应用的迈克尔逊干涉仪，同样可以应用于人体的测量。在几何量测试中，为了得到大的相干长度，常常使用单色性好的激光。在光学层析术（OTC）中要求光源的相干长度短，只有当由分光镜分光、形成的测量光束与参考光束光程相等时，光电探测器上才能产生干涉信号。依靠改变加在压电陶瓷上的电压，使参考反射镜的位置变化，引起参考光束光程改变，使得被测对象上的层析面位置也随之改变。利用一套几何光路，对被测对象进行扫描，测量对象上的每个点，这种方法已被成功用于皮肤癌的诊断中。

美国南加州大学教授、天津大学长江学者卢志杨教授提出了激励技术（Inspiring Technology）的思想。他认为测试应当无所不在，在人们日常的工作和生活用品上，都应该安装微型传感器，用于检测人们的身体状况。根据检测的结果，有针对性地发出反馈激励信号，从而促进人们的健康。

6. 现代生活和人类生存离不开测试技术

如果说多年前测试手段主要用于科学研究和工业生产，那么今天测试技术已经进入千家万户。许多家用电器都带有测试装置，如傻瓜相机具有测量光亮度和物体距离的装置，能够自动调整曝光度和对焦。一部现代汽车装有50～60个传感器，用于检测油量、油门打开的情况，以及司机是否喝酒、安全带是否系好等，全球导航系统（GPS）已成为汽车的必备装置。

人们一直梦想房屋、车辆、衣服能自动调节温度，为此需要将各种微型传感器、芯片、执行器置入建筑、车辆、衣物等。已经证明，这一梦想在技术上完全可以实现，只是价格问题。在保健、医疗设备上就更习以为常了，测试已经成为我们生活不可或缺的一部分。

科技的发展创造了历史的奇迹，但环境和生态也正遭到巨大的破坏，成为对人类生存的最大威胁之一。要保护环境，就必须对环境进行监测。海洋资源的开发、海洋污染防治与灾难的预防，都需要加强监测。地震、火灾、恐怖行为等都在对我们的生存形成威胁，需要加强监测。

在我们日常生活中，由于环境的污染和一些利益的驱动，无论在我们的食品、饮料，还是药品中，都会有大量的有害物质，其危害不可轻视。需要加快开发一些简易、便携的手段，加强对于各种污染的检测。例如，现在开发了一种检测液体的装置，被测液体经毛细管形成液滴，在液滴生成过程中，其形状变化与液体的比重、黏度、表面张力等诸多力学特性有关。在滴头上插两根光纤，一根是输入光纤，另一根是接收光纤。这样，接收光纤中输出的光强信号，既与液滴的形状有关，又与液体的颜色、浑浊度、折射率等许多光学特性有关，如此就可以精确识别液体的性质和浓度。为了避免供液速度的影响，由环形电极和滴头构成电容器，测量液滴的体积。输出光强随液滴体积变化的曲线称为液体的指纹图。为了进一步分析液体的成分，还可以插入光谱仪，以获得光强随液滴体积、光波长变化的三维指纹图。

1.1.2 测试技术的作用

人们通过对客观事物大量的观察和测试，形成各种定性或定量的认识，并归纳、建立起各种定理和定律，而后又通过测试来验证这些认识、定理和定律是否符合实际情况，经过如此反复实践，逐步认识事物的客观规律，并用以解释和改造世界。因此，可以说测试是人类认识和改造世界的一种不可缺少或替代的手段。事实已经证明，当今科学技术要取得进步，社会生产要得到继续发展，就必须与测试理论、技术、手段的发展和进步相互依赖、相互促进。测试技术水平是反映一个历史时期、一个国家的科学技术水平的一面“镜子”。可以这样认为，评价一个国家的科技状态，最为快捷的办法就是去审视在那里所进行的测试，以及由测试所累积的数据是如何被利用的。

在工程技术领域，具体来讲，测试技术主要有如下作用。

（1）测试技术是技术部门和科研院所进行研究、认识、维护不同对象的必不可少的手段。对于科研院所，研究某一理论或进行某一实践，都涉及对对象的某种认识和了解，因此离不开相应的测试技术。对于军事部门来说，现代武器系统日益复杂，功能模块十分繁多，导致可能出现的故障和隐患大大增加，对其实施有效、实用的检测就必须借助于现代测试技术。

（2）测试技术是产品检验和质量控制的重要手段。借助于测试工具对产品进行质量评价，是测试技术重要的应用领域。传统的方法只能将产品区分为合格品和废品，只能起到产品验收和废品剔除的作用，对废品的出现并没有预先防止或提示的能力，属于被动测试。随着科学技术的发展，在传统测试技术基础上发展起来的一种新的技术，被称为主动测试技术或在线测试技术，该技术的一个显著特点是它可以使测试和生产加工同时进行，并能及时地用测试结果对生产过程主动地进行控制，使之能够克服外界干扰因素的影响，适应生产条件的变化或能够自动地将生产过程调整到最佳状态。这样，测试的作用已经不只是单纯的检查产品的最终结果，还需要过问和干预造成这些结果的原因，从而进入质量控制的领域。

（3）测试技术是大型设备安全经济运行的保证。电力、石油、化工、机械等行业的一些大型设备通常在高温、高压、高速和大功率状态下运行，保证这些关键设备的安全运行在国民经济中具有重大意义。为此，通常设置故障监测系统，以对温度、压力、流量、转速、振动和噪声等多种参数进行长期的动态监测，以便及时发现异常情况，加强故障预防，达到早期诊断、预防事故发生的目的，这样就可以避免严重的突发事故，保证设备和人员的安全，提高经济效益。另外，在日常运行中，这种连续监测可以及时发现设备故障的前兆，并采取预防性检修。随着计算机技术的发展，这类监测系统已经发展到故障自诊断系统，可以采用计算机来处理测试信息，进行分析、判断，及时诊断出设备故障并自动报警或采取相应的对策。

（4）测试技术是自动化系统中不可缺少的组成部分。任何生产过程都可以看作是由“物流”和“信息流”组合而成的。人们为了有目的地进行控制，首先必须通过测试获取有关信息，然后才能进行分析、判断，以便实现自动控制，而反映物流的数量、状态和趋向的信息流则是人们管理和控制物流的依据。所谓自动化，就是系统或某个过程的运行不需要人工的干预，也就是用各种技术工具和方法代替人来完成测试、分析、判断和控制工作。一个自动化系统通常由多个环节组成，分别完成信息的获取、信息的转换、信息的处理、信息的传送及信息的执行等功能。在实现自动化的过程中，信息的获取与转换是极其重要的组成环节，只有精确、及时地将被控对象的各项参数测试出来并转换成易于传送和处理的信号，整个系统才能正常地工作。因此，自动测试技术是自动化系统中不可缺少的组成部分。

（5）测试技术是推动现代科学技术进步的重要力量。测试技术的完善和发展直接影响着现代科学技术能否以较快的速度发展和进步。

（6）现代测试技术是理论研究成果形成的推进剂。人们在自然科学各个领域内从事的研究工作，一般是利用已知的规律对观测、试验的结果进行概括、推理，从而对所研究的对象取得定量的概念并发现它的规律性，然后上升到理论。因此，现代测试手段所达到的水平在很大程度上决定了科学研究的深度和广度。测试技术达到的水平越高，提供的信息越丰富、越可靠，科学研究取得突破性进展的可能性就越大。此外，理论研究的一些成果也必须通过实验或观测来加以验证，这同样离不开测试技术。

从另一方面看，现代化生产和科学技术的发展也不断地对测试技术提出新的要求和课题，成为促进测试技术向前发展的动力。科学技术的新发现和新成果不断应用于测试技术中，也有力地促进了测试技术自身的现代化。

测试技术与现代化生产和科学技术相互渗透、相互作用的密切关系，使它成为一门十分活跃的技术学科，测试技术几乎涉及人类的一切活动领域，在人类的活动中发挥着越来越大的作用。

1.2 现代测试技术的基本内容和任务

1.2.1 现代测试技术的内容

测试通常包含测量与试验两部分内容，测量是对某一物理量的“数量”的描述，而试验则是对其“性质”的探讨。测试是人们认识和研究客观物质世界的基础。一个完整的测试过程就是从客观事物中提取有用信息，摈弃冗余信息，进而比较客观、准确地描述被测对象“数量”与“性质”的过程。在测试过程中，人们必须借助于专门的仪器设备，通过科学的试验和必要的数据处理，才能取得被测对象的准确信息。通常，测试技术研究的主要内容包括测量原理、测量方法、测量系统以及数据处理四个方面。

测量原理是指实现测量所依据的物理、化学、生物等现象及有关定律的总体。例如，压电晶体测振动加速度时所依据的是压电效应；电涡流位移传感器测静态位移和振动位移时所依据的是电磁效应；热电偶测量温度时所依据的是热电效应，等等。不同性质的被测量用不同的原理去测量，同一性质的被测量亦可用不同的原理去测量。

测量原理确定后，根据对测量任务的具体要求和现场实际情况，需要采用不同的测量方法，如直接测量法或间接测量法，电测法或非电测法，模拟量测量法或数字量测量法，等精度法或不等精度法等。

确定了被测量的测量原理和测量方法后，需设计或选用合适的装置组成测量系统。

最后，通过对测试数据的分析、处理，获得所需要的信息，实现测试目标。

信息是事物状态和特征的表征，信息的载体就是信号。表征无用信息的信号统称噪声。通常测得的信号中包含有用信号和噪声。测试技术最终目的就是从测得的复杂信号中提取有用信号，排除噪声。这个过程包含信号采集、信号变换、信号处理以及信号传输。

1. 信号检测与变换

信号检测是指获取被检测系统中有用的信息量的过程；信号变换是将所获得的信息量变换成如电压、电流、频率、功率等形式的电信号的转换过程。

2. 信号分析与处理

信号处理是将变换得到的电信号进行数字处理或进行数值运算的过程。

3. 信号传输

信号传输是将被测量信号进行远、近距离传递的过程。

4. 信号显示与记录

将被测量信息变成人感官能接受的形式，以完成监视、控制或分析的目的。测量结果可以采用模拟 / 数字显示，也可以由记录装置进行自动记录或由打印机将数据打印出来。

1.2.2 现代测试技术的任务

测试技术的任务主要有以下五个方面：

（1）在设备设计中，通过对新旧产品的模型试验或现场实测，为产品质量和性能提供客观的评价，为技术参数的优化和效率的提高提供基础数据。

（2）在设备改造中，为了挖掘设备的潜力，以便提高产量和质量，经常需要实测设备或零件的载荷、应力、工艺参数和电机参数，为设备强度校验和承载能力的提高提供依据。

（3）在工作和生活环境的净化及监测中，经常需要测量振动和噪声的强度及频谱，经过分析找出振源，并采取相应的减振、防噪措施，改善劳动条件与工作环境，保证人的身心健康。

（4）科学规律的发现和新的定律、公式的诞生都离不开测试技术。从实验中发现规律，验证理论研究结果，实验与理论相互促进，共同发展。

（5）在工业自动化生产中，通过对工艺参数的测试和数据采集，实现对设备的状态监测、质量控制和故障诊断。

1.3 测试系统的组成

测试系统是指由相关的器件、仪器和测试装置有机组合而成的具有获取某种信息之功能的整体。

测试的基本任务是获取有用信息，而信息又蕴含在某些随时间或空间变化的物理量（信号）中。因此，首先要检测出被测对象所呈现的有关信号，再加以处理，最后将结果提交给观察者或其他信息处理与控制装置。为了实现对上述信号的获取、处理和控制工作，人们一般通过构建相应的测试系统来完成。一般来讲，测试系统由传感器、调理变换装置、信号传输装置和显示记录装置等组成，分别完成信息的获取、变换处理、传输和显示等功能，当然，其中还包括电源等不可缺少的部分。图 1.1 给出了基本测试系统的组成框图。

图 1.1　基本测试系统的组成框图

（1）被测对象是测试系统信息的来源，它决定着整个测试系统的构成形式。被测对象的形式往往是千变万化的，因此便构成了不同的测试系统。例如，被测对象可能与力、位移、速度、加速度、压力、流量、温度等某一个或某些参数有关，则相应的测试系统就必须具有完成相关参数检测的功能。

（2）传感器是把被测量（如物理量、化学量）转换成电信号输出的器件。显然，传感器是测试系统与被测对象直接发生联系的环节，传感器能否正常地将被测量输出、传感器性能的好坏、传感器选用的是否恰当等因素直接关系到测试系统的性能。测试系统获取信息的质量往往是由传感器的性能一次性确定的，因为测试系统的其他环节无法添加新的测试信息并且不易消除传感器所引入的误差。目前，传感器的形式多样，工作原理也不尽相同，但是运用比较多的传感器，按照其工作原理的不同，可以分为电阻式、电容式、电感式、压电式、热电式、光电式、磁电式等，在实际使用中采用哪种类型，则必须根据系统要求来选定。

（3）调理变换装置的作用是将传感器的输出信号进行调理（包括量程选择，阻抗匹配，信号放大、缩小等），将其转换成易于测量的电压或电流信号，并进行相应的处理变换。调理变换装置的种类和结构是由传感器的类型决定的，不同的传感器所要求配用的测量电路经常具有自己的特色。一般而言，调理变换装置较多考虑选用电桥、放大器、滤波器、调制器、解调器、运算器、阻抗变换器等器件来组成。

（4）信号传输装置用来实现将信号按照某种特定的格式传输，例如采用某种总线标准或者进行某种格式的变换。

（5）结果显示装置是测试人员和测试系统联系的主要环节之一，其主要作用是使人们了解测试数值的大小或变化的过程。常用的显示装置包括实时信号分析仪、电子计算机、笔式记录仪、示波器、磁带记录仪、半导体存储器等。

1.4　现代测试技术的发展动向

测试技术与计算机技术几乎是同步、协调向前发展的。计算机技术是测试技术的核心，若脱离计算机、软件、网络、通信发展的轨道，测试技术产业就不可能壮大。测试采用开放式工业标准、互换性、互操作性的产品，基于此出发点，20 世纪 80 年代末出现了 VXI 总线技术，1995 年前后又推出了 CompactPCI、PXI 体系结构。VEM 总线自 20 世纪 70 年代推出已发展了 20 余年，VXI、CompactPCI、PXI 技术在测试领域中扮演着重要角色。此外，以现场总线（Field Bus）、IEEE 1394（Fire Wire）、Internet 分布、高速、互连体系等为特征的测试系统也将越来越广泛地得到应用，总线和网络将是测试工程师未来关注的热点问题。对综合测试技术的发展，当前软件的发展要远远落后于硬件，综合技术本身的软件比硬件更重要。

系统开放化、通信多元化、远程智能化、人机交互形式多样化、测控系统大型化和微型化、数据处理网络化等将成为工业仪器与测控系统新的发展方向，如图 1.2 所示。

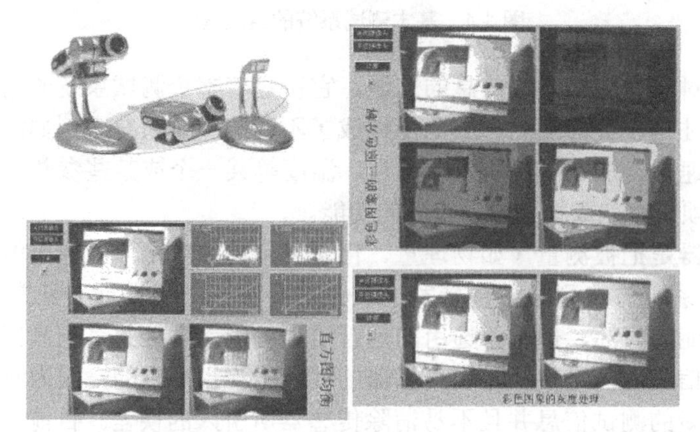

图 1.2 数字式图像传感器与虚拟仪器构成的图像信号采集与分析系统

1.4.1 传感器的发展

传感器的作用主要是获取信息，是信息技术的源头。现代社会中，所有以计算机为核心的测控系统都需要传感器，而系统中的信息处理、转换、存储和显示等都与计算机直接相关，属于共性技术，唯独传感器是千变万化、多种多样的，所以测控系统的功能更多体现在传感器方面。

传感器技术的主要发展动向：纵观传感器过去和现在的发展，以及未来的需要，一是抓住与传感器技术相关的新效应、新材料、新技术与新工艺的基础研究；二是在 IC（Integrated Circuit，集成电路板）、μP（Microprocessor，微处理器）与 μC/OS（Micro Controller Operation System，微控制器操作系统）技术的基础上实现传感器的微型化、多功能与智能化；三是继续在各个领域里推广与开拓应用各种类型的传感器，提高生产自动化和改善人类生活的质量与水平。

新的物理、化学、生物效应传感器是传感器技术的重要发展方向之一。每一种新的物理效应的应用，都会出现一种新型的敏感元件，或者能测量某种新的参数。例如，除常见的力敏、压敏、光敏、磁敏外，还有声敏、湿敏、色敏、气敏、味敏、化学敏、射线敏等。新材料与新元件的应用，有力地推动了传感器的发展，因为敏感元件全赖于敏感功能材料，例如嗅敏、味敏传感器，集成霍尔元件、集成固态 CCD 图像传感器等。被开发的敏感功能材料有半导体、电介质（晶体或陶瓷）、高分子合成材料、磁性材料、超导材料、光导纤维、液晶、生物功能材料、凝胶、稀土金属等。例如日本夏普公司利用超导技术研制成功的高温超导磁传感器，该传感器在稳定的氧化锆上制作 5mm 厚的 Ba_3CuO_7 薄膜（YBCO），面积为 5mm×20mm，4 个接点采用钛金属，这种超导材料在 80K 时呈全超导状态。可以说超导磁传感器的出现是传感器技术的重大突破，其灵敏度比霍尔器件高，仅低于超导量子干涉器件，而其制造工艺远比超导量子干涉器件简单，并可用于磁成像技术等领域。又如人们设计制造的陶瓷传感器材料，可在高温环境中使用，弥补了半导体传感器材料难于承受高温的弊病。

另有不少有机材料的特殊功能特性，也和陶瓷材料一样，越来越受到国内外的高度重视。此外，人们在工程、生活和医学领域中，越来越要求传感器的微型化。目前的微机械加工技术已获得高速发展，有氧化、光刻、扩散、沉积等传统的微电子技术，还发展了平面电子工艺技术、各向异性腐蚀、固相健合工艺和机械分断技术等新型微加工技术，都为新的微型传感器的研制开发提供了良好的条件。例如采用平面电子工艺技术用薄膜制作的快速响应的传感器，已用于检测 NH_3 或 H_2S 的快速响应变化；又如利用各相异性腐蚀技术进行的高精度三维加工，在细小的硅片上构成孔、沟、棱椎、半球等各种形状的微机械元件。为此，日本的横河公司制作了高质量的全硅谐振式压力传感器，其 Q 值达到 5×10^5，稳定度为 10^{-6}/℃；再如固相健合工艺是将两个硅片直接健合在一起，不用中间粘接剂，也不加电场，只需要表面活化处理，在室温下两个热氧化硅片面对面接触，经过一定温变退火，就可以使两个硅片健合在一起。美国诺瓦公司（NOVA Corp）利用这种工艺研制的 0.40mm×0.90mm×0.15mm 微型压力传感器，能够承受高达 400℃的温度环境。

传感器技术的主要发展方向包括如下几个方面。

1. 智能化传感器

进行快变参数和动态测量，是自动化过程控制系统中的重要一环，其主要支柱是微电子与计算机技术。传感器与微计算机结合，产生了智能传感器，它能自动选择量程和增益，自动校准与实时校准，进行非线性校正、漂移等误差补偿和复杂的计算处理，完成自动故障监控和过载保护等。

智能化是传感器技术的发展动向。智能化就是将传感器与计算机接合在一起，所谓智能传感器，就是实现“信息识别 + 信息处理 + 信息存储 + 信息提取”一体化的传感器。

2. 多传感器

近年来，传感器由点（零维）到线（一维），由线到面（二维），进而由空间（三维）到时空间（四维）发展。只有传感器的微细化、小型化，才可能实现多维传感器。

可以把几个传感器在同一基板上制成一体。传感器数量多时，可把内部用于持续切换的电子电路也集成在其中。在多传感器中，有的是把同一传感器沿一维或二维配置成传感器阵。对于流速等矢量信息的检测，使检测各方向分量的传感器一体化是最佳方案。另外，把其他种类的传感器，例如做温度补偿用的温度传感器集成化，或把同种类但测量量程不同的传感器集成化，可扩大测量范围。

3. 多功能化和高精度化

现代传感技术的另一个发展趋势是以传感器为核心，积极引入各种先进技术和方法。如智能型传感器，就是利用微处理器来提高传感器精度和线性度，修正温漂和时漂的。有的传感器不仅具有测量功能，还具有选择和判断多种信息的功能。

4. 传感器的融合

目前，传感器高精度化和微型化的特长还没有得到充分体现，特别是在总体的融合方面。大多数生物体能很自如地把检测、判断、控制、行动等实施到最佳状态。把握该机制，并作为传感器信息处理系统在工程上加以实现，这就是“传感器融合”所要研究的内容。今后把各个微传感器的单一功能加以融合，得出综合的输出信息会变得越来越重要。

例如日本丰田研究所开发的多离子传感器，芯片尺寸只有2.5nm×0.5nm，仅用一滴血液就能同时快速检测出 Na^+，K^+ 和 H^+ 的浓度，其对临床很有利用价值；又如美国霍尼威尔公司的ST-3000型智能传感器，它是一种带有μP的兼有检测和信息处理功能的传感器，其芯片尺寸仅为3nm×4nm×0.2nm，它采用离子注入等半导体工艺在同一芯片上制作差压、静压和湿度三种敏感元件，每一部分都有一个专用的EPROM用于存储其特性数据，可供三维补偿。

1.4.2 测试手段的发展

自20世纪90年代后，随着个人计算机价格的大幅度降低，出现了用“PC机+仪器板卡+应用软件”构成的计算机虚拟仪器，虚拟仪器采用计算机开放体系结构来取代传统的单机测量仪器。将传统测量仪器中的公共部分（如电源、操作面板、显示屏幕、通信总线和CPU）集中起来由计算机共享，通过计算机仪器扩展板卡和应用软件在计算机上实现多种物理仪器。虚拟仪器的突出优点是与计算机技术结合，仪器就是计算机，主机供货渠道多、价格低、维修费用低，并能进行升级换代。虚拟仪器功能由软件确定，不必担心仪器永远保持出厂时既定的功能模式，用户可以根据实际生产环境变化的需要，通过更换应用软件来拓展虚拟仪器功能，适应实际科研、生产需要。另外，虚拟仪器能与计算机的文件存储、数据库、网络通信等功能相结合，具有很大的灵活性和拓展空间。在现代网络化、计算机化的生产、制造环境中，虚拟仪器更能适应现代制造业复杂、多变的应用需求，能更迅速、更经济、更灵活地解决工业生产、新产品实验中的测试问题。

在现阶段，测试技术正向多功能、集成化、智能化方向发展。

1. 硬件功能软件化

随着微电子技术的发展，微处理器的速度越来越快，价格越来越低，使得一些实时性要求很高，原本要由硬件完成的功能，可以通过软件来实现。甚至许多原来用硬件电路难以解决或根本无法解决的问题，也可以采用软件技术很好地加以解决。数字信号处理技术的发展和高速数字信号处理器的广泛采用，极大地增强了仪器的信号处理能力。数字滤波、FFT、相关、卷积等是信号处理的常用方法，其共同特点：主要的算法运算都是由迭代式的乘、加组成的，这些运算如果在通用微机上用软件完成，运算时间会较长，而数字信号处理器通过硬件完成上述乘、加运算，大大提高了仪器性能。

2. 集成化、模块化

大规模集成电路LSI技术发展到今天，集成电路的密度越来越高，体积越来越小，内部结构越来越复杂，功能也越来越强大，从而大大提高了每个模块进而整个仪器系统的集成度。模块化功能硬件是现代仪器仪表的一个强有力的支持，它使得仪器更加灵活，仪器的硬件组成更加简洁。例如在需要增加某种测试功能时，只需增加少量的模块化功能硬件，再调用相应的软件来使用此硬件即可。

仪器与计算机技术的深层次结合产生了全新的仪器结构概念。从虚拟仪器、卡式仪器、VXI总线仪器直至集成仪器概念，就是所谓的虚拟仪器。简单的由数据采集卡、计算机、输出（D/A）及显示器这种结构模式组成仪器通用硬件平台。基于此在软件导引下进行信号采集、运算、分析、输出和处理，实现仪器功能并完成测试和控制的全过程，便构成了该种功能的测量或控制仪器，成为具有虚拟面板的虚拟仪器。在同一平台上，调用不同的测控软件就可构成不同功能的虚拟仪器，故可方便地将多种测控功能集于一体，实现多功能集成仪器，因此，出现了“软件就是仪器”的概念。如对采集的数据通过测试软件进行标定和数据点的显示，就构成一台数字存储示波器；若对采集的数据利用软件进行 FFT 变换，则构成一台频谱分析仪。

3. 参数整定与修改实时化

随着各种现场可编程器件和在线编程技术的发展，仪器仪表的参数甚至结构不必在设计时就确定，而是可以在仪器使用的现场实时置入和动态修改。

4. 硬件平台通用化

现代仪器仪表强调软件的作用，选配一个或几个带共性的基本硬件来组成一个通用硬件平台，通过调用不同的软件来扩展或组成各种功能的仪器或系统。一台仪器大致可分解为三个部分：数据的采集；数据的分析与处理；数据的存储、显示或输出。

传统的仪器是由厂家将上述三类功能部件，根据仪器功能按固定的方式组建，一般一种仪器只有一种或数种功能。而现代仪器则是将具有上述一种或多种功能的通用硬件模块组合起来，通过编制不同的软件来构成的。

1.4.3 测量信号处理的发展

信号处理芯片是近年来出现的一种用于快速处理信号的器件。它的出现对简化信卡处理系统的结构、提高运算速度、加快信号处理的实时能力等，具有很大影响。美国 Texas 公司 1986 年推出的 TMS320C25 芯片，运算速度达每秒 1000 万次，用其进行 1024 复数点 FFT 运算，只需 14 毫秒便可完成。这一进展，在图像处理、语言处理、谱分析、振动噪声生物医学信号的处理方面，展示了更广阔的应用前景。

目前，信号分析技术的发展目标是：进一步提高在线实时能力；提高分辨力和运算精度；扩大和发展新的专用功能；专用机结构小型化，性能标准化，价格低廉。

1.4.4 开发平台的发展趋势

面向仪器与测控系统的计算机软件应用平台技术的发展十分迅速，20 世纪 90 年代末以来，各种面向仪器与测控系统的计算机软件应用平台层出不穷，使仪器与测控系统的设计方法产生了革命性的进步，极大地缩短了开发周期，降低了开发费用。随着计算机技术的进一步发展，可以相信，基于网络平台的应用开发环境将成为主流，网络技术、虚拟现实技术、三维成像技术将成为新一代软件应用平台的新特点。流场测试、天文测试、生物工程等领域的测试，以及控制需求将使传统测控系统产生巨大的革命。

在测试平台上，调用不同的测试软件就构成不同功能的仪器，因此软件在系统中占有十分重要的地位。在大规模集成电路迅速发展的今天，系统的硬件越来越简化，软件越来越复杂。集成电路器件的价格逐年下降，而软件成本费用则上升。测试软件不论对大的测试系统还是单台仪器子系统都是十分重要的，而且是未来发展和竞争的焦点。有专家预言：在测试平台上，下一次大变革就是软件。信号分析与处理要求的特征值，如峰值、有效值、均值、均方值、方差、标准差等，若用硬件电路来获取，其电路是极为复杂的，若要获得多个特征值，电路系统则很庞大。而另一些数据特征值，如相关函数、频谱、概率密度函数等，则是不可能用一般硬件电路来获取的，即使是具有微处理器的智能化仪器，如频谱分析仪、传递函数分析仪等，因其价格极其昂贵，使人们对这种“贵族式”仪器望而却步。而在测试平台上，信号数据特征的定义式用软件编程很容易实现，从而使得那些只能是“贵族式”分析仪器才具有的信号分析与测量功能得以在一般工程测量中实现，使得信号分析与处理技术能够广泛地为工程生产实践服务。

软件技术对于计算机测试系统的重要性，表明了计算机技术在现代测试系统中的重要地位。但不能认为，掌握了计算机技术就等于掌握了测试技术。这是因为，其一，计算机软件永远不可能全部取代测试系统的硬件；其二，不懂得测试系统的基本原理就不可能正确地组建测试系统，也不可能正确地应用计算机。因此，现代测试技术既要求测试人员熟练掌握计算机应用技术，又要求测试人员深入掌握测试技术的基本理论。

通用集成仪器平台的构成技术与数据采集、数字信号分析处理的软件技术是决定现代测试仪器、系统性能与功能的两大关键技术。以虚拟 / 集成仪器为代表的现代测试仪器和系统与传统测试仪器相比较的最大特点是：用户在集成仪器平台上根据自己的要求开发相应的应用软件，就能构成自己需要的实用仪器和实用测控系统，其仪器的功能不限于厂家的规定。

本章习题

1. 什么是测量？ 什么是测试？ 两者之间有什么异同？
2. 简述测试系统的构成以及各部分的作用。
3. 测量和计量有什么不同之处？
4. 按不同的分类方式，电子测量的基本方法有哪些？
5. 按照测量的性质分类，测量过程可以划分为哪几种类型？
6. 在设计具体的测量方案时，测量方法的选择应考虑什么因素？
7. 测量仪器有哪些基本功能？
8. 通过参阅一些相关资料，试总结现代测试技术的发展趋势。

第 2 章　常规传感器

【学习目标】

明确各种传感器的定义、组成与分类，以及传感器最新技术发展动向，对传感器的基本特性有一个深入的认识。掌握常规传感器的作用原理与基本测量电路，熟悉各种常规传感器性能的测试与典型应用。通过对常规传感器的学习，达到在工作实际中能够合理选择和灵活使用传感器。

【学习要求】

了解各种常规传感器的特征、作用与基本性能，掌握电阻式传感器、电容式传感器、电感式传感器、压电式传感器、磁电式传感器、光电式传感器、半导体传感器的作用原理与典型测量电路，熟悉数字式传感器、热电偶传感器、光纤传感器、压磁式传感器的作用原理与特性，了解各种常规传感器的应用状况，为工程中的实际测量工作打下较坚实的基础。

【引例】

传感器是人类获取自然领域中信息的主要途径与手段，在现代科技中所起的作用越来越重要。

作为人脑的一种模拟电子计算机的发展极为迅速，可是起五种感觉模拟作用的传感器却发展很慢，因而引起了人们的高度关注。如果不进行传感器的开发，现在的电子计算机将处于一种不能适应实际需要的状态。为了很好地将相当于“体力劳动”的传感器和执行器与相当于“脑力劳动”的电子计算机进行协调一样，也要求传感器、电子计算机和执行器三者都能相互协调才行。这样，传感器就成了现代科学的中枢神经系统，日益受到人们的普遍重视，这已成为现代传感器技术的必然趋势。当传感器技术在工业自动化、军事国防和以宇宙开发、海洋开发为代表的尖端科学与工程等重要领域广泛应用的同时，它正以自己的巨大潜力向着与人们生活密切相关的方面渗透，例如生物工程、医疗卫生、环境保护、安全防范、家用电器、网络家居等方面的传感器已层出不穷，并在日新月异地发展。

（1）方便转换频道等功能的遥控电视机、可随意改变风速的遥控电风扇等系统中都有传感器的身影。在防盗防入侵的报警装置中，也装有红外传感器。

（2）自动化洗衣机中装有浊度传感器，可以合理地安排漂洗次数，起到节水、节电的作用。

（3）全自动照相机中的光电式传感器，可保证在不同的光线下适度曝光。

（4）汽车用的速度、加速度传感器，能在两车碰撞时及时弹出安全气囊，防止意外伤害的发生。图 2.1、图 2.2 是汽车用各种传感器以及加速度传感器在汽车中的应用。

如图 2.2 所示，加速度传感器安装在轿车上，可以作为碰撞传感器。当测得的负加速度值超过设定值时，微处理器据此判断发生了碰撞，于是就启动了轿车前部折叠式安全气囊迅速充气而膨胀，托住驾驶员及前排乘客的头部和胸部。

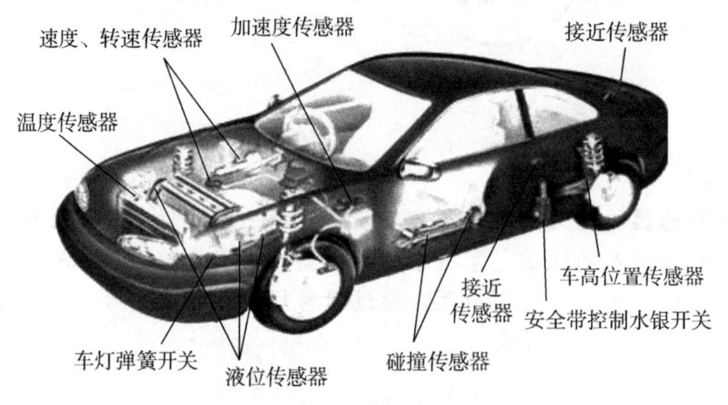

图 2.1　汽车用各种传感器

图 2.2　加速度传感器在汽车中的应用

2.1　传感器概述

目前，传感器的种类繁多，仅我国敏感元件与传感器的品种就已超过 6000 余种。在许多方面，传感器的性能已凌驾于人的感官之上。从这个意义上讲，传感器具有人类所梦寐以求的特异功能。但是人所具有的智慧是任何东西都无法替代的。

2.1.1　传感器的作用

传感器实际上是一种功能块，其作用是将来自外界的各种信号转换成电信号。传感器所检测的信号近来显著地增加，因而其品种也极其繁多。为了对各种各样的信号进行检测、控制，就必须获得尽量简单易于处理的信号，这样的要求只有电信号能够满足。电信号能较容易地进行放大、反馈、滤波、微分、存储、远距离操作等。因此，可将传感器定义为：将外界的输入信号变换为电信号的一类元件。

2.1.2　传感器的定义和组成

1. 传感器的定义

我国国家标准 GB7665—87 对传感器（Transducer/Sensor）的定义是：能感受规定的被测量并按照一定的规律转换成可用输出信号的器件或装置。传感器是一种以一定的精确度把被测量转换为与之有确定对应关系的、便于应用的某种物理量的测量装置。其包含以下几个方面的含义：

（1）传感器是测量装置，能完成检测任务。

（2）传感器的输入量是某一被测量，可能是物理量，也可能是化学量、生物量等。

（3）输出量是某种物理量，这种量要便于传输、转换、处理、显示等，这种量可以是气、光、电量，但主要是电量。

（4）输入输出有对应关系，且应有一定的精确度。

2. 传感器的组成

传感器一般由敏感元件、转换元件、转换电路三部分组成。

（1）敏感元件：直接感受被测量，并输出与被测量成确定关系的某一物理量的元件。

（2）转换元件：以敏感元件的输出为输入，把输入转换成电路参数。

（3）转换电路：上述电路参数接入转换电路，便可转换成电量输出。

实际上，有些传感器很简单，仅由一个敏感元件（兼作转换元件）组成，它感受被测量时直接输出电量，如热电偶。有些传感器由敏感元件和转换元件组成，没有转换电路。有些传感器，转换元件不止一个，要经过若干次转换。

2.1.3　传感器的分类及要求

1. 传感器的分类

传感器种类繁多，目前常用的分类有两种：一种是以被测量类别来分类，如表 2.1 所列；另一种是以传感器的工作原理来分类，如表 2.2 所列。

表 2.1　按被测量类别来分类

被测量类别	被测量物理量
热工量	温度、热量、比热；压力、压差、真空度；流量、流速、风速
机械量	位移（线位移、角位移）、尺寸、形状；力、力矩、应力；重量、质量；转速、线速度；振动幅度、频率、加速度、噪声
物性和成分量	气体化学成分、液体化学成分；酸碱度（pH值）、盐度、浓度、黏度；密度、比重
状态量	颜色、透明度、磨损量、材料内部裂缝或缺陷、气体泄漏、表面质量

表 2.2　按传感器的工作原理来分类

序号	工作原理	序号	工作原理
1	电阻式	8	光电式（红外式、光导纤维式）
2	电感式	9	谐振式
3	电容式	10	霍尔式（磁式）
4	阻抗式（电涡流式）	11	超声式
5	磁电式	12	同位素式
6	热电式	13	电化学式
7	压电式	14	微波式

2. 传感器的一般要求

由于各种传感器的结构、工作原理不同，使用环境、条件、目的不同，其技术指标也会有所不同，但是有些一般要求却基本上是共同的。

（1）足够的容量，即传感器的工作范围或量程足够大，具有一定的过载能力。

（2）灵敏度高，精度适当，即要求其输出信号与被测信号有确定的关系（通常为线性），且比值要大；传感器的静态响应与动态响应的准确度能满足要求。

（3）响应速度快，工作稳定，可使用性和适应性强，即体积小，重量轻，动作能量小，对被测对象的状态影响小；内部噪声小而又不易受外界干扰的影响；其输出力求采用通用或标准形式，以便与系统对接。

（4）使用经济，即成本低，寿命长，且便于使用、维修和校准，可靠性好。

当然，能完全满足上述性能要求的传感器是很少的。我们应根据应用的目的、使用环境、被测对象状况、精度要求和原理等具体条件来进行全面考虑。

2.1.4　传感器开发的新趋势

传感器开发的新趋势包括社会对传感器需求的新动向和传感器技术的发展趋势两个方面。

1. 传感器需求的新动向

社会需求是传感器技术发展的强大动力。随着现代科学技术，特别是微电子技术和信息产业的飞速发展，以及“电脑”的普及，传感器在新的技术革命中的地位和作用更为突出，一股竟相开发和应用传感器的热潮已在世界范围内掀起。这是因为：

（1）“电五官”落后于“电脑”的现状，已成为微型计算机进一步开发和应用的一大障碍。

（2）许多有竞争力的新产品开发和卓有成效的技术改造，都离不开传感器。

（3）传感器的应用直接带来了明显的经济效益和社会效益。

（4）传感器普及于社会各个领域，将形成良好的销售前景。

图 2.3 展示了一些国家使用传感器的应用领域及需要量，可作为我们对传感器产业和产品开发的参考。

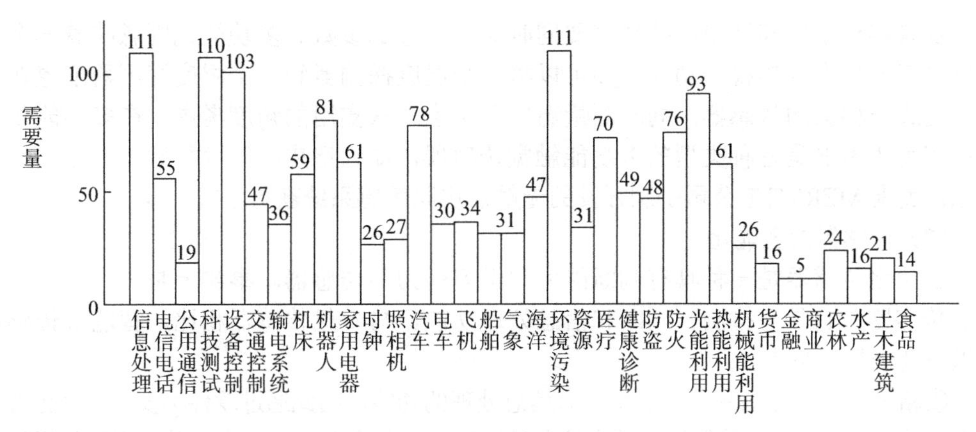

图 2.3　传感器的应用领域及需要量

2. 传感器技术的发展趋势

当前，传感器技术的主要发展动向，一是开展基础研究，发现新现象，开发传感器的新材料和新工艺；二是实现传感器的集成化与智能化。

（1）新材料的开发、应用

半导体材料在敏感技术中占有较大的技术优势，半导体传感器不仅灵敏度高、响应速度快、体积小、质量轻，且便于实现集成化，在今后的一个时期仍占有主要地位。以一定化学成分组成、经过成型及烧结的功能陶瓷材料，其最大的特点是耐热性，在敏感技术发展中具有很大的潜力。此外，采用功能金属、功能有机聚合物、非晶态材料、固体材料、薄膜材料等，都可进一步提高传感器的产品质量并降低生产成本。

（2）新工艺、新技术的应用

将半导体的精密细微加工技术应用在传感器的制造中，可极大地提高传感器的性能指标，并为传感器的集成化、超小型化提供了技术支撑。

（3）利用新的效应开发新型传感器

随着人们对自然的认识深化，会不断发现一些新的物理效应、化学效应、生物效应等。利用这些新的效应可开发出相应的新型传感器，从而为提高传感器性能和拓展传感器的应用范围提供新的可能。

（4）传感器的集成化

利用集成加工技术，将敏感元件、测量电路、放大电路、补偿电路、运算电路等制作在同一芯片上，从而使传感器具有质量轻、生产自动化程度高、制造成本低、稳定性和可靠性高、电路设计简单、安装调试时间短等优点。

（5）传感器的多维化

一般的传感器只限于对某一点物理量的测量，而利用电子扫描方法，把多个传感器单元结合在一起，就可以研究一维、二维以至三维空间的测量问题，甚至向包含时间系的四维空间发展。X 射线的 CT 就是多维传感器的实例。

（6）传感器的多功能化

一般一个传感器只能测量一种参数，但在许多应用领域中，为了能够完美而准确地反映客观事物和环境，往往需要同时测量大量的参数。多功能化则意味着一个传感器具有多种参数的检测功能，如可以将一个温度探测器和一个湿度探测器配置在一起，制成一种新的传感器，同时测量温度和湿度。从实用的角度考虑，在多功能传感器中应用较多的是各种类型的多功能触觉传感器，如人造皮肤触觉传感器就是其一。据悉，美国 MERRITT 公司研制开发的无触点皮肤敏感系统获得了较大成功。

（7）传感器的智能化

智能化传感器是一种具有判断能力和学习能力的传感器。事实上是一种带微处理器的传感器，它具有检测、判断和信息处理功能。与一般传感器相比，智能式传感器有以下几个显著特点。

①精度高。由于智能式传感器具有信息处理的功能，因此通过软件不仅可以修正各种确定性系统误差（如传感器输入输出的非线性误差、温度误差、零点误差、正反行程误差等），还可以适当地补偿随机误差，降低噪声，从而使传感器的精度大大提高。

②稳定、可靠性好。具有自诊断、自校准和数据存储功能，对于智能结构系统还有自适应功能。

③检测与处理方便。它不仅具有一定的可编程自动化能力，可根据检测对象或条件的改变，方便地改变量程及输出数据的形式等，而且输出数据可通过串行或并行通讯线直接送入远地计算机进行处理。

④功能广。不仅可以实现多传感器多参数综合测量，扩大测量与使用范围，而且可以有多种形式输出（如 RS232 串行输出，PIO 并行输出，IEEE-488 总线输出以及经 D/A 转换后的模拟量输出等）。

⑤性能价格比高。在相同精度条件下，多功能智能式传感器与单一功能的普通传感器相比，其性能价格比高，尤其是在采用比较便宜的单片机后更为明显。

2.2 电阻式传感器

电阻式传感器种类繁多，应用广泛，其基本原理就是将被测物理量的变化转换成电阻值的变化，再经相应的测量电路显示或记录被测量值的变化。

2.2.1 电阻应变式传感器

应变式传感器是基于测量物体受力变形所产生应变的一种传感器，最常用的传感元件为电阻应变片，可测量位移、加速度、力、力矩、压力等各种参数。

1. 应变式传感器的工作原理

（1）金属的电阻应变效应

金属导体在外力作用下发生机械变形时，其电阻值随着它所受机械变形（伸长或缩短）的变化而发生变化的现象，称为金属的电阻应变效应。

单位应变所引起的电阻相对变化，也称为材料的灵敏系数，记为 K_0。

$$K_0 = \frac{\mathrm{d}R/R}{\varepsilon} = (1+2\mu) + \frac{\mathrm{d}\rho/\rho}{\varepsilon} \tag{2.1}$$

式中，R 为金属导体的电阻；$\mathrm{d}R$ 为电阻的变化量；ε 为测点处应变；ρ 为物质的密度；$d\rho$ 为密度的变化量；μ 为材料的松泊比。

则其相应的电阻变化率为

$$dR / R = K_0\varepsilon \tag{2.2}$$

通常，金属电阻丝的 $K_0 = 1.7 \sim 4.6$。

（2）应变片的基本结构及测量原理

应变片的基本结构如图 2.4（a）所示。图中，l 为栅长（标距），b 为栅宽（基宽），$b\times l$ 为应变片的使用面积。应变片的规格通常以使用面积和电阻值表示，例如 3mm× 20mm，120Ω。电阻丝应变片是用直径为 0.025mm 的具有高电阻率的电阻丝制成。为了获得高的阻值，将电阻丝排列成栅状，称为敏感栅，并粘贴在绝缘的基底上。电阻丝的两端焊接引线，敏感栅上面粘贴有保护作用的覆盖层。

应变式传感器是将应变片粘贴于弹性体表面或者直接将应变片粘贴于被测试件上，如图 2.4（b）所示。弹性体或试件的变形通过基底和黏结剂传递给敏感栅，其电阻值发生相应的变化，通过转换电路转换为电压或电流的变化，即可测量应变。若通过弹性体或试件把位移、力、力矩、加速度、压力等物理量转换成应变，则可测量上述各量，而制成各种应变式传感器。

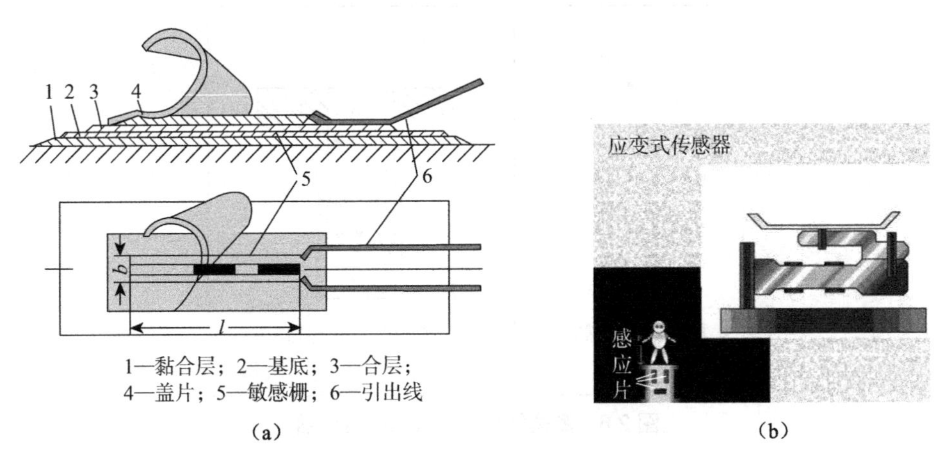

（a）　　　　　　　　　　　　（b）

图 2.4　应变片的基本结构及应变式传感器

2. 电阻应变片的分类及材料

电阻应变片的分类如图 2.5 所示。

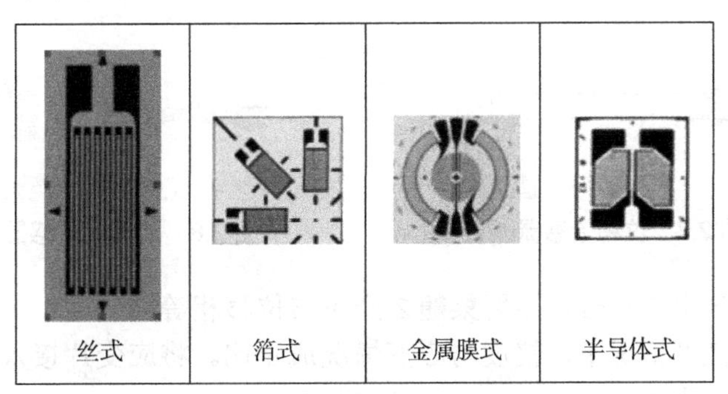

图 2.5　电阻应变片的分类

金属电阻应变片分为丝式、箔式、金属膜式和半导体式（压阻式）。

按应变计的基底，分为纸基和胶基，特殊情况下有金属基底的应变计。

按被测量应力场之不同，可分为测量单向应力的应变计和测量多向应力的应变花。

应变花为一种具有两个或两个以上不同轴向敏感栅的电阻应变计，用于确定平面应力场中主应变的大小和方向。它又可分为两轴和多轴测量。

两轴 90°应变花用于主应力方向已知的场合，三轴和四轴应变花则用于主应力方向未知的场合。主应变的大小和方向可以用三轴和四轴应变花的各敏感栅测得的应变，按公式算出，也可以从应变莫尔圆求出。主应力的大小可以用各敏感栅测得的应变，及被测构件材料的弹性模量和泊松比，按公式算出。

3. 电阻应变式传感器的应用举例

（1）将应变片粘贴于被测构件上，直接用来测定构件的应力或应变，如图 2.6 所示。例如，为了研究或验证机械、桥梁、建筑等某些构件在工作状态下的受力、变形情况，可利用形状不同的应变片，粘贴在构件的预测部位，可测得构件的拉、压应力、扭矩或弯矩等。

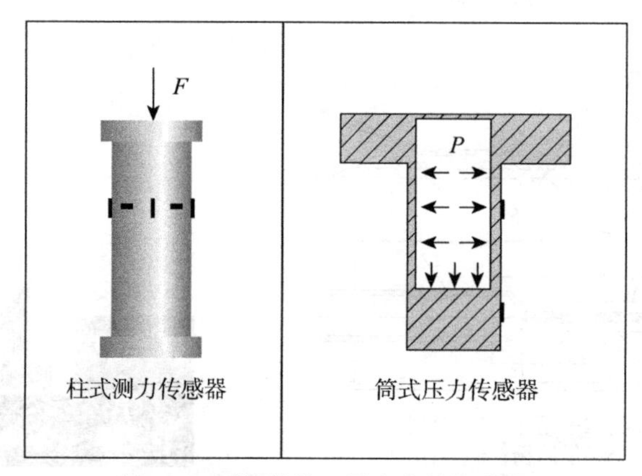

图 2.6　测构件拉、压应力的传感器

（2）将应变片粘贴于弹性元件上，与弹性元件一起构成应变式传感器。这种传感器常用来测量力、位移、压力、加速度等物理参数，如图 2.7、图 2.8 所示。在这种情况下，弹性元件将得到与被测量成正比的应变，再通过应变片转换成电阻的变化后输出。

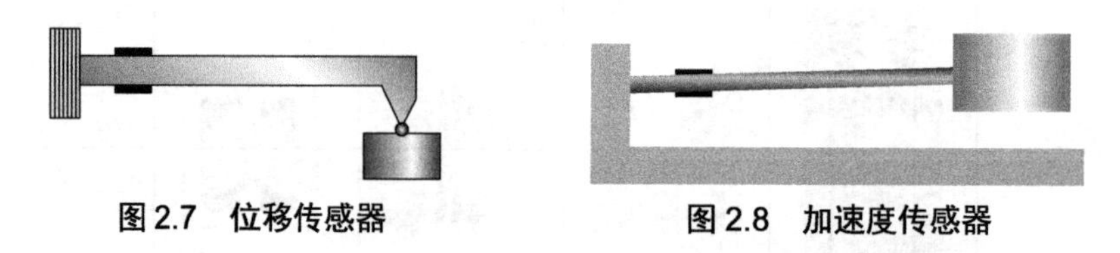

图 2.7　位移传感器　　**图 2.8　加速度传感器**

当被测物体产生位移时，悬臂梁随之产生与位移相等的挠度，因而应变片产生相应的应变。在小挠度情况下，挠度与应变情况成正比。将应变片接入桥路，输出与位移成正比的电压信号。

测量时，基座固定在振动体上。振动加速度使质量块产生惯性力，悬臂梁则相当于惯性系统中的弹簧，在惯性力的作用下产生弯曲变形。因此，梁的应变在一定的频率范围内与振动体的加速度成正比。

2.2.2　压阻传感器

1. 压阻传感器的基本工作原理

压阻传感器结构如图 2.9 所示。半导体材料受到应力作用时，其电阻率会发生变化，这种现象称为压阻效应。实际上，任何材料都不同程度地呈现压阻效应，但半导体材料的这种效应特别强。

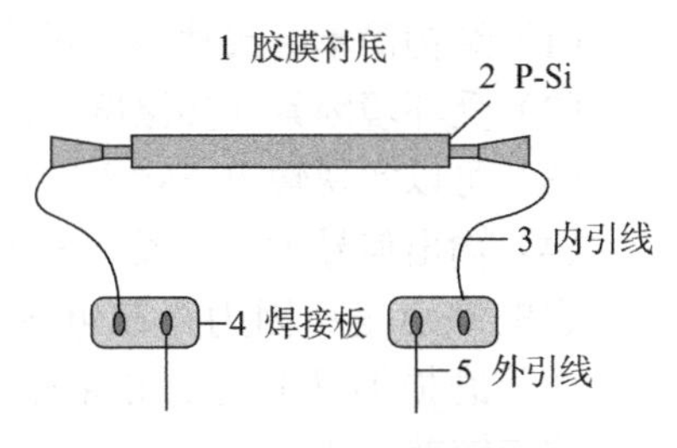

图 2.9　压阻传感器结构

半导体电阻材料的灵敏系数 K_0 为：

$$K_0 = \frac{\mathrm{d}R / R}{E} = \pi_L E \qquad (2.3)$$

式中，π_L 为半导体电阻材料在受力方向的压阻系数，表征压阻效应的强弱；R 为半导体材料的电阻；E 为半导体电阻材料的弹性模量。

对于半导体硅，π_L=（40 ～ 80）$\times 10^{-11}\mathrm{m^2/N}$，$E$=1.67$\times 10^{11}\mathrm{N/m^2}$，则 $K_0=\pi_L E$=68 ～ 133。显然，半导体电阻材料的灵敏系数比金属丝的要高 15 ～ 80 倍。

常用的半导体电阻材料有硅和锗，掺入杂质可形成 P 型或 N 型半导体。由于半导体（如单晶硅）是各向异性材料，因此它的压阻效应不仅与掺杂浓度、温度和材料类型有关，还与晶向有关（对晶体的不同方向上施加力时，其电阻的变化方式不同）。

2. 压阻传感器的类型与特点

压阻传感器有两种类型：半导体应变式传感器、固态压阻式传感器。

压阻传感器的特点具体包括如下几个方面。

（1）灵敏度非常高，有时传感器的输出不需放大可直接用于测量。

（2）分辨率高，例如测量压力时，可测出 10 ～ 20Pa 的微压。

（3）测量元件的有效面积可做得很小，故频率响应高。

（4）可测量低频加速度和直线加速度。

其最大的缺点是温度误差大，故需温度补偿或恒温条件下使用。

2.2.3　变阻式传感器

1. 变阻式传感器的结构及分类

变阻式传感器又称电位器式传感器，由电阻元件及电刷（活动触点）两个基本部分组成。电刷相对于电阻元件的运动可以是直线运动、转动和螺旋运动，因而可以将直线位移或角位移转换为与其成一定函数关系的电阻或电压输出。

利用电位器作为传感元件可制成各种电位器式传感器，除可以测量线位移或角位移外，还可以测量一切可以转换为位移的其他物理量参数，如压力、加速度等。

按其结构形式的不同，可分为线绕式、薄膜式、光电式等，在线绕电位器中又有单圈式和多圈式两种。按其特性曲线的不同，则可分为线性电位器和非线性（函数）电位器。

变阻式传感器有如下优点：

（1）结构简单、尺寸小、重量轻、价格低廉且性能稳定。

（2）受环境因素（如温度、湿度、电磁场干扰等）影响小。

（3）可以实现输出—输入间任意函数关系。

（4）输出信号大，一般不需放大。

它的缺点是：因为存在电刷与线圈或电阻膜之间摩擦，因此需要较大的输入能量；由于磨损不仅影响使用寿命和降低可靠性，而且会降低测量精度，分辨力较低；动态响应较差，适合于测量变化较缓慢的量。

2. 变阻式传感器的原理与特性

如果电阻丝直径与材质一定时，则电阻 R 随导线长度 L 而变化。变阻式传感器就是根据这种原理制成的，其结构原理如图 2.10 所示。

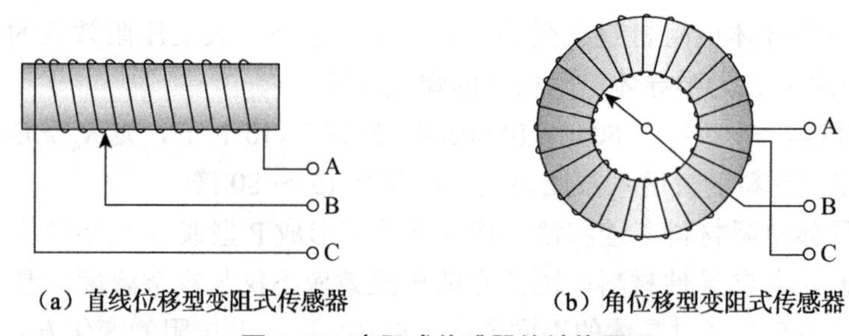

（a）直线位移型变阻式传感器　　（b）角位移型变阻式传感器

图 2.10　变阻式传感器的结构原理

（1）直线位移型变阻式传感器

直线位移型变阻式传感器如图 2.10（a）所示，当被测位移变化时，触点 C 沿电位器移动。如果移至 x，则 C 点与 A 点之间的电阻为

$$r=\frac{R}{L}=K_1x \tag{2.4}$$

式中，K_1 为单位长度的电阻，当导线材质分布均匀时，K_1= 常数；x 为位移量。

这种传感器的输出（电阻）与输入（位移）成线性关系。传感器的灵敏度 S 为

$$S=\frac{\mathrm{d}R}{\mathrm{d}x}=K_1=\text{常数} \tag{2.5}$$

（2）角位移型变阻式传感器

角位移型变阻式传感器如图 2.10（b）所示，其电阻值随转角而变化，故为角位移型。传感器的灵敏度 S 为

$$S=\frac{\mathrm{d}R}{\mathrm{d}\alpha}=K_\alpha \tag{2.6}$$

式中，K_α 为单位弧度对应的电阻值，当导线材质分布均匀时，K_α = 常数；α 为转角（rad）。

（3）线性电阻器的电阻分压电路

线性电阻器的电阻分压电路如图 2.11 所示，其电阻值随电刷位移 x 而变化。设负载电阻为 R_L，电位器长度为 l，总电阻为 R，电刷位移为 x，相应的电阻为 R_x，电源电压为 U，则输出电压 U_0 为

$$U_0 = \frac{U}{\frac{l}{x}+\left(\frac{R}{R_L}\right)\left(1-\frac{x}{l}\right)} \tag{2.7}$$

当 $R_L \to \infty$ 时，输出电压 U_0 为

$$U_0 = \frac{U}{l}\cdot x = k_u \cdot x \tag{2.8}$$

式中，k_u 为电位器的电压灵敏度。

由式（2.7）可以看出，当电位器输出端接有输出电阻时，输出电压与电刷位移并不是完全的线性关系。只有 $R_L \to \infty$ 时，k_u 为常数，输出电压与电刷位移成直线关系，线性电位器的理想空载特性曲线是一条严格的直线。

（4）非线性电位器

非线性电位器又称函数电位器，如图 2.12 所示。是其输出电阻（或电压）与电刷位移（包括线位移或角位移）之间具有非线性函数关系的一种电位器，即 $R_x = f(x)$，它可以实现指数函数、三角函数、对数函数等各种特定函数，也可以是其他任意函数。非线性电位器可以应用于测量控制系统、解算装置以及对某些传感器的非线性环节进行补偿等。

例如，若输入量为 $f(x)=Rx^2$，则为了得到输出的电阻值 $R(x)$ 与输入量 $f(x)$ 成线性关系，电位器的骨架应采用三角形。若输入量为 $f(x)=Rx^3$，则电位器的骨架应采用抛物线型。

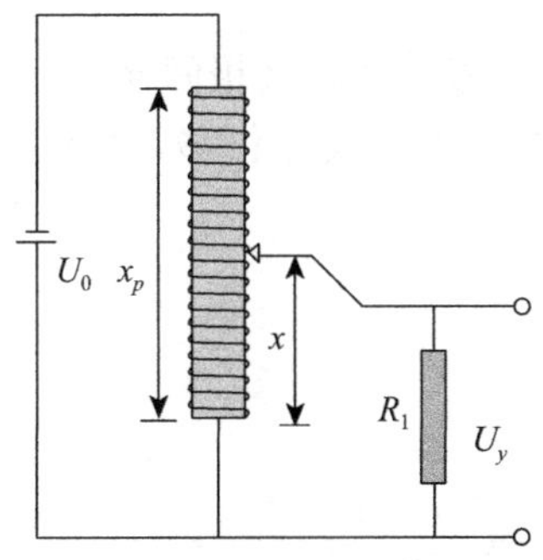

图 2.11　线性电阻器的电阻分压电路

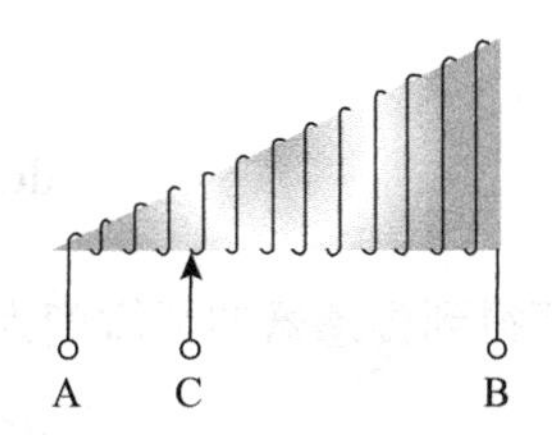

图 2.12　非线性电位器

2.3 电容式传感器

2.3.1 工作原理及类型

由物理学可知，在忽略边缘效应的情况下，平板电容器的电容量为

$$C=\frac{\varepsilon_0\varepsilon S}{\delta} \tag{2.9}$$

式中 ε_0——真空的介电常数，$\varepsilon_0=8.854\times10^{-12}$F/m；

ε——极板间介质的相对介电系数，在空气中，$\varepsilon=1$；

S——极板的遮盖面积，m²；

δ——两平行极板间的距离，m。

式（2.9）表明，当被测量 δ、S 或 ε 发生变化时，会引起电容的变化。如果保持其中的两个参数不变，而仅改变另一个参数，就可把该参数的变化变换为单一电容量的变化，再通过配套的测量电路，将电容的变化转换为电信号输出。根据电容器参数变化的特性，电容式传感器可分为极距变化型、面积变化型和介质变化型三种，其中极距变化型和面积变化型应用较广。

1. 极距变化型电容式传感器（图 2.13）

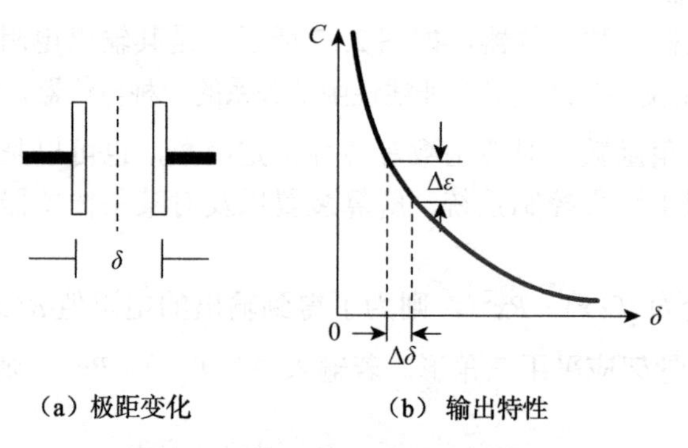

（a）极距变化　　（b）输出特性

图 2.13　极距变化型电容式传感器

如图 2.13 所示，在电容器中，如果两极板相互覆盖面积及极间介质不变，则电容量与极距 δ 呈非线性关系。当两极板在被测参数作用下发生位移，引起电容量的变化为

$$\mathrm{d}C=-\frac{\varepsilon_0\varepsilon S}{\delta^2}\mathrm{d}\delta \tag{2.10}$$

由此，可得到传感器的灵敏度为

$$K=\frac{\mathrm{d}C}{\mathrm{d}\delta}=-\frac{\delta_0\delta S}{\delta^2}=-\frac{C}{\delta} \tag{2.11}$$

从式（2.11）可看出，灵敏度 K 与极距平方成反比，极距越小，灵敏度越高。一般通过减小初始极距来提高灵敏度。由于电容量 C 与极距 δ 呈非线性关系，故将引起非线性误差。为了减小这一误差，通常规定测量范围 $\Delta\delta-\delta_0$。一般取极距变化范围为 $\Delta\delta-\delta_0 \approx 0.1$。此时，传感器的灵敏度近似为常数。

在实际应用中，为了提高传感器的灵敏度、增大线性工作范围和克服外界条件（如电源电压、环境温度等）的变化对测量精度的影响，常常采用差动型电容式传感器。

2. 面积变化型电容式传感器

面积变化型电容式传感器的工作原理是在被测参数的作用下来变化极板的有效面积，常用的面积变化型电容式传感器有平板型和圆柱形。

（1）平板型面积变化型电容式传感器

平板型面积变化型电容式传感器有角位移型和线位移型两种，如图 2.14 所示。

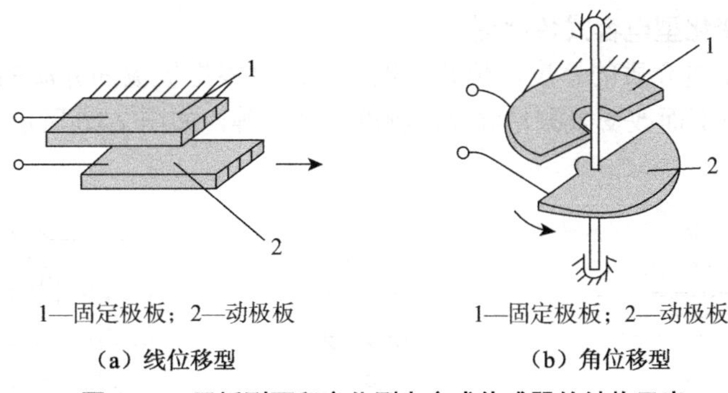

1—固定极板；2—动极板　　1—固定极板；2—动极板

（a）线位移型　　（b）角位移型

图 2.14　平板型面积变化型电容式传感器的结构示意

线位移型面积变化型电容式传感器的灵敏度为

$$k = \frac{\mathrm{d}C}{\mathrm{d}x} = \frac{\varepsilon_0 \varepsilon b}{\delta} = 常数 \tag{2.12}$$

角位移型面积变化型电容式传感器的灵敏度为

$$k = \frac{\mathrm{d}C}{\mathrm{d}\alpha} = \frac{\varepsilon_0 \varepsilon r^2}{2\delta} = 常数 \tag{2.13}$$

由式（2.12）和式（2.13）可知，平板型面积变化型电容式传感器的输出与输入为线性关系。

（2）圆柱形面积变化型电容式传感器

由于平板型面积变化型电容式传感器的可动极板在极距方向稍有移动，就会对测量精度产生较大影响。因此，一般情况下，面积变化型电容式传感器常制成圆柱形，如图 2.15 所示。当覆盖长度 x 变化时，电容量跟随变化，其灵敏度为

$$K = \frac{\mathrm{d}C}{\mathrm{d}x} = \frac{2\pi\varepsilon\varepsilon_0}{\ln(r_2/r_1)} = 常数 \tag{2.14}$$

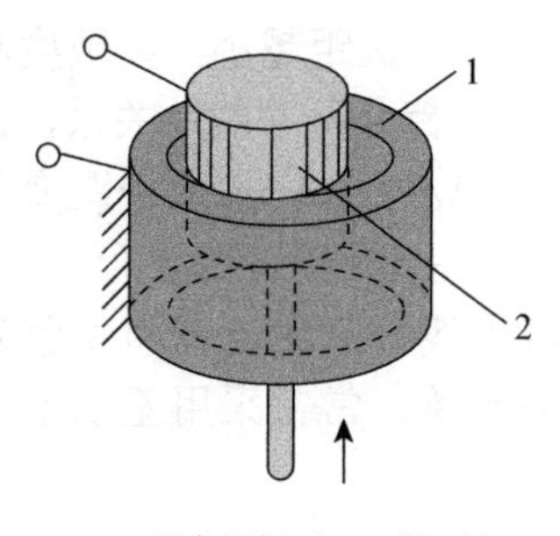

1—固定极板；2—动极板

（a）单向变侧面积型

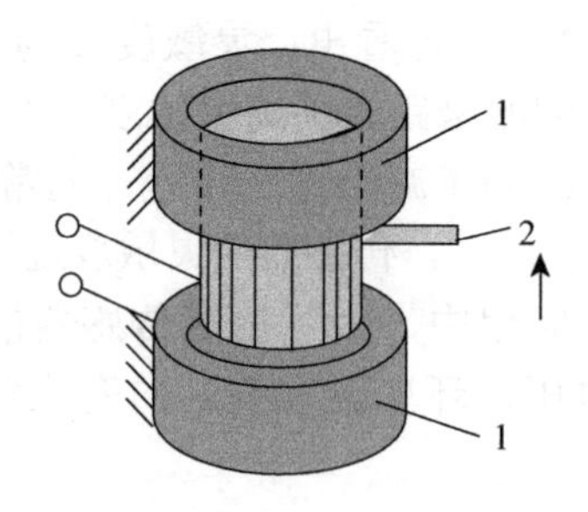

1—固定极板；2—动极板

（b）双向变侧面积型

图 2.15　圆柱形面积变化型电容式传感器

由上述可知，面积变化型电容式传感器的优点是输出与输入成线性关系，但与极距变化型电容式传感器相比，灵敏度较低，适用于较大角位移及直线位移的测量。

3. 介电常数变化型电容式传感器

大多用于测量电介质的厚度、位移、液位，还可根据极板间介质的介电常数随温度、湿度、容量改变而改变来测量温度、湿度、容量等，如图 2.16 所示。

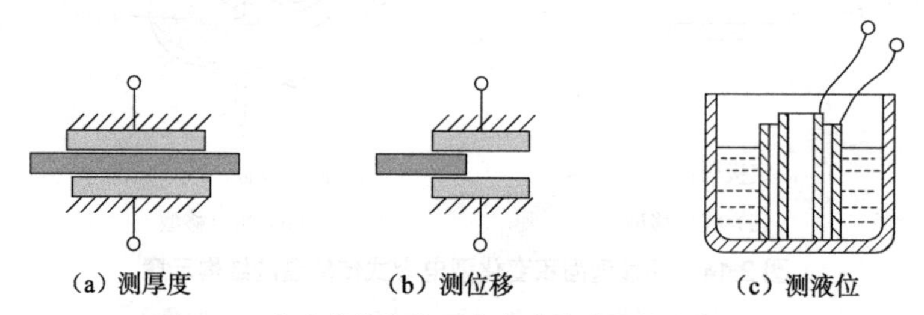
（a）测厚度　（b）测位移　（c）测液位

图 2.16　介电常数变化型电容式传感器的结构原理

若忽略边缘效应，图 2.16 中所示传感器的电容量与被测量的对应关系可分别通过式（2.15）、式（2.16）、式（2.17）求得。

（a）测厚度
$$C=\frac{lb}{(\delta-\delta_x)/\varepsilon_0+\delta_x/\varepsilon} \tag{2.15}$$

（b）测位移
$$C=\frac{ba_x}{(\delta-\delta_x)/\varepsilon_0+\delta_x/\varepsilon}+\frac{b(l-a_x)}{\delta/\varepsilon_0} \tag{2.16}$$

（c）测液位
$$C=\frac{2\pi\varepsilon_0 h}{\ln(r_2/r_1)}+\frac{2\pi(\varepsilon-\varepsilon_0)h_x}{\ln(r_2/r_1)} \tag{2.17}$$

式中　δ、h、ε_0——两固定极板间的距离、极间高度及间隙中空气的介电常数；

δ_x、h_x、ε——被测物的厚度、被测液面高度和它的介电常数；

l、b、a_x——固定极板长、宽及被测物进入两极板中的长度（被测值）；

r_1、r_2——内、外极筒的工作半径。

上述测量方法中，若电极间存在导电介质时，电极表面应涂盖绝缘层（如涂 0.1mm 厚的聚四氟乙烯等），防止电极间短路。

2.3.2　特点与应用

1. 电容传感器的主要优点

（1）输入能量小而灵敏度高：极距变化型电容压力传感器只需很小的能量就能改变电容极板的位置，如在一对直径为 1.27cm 圆形电容极板上施加 10V 电压，极板间隙为 2.54×10^{-3}cm，只需 3×10^{-5}N 的力就能使极板产生位移。因此电容传感器可以测量很小的力和振动加速度，而且很灵敏。精度高达 0.01% 的电容式传感器已有商品出现，如市场上有一种 250mm 量程的电容式位移传感器，精度可达 5μm。

（2）电参量相对变化大。

（3）动态特性好。

（4）能量损耗小。

（5）结构简单，适应性好。

2. 电容传感器的主要缺点

（1）非线性大。可利用测量电路解决此问题，如采用差动式输入结构，非线性可以得到适当改善，但不能完全消除，如图 2.17 所示。

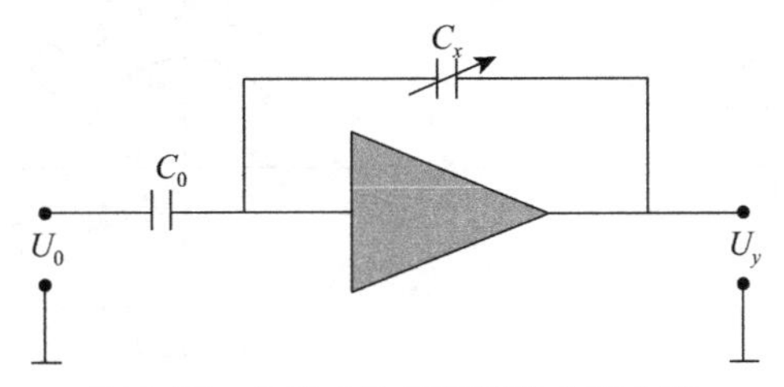

图 2.17　差动式比例运算放大器电路

输出电压 U_y 与电容传感器间隙 δ 成线性关系。当采用比例运算放大器电路时，可得到输出电压与位移量的线性关系。输入阻抗采用固定电容 C_0，反馈阻抗采用电容传感器 C_x，根据运算放大器的运算关系，当激励电压为 U_0 时，输出电压 $U_y=-U_0C_0/C_x$。所以 $U_y=-U_0\dfrac{C_0\delta}{\varepsilon_0\varepsilon S}$，由此式可知：输出电压 U_y 与电容传感器间隙 δ 成线性关系。这种电路常用于位移测量传感器。

（2）电缆分布电容影响大。传感器两极板之间的电容很小，仅几十个 nF（纳法），小的甚至只有几个 nF。而传感器与电子仪器之间的连接电缆却具有很大的电容，其电缆分布电容 C_f= 0.01207÷［lg（D/r）］×L，其中，D 为两输电线轴线间的距离，r 为导线半径，L 为电缆长度。

例如，屏蔽线 D、r 一般设计选定，1 米长的电缆其分布电容最小的也有几个 nF，最大的可达上百个 nF。这不仅使传感器的电容相对变化大大降低，灵敏度也降低，更严重的是电缆本身放置的位置和形状不同，或因振动等原因，都会引起电缆本身电容的较大变化，使输出不真实，给测量带来误差。解决的办法，一种是利用集成电路，使放大测量电路小型化，把它放在传感器内部，这样传输导线输出是直流电压信号，不受分布电容的影响。另一种是采用双屏蔽传输电缆，适当降低分布电容的影响。由于电缆分布电容对传感器的影响，使电容式传感器的应用受到一定的限制。

2.3.3 电容式传感器应用举例

电容式传感器广泛应用在位移、压力、流量、液位等的测试中，电容式传感器的精度和稳定性也日益提高。

图 2.18 所示的电容式测厚仪，主要用来测量金属带材在轧制过程中的厚度。图中 C_1、C_2 两个工作极板与带材之间形成两个电容，其总电容为 $C=C_1+C_2$。当金属带材在轧制中厚度发生变化时，将引起电容量的变化。通过检测电路可以反映这个变化，并转换和显示出带材的厚度。

图 2.19 所示的电容式转速传感器，当齿轮转动时，电容量发生周期性变化，通过测量电路转换为脉冲信号，则频率计显示的频率代表转速大小。设齿数为 z，频率为 f，则转速为

$$n = \frac{60f}{z}(\mathrm{r/min}) \tag{2.18}$$

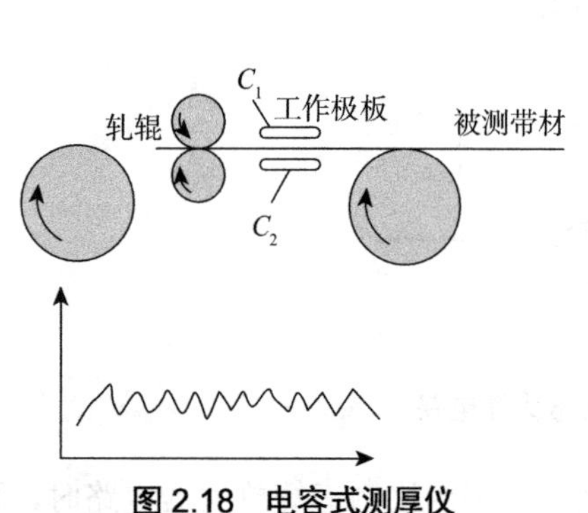

图 2.18 电容式测厚仪

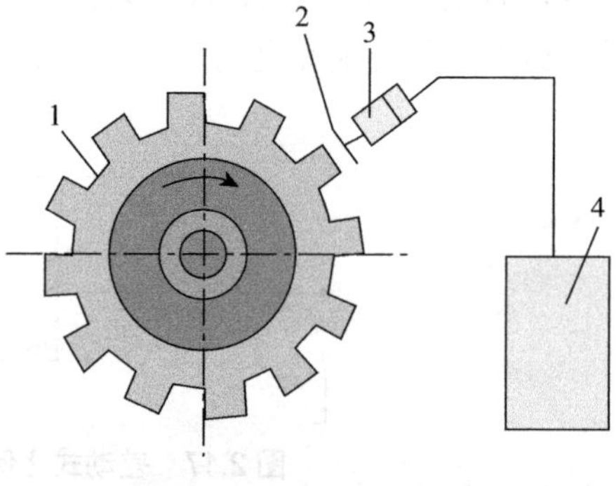

1—齿轮；2—定级；3—电容式传感器；4—频率计

图 2.19 电容式转速传感器的结构原理

图 2.20 所示的电容加速度传感器，当传感器壳体随被测对象沿垂直方向作直线加速运动时，质量块在惯性空间中相对静止，两个固定电极将相对于质量块在垂直方向产生大小正比于被测加速度的位移。此位移使两电容的间隙发生变化，一个增加，一个减小，从而使 C_1、C_2 产生大小相等、符号相反的增量，此增量正比于被测加速度。电容式加速度传感器的主要特点是频率响应快和量程范围大，大多采用空气或其他气体作阻尼物质。

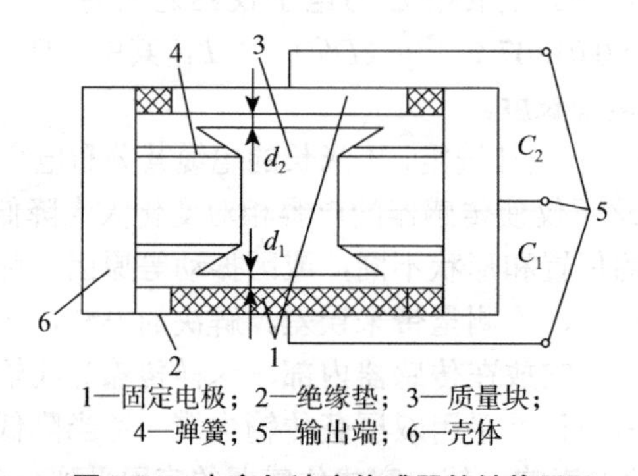

1—固定电极；2—绝缘垫；3—质量块；
4—弹簧；5—输出端；6—壳体

图 2.20 电容加速度传感器的结构原理

2.4　电感式传感器

电感式传感器的工作原理是电磁感应，它是把被测量如位移等，转换为电感量变化的一种装置。按照转换方式的不同，可分为自感式（包括可变磁阻式与电涡流式）和互感式（差动变压器式）两种。

2.4.1　自感式传感器

1. 可变磁阻式传感器

可变磁阻式传感器的结构原理如图 2.21 所示，它由线圈、铁芯及衔铁组成。

线圈电感（自感）可用下式计算：

$$L = W^2 / R_m \tag{2.19}$$

如果空气隙 δ 较小，而且不考虑磁路的铁损时，则磁路总磁阻为

$$R_m = \frac{l}{\mu s} + \frac{2\delta}{\mu_0 S_0} \tag{2.20}$$

式中　l ——导磁体（铁芯）的长度，m；
μ ——铁芯导磁率，H/m；
s ——铁芯导磁横截面积，m^2；
δ ——空气隙长度，m；
μ_0 ——空气导磁率，H/m；
S_0 ——空气隙导磁横截面积，m^2。

因为 $\mu >> \mu_0$，则

$$R_m \approx \frac{2\delta}{\mu_0 S_0} \tag{2.21}$$

因此，自感 L 可写为

$$L = \frac{W^2 \mu_0 S_0}{2\delta} \tag{2.22}$$

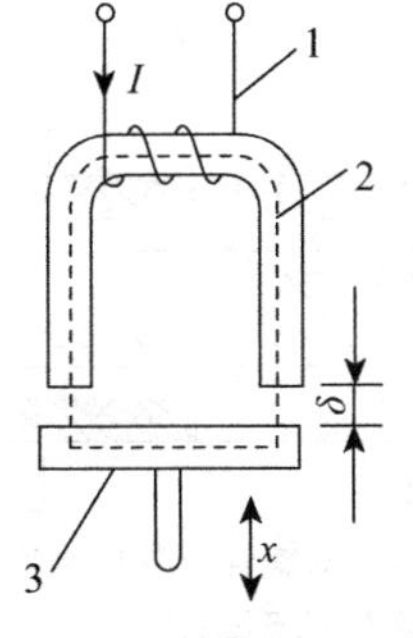

1—线圈；2—铁芯；3—衔铁

（a）可变磁阻结构

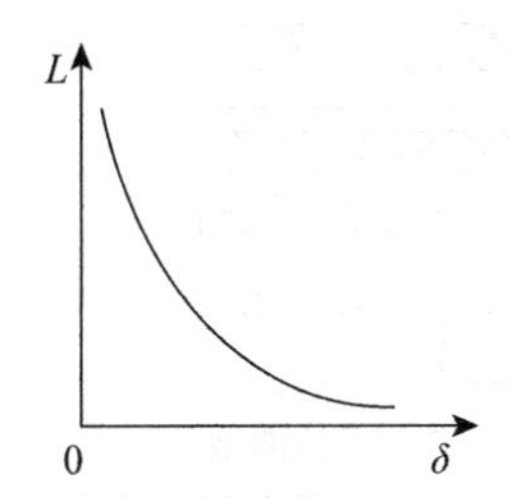

（b）特性曲线

图 2.21　可变磁阻式传感器结构

式（2.22）表明，自感 L 与空气隙 δ 成反比，而与空气隙导磁横截面积 S_0 成正比。当固定 S_0 不变，变化 δ 时，L 与 δ 呈非线性（双曲线）关系，如图 2.21 所示。此时，传感器的灵敏度为

$$S=\frac{\mathrm{d}L}{\mathrm{d}\delta}=-\frac{W^2\mu_0 S_0}{2\delta^2} \tag{2.23}$$

灵敏度 S 与空气隙长度的平方成反比，δ 越小，灵敏度越高。由于 S 不是常数，故会出现非线性误差，为了减小这一误差，通常规定 δ 在较小的范围内工作。故灵敏度 S 趋于定值，即输出与输入近似成线性关系。实际应用中，一般取 $\Delta\delta/\delta_0 \leqslant 0.1$ 。这种传感器适用于较小位移的测量，约为 0.001 ～ 1mm。

如将 δ 固定，变化空气隙导磁横截面积 S_0 时，自感 L 与 S 呈线性关系，如图 2.22 所示。

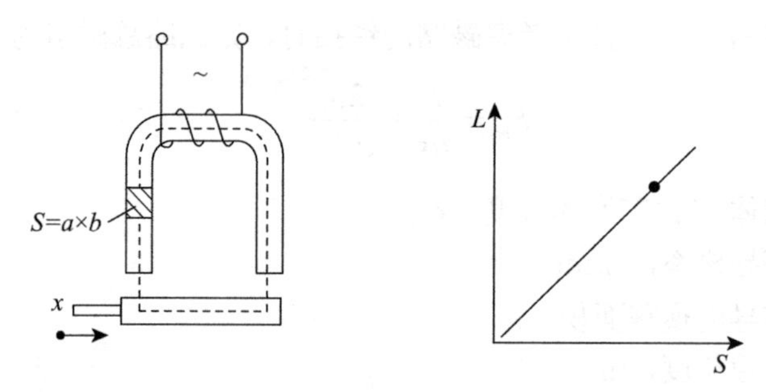

图 2.22　可变磁阻式面积型传感器

几种常用可变磁阻式传感器的典型结构有：可变导磁面积型、差动型、单螺管线圈型、双螺管线圈差动型，如图 2.23 所示。

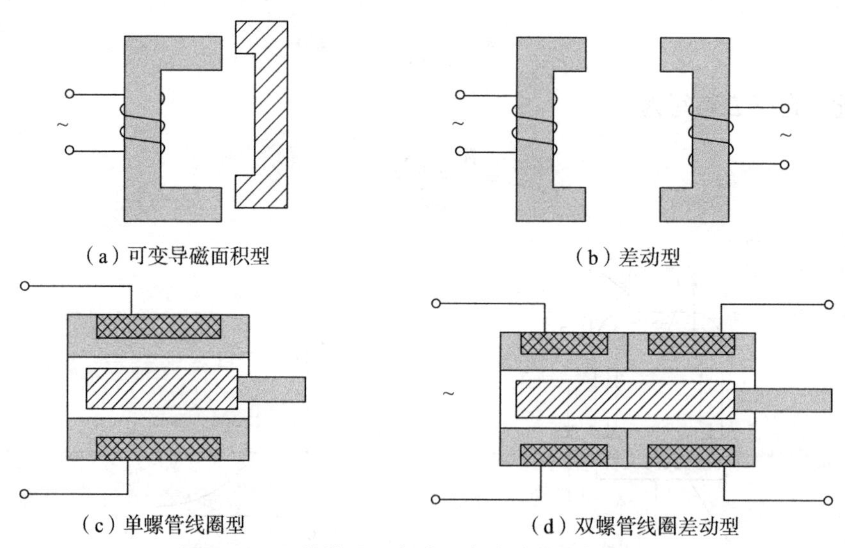

图 2.23　几种常用可变磁阻式传感器的典型结构

图 2.23（a）为可变导磁面积型，自感 L 与导磁面积 S 呈线性关系，这种传感器灵敏度较低。

图 2.23（b）为差动型，当衔铁有位移时，可以使两个线圈的间隙按 $\delta-\Delta\delta$，$\delta+\Delta\delta$ 变化。一个线圈自感增强，另一个线圈自感减弱。将两线圈接于电桥的相邻桥臂时，其输出灵敏度可提高一倍，并改善了线性特性。

图 2.23（c）为单螺管线圈型，当铁芯在线圈中运动时，将改变磁阻，使线圈自感发生变化。这种传感器结构简单，制造容易，但灵敏度低，适用于较大位移（数毫米）测量。

图 2.23（d）为双螺管线圈差动型，较之单螺管线圈型有较高灵敏度及线性，被用于电感测微计上，其测量范围为 0 ～ 300μm，最小分辨力为 0.5μm。这种传感器的线圈接于电桥上，构成两个桥臂，线圈电感 L_1、L_2 随铁芯位移而变化，其输出特性曲线如图 2.24 所示。

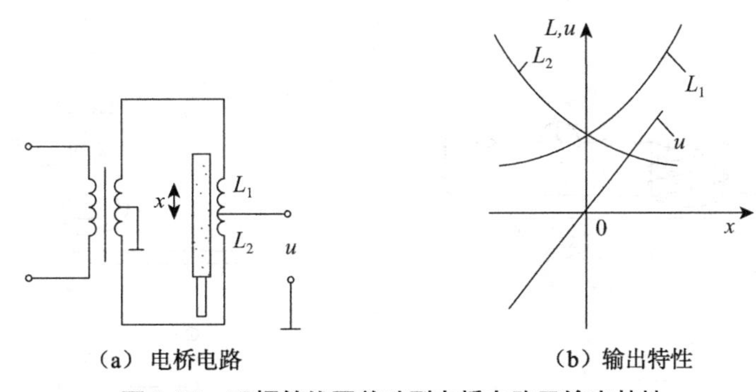

（a）电桥电路　　（b）输出特性

图 2.24　双螺管线圈差动型电桥电路及输出特性

2. 电涡流式传感器

电涡流式传感器外形如图 2.25 所示。

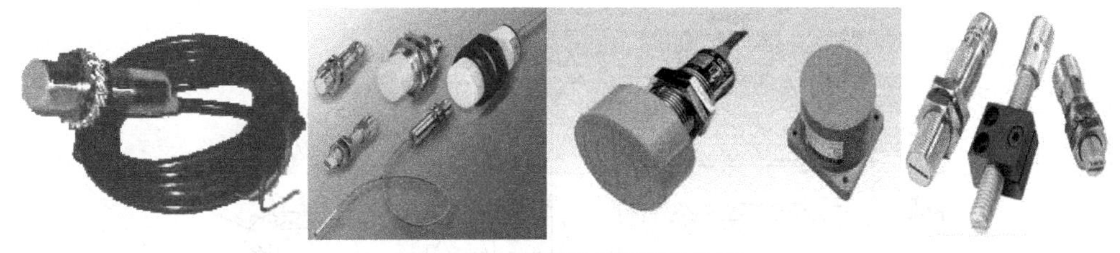

图 2.25　电涡流式传感器外形

（1）电涡流式传感器的分类

电涡流式传感器分为高频反射式和低频透射式两类。

①高频反射式电涡流传感器

高频反射式电涡流传感器原理如图 2.26 所示。在线圈前面放一块金属导体，电涡流式传感器的线圈与被测金属导体间是非接触磁性耦合。当高频电流施加在电感线圈上时，线圈产生的高频磁场作用于被测金属导体表面，形成电涡流，电涡流产生的磁场又反作用于线圈，从而改变了线圈的电感。电感量由线圈与金属导体的距离决定。

通过测量电感量的变化就可确定电涡流式传感器探头与金属板之间的距离。被测物的电导率越高，传感器灵敏度越高。

②低频透射式电涡流传感器

低频透射式电涡流传感器采用低频激励，贯穿深度较大，适合测量金属材料的厚度，其工作原理如图 2.27 所示。

图 2.27 中，发射线圈 L_1 和接收线圈 L_2 分别位于被测金属板的两侧。当振荡器产生的低频电压 u_1 加到线圈 L_1 上时，在其周围产生一个交变磁场。若两线圈间无金属导体，则 L_1 的磁力线能较多地穿过 L_2，在 L_2 上产生的感应电压 u_2 最大。

若在 L_1 与 L_2 之间插入一金属板，则在金属板内产生电涡流，消耗部分能量，到达线圈 L_2 的磁力线减弱，u_2 下降。

金属板厚度 δ 越大，电涡流损耗越大，u_2 输出越小。因此，可根据接收线圈输出电压 u_2 的大小，确定金属板的厚度。

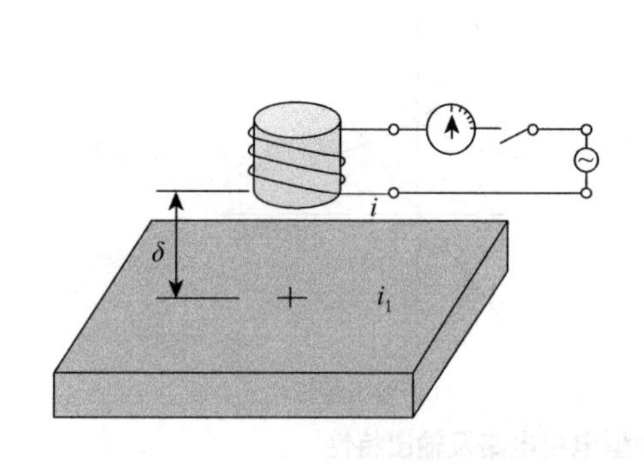

图 2.26　高频反射式电涡流传感器原理

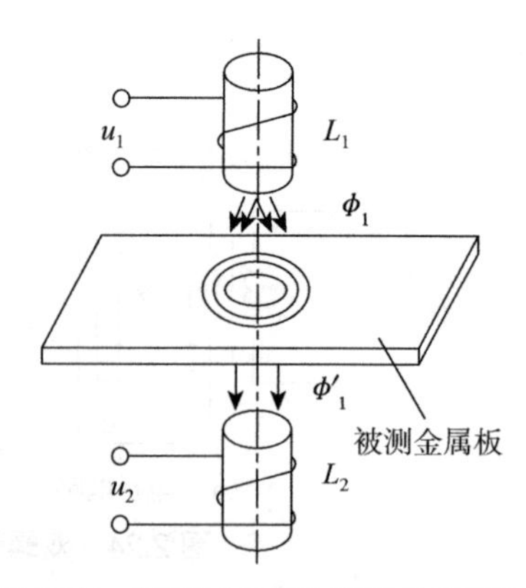

图 2.27　低频透射式电涡流传感器原理

（2）电涡流式传感器的结构（图 2.28）

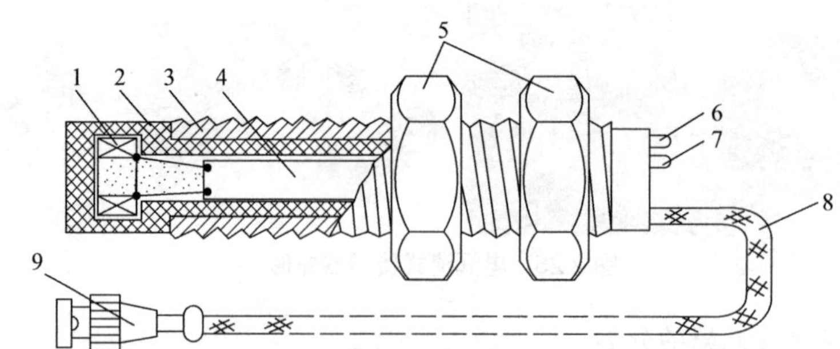

1—电涡流线圈；2—壳体；3—壳体上的位置调节螺纹；4—印制线路板；5—夹持螺母；6—电源指示；7—阈值指示灯；8—输出屏蔽电缆线；9—电缆插头

图 2.28　电涡流式传感器的内部结构

（3）电涡流式传感器的工作原理

如图 2.29 所示，在金属导体上方放置一个线圈，当线圈中通以电流 $\dot{I}_1$ 时，线圈的周围空间就产生了交变磁场 H_1，在金属导体内就会产生电涡流 $\dot{I}_2$，由 $\dot{I}_2$ 产生反向电磁场 H_2，由于 H_2 与 H_1 方向相反，H_2 抵消了部分原磁场 H_1，使导电线圈的阻抗发生了变化。

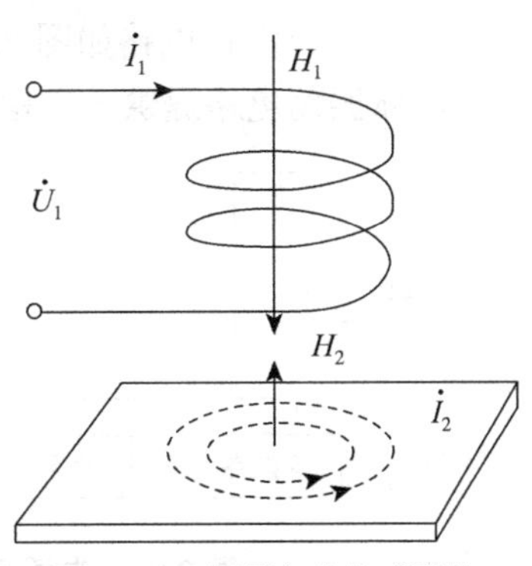

图 2.29　电涡流式传感器的工作原理

线圈阻抗的变化程度取决于线圈 L 的外形尺寸、线圈 L 至金属板之间的距离、金属板材料的电阻率和磁导率以及频率等参数。

当改变其中一个参量（其余为常数），则电感量就成为此参数的单值函数。如保持其他参数不变，仅改变线圈与金属导体之间的距离，则此时电感量的变化量就反映了线圈与导体间距离的变化量。

（4）电涡流式传感器的优点

结构很简单，线性测量范围比变间隙型的大，而且线性度较高，有较好的线性度，但是灵敏度较低，具有与螺管型电感式传感器相似的特性，但没有铁损。

（5）电涡流式传感器的应用

电涡流式传感器的工程应用实例如图 2.30 所示。

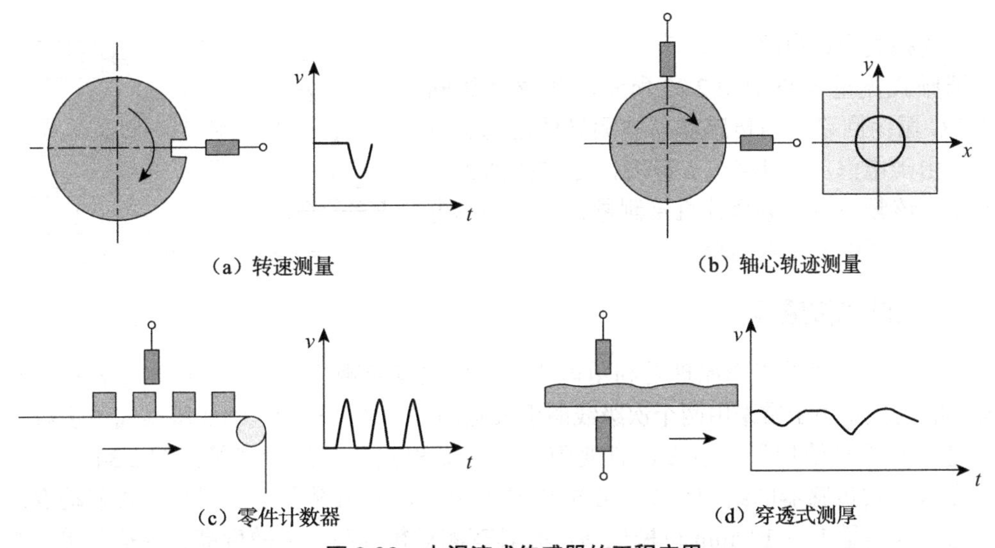

图 2.30　电涡流式传感器的工程应用

（6）电涡流式传感器的测量电路

电涡流式传感器的探头是一个电感线圈，改变它与被测金属板的间距，就改变了电感线圈的阻抗大小，阻抗的变化还要通过后续的测量电路转换为容易测量的电压的变化。常用的测量电路有以下三种。

①电桥测量电路

电桥测量电路如图 2.31 所示，它是将传感器线圈的阻抗作为电桥的一个桥臂，或用两个相同的电涡流线圈组成差动形式。初始状态电桥平衡，无输出。当测量时，线圈阻抗 A、B 发生差动变化，电桥失去平衡，输出电压的大小反映了被测量的变化。

②定频调幅测量电路

定频调幅测量电路如图 2.32 所示。传感器线圈 L 和电容 C 并联组成谐振电路，由石英晶体振荡电路提供一个稳定的高频激励电流 i。

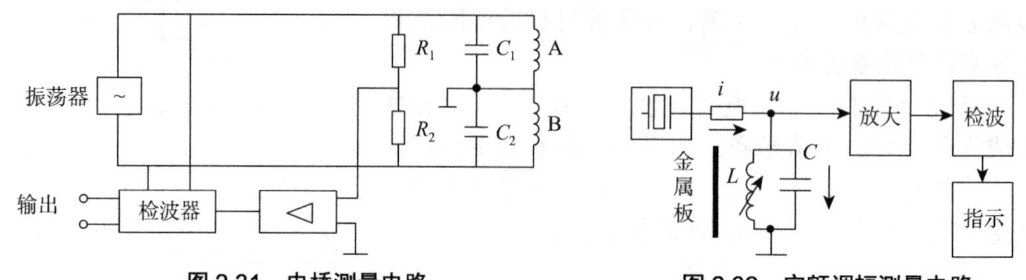

图 2.31　电桥测量电路　　图 2.32　定额调幅测量电路

当没有被测金属导体时，LC 并联谐振电路处于谐振状态，此时输出阻抗最大，u 也最大；当金属导体靠近传感器时，线圈的等效电感 L 发生变化，导致回路失谐，而 LC 并联电路在失谐状态下的阻抗下降，从而使电压 u 也下降，L 随检测距离而变化，阻抗跟随变化，导致 u 也变化，经放大、检波后，指示表调整后可直接显示距离的大小。

③调频式测量电路

调频式测量电路如图 2.33 所示。传感器线圈接入 LC 振荡回路，当传感器与被测导体距离 x 改变时，由于电涡流的影响，L 改变，导致振荡器频率改变。该频率可由频率计直接测量或通过频率电压变换后，再由电压表测得。

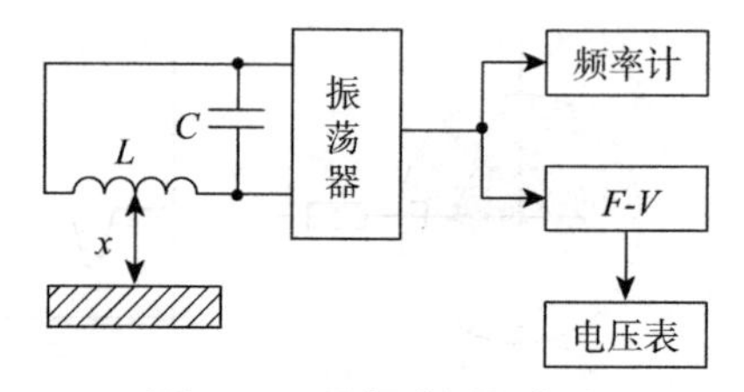

图 2.33　调频式测量电路

2.4.2　互感式传感器

互感式传感器的工作原理是利用电磁感应中的互感现象，将被测位移量转换成线圈互感的变化。由于常采用两个次级线圈组成差动式，故又称为差动变压器式传感器。

差动变压器结构形式较多，有变隙式、变面积式和螺线管式等，图 2.34 所示为差动变压器式传感器的结构示意。在非电量测量中，应用最多的是螺线管式差动变压器，它可以测量 1 ～ 100mm 机械位移，并具有测量精度高、灵敏度高、结构简单、性能可靠等优点。

差动变压器式传感器输出的电压是交流量，其输出特性如图 2.35 所示，输出值只能反应铁芯位移的大小，而不能反应移动的极性；同时，交流电压输出存在一定的零点残余电压，使活动衔铁位于中间位置时，输出也不为零。因此，差动变压器式传感器的后接电路应采用既能反映铁芯位移极性，又能补偿零点残余电压的差动直流输出电路。

差动变压器式传感器可以直接用于位移测量，也可以测量与位移有关的任何机械量，如振动、加速度、应变、比重、张力和厚度等。

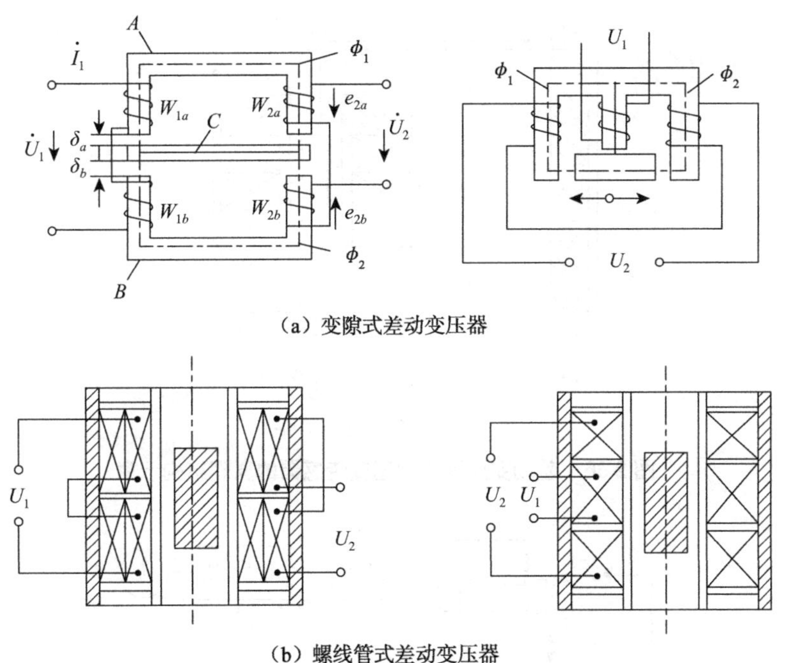

（a）变隙式差动变压器

（b）螺线管式差动变压器

图 2.34　差动变压器式传感器的结构示意

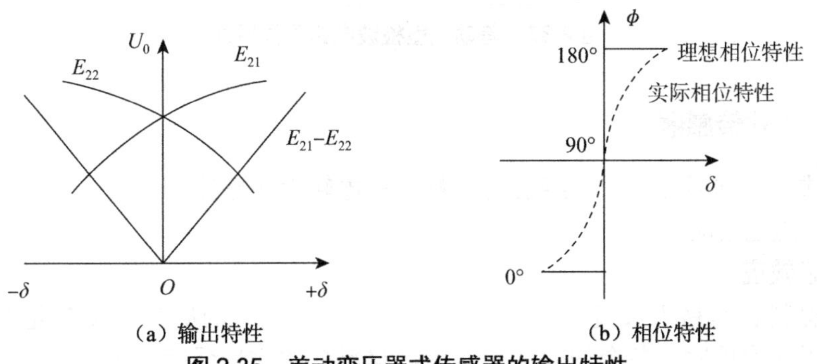

（a）输出特性　　　（b）相位特性

图 2.35　差动变压器式传感器的输出特性

图 2.36 所示为差动变压器式加速度传感器的原理结构示意。它由悬臂梁和差动变压器构成。测量时，将悬臂梁底座及差动变压器的线圈骨架固定，而将衔铁的 *A* 端与被测振动体相连，此时传感器作为加速度测量中的惯性元件，其位移与被测加速度成正比，使加速度测量转变为位移的测量。当被测体带动衔铁以 Δx（t）振动时，导致差动变压器的输出电压也按相同规律变化。

图 2.37 所示为用于小位移的差动相敏检波电路的工作原理，当没有信号输入时，铁芯处于中间位置，调节电阻 *R*，使零点残余电压减小；当有信号输入时，铁芯移上或移下，其输出电压经交流放大、相敏检波、滤波后得到直流输出。由表头指示输入位移量的大小和方向。

差动变压器式传感器的优点：测量精度高，可达 0.1μm；线性范围大，可到 ±100mm；稳定性好，使用方便。因而，被广泛应用于直线位移，或可能转换为位移变化的压力、重量等参数的测量。

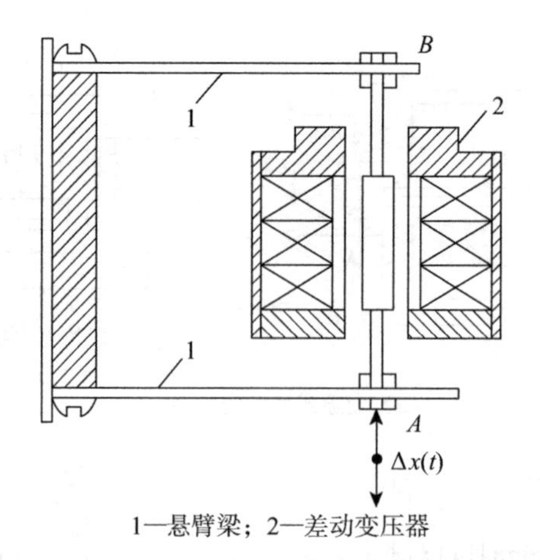

1—悬臂梁；2—差动变压器

图 2.36 差动变压器式加速度传感器的原理结构示意

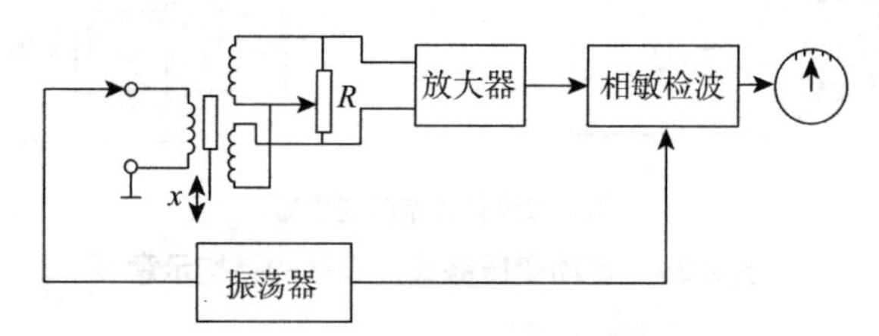

图 2.37 差动相敏检波电路工作原理

2.4.3 压磁式传感器

压磁式（又称磁弹式）传感器是一种力—电转换传感器，其基本原理是利用某些铁磁材料的压磁效应。

1. 压磁效应

铁磁材料在晶格形成过程中形成了磁畴，各个磁畴的磁化强度矢量是随机的。在没有外磁场作用时，各个磁畴互相均衡，材料总的磁场强度为零。当有外磁场作用时，磁畴的磁化强度矢量向外磁场方向转动，材料呈现磁化。当外磁场很强时，各个磁畴的磁场强度矢量都转向与外磁场平行，这时材料呈现饱和现象。

在磁化过程中，各磁畴间的界限发生移动，因而产生机械变形，这种现象称为磁致伸缩效应。

铁磁材料在外力作用下，内部发生变形，使各磁畴之间的界限发生移动，使磁畴磁化强度矢量转动，从而也使材料的磁化强度发生相应的变化。这种应力使铁磁材料的磁性质发生变化的现象称为压磁效应。

（1）材料受到压力时，在作用力方向磁导率减小，而在作用力垂直方向磁导率略有增大；作用力是拉力时，其效果相反。

（2）作用力取消后，磁导率复原。

（3）铁磁材料的压磁效应还与外磁场有关。为了使磁感应强度与应力之间有单值的函数关系，必须使外磁场强度的数值一定。

2. 压磁式传感器的工作原理

如图 2.38 所示，在压磁材料的中间部分开有四个对称的小孔 1、2、3 和 4，在孔 1、2 间绕有激励绕组 N_{12}，孔 3、4 间绕有输出绕组 N_{34}。当激励绕组中通过交流电流时，铁芯中就会产生磁场。若把孔间空间分成 A、B、C、D 四个区域，在无外力作用的情况下，A、B、C、D 四个区域的磁导率是相同的。这时合成磁场强度 H 平行于输出绕组的平面，磁力线不与输出绕组交链，N_{34} 不产生感应电动势，如图 2.38（b）所示。

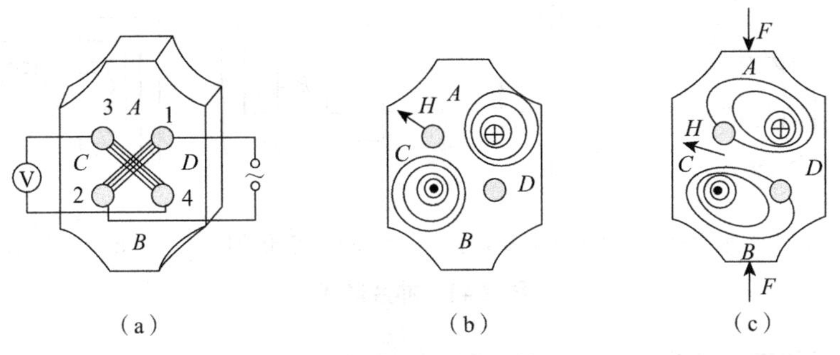

图 2.38　压磁式传感器工作原理图

在压力 F 作用下，如图 2.38（c）所示，A、B 区域将受到一定的应力，而 C、D 区域基本处于自由状态，于是 A、B 区域的磁导率下降、磁阻增大，C、D 区域的磁导率基本不变。这样激励绕组所产生的磁力线将重新分布，部分磁力线绕过 C、D 区域闭合，于是合成磁场 H 不再与 N_{34} 平面平行，一部分磁力线与 N_{34} 交链而产生感应电动势 e。F 值越大，与 N_{34} 交链的磁通越多，e 值越大。

图 2.39 所示为压磁式传感器，是一种无源传感器，由压磁元件、弹性支架、传力钢球组成。它利用铁磁材料的压磁效应，在外力作用时，铁磁材料内部产生应力或者应力变化，引起铁磁材料的磁导率变化。当铁磁材料上绕有线圈时（激励绕组和输出绕组），最终将引起二次线圈阻抗的变化，或引起线圈间耦合系数的变化，从而使输出电动势发生变化，如图 2.40 所示。压磁式传感器的作用过程可表示如下：

$$F \to \sigma \to \mu \to R_m \to Z \text{ 或 } e$$

其中，R_m 为磁路磁阻，σ 为应力，Z 为线圈的阻抗，μ 为铁磁材料的磁导率，e 为感应电动势。通过相应的测量电路，就可以根据输出的量值来衡量外作用力。

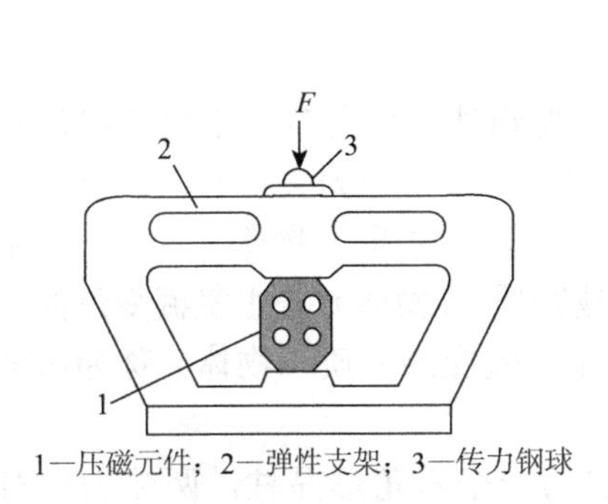

图 2.39　压磁式传感器结构图

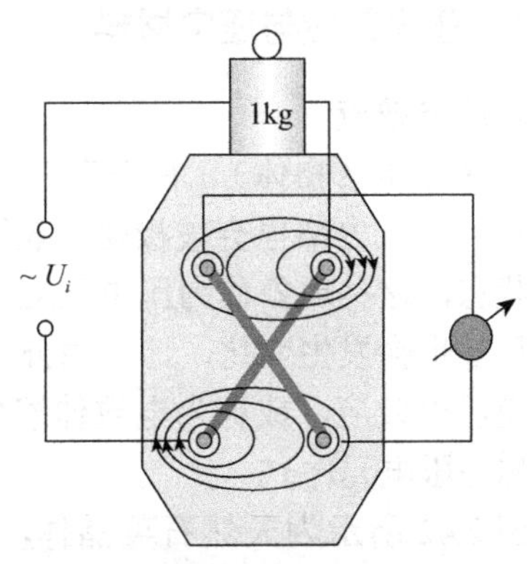

图 2.40　压磁式传感器作用示意图

3. 压磁元件

压磁式传感器的核心是压磁元件，它实际上是一个力—电转换元件。压磁元件常用的材料有硅钢片、坡莫合金和一些铁氧体。

为了减小涡流损耗，压磁元件的铁芯大都采用薄片的铁磁材料叠合而成，最常用的材料是硅钢片。其铁芯的冲片形状大致有四种，如图 2.41 所示。

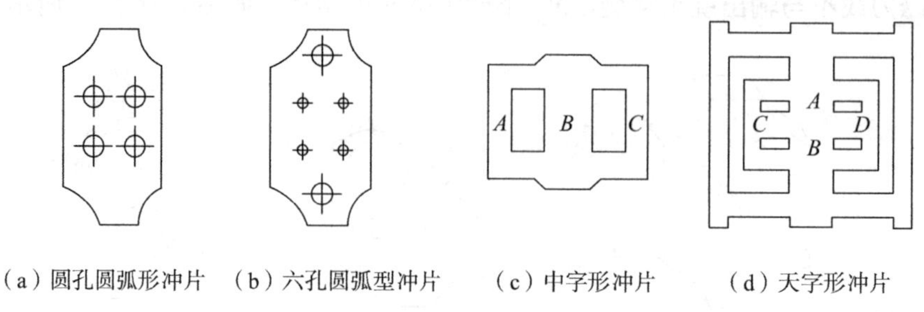

（a）圆孔圆弧形冲片　（b）六孔圆弧型冲片　（c）中字形冲片　（d）天字形冲片

图 2.41　冲片形状

4. 压磁式传感器的应用

压磁式传感器具有输出功率大、抗干扰能力强、过载性能好、结构和电路简单、能在恶劣环境下工作、寿命长等一系列优点。目前，这种传感器已成功地用在冶金、矿山、造纸、印刷、运输等各个工业部门。例如用来测量轧钢的轧制力、钢带的张力、纸张的张力，吊车提物的自动测量、配料的称量、金属切削过程的切削力以及电梯安全保护等。

2.5　压电式传感器

压电式传感器的工作原理是以某些物质的压电效应为基础，它具有自发电和可逆两种重要特性。

压电式传感器是一种可逆型换能器，既可以将机械能转换为电能，又可以将电能转换为机械能。这种性质使它被广泛用于力、压力、加速度测量，也被用于超声波发射与接收装置。这种传感器具有体积小、重量轻、精确度及灵敏度高等优点。

2.5.1　压电效应与压电材料

1. 压电效应

某些物质（物体），如石英、铁酸钡等，当受到外力作用时，不仅几何尺寸会发生变化，而且内部也会被极化，表面上还会产生电荷，当外力去掉时，又重新回到原来的状态，这种现象称为压电效应。相反，如果将这些物质（物体）置于电场中，其几何尺寸也会发生变化，这种由外电场作用导致物质（物体）产生机械变形的现象，称为逆压电效应，或称为电致伸缩效应。具有压电效应的物质（物体）称为压电材料（或称为压电元件）。

图 2.42 所示为天然石英晶体，其结构形状为一个六角形晶柱，两端为一对称棱锥。在晶体学中，可以把它用三根互相垂直的轴表示，其中，纵轴 z 称为光轴；通过

六棱线而垂直于光轴的 x 轴称为电轴；与 x–x 轴和 z–z 轴垂直的 y–y 轴（垂直于六棱柱体的棱面），称为机械轴，如图 2.43 所示。

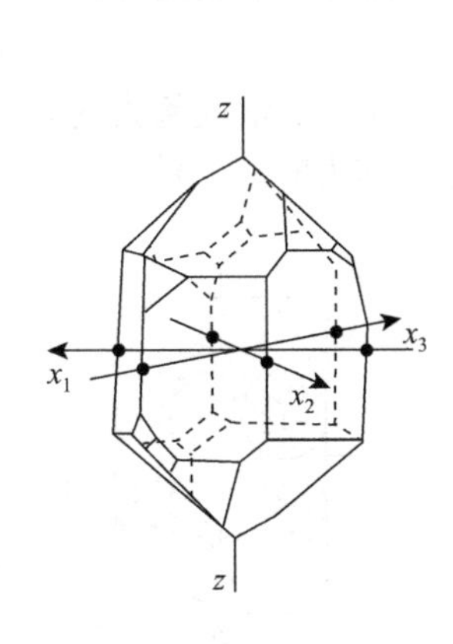

图 2.42 石英晶体

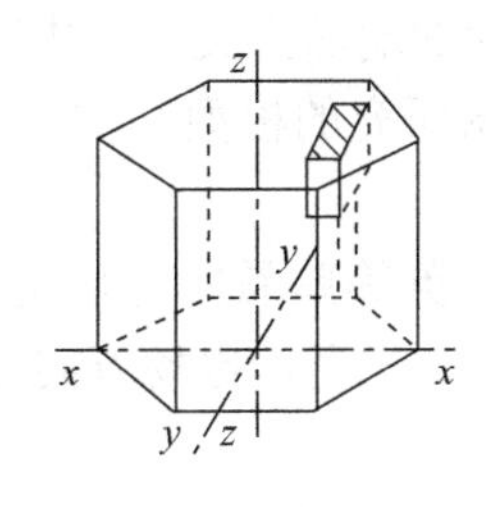

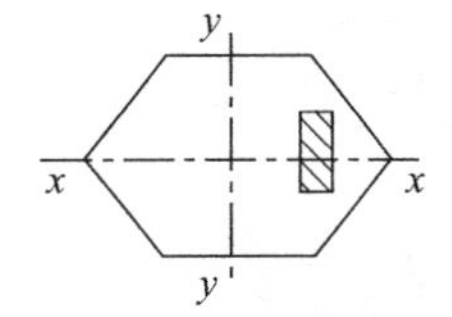

x—电轴；y—机械轴；z—光轴

图 2.43 晶体晶轴

如果从石英晶体中切下一个平行六面体，并使其晶面分别平行于 z–z、y–y、x–x 轴线，晶片在正常情况下呈现电性，若对其施力，则有几种不同的效应，如图 2.44 所示。通常把沿电轴（x 轴）方向的作用力（一般利用压力）产生的压电效应称为纵向压电效应；把沿机械轴（y 轴）方向的作用力产生的压电效应称为横向压电效应；在光轴（z 轴）方向的作用力不产生压电效应。沿相对两棱加力时，则产生切向效应。压电式传感器主要是利用纵向压电效应。

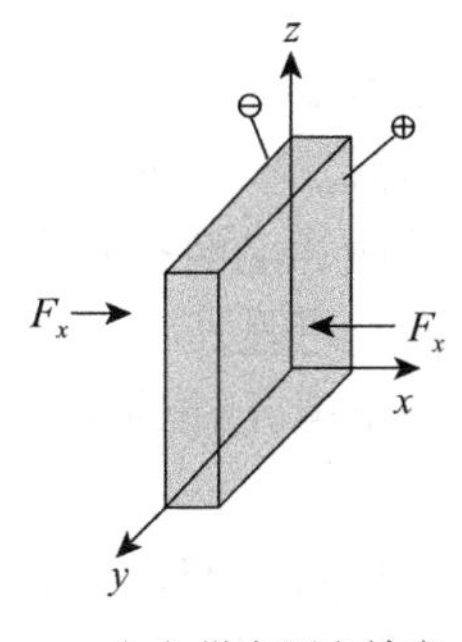

（a）纵向压电效应

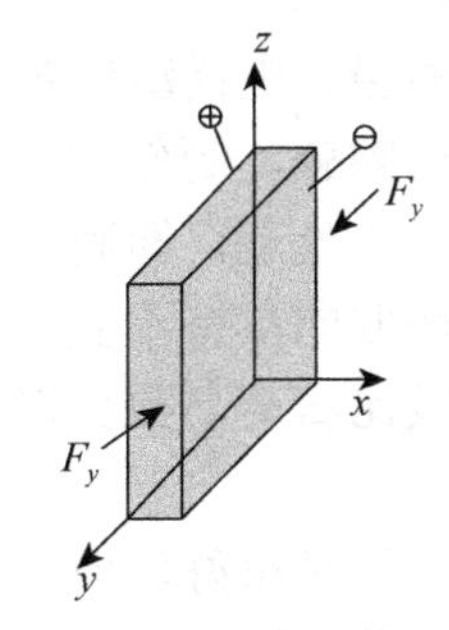

（b）横向压电效应

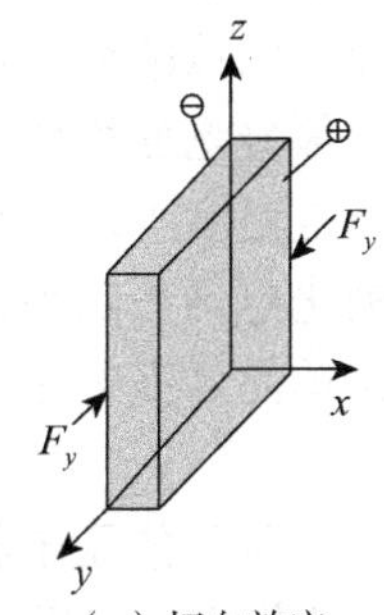

（c）切向效应

图 2.44 压电效应模型图

石英的化学式为 SiO_2，在一个晶体单元中，有三个硅离子 Si^{4+} 和六个氧离子 O^{2-}，后者是成对的，所以一个硅离子和两个氧离子交替排列。当没有力作用时，Si^{4+} 和 O^{2-} 在垂直于晶体 z 轴的 xy 平面上的投影恰好等效为正六边形排列，如图 2.45（a）所示，这时正负离子正好分布在正六边形的顶角上，呈现电中性。

如果沿 x 方向压缩，如图 2.45（b）所示，则硅离子 1 被挤入氧离子 2 和氧离子 6 之间，而氧离子 4 被挤入硅离子 3 和硅离子 5 之间，结果表面 A 上呈现负电荷，而在表面 B 上呈现正电荷。这一现象称为纵向压电效应。

如果沿 y 方向压缩，如图 2.45（c）所示，硅离子 3 和氧离子 2，以及硅离子 5 和氧离子 6 都向内移动同样的数值，故在表面 C 和 D 上不呈现电荷，而在表面 A 和 B 上，即在 x 轴的端面上又呈现电荷，但与图 2.45（b）的极性正好相反，这时称为横向压电效应。从研究的模型同样可以看出：如果是使其伸长而不是压缩时，则电荷的极性正好相反。

总之，石英等单晶体材料是各向异性的物体，在 x 轴或 y 轴向施力时，在与 x 轴垂直的面上产生电荷，电场方向与 x 轴平行，在 z 轴方向施力时，不能产生压电效应。

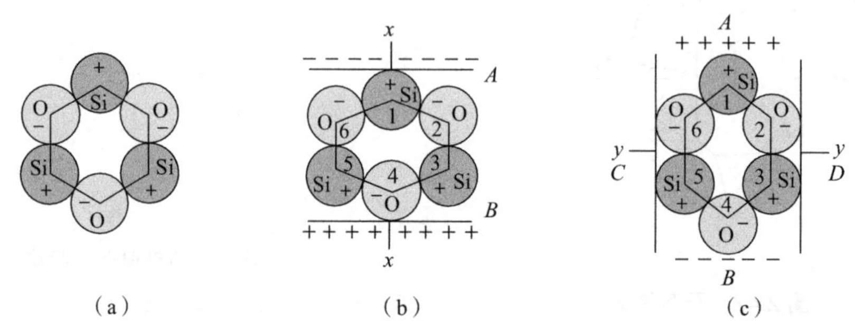

图 2.45　石英压电效应图

2. 压电材料

常用的压电材料可分为三类：压电晶体、压电陶瓷和高分子压电薄膜。

压电晶体，如石英、酒石酸钾钠等，石英具有代表性。石英的压电常数不高，但具有较好的机械强度和时间、温度稳定性。其他压电单晶的压电常数为石英的 2.5 ～ 3.5 倍，但价格较贵。水溶性压电晶体，如酒石酸钾钠压电常数较高，但易受潮，机械强度低，电阻率低，性能不稳定。

压电陶瓷，如钛酸钡、锆钛酸铅、铌镁酸铅等，又称为多晶压电陶瓷。现在声学和传感技术中最普遍应用的是压电陶瓷，制作方便，成本低。原始的压电陶瓷不具有压电性，在一定温度下对其进行极化处理，即利用强电场使其电畴按规则排列，呈现压电性能。极化电场去除后，电畴取向保持不变，在常温下可呈压电特性。压电陶瓷的压电常数比单晶体高得多，一般比石英高数百倍。现在压电元件绝大多数采用压电陶瓷。

高分子压电薄膜的压电特性并不是很好，但它易于大批量生产，且具有面积大、柔软不易破碎等优点，可用于微压测量和机器人的触觉。聚偏二氟乙烯（PVDF）作为一种新型的高分子物性型传感材料得到了广泛的应用。

2.5.2　压电式传感器及其等效电路

最简单的压电式传感器的工作原理如图 2.46 所示。在压电晶片的两个工作面上进行金属蒸镀，形成金属膜，构成两个电极。当压电晶片受到压力 F 的作用时，分别在两个极板上积聚数量相等而极性相反的电荷，形成电场。因此，压电式传感器可以被看作一个电荷发生器，也可以被看成一个电容器。

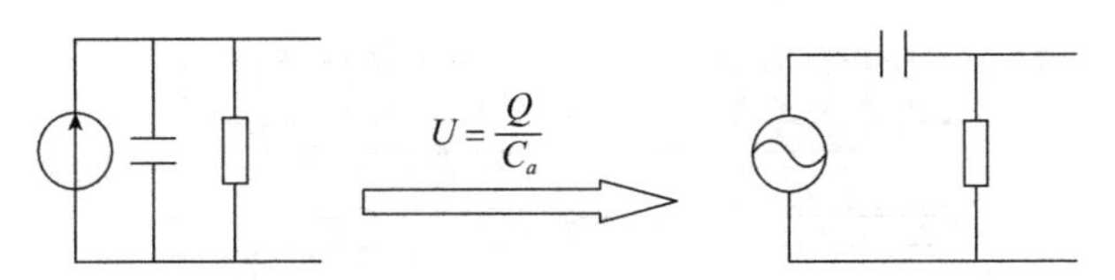

图 2.46　压电式传感器的工作原理

其电容量为

$$C_Q = \varepsilon_y \varepsilon_0 S / \delta \tag{2.24}$$

式中　ε_y——压电材料的相对介电常数，石英晶体 ε_y=4.5，钛酸钡 ε_y=1200；

δ——极板间距，即压电元件厚度，m；

S——压电元件工作面面积，m^2。

当压电元件受外力作用时，两表面产生等量的正、负电荷 Q，压电元件的开路电压（负载电阻为无穷大）U 为

$$U=Q/C_a \tag{2.25}$$

这样可把压电元件等效为一个电荷源 Q 和一个电容器 C_0 并联的等效电路，同时也可等效为一个电压源 U 和一个电容器 C_0 串联的等效电路，如图 2.47 所示。

其中，R_0 为压电元件的漏电阻。工作时，压电元件与二次仪表配套使用必定与测量电路相连接，这就要考虑连接电缆电容 C_0、放大器的输入电阻 R_1 和输入电容 C_1。

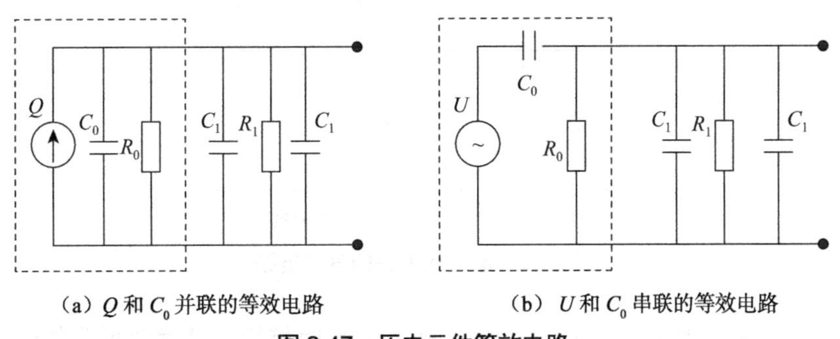

（a）Q 和 C_0 并联的等效电路　　（b）U 和 C_0 串联的等效电路

图 2.47　压电元件等效电路

由于不可避免地存在电荷泄漏，利用压电式传感器测量静态或准静态量值时，必须采取一定措施，使电荷从压电元件经测量电路的漏失减小到足够小的程度。而在进行动态测量时，电荷可以不断补充，从而供给测量电路一定的电流，故压电式传感器适宜作动态测量。

2.5.3　压电元件常用的结构形式

在实际使用中，如仅用单片压电元件工作，要产生足够的表面电荷就需要很大的作用力，因此一般采用两片或两片以上压电元件组合在一起使用。由于压电元件是有极性的，因此连接方法有两种：并联连接和串联连接，如图 2.48 所示。

（1）并联连接：两压电元件的负极集中在中间极板上，正极在上下两边并连接在一起，此时电容量大，输出电荷量大，适用于测量缓变信号和以电荷为输出的场合。

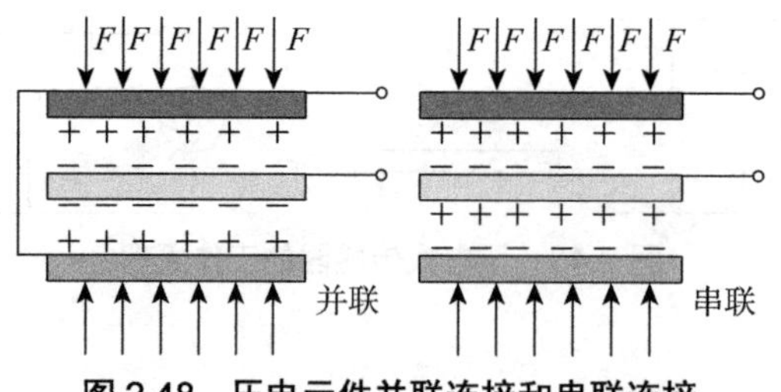

图 2.48　压电元件并联连接和串联连接

（2）串联连接：上极板为正极，下极板为负极，在中间是一元件的负极与另一元件的正极相连接，此时传感器本身电容小，输出电压大，适用于要求以电压为输出的场合，并要求测量电路有较高的输入阻抗。

2.5.4　测量电路

由于压电式传感器的输出电信号很微弱，通常应把传感器信号先输入到高输入阻抗的前置放大器中，经过阻抗交换以后，方可用一般的放大检波电路再将信号输入到指示仪表或记录器中，如图 2.49 所示。其中，测量电路的关键在于高阻抗输入的前置放大器。

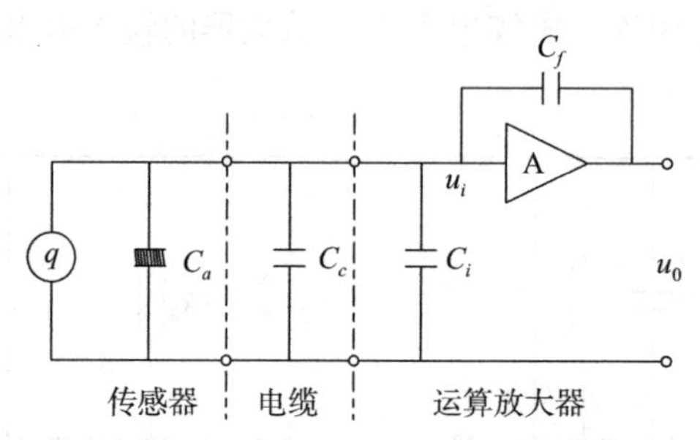

图 2.49　电荷放大器的等效电路

前置放大器的作用有两点：一是将传感器的高阻抗输出变换为低阻抗输出；二是放大传感器输出的微弱电信号。

前置放大器电路有两种形式：一种是用电阻反馈的电压放大器，其输出电压与输入电压（即传感器的输出）成正比；另一种是用带电容板反馈的电荷放大器，其输出电压与输入电荷成正比。由于电荷放大器电路的电缆长度变化的影响不大，几乎可以忽略不计，故而电荷放大器应用日益广泛。

电荷放大器的等效电路如图 2.49 所示，由于忽略了漏电阻，所以电荷量为

$$q \approx e_i\ (C_a+C_c+C_i) + (u_i+u_0)\ C_f \tag{2.26}$$

式中，u_i 为放大器输入端电压；u_0 为放大器输出端电压，$u_0 = -ku_i$，其中 k 为电荷放大器开环放大倍数；C_i 为放大器输入电容；C_f 为电荷放大器反馈电容。

上式可简化为

$$e_y = \frac{kq}{(C+C_f)+kC_f} \tag{2.27}$$

如果放大器开环增益足够大，则 $kC_f >> (C+C_f)$，式（2.27）可简化为：$e_y \approx -q/C_f$。

上式表明，在一定情况下，电荷放大器的输出电压与传感器的电荷量成正比，并且与电缆分布电容无关。因此，采用电荷放大器时，即使联接电缆长度在百米以上，其灵敏度也无明显变化，这是电荷放大器的突出优点。

由于不可避免地存在电荷泄漏，利用压电式传感器测量静态或准静态量值时，必须采取一定措施，使电荷从压电元件经测量电路的漏失减小到足够小的程度；而在作动态测量时，电荷可以不断补充，从而供给测量电路一定的电流，故压电式传感器适宜作动态测量。

2.6　磁电式传感器

磁电式传感器包括磁感应电式传感器、霍尔式传感器和磁阻效应传感器等。

2.6.1　磁感应电式传感器

1. 磁感应电式传感器的工作原理

根据电磁感应定律，把被测参数变换为感应电动势的传感器称为“磁电传感器”（感应式传感器）。

其基本原理：由电磁感应定律，具有 N 匝线圈的感应电动势 e，其大小取决于磁通 Φ 的变化率，即 $e=-N\frac{\mathrm{d}\Phi}{\mathrm{d}t}$。也可以写成

$$e = Bl\frac{\mathrm{d}x}{\mathrm{d}t}\sin\alpha\times10^{-8} \text{ 或 } e = Bl\frac{\mathrm{d}\theta}{\mathrm{d}t}\sin\alpha\times10^{-8} \tag{2.27}$$

式中，B 为磁场气隙磁感应强度；l 为线圈导线长度；$\frac{\mathrm{d}x}{\mathrm{d}t}$ 为线圈和磁铁间相对运动的线速度；$\frac{\mathrm{d}\theta}{\mathrm{d}t}$ 为线圈和磁铁间相对旋转运动的角速度；α 为运动方向和磁感应矢量的夹角。

磁通变化率与磁场强度、磁路磁阻、线圈的运动速度有关，故若改变其中一个因素，都会改变线圈的感应电动势。

2. 磁感应电式传感器的特点

磁感应电式传感器简称感应式传感器，也称电动式传感器。它把被测物理量的变化转变为感应电动势，是一种机—电能量变换型传感器，不需要外部供电电源，电路简单，性能稳定，输出阻抗小，又具有一定的频率响应范围（一般为 10 ～ 1000Hz），适用于振动、转速、扭矩等测量。但这种传感器的尺寸和重量都较大。

3. 磁感应电式传感器的分类

按工作原理不同，磁感应电式传感器可分为恒定磁通式和变磁通式，即动圈式传感器和磁阻式传感器。

（1）恒定磁通式磁感应电式传感器（动圈式传感器）

恒定磁通式磁电感应式传感器一般由永久磁铁（磁钢）、线圈、金属骨架和壳体等组成。磁路系统产生恒定的直流磁场，磁路中的工作气隙是固定不变的，因而气隙中的磁通也是恒定不变的。它们的运动部件可以是线圈，也可以是磁铁，因此又分为动圈式和动铁式两种结构类型。

动圈式磁电感应式传感器基本形式是速度传感器，能直接测量线速度或角速度，还可以用来测量位移或加速度。由上述工作原理可知，磁感应电式传感器只适用于动态测量。

动圈式磁电感应式传感器可以分为线速度型和角速度型，如图 2.50 所示。

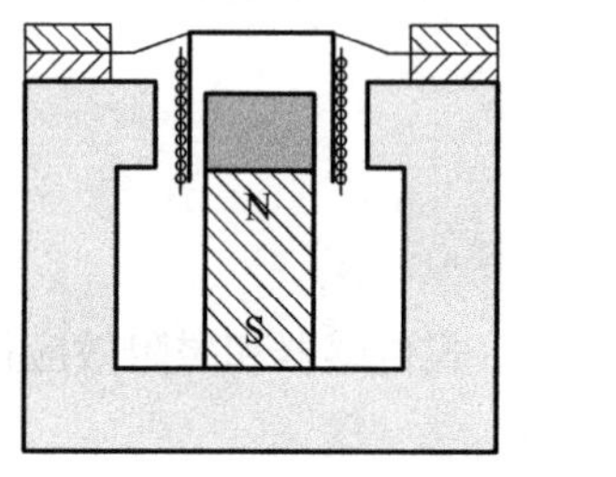

（a）线速度型

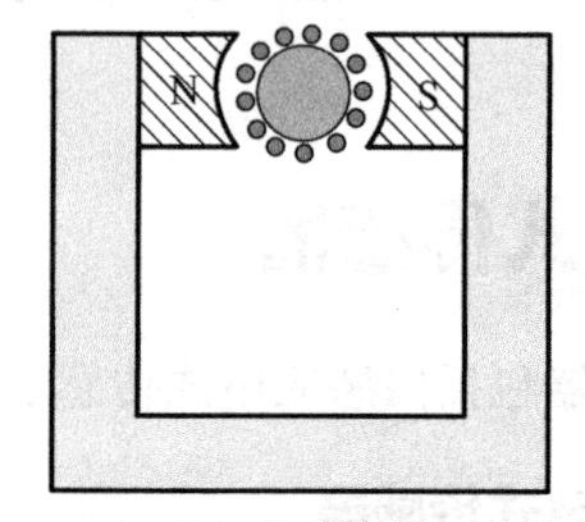

（b）角速度型

图 2.50　动圈式磁电感应式传感器工作原理图

若以线圈相对磁场运动的速度 v 或角速度 ω 表示，则所产生的感应电动势为

$$\left.\begin{aligned} e &= -NBlv \\ e &= -NBS\omega \end{aligned}\right\} \qquad (2.28)$$

式中　l ——每匝线圈的平均长度；

B ——线圈所在磁场的磁感应强度；

S ——每匝线圈的平均截面积。

在传感器中，当结构参数确定后，B、l、N、S 均为定值，感应电动势 e 与线圈相对磁场的运动速度（v 或 ω）成正比，所以这类传感器的基本形式是速度传感器，能直接测量线速度或角速度。如果在其测量电路中接入积分电路或微分电路，那么还可以用来测量位移或加速度，如图 2.51 所示。由上述工作原理可知，磁感应电式传感器只适用于动态测量。

动圈式磁电感应式传感器接等效电路，其原理如图 2.51 所示，其等效电路的输出电压为

$$e_L = e_0 \frac{1}{1 + R_0 / R_L + j\omega C_c R_c} \qquad (2.29)$$

式中，e_0 为发电线圈感应电动势；R_0 为线圈电阻，一般 $R_0 = 0.1 \sim 3\text{k}\Omega$；$R_L$ 为负载电阻（放大器输入电阻）；C_c 为电缆导线的分布电阻，一般 $C_c = 70\text{pF/m}$；R_c 为电缆导线电阻，一般 $R_c = 0.03\Omega/\text{m}$。

在不使用特别加长电缆时，C_c 可忽略，因此，当 $R_L >> R_0$ 时，则放大器输入电压 $e_L \approx e_0$。感应电动式经放大、检波后，即可推动指示仪表。使用动圈式磁电感应式传感

器，如果测量电路中接有微分或积分网络，则可以得到加速度或位移。

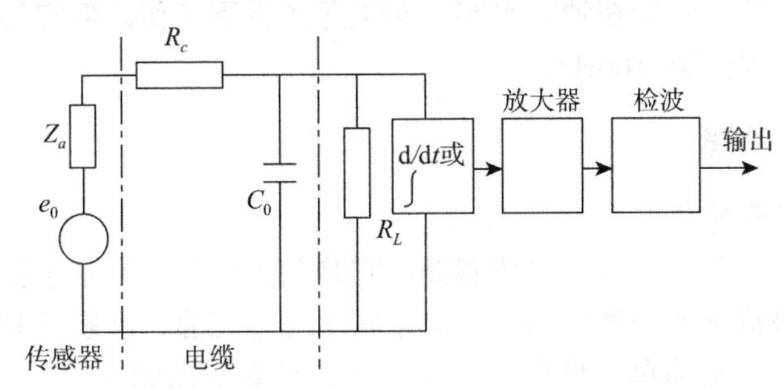

图 2.51　动圈式磁电感应式传感器的等效电路

图 2.52 所示为动铁式磁电感应式传感器，动铁式与动圈式的工作原理相同，只是运动的是磁铁。

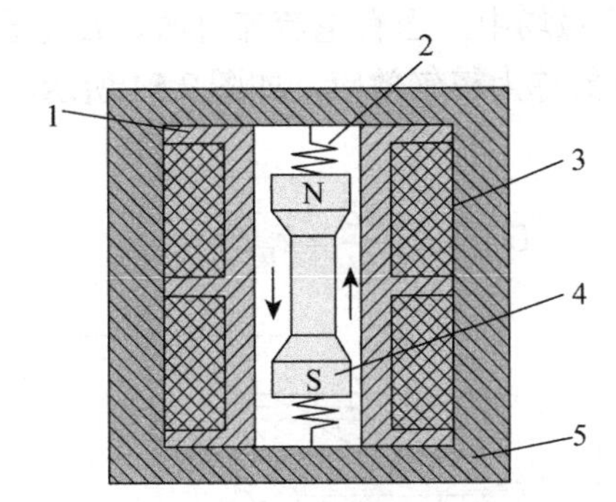

1—金属骨架；2—弹簧；3—线圈；4—永久磁铁；5—壳体

图 2.52　动铁式磁电感应式传感器

（2）变磁通式磁感应电式传感器（磁阻式传感器）

变磁通式又称（变）磁阻式或变气隙式磁电感应传感器，常用来测量旋转物体的角速度，如图 2.53 所示。线圈和磁铁静止不动，测量齿轮（导磁材料制成）每转过一个齿，传感器磁路磁阻变化一次，线圈产生的感应电动势的变化频率等于测量齿轮的齿数和转速的乘积。

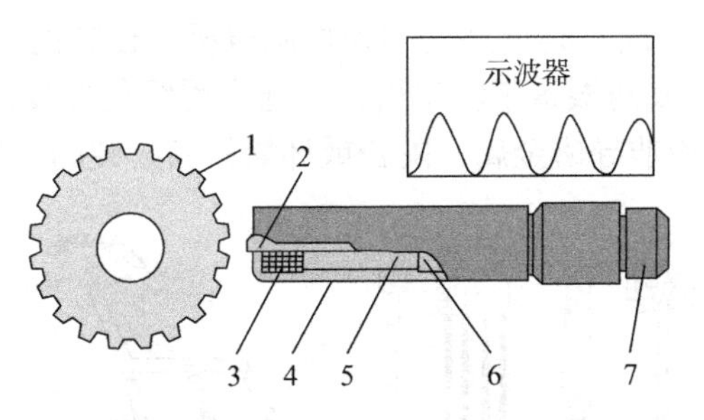

1—测量齿轮；2—软铁；3—线圈；4—外壳；
5—磁铁；6—填料；7—插座

图 2.53　变磁通式磁感应电式传感器

变磁通式磁感应电式传感器对环境条件要求不高，能在 -150 ～ + 90℃的温度下工作，不影响测量精度，也能在油、水雾、灰尘等条件下工作。但它的工作频率下限较高，约为 50Hz，上限可达 100Hz。

2.6.2 霍尔式传感器

1. 霍尔式传感器的特点

霍尔式传感器也是一种磁电式传感器，它是利用霍尔元件基于霍尔效应原理将被测量转换成电动势输出的一种传感器。由于霍尔元件在静止状态下具有感受磁场的独特能力，并且具有结构简单、体积小、噪声小、频率范围宽（从直流到微波）、动态范围大（输出电势变化范围可达 1000:1）、寿命长等特点，因此获得了广泛应用。例如，在测量技术中用于将位移、力、加速度等量转换为电量的传感器；在计算技术中用于进行加、减、乘、除、开方、乘方以及微积分等运算的运算器等。

2. 霍尔效应

金属或半导体薄片置于磁场中，当有电流流过时，在垂直于电流和磁场的方向上将产生电动势，这种物理现象称为霍尔效应，如图 2.54 所示。

霍尔电势可表示为

$$U_H = R_H \frac{IB}{d} = k_H IB \tag{2.30}$$

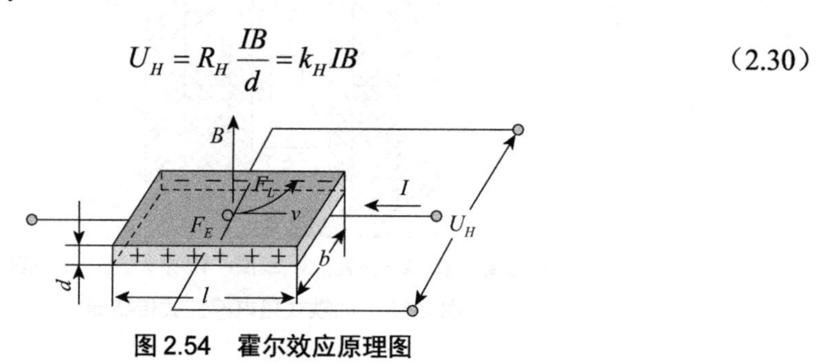

图 2.54　霍尔效应原理图

3. 霍尔元件

基于霍尔效应工作的半导体器件称为霍尔元件，霍尔元件多采用 N 型半导体材料。霍尔元件越薄（d 越小），k_H 就越大，薄膜霍尔元件厚度只有 1μm 左右。

霍尔元件由霍尔片、四根引线和壳体组成。霍尔片是一块半导体单晶薄片（一般为 4mm×2mm×0.1mm），在它的长度方向两端面上焊有 a、b 两根引线，称为控制电流端引线，通常用红色导线，其焊接处称为控制电极。在它的另两侧端面的中间，以点的形式对称地焊有 c、d 两根霍尔输出引线，通常用绿色导线，其焊接处称为霍尔电极。霍尔元件的壳体是用非导磁金属、陶瓷或环氧树脂封装的，如图 2.55 所示。

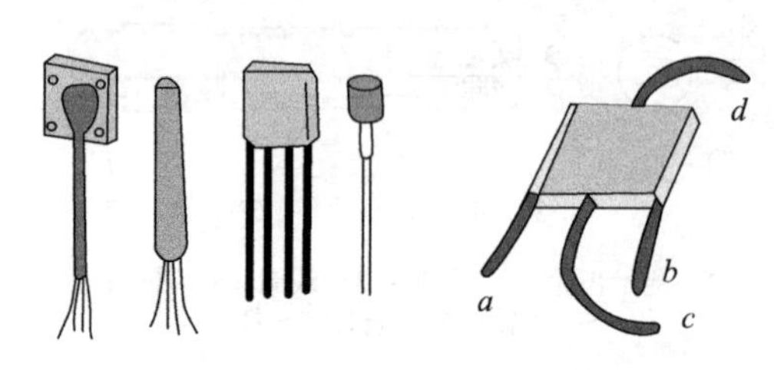

图 2.55　霍尔元件图

目前，常用的霍尔元件材料有锗（Ge）、硅（Si）、锑化铟（InSb）、砷化铟（InAs）等半导体材料。

4. 应用举例

（1）霍尔式位移传感器

如图 2.56 所示，从 a 端通入电流 I，根据霍尔效应，左半部产生霍尔电势 V_{H1}，右半部产生霍尔电势 V_{H2}，其方向相反。因此，c、d 两端电势为 $V_{H1}—V_{H2}$。如果霍尔元件在初始位置时 $V_{H1}=V_{H2}$，则输出为零。当改变磁极系统与霍尔元件的相对位置时，即可得到输出电压，其大小正比于位移量。

（2）霍尔乘法器

霍尔元件置于由坡莫合金制成的铁芯气隙中，激磁线圈绕于中间芯柱上，当输入直流激磁电流 I_m 时，形成恒定磁场。如果通入霍尔元件的控制电流为 i，则霍尔电势为

$$V_H = k \cdot i \cdot b \infty I_m i \tag{2.31}$$

即霍尔电势 V_H 正比于 i 与 I_m 的乘积，因此霍尔元件可作为乘法器，如图 2.57 所示。

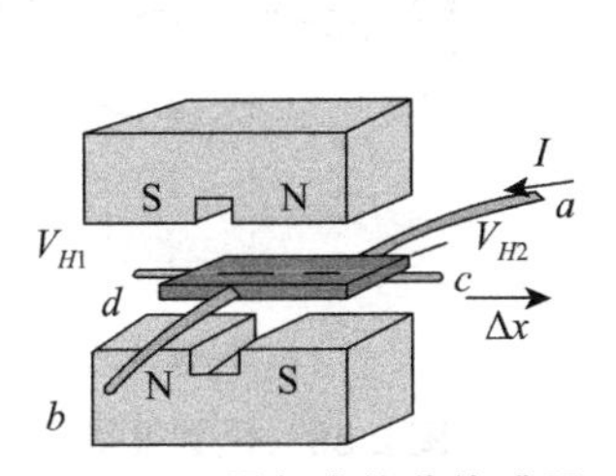

图 2.56　霍尔式位移传感器

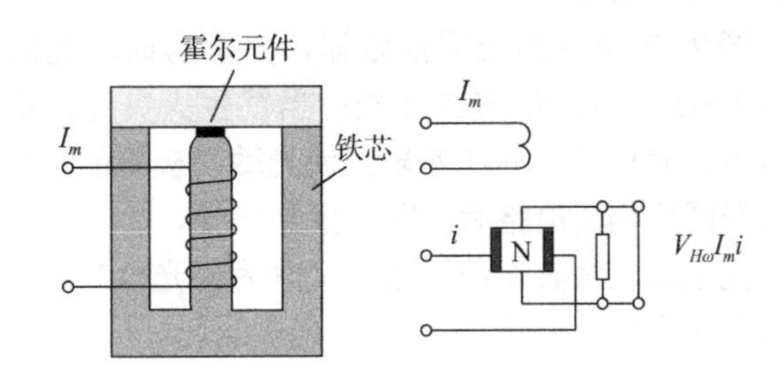

图 2.57　霍尔乘法器

2.6.3　磁阻效应传感器

磁阻元件类似霍尔元件，但它的工作原理是利用半导体材料的磁阻效应（或称高斯效应）。与霍尔效应的区别在于：霍尔电势是垂直于电流方向的横向电压，而磁阻效应则是沿电流方向的电阻变化。

图 2.58 所示为一种测量位移的磁阻效应传感器的原理图。将磁阻元件置于磁场中，当它相对于磁场发生位移时，元件内阻 R_1、R_2 发生变化，如果将它们接于电桥，则其输出电压比例于电阻的变化。

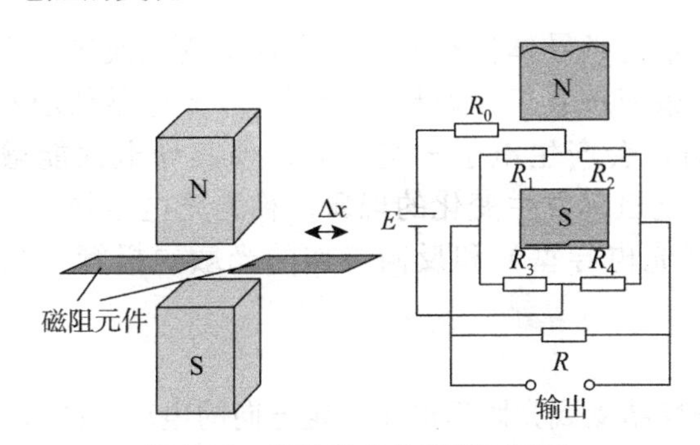

图 2.58　磁阻效应传感器原理图

在分析霍尔效应时，我们没有考虑到实际运动中载流子速度的统计分布，而认为载流子都按同一速度运动形成电流，实际上载流子的速度是不完全相同的，因而，在洛伦兹力作用下使一些载流子往一边偏转，所以半导体片内电流分布是不均匀的。改变磁场的强弱就影响电流密度的分布，故表现为半导体片的电阻变化。

磁阻效应与材料性质及几何形状有关，一般迁移率大的材料，磁阻效应越显著；元件的长、宽比越小，磁阻效应越大。磁阻元件可用于位移、力、加速度等参数的测量。

2.7 光电式传感器

2.7.1 光电效应及光电器件

光电式传感器是将光量转换为电量。光电器件的物理基础是光电效应。

图 2.59 所示为烟雾报警器，无烟雾时，光敏元件接收到 LED 发射的恒定红外光；当发生火灾时，烟雾进入检测室，遮挡了部分红外光，使光敏三极管的输出信号减弱，经阀值判断电路后，发出报警信号。

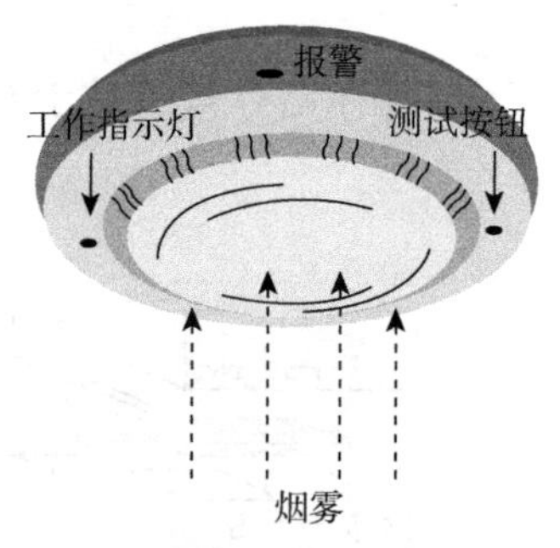

图 2.59 烟雾报警器

光电效应按其作用原理，又分为外光电效应、内光电效应和光生伏特效应。

1. 外光电效应

在光线作用下，物质内的电子逸出物体表面向外发射的现象，称为外光电效应。

光电子逸出时所具有的初始动能 E_k 与光的频率有关，频率高，则动能大。由于不同材料具有不同的逸出功，因此对某种材料而言便有一个频率限，当入射光的频率低于此频率限时，不论光强多大，也不能激发出电子。反之，当入射光的频率高于此极限频率时，即使光线微弱也会有光电子发射出来，这个频率限称为“红限频率”。

基于外光电效应的光电器件属于光电发射型器件，有光电管、光电倍增管等。光电管有真空光电管和充气光电管。

2. 内光电效应

受光照物体（通常为半导体材料）电导率发生变化或产生光电动势的效应称为内光电效应。内光电效应按其工作原理分为两种：光电导效应和光生伏特效应。半导体材料受到光照时，会产生电子—空穴对，使其导电性能增强，光线越强，阻值越低，这种光照后电阻率发生变化的现象，称为光电导效应。基于这种效应的光电器件有光敏电阻（光电导型）和反向工作的光敏二极管、光敏三极管（光电导结型）。

3. 光生伏特效应

指半导体材料 P-N 结受到光照后产生一定方向的电动势的效应。光生伏特型光电器件是自发电式的，属有源器件。以可见光作为光源的光电池是常用的光生伏特型器件，硒和硅是光电池常用的材料，也可以使用锗。

4. 光电元件

（1）真空光电管或光电管（图 2.60）

在一个真空的玻璃泡内装有两个电极，一个是光电阴极，另一个是光电阳极。光电阴极通常采用逸出功小的光敏材料（如铯 Cs），当光线照射到光敏材料上便有电子逸出，这些电子被具有正电位的阳极所吸引，在光电管内形成空间电子流，在外电路就产生电流。若在外电路串入一定阻值的电阻，则在该电阻上的电压降或电路中的电流大小都与光强成函数关系，从而实现光电转换。

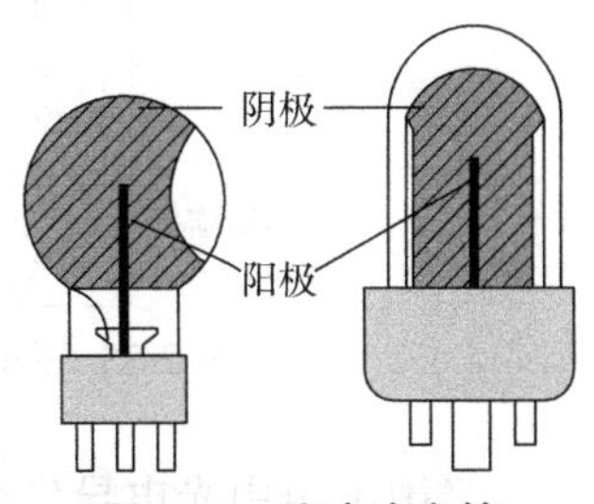

图 2.60　真空光电管

光电管种类很多，它是个装有光阴极和阳极的真空玻璃管，其结构如图 2.61 所示。图 2.62 所示为光电管受光照发射电子的示意电路，阳极通过 R_L 与电源连接，在光电管内形成电场。光电管的阴极受到适当的照射后便发射光电子，这些光电子在电场作用下被具有一定电位的阳极吸引，在光电管内形成空间电子流。电阻 R_L 上产生的电压降正比于空间电流，其值与照射在光电管阴极上的光成函数关系。如果在玻璃管内充入惰性气体（如氩、氖等），即构成充气光电管。由于光电子流对惰性气体进行轰击，使其电离，产生更多的自由电子，从而提高光电变换的灵敏度。

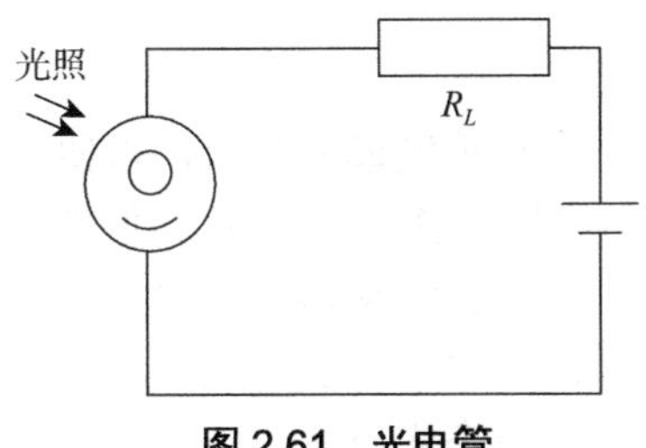

图 2.61　光电管

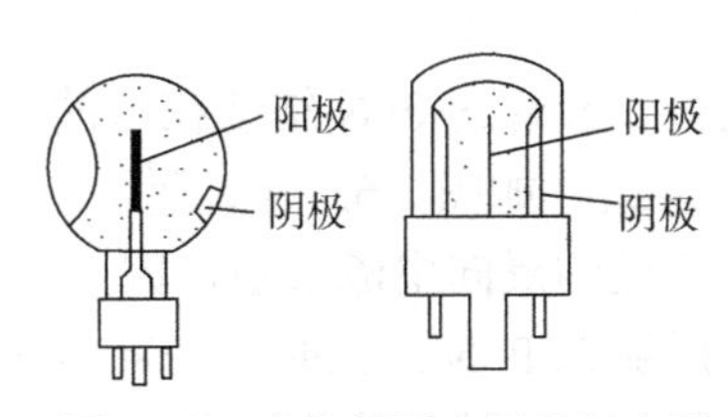

图 2.62　光电管受光照发射电子

（2）光电倍增管

光电倍增管的结构如图 2.63 所示。在玻璃管内除装有光电阴极和光电阳极外，还装有若干个光电倍增极。光电倍增极上涂有在电子轰击下能发射更多电子的材料。光电倍增极的形状及位置设置得正好能使前一级倍增极发射的电子继续轰击后一级倍增极。在每个倍增极间均依次增大加速电压，设每级的培增率为 δ，若有 n 级，则光电倍增管的光电流倍增率将为 $n\delta$。

（3）光敏电阻

光敏电阻是一种电阻器件，其工作原理如图 2.64 所示。使用时，可加直流偏压（无固定极性），或加交流电压。光敏电阻的工作原理是基于光电导效应，其结构是在玻璃底版上涂一层对光敏感的半导体物质，两端有梳状金属电极，然后在半导体上覆盖一层漆膜。

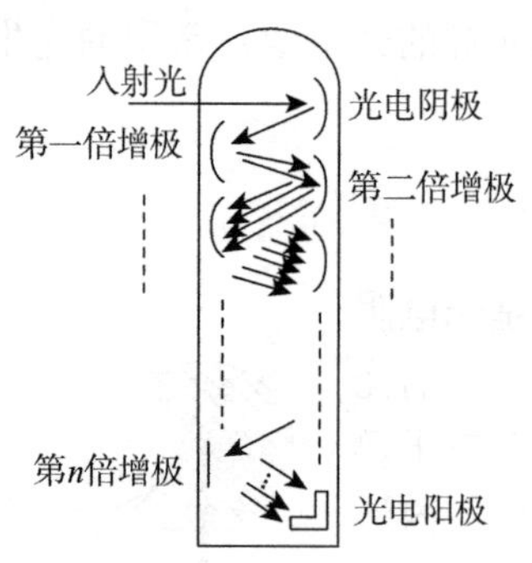

图 2.63　光电倍增管

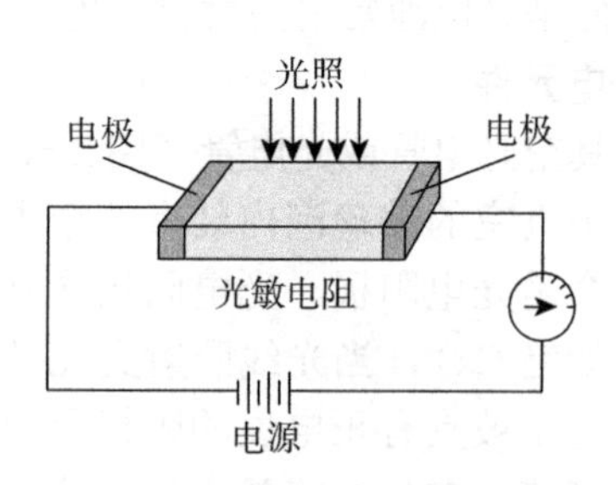

图 2.64　光敏电阻工作原理

光敏电阻中光电导作用的强弱是用其电导的相对变化来标志的。带宽度较大的半导体材料，在室温下热激发产生的电子—空穴对较少，无光照时的电阻（暗电阻）较大。因此，光照引起的附加电导就十分明显，表现出很高的灵敏度。

为了提高光敏电阻的灵敏度，应尽量减小电极间的距离。对于面积较大的光敏电阻，通常采用光敏电阻薄膜上蒸镀金属形成梳状电极。为了减小潮湿对灵敏度的影响，光敏电阻必须带有严密的外壳封装。光敏电阻灵敏度高，体积小，重量轻，性能稳定，价格便宜，因此在自动化技术中广泛应用。

在黑暗的环境下，它的阻值很高，当受到光照并且光辐射能量足够大时，光导材料禁带中的电子受到能量大于其禁带宽度 ΔE_g 的光子激发，由价带越过禁带而跃迁到导带，使其导带的电子和价带的空穴增加，电阻率变小。

（4）光敏晶体管

光敏二极管的 P–N 结装在管的顶部，上面有一个透镜制成的窗口，以便入射光集中在 P–N 结，如图 2.65（a）所示。光敏二极管在电路中往往工作在反向偏置，没有光照时，流过的反向电流很小，因为这时 P 型材料中的电子和 N 型材料中的空穴很少。但当光照射在 P–N 结上时，在耗尽区内吸收光子而激发出的电子—空穴对越过结区，使少数载流子的浓度大大增加，因此通过 P–N 结产生稳态光电流。由于漂过光敏二极管结区后的电子—空穴对立刻被重新俘获，故其增益系数为 1。其特点是体积小，频率特性好，弱光下灵敏度低。

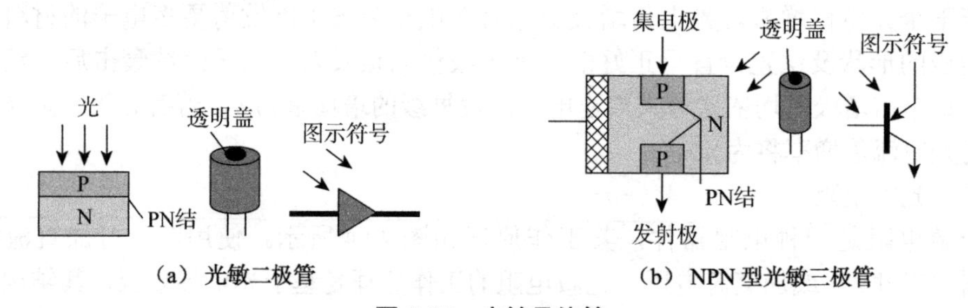

（a）光敏二极管　　（b）NPN 型光敏三极管

图 2.65　光敏晶体管

光敏三极管的 P–N 结就是反向偏置的。当光照射在基极—集电极结上时，就会在结附近产生电子—空穴对，从而形成光电流（约几 μA），输出到三极管的基极，此时集电极电流是光生电流的 β 倍（β 是三极管的电流放大倍数）。可见，光敏三极管具有放大作用，它的优点是电流灵敏度高。

（5）硅光电池

硅光电池也称硅太阳能电池，它是用单晶硅制成，在一块 N 型硅片上用扩散的方法掺入一些 P 型杂质而形成一个大面积的 P-N 结，P 层做得很薄，从而使光线能穿透到 P-N 结上，如图 2.66 所示。硅太阳能电池具有轻便、简单，不会产生气体或热污染，易于适应环境的特点。因此，凡是不能铺设电缆的地方，通常都可采用太阳能电池，尤其适用于为宇宙飞行器的各种仪表提供电源。

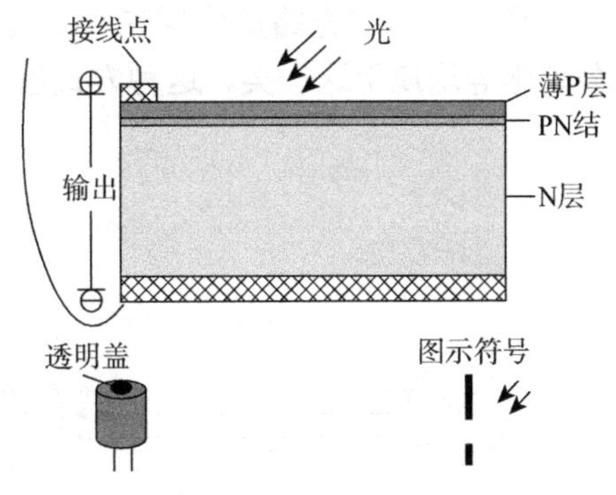

图 2.66　硅光电池构造原理和图示符号

2.7.2　光电式传感器的形式

光电式传感器是以光电器件作为转换元件的传感器。

1. 工作原理

首先把被测量的变化转换成光信号的变化，然后通过光电转换元件变换成电信号。

2. 应用

它可以用来检测直接引起光量变化的非电量，如光强、光照度、辐射测温、气体成分分析等，也可以用来检验能转换成光量变化的其他非电量，如零件直径、表面粗糙度、应变、位移、振动、速度、加速度，以及物体的形状、工作状态的识别等。由于光电测量方法灵活多样，可测参数众多，一般情况下又具有非接触、高精度、高分辨率、高可靠性和响应快等优点，加之激光光源、光栅、光学码盘、CCD 器件、光导纤维等的相继出现和成功应用，使得光电式传感器在检测和控制领域得到了广泛的应用。

3. 分类

按其接收状态，可分为模拟式光电式传感器和脉冲式光电式传感器。

（1）模拟式光电式传感器

模拟式光电式传感器的工作原理是基于光电元件的光电特性，其光通量是随被测量而变，光电流就成为被测量的函数，故又称为光电式传感器的函数运用状态光电式传感器。这类光电式传感器有吸收式、反射式、遮光式、辐射式等几种工作方式，如图 2.67 所示。

如图 2.67（a）所示，光源与光电元件之间，根据被测物对光的吸收程度或对其谱线的选择来测定被测参数。例如测量液体、气体的透明度、混浊度，对气体进行成分分析，测定液体中某种物质的含量等。

如图 2.67（b）所示，恒定光源发出的光投射到被测物体上，被测物体把部分光通量反射到光电元件上，根据反射的光通量多少测定被测物表面状态和性质。例如测量零件的表面粗糙度、表面缺陷、表面位移等。

如图 2.67（c）所示，被测物体位于恒定光源与光电元件之间，光源发出的光通量经被测物遮去一部分，使作用在光电元件上的光通量减弱，减弱的程度与被测物在光学通路中的位置有关。利用这一原理可以测量长度、厚度、线位移、角位移、振动等。

如图 2.67（d）所示，被测物体本身就是辐射源，它可以直接照射在光电元件上，也可以经过一定的光路后作用在光电元件上。光电高温计、比色高温计、红外侦察和红外遥感等均属于这一类。这种方式也可以用于防火报警和构成光照度计等。

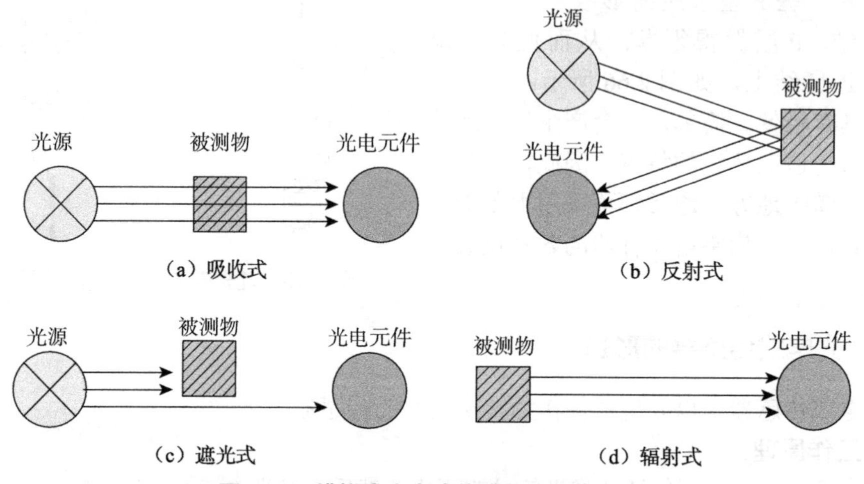

图 2.67　模拟式光电式传感器的工作方式

（2）脉冲式光电式传感器

脉冲式光电式传感器的作用方式是光电元件的输出仅有两种稳定状态，即“通”或“断”的开关状态，所以也称为光电元件的开关运用状态。这类传感器要求光电元件灵敏度高，而对光电特性的线性要求不高，主要用于零件或产品的自动计数、光控开关、电子计算机的光电输入设备、光电编码器及光电报警装置等方面。

2.8　半导体传感器

2.8.1　气敏传感器

1. 气敏传感器及其分类

气敏传感器是一种将检测到的气体成分和浓度转换为电信号的传感器。在现代社会的生产和生活中，会接触到各种各样的气体，需要进行检测和控制。例如化工生产中气体成分的检测与控制；煤矿瓦斯浓度的检测与报警；环境污染情况的监测；煤气泄漏；火灾报警；燃烧情况的检测与控制；等等。气敏传感器是暴露在各种成分的气体中使用的，由于检测现场温度、湿度的变化很大，又存在大量粉尘和油雾等，所以其工作条件较恶劣，而且气体对传感元件的材料会产生化学反应物，附着在元件表面，往往会使其性能变差。所以对气敏传感器有下列要求：能够检测报警气体的允许浓度和其他标准数值的气体浓度，能长期稳定工作，重复性好，响应速度快，共存物质所产生的影响小等。表 2.3 列出了气敏传感器的分类。

表 2.3　气敏传感器的分类

<table>
<tr><td rowspan="5">气敏传感器</td><td rowspan="2">敏感气体种类的气敏传感器</td><td>半导体气敏传感器</td></tr>
<tr><td>固体电解质气敏传感器</td></tr>
<tr><td rowspan="2">敏感气体量的真空度气敏传感器</td><td>高频成分传感器</td></tr>
<tr><td>光学成分传感器</td></tr>
<tr><td colspan="2">检测气体成分的气体成分传感器</td></tr>
</table>

由于半导体气敏传感器具有灵敏度高、响应快、使用寿命长和成本低等优点，应用很广。本部分将着重介绍半导体气敏传感器。

2. 半导体气敏传感器工作原理

半导体气敏传感器是利用待测气体与半导体（主要是金属氧化物）表面接触时产生的电导率等物性变化来检测气体。按照半导体与气体相互作用时产生的变化只限于半导体表面或深入半导体内部，可分为表面控制型和体控制型。第一类，半导体表面吸附的气体与半导体间发生电子授受，结果使半导体的电导率等物性发生变化，但内部化学组成不变；第二类，半导体与气体的反应使半导体内部组成（晶格缺陷浓度）发生变化，从而使电导率改变。

半导体气敏传感器大体上可分为两类：电阻式和非电阻式。电阻式半导体气敏传感器是利用气敏半导体材料，如氧化锡（SnO_2）、氧化锰（MnO_2）等金属氧化物制成敏感元件，当它们吸收了可燃气体的烟雾，如氢、一氧化碳、烷、醚、醇、苯以及天然气、沼气等时，会发生还原反应，放出热量，使元件温度相应增高，电阻发生变化。利用半导体材料的这种特性，将气体的成分和浓度（典型气敏元件阻值—浓度关系）变换成电信号，进行监测和报警，如图 2.68 所示。

图 2.68　Q-6 型液化气气体传感器

3. 气敏元件

目前国产的气敏元件有两种，一种是直热式，加热丝和测量电极一同烧结在金属氧化物半导体管芯内；另一种是旁热式，气敏元件以陶瓷管为基底，管内穿加热丝，管外侧有两个测量极，测量极之间为金属氧化物气敏材料，经高温烧结而成。

气敏元件的参数主要有加热电压、电流、测量回路电压、灵敏度、响应时间、恢复时间、标定气体（0.1% 丁烷气体）中电压、负载电阻值等。QM-N5 型气敏元件适用于天然气、煤气、氢气、烷类气体、烯类气体、汽油、煤油、乙炔、氨气、烟雾等的检测，属于 N 型半导体元件，灵敏度较高，稳定性较好，响应和恢复时间短，市场上应用广泛。QM-N5 气敏元件参数如下：标定气体（0.1% 丁烷气体，最佳工作条件）中电压≥ 2V，响应时间≤ 10s，恢复时间≤ 30s，最佳工作条件加热电压 5V、测量回路电压 10V、负载电阻 R_L 为 2K，允许工作条件加热电压 4.5 ～ 5.5V、测量回路电压 5 ～ 15V、负载电阻 0.5 ～ 2.2K。为气敏元件的简单测试电路（组成传感器），如图 2.69 所示。电压表指针变化越大，灵敏度越高，只要加一简单电路即可实现报警。常见的气敏元件还有 MQ-31（专用于检测 CO）、QM-J1 酒敏元件等。

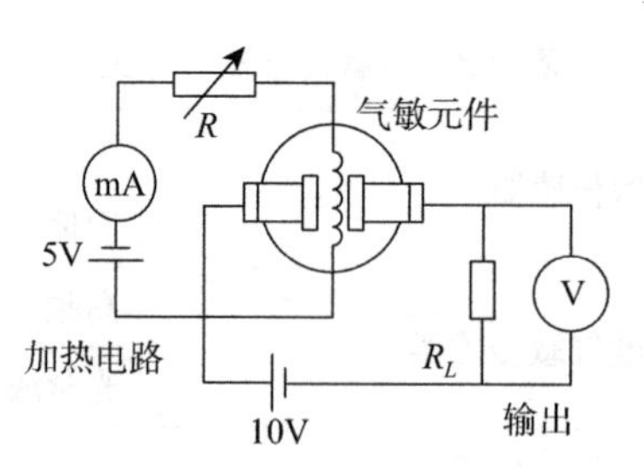

图 2.69　气敏元件测试电路

2.8.2　湿敏传感器

1. 湿度的表示方法

湿度是指大气中的水蒸气含量，通常采用绝对湿度和相对湿度两种表示方法。绝对湿度是指在一定温度和压力条件下，每单位体积的混合气体中所含水蒸气的质量，单位为 g/m^3，一般用符号 AH 表示。相对湿度是指气体的绝对湿度与同一温度下达到饱和状态的绝对湿度之比，一般用符号 %RH 表示。相对湿度给出大气的潮湿程度，它是一个无量纲的量，在实际使用中多使用相对湿度这一概念。

2. 湿敏传感器的工作原理

湿敏传感器是能够感受外界湿度变化，并通过器件材料的物理或化学性质变化，将湿度转化成有用信号的器件。湿度检测较其他物理量的检测显得困难，这首先是因为空气中水蒸气含量要比空气少得多。另外，液态水会使一些高分子材料和电解质材料溶解，一部分水分子电离后与溶入水中的空气中的杂质结合成酸或碱，使湿敏材料不同程度地受到腐蚀和老化，从而丧失其原有的性质。再者，湿信息的传递必须靠水对湿敏器件直接接触来完成，因此湿敏器件只能直接暴露于待测环境中，不能密封，其湿敏电阻的结构示意如图 2.70 所示，其感湿特性如图 2.71 所示，其阻抗随吸湿量的增加而快速下降。

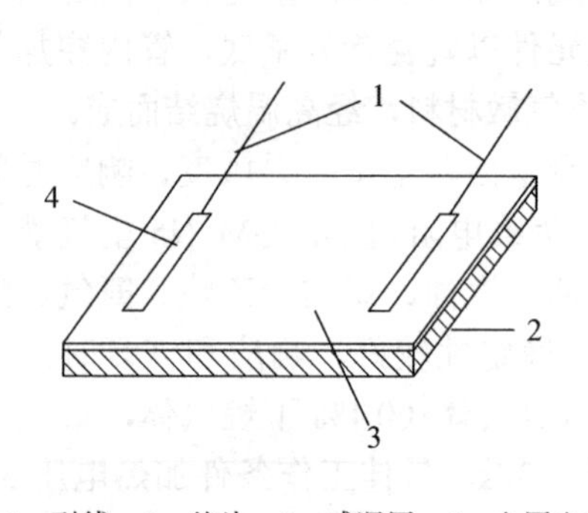

1—引线；2—基片；3—感湿层；4—金属电极

图 2.70　湿敏电阻结构示意

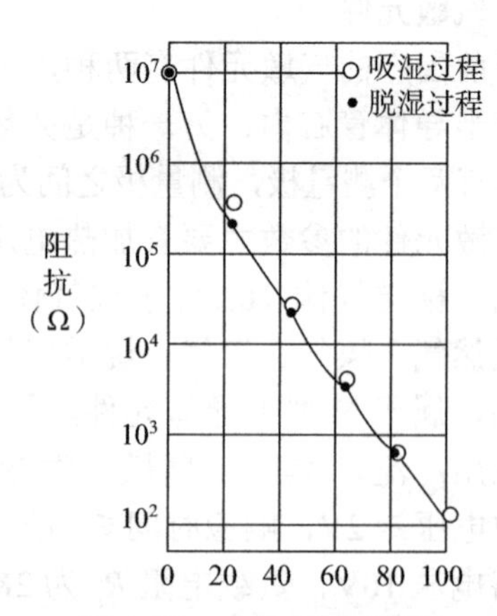

图 2.71　电阻—湿度特性

通常，对湿敏器件有下列要求：在各种气体环境下稳定性好、响应时间短、寿命长、有互换性、耐污染和受温度影响小等。微型化、集成化及廉价是湿敏器件的发展方向。

3. 湿敏传感器的应用

（1）氯化锂湿敏电阻

氯化锂湿敏电阻是利用吸湿性盐类潮解，离子导电率发生变化而制成的测湿元件。典型的氯化锂湿度传感器有登莫（Dunmore）式和浸渍式两种。登莫式传感器是在聚苯乙烯圆管上做出两条相互平行的钯引线做电极，在该聚苯乙烯管上涂覆一层经过碱化处理的聚乙烯醋酸盐和氯化锂水溶液的混合液，以形成均匀薄膜。

（2）半导体陶瓷湿敏电阻

用两种以上的金属氧化物半导体材料混合烧结而成为多孔陶瓷，这些材料有 $ZnO-LiO_2-V_2O_5$ 系、$Si-Na_2O-V_2O_5$ 系、$TiO_2-MgO-Cr_2O_3$ 系和 Fe_3O_4 等，前三种材料的电阻率随湿度增加而下降，故称为负特性湿敏半导体陶瓷，最后一种材料的电阻率随湿度增加而增大，故称为正特性湿敏半导体陶瓷（简称半导瓷）。$MgCr_2O_4-TiO_2$ 陶瓷湿度传感器的构成如图 2.72 所示。

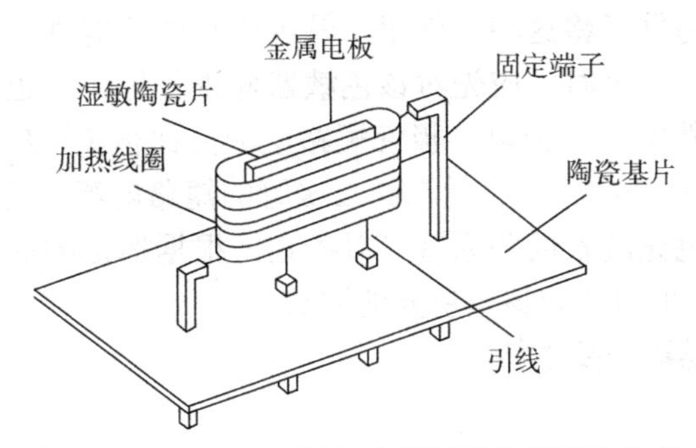

图 2.72　$MgCr_2O_4-TiO_2$ 陶瓷湿度传感器的构成

2.8.3　半导体色敏传感器

1. 简介

半导体色敏传感器是半导体光敏感器件中的一种，它是基于内光电效应将光信号转换为电信号的光辐射探测器件。但不管是光电导器件还是光生伏特效应器件，它们检测的都是在一定波长范围内光的强度，或者说光子的数目。而半导体色敏器件则可用来直接测量从可见光到近红外波段内单色辐射的波长。这是近年来出现的一种新型光敏器件，其实物如图 2.73 所示。

图 2.73　半导体色敏传感器实物

2. 工作原理

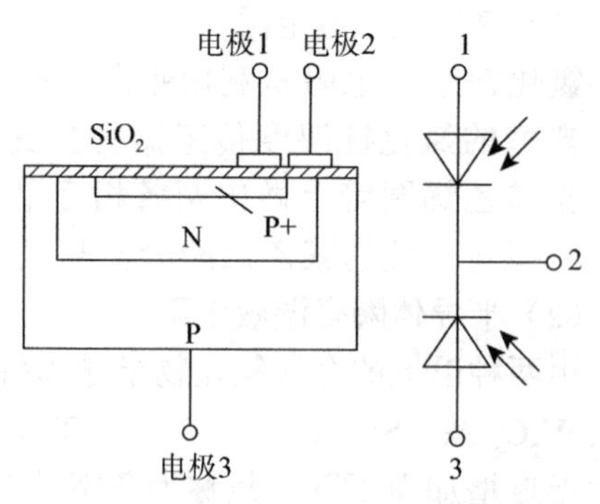

图 2.74　半导体色敏传感器构成和等效电路

图 2.74 中所表示的 P + -N-P 不是晶体管，而是结深不同的两个 P-N 结二极管，浅结的二极管是 P + -N 结，深结的二极管是 P-N 结。当有入射光照射时，P +、N、P 三个区域及其间的势垒区中都有光子吸收，但效果不同。比如，光电二极管的浅结区对紫外光部分吸收系数大，而对红外光部分吸收系数较小，红外光波长的光子则主要在深结区被吸收。因此，浅结的光电二极管对紫外光的灵敏度高，深结的光电二极管对红外光的灵敏度较高。这就是说，在半导体中，不同的区域对不同的波长具有不同的灵敏度。这一特性给我们提供了将这种器件用于颜色识别的可能性，也就是可以用来测量入射光的波长。在具体应用时，应先对该色敏器件进行标定。也就是说，测定不同波长的光照射下，该器件中两只光电二极管短路电流的比值 I_{SD2}/I_{SD1}，I_{SD1} 是浅结二极管的短路电流，它在短波区较大。I_{SD2} 是深结二极管的短路电流，它在长波区较大，因而二者的比值与入射单色光波长的关系就可以确定。根据标定的曲线，实测出某一单色光时的短路电流比值，即可确定该单色光的波长。

3. 半导体色敏传感器的基本特征

（1）光谱特性

半导体色敏器件的光谱特性是表示它所能检测的波长范围，不同型号之间略有差别。图 2.75（a）给出了国产 CS-1 型半导体色敏器件的光谱特性，其波长范围是 400 ～ 1000nm。

（2）短路电流比—波长特性

短路电流比—波长特性是表征半导体色敏器件对波长的识别能力，是赖以确定被测波长的基本特性。图 2.75（b）表示上述 CS-1 型半导体色敏器件的短路电流比—波长特性曲线。

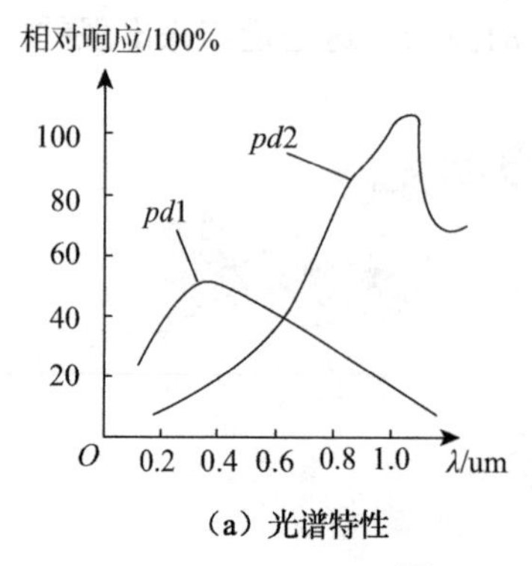

（a）光谱特性

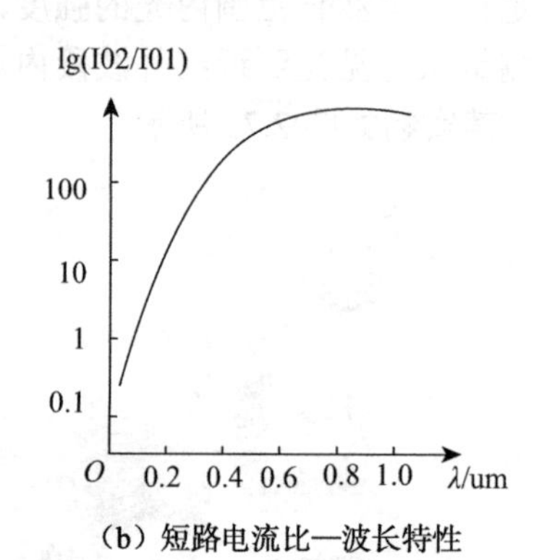

（b）短路电流比—波长特性

图 2.75　半导体色敏器件特性

（3）温度特性

由于半导体色敏器件测定的是两只光电二极管短路电流之比，而这两只光电二极管是做在同一块材料上的，具有相同的温度系数，这种内部补偿作用使半导体色敏器件的短路电流比对温度不十分敏感，所以通常可不考虑温度的影响。

2.9　数字式传感器

数字式传感器是把被测参量转换成数字量输出的传感器，它是测量技术、微电子技术和计算技术的综合产物，是传感器技术的发展方向之一。数字式传感器一般是指那些适于直接把输入量转换成数字量输出的传感器，包括光栅式传感器、磁栅式传感器、码盘、谐振式传感器、转速传感器、感应同步器等。广义地说，所有模拟式传感器的输出都可经过数字化（模数转换器）而得到数字量输出，这种传感器可称为数字系统或广义数字式传感器。

数字式传感器具有以下优点：

（1）具有高的测量精度和分辨率，测量范围大。

（2）抗干扰能力强，稳定性好。

（3）信号易于处理、传送和自动控制。

（4）便于动态及多路测量，读数直观。

（5）安装方便，维护简单，工作可靠性高。

数字式传感器可分为以下两类。

（1）脉冲数字式传感器：有计量光栅、磁栅、感应同步器、角数编码器等传感器。

（2）数字频率式传感器：有振荡电路式、振筒式、振膜式、振弦式等传感器。

2.9.1　编码器

1. 分类

编码器以其高精度、高分辨率和高可靠性而被广泛用于各种位移测量。根据检测原理，编码器可分为光学式、磁式、感应式和电容式四种。根据其刻度方法及信号输出形式，可分为增量式、绝对式以及混合式三种。按结构形式，可分为直线式和旋转式两种。由于旋转式光电编码器是用于角位移测量的最有效和最直接的数字式传感器，并已有各种系列产品可供选用，故本部分着重讨论旋转式光电编码器。

旋转式光电编码器有两种：增量编码器和绝对编码器。增量编码器的输出是一系列脉冲，需要一个计数系统对脉冲进行累计计数。最简单的一种绝对编码器是接触式编码器，如图 2.76 所示。绝对编码器二进制输出的每一位都必须有一个独立的码道，一个编码器的码道数目决定了该编码器的分辨力。

2. 旋转式光电编码器

接触式编码器受到电刷的限制，应用不是很广泛。目前应用最广的是利用光电转换原理构成的非接触式光电编码器，由于其精度高，可靠性好，性能稳定，体积小和使用方便，在自动测量和自动控制技术中得到了广泛的应用。目前大多数关节式工业机器人都用它作为角度传感器。国内已有16位绝对编码器和每转大于10000脉冲数输出的小型增量编码器产品，并形成各种系列，图2.77所示为光电绝对编码器结构示意。

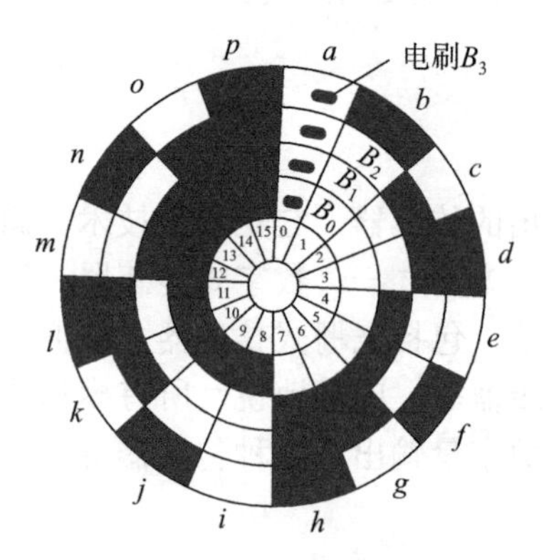

图2.76 接触式编码器示意图

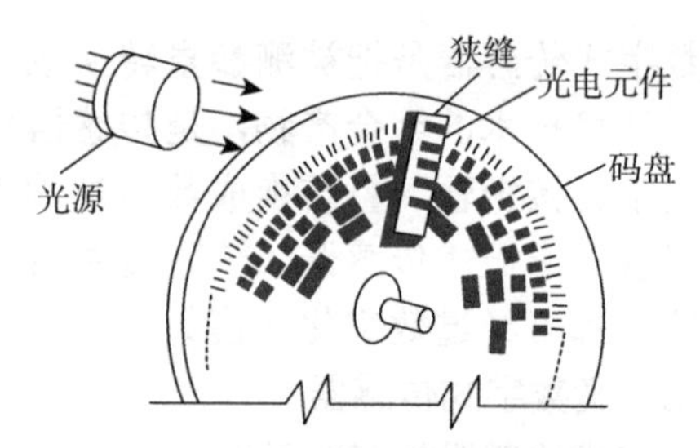

图2.77 光电绝对编码器结构示意

光电绝对编码器是直接输出数字量的传感器，在它的圆形码盘上沿径向有若干同心码道，每条道上由透光和不透光的扇形区相间组成，相邻码道的扇区数目是双倍关系，码盘上的码道数就是它的二进制数码的位数，在码盘的一侧是光源，另一侧对应每一码道有一光敏元件，当码盘处于不同位置时，各光敏元件根据受光照与否转换出相应的电平信号，形成二进制数。绝对式编码器是利用自然二进制或循环二进制（葛莱码）方式进行光电转换的。绝对式编码器与增量式编码器的不同之处在于圆盘上透光、不透光的线条图形，绝对式编码器可有若干编码，根据读出码盘上的编码，检测绝对位置。编码的设计可采用二进制码、循环码、二进制补码等。显然，码道越多，分辨率就越高，对于一个具有N位二进制分辨率的编码器，其码盘必须有N条码道。

光电绝对编码器的特点：

（1）可以直接读出角度坐标的绝对值。

（2）没有累积误差。

（3）电源切除后位置信息不会丢失。

但是，光电绝对编码器的分辨率是由二进制的位数来决定的，也就是说精度取决于位数，目前有10位、14位等多种。

3. 增量编码器

增量编码器，其码盘要比绝对编码器码盘简单得多，一般只需三条码道。这里的码道实际上已不具有绝对码盘码道的意义。

增量式编码器是直接利用光电转换原理输出三组方波脉冲A、B和Z相，A、B两组脉冲相位差90°，从而可以方便地判断出旋转方向，而Z相为每转一个脉冲，用于基准点定位，如图2.78所示。它的优点是原理构造简单，机械平均寿命可在几万小时以上，抗干扰能力强，可靠性高，适合于长距离传输。其缺点是无法输出轴转动的绝对位置信息。

与绝对编码器类似，增量编码器的精度主要取决于码盘本身的精度。用于光电绝对编码器的技术，大部分也适用于光电增量编码器。

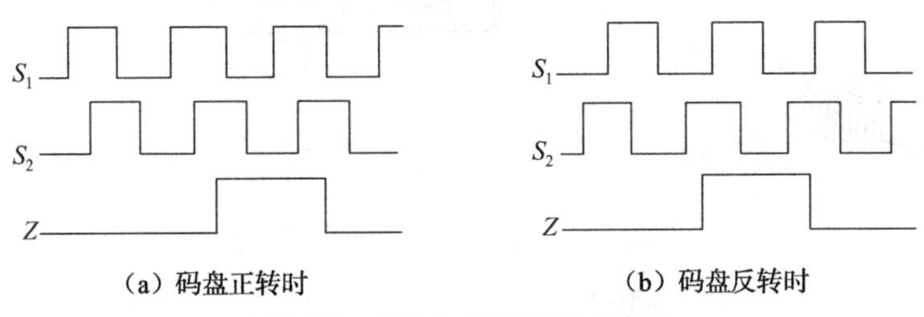

（a）码盘正转时　　（b）码盘反转时

图 2.78　增量编码器的输出波形

光电增量编码器的应用：

（1）测量转速。增量编码器除直接用于测量相对角位移外，常用来测量转轴的转速。最简单的方法就是在给定的时间间隔内对编码器的输出脉冲进行计数，它所测量的是平均转速。图 2.79 所示为用编码器测量平均速度和瞬时速度的原理框架。

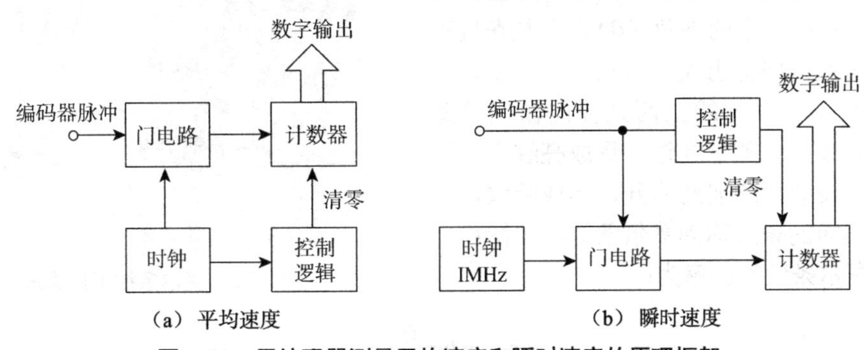

（a）平均速度　　（b）瞬时速度

图 2.79　用编码器测量平均速度和瞬时速度的原理框架

（2）测量线位移。在某些场合，用旋转式光电增量编码器来测量线位是一种有效的方法。这时，须利用一套机械装置把线位移转换成角位移。测量系统的精度将主要取决于机械装置的精度。

2.9.2　光栅传感器

光栅的种类很多，按工作原理，可分为物理光栅和计量光栅两种。前者用作光谱仪器的色散元件，后者主要用于精密测量和精密机械的自动控制中。

1. 结构

光栅传感器是根据莫尔（Moire）条纹原理制成的，主要用于线位移和角位移的测量。光栅传感器一般由光源、透镜、光栅副（主光栅和指示光栅）和光电接收元件组成，光电接收元件常采用光电池或光敏三极管，如图 2.80 所示。

在图 2.81 中，a 为刻度宽度，b 为刻度线间的缝隙宽度，$W = a+b$ 称为光栅的栅距（或光栅常数）。通常 $a = b = \frac{W}{2}$，或 $a:b = 1.1:0.9$。常见的光栅规格：10 线 /mm、25 线 /mm、50 线 /mm、100 线 /mm。

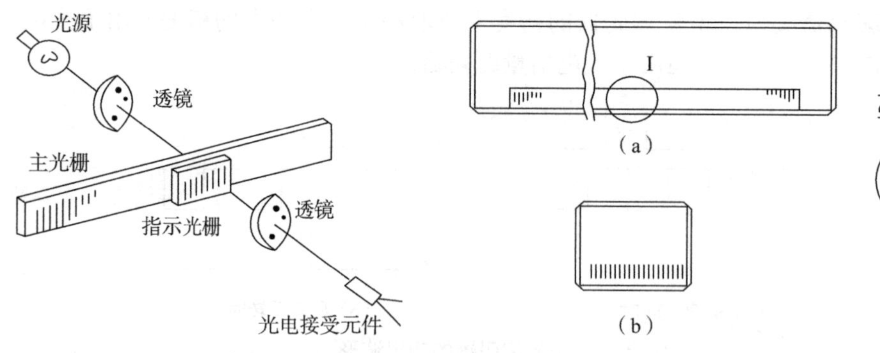

图 2.80　光栅传感器的组成　　　　图 2.81　光栅

2. 原理

光栅传感器是根据莫尔条纹原理制成的把光栅常数相等的主光栅和指示光栅相对叠合在一起，片间留有很小的间隙，并使两者栅线之间保持很小的夹角（θ），于是在近乎垂直栅线的方向上出现明暗相间的条纹，如图 2.82 所示。在一线上两光栅的栅线彼此重合，光线从缝隙中通过，形成亮纹在一线上，两光线的栅线彼此错开，形成暗纹，这种明暗相间的条纹称为莫尔条纹。由图可以看出，莫尔条纹的斜率为：

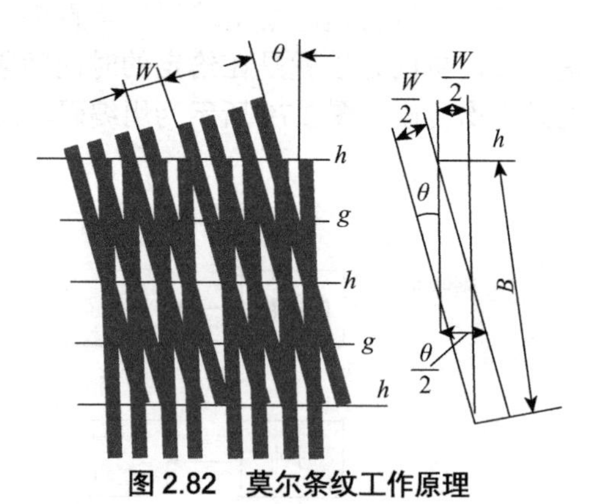

图 2.82　莫尔条纹工作原理

$$\tan\alpha = \tan\frac{\theta}{2} \tag{2.32}$$

式中，α 为亮（暗）条纹的倾斜角；θ 为两个光栅的栅线夹角。

莫尔条纹（亮条纹与暗条纹）之间的距离表示为：

$$B_H = AB = \frac{BC}{\sin\frac{\theta}{2}} = \frac{W}{\sin\frac{\theta}{2}} \approx \frac{W}{\theta} \tag{2.33}$$

式中，B_H 为莫尔条纹之间的距离；W 为光栅常数。

由此可见，莫尔条纹的宽度由光栅常数与光栅的夹角决定。对于给定的光栅常数的两光栅，夹角越小，条纹宽度越大，即条纹越稀。所以，通过调整夹角，可使条纹宽度为任何所需要的值。当两叠合的光栅沿垂直于栅线方向相对运动时，莫尔条纹就沿夹角口平分线的方向移动，两光栅相对移过一个光栅常数，莫尔条纹移过一个条纹间距，通过测量条纹间距移动的距离，可得到光栅移动的位移。

3. 莫尔条纹的基本特性

（1）两光栅做相对位移时，其横向莫尔条纹也产生相应移动，其位移量和移动方向与两光栅的移动状况有严格的对应关系。

（2）光栅副相对移动一个栅距 W，莫尔条纹移动一个间距 B，由 $B = \frac{W}{\theta}$ 可知，B

对光栅副的位移有放大作用，鉴于此，计量光栅利用莫尔条纹可以测微小位移。

（3）莫尔条纹的光强是一个区域内许多透光刻线的综合效果，因此，它对光栅尺的栅距误差有平均效果。

（4）莫尔条纹的光强变化近似正弦变化，便于采用细分技术，提高测量分辨率。

4. 光栅传感器的测量电路

（1）光栅的输出信号

主光栅与指示光栅做相对位移产生莫尔条纹，光电元件在固定位置观测莫尔条纹移动的光强变化，并将光强转换成电信号输出。光电元件输出电压 u_0 与位移量 x 成近似正弦关系。光电元件输出电压 u_0 可表示为

$$u_0 = U_{av} + U_m \sin(\frac{\pi}{2} + \frac{2\pi x}{W}) = U_m(1 + \cos\frac{2\pi x}{W}) \tag{2.34}$$

式中　U_{av}——输出信号的平均直流分量；

U_m——输出信号的幅值，$U_m = U_{av}$。

光栅输出信号的光电转换电路及其输出信号波形如图 2.83 所示。

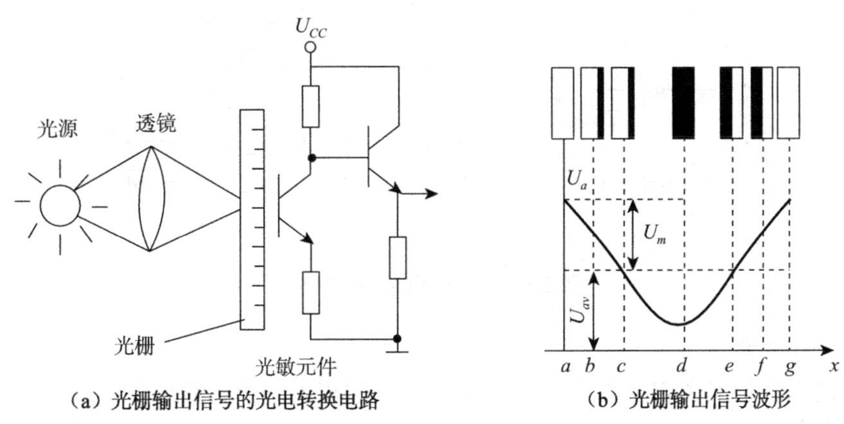

（a）光栅输出信号的光电转换电路　　（b）光栅输出信号波形

图 2.83　光电转换系统示意

（2）光栅传感器测位移 x 的原理

当位移量 x 变化一个栅距 W 时，其输出信号 u_0 变化一个周期，若对输出正弦信号 u_0 整形成变化一个周期输出一个脉冲，则位移量 x 为：$x = NW$。式中，N 为脉冲数；W 为光栅栅距。

（3）输出信号灵敏度

输出电压信号的斜率为：

$$\frac{\mathrm{d}u_0}{\mathrm{d}x} = \frac{2\pi U_m}{W}\sin\frac{2\pi x}{W} \tag{2.35}$$

由式（2.35）可见，当 $\frac{2\pi x}{W} = n\pi$，即 $x = \frac{W}{2}$、W、$\frac{3W}{2}$、…时，斜率最大，灵敏度最高。故其输出信号灵敏度 K_u 为：$K_u = \frac{2\pi U_m}{W}$。

（4）辨向原理

在实际应用中，位移具有两个方向，即选定一个方向后，位移有正负之分，因此，用一个位移传感器光电元件测定莫尔条纹信号确定不了位移方向。为了辨向，需要有π/2相位差的两个莫尔条纹信号。计量光栅辨向原理电路如图2.84所示，在相距$B/4$位置设置两个光电元件1和2，得到两个相位差π/2的莫尔条纹正弦电压信号u_1和u_2，然后送到辨向电路中处理。正向移动如图2.84（a）所示的箭头指向A时，经过整形后输出方波信号u_1'，再经Y_1输出脉冲信号u_{1w}'，计数器做加法计数。反向移动图2.84（a）所示的箭头指向$\overline{A}$时，经过整形后输出方波信号u_2'，再经Y_2输出脉冲信号u_{1w}''，计数器做减法计数。光栅正向移动时u_1超前u_2为90°，反向移动时u_2超前u_1为90°，故通过电路辨相可确定光栅运动方向，进行位移的正确测量。

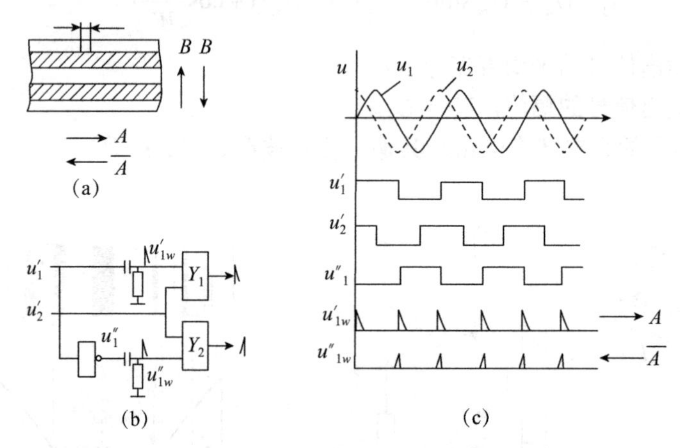

图2.84　光栅辨向原理电路

（5）细分技术

细分技术就是当莫尔条纹变化一个周期时，输出若干个计数脉冲，减小脉冲当量以提高分辨力。

①机械细分（位置细分或直接细分）

在一个莫尔条纹间距上相距$B/4$的位置设置四个光电元件，当莫尔条纹变化一个周期时，可以获得相差π/2的四个正弦信号，从而依此获得四个计数脉冲，实现四细分。

②电子细分（正、余弦组合技术）

电子细分只需在一个莫尔条纹间距上相距$B/4$的位置设置两个光电元件，获得相差π/2的两个正弦信号

$$u_1 = U_m\sin(2\pi x/W);\ u_2 = U_m\cos(2\pi x/W) \tag{2.36}$$

a. 四倍频细分

由u_1、u_2及其各自的反相信号u_3、u_4，可以获得依此相差π/2的四个正弦信号，从而获得四个计数脉冲，实现四细分。

b. 电阻电桥细分

图 2.85 所示为电阻电桥细分电路，u_1、u_2 分别为两光电元件输出的两个莫尔条纹电压信号，设电桥负载电阻无穷大，电桥输出电压 u_0 为电桥平衡条件，则

$$R_2u_1+R_1u_2=0 \tag{2.37}$$

令 $2\pi x/W=\theta$，则式（2.36）改写为 $u_1=U_m\sin\theta$ 和 $u_2=U_m\cos\theta$，代入式（2.37）得

$$\tan\theta=-R_1/R_2$$

由 $R_1/R_2\rightarrow\theta\rightarrow x$，则

$$x=W\theta/2\pi=W\tan^{-1}(-R_1/R_2)/2\pi \tag{2.38}$$

c. 电阻链细分法

电阻链细分实质上也是电桥细分，只是结构形式不同而已，如图 2.86 所示。对任一输出电压为零时，有如下关系

$$\tan\theta_x=-\frac{R_1+R_2+\cdots+R_{x-1}}{R_x+R_{x+1}+\cdots+R_n} \tag{2.39}$$

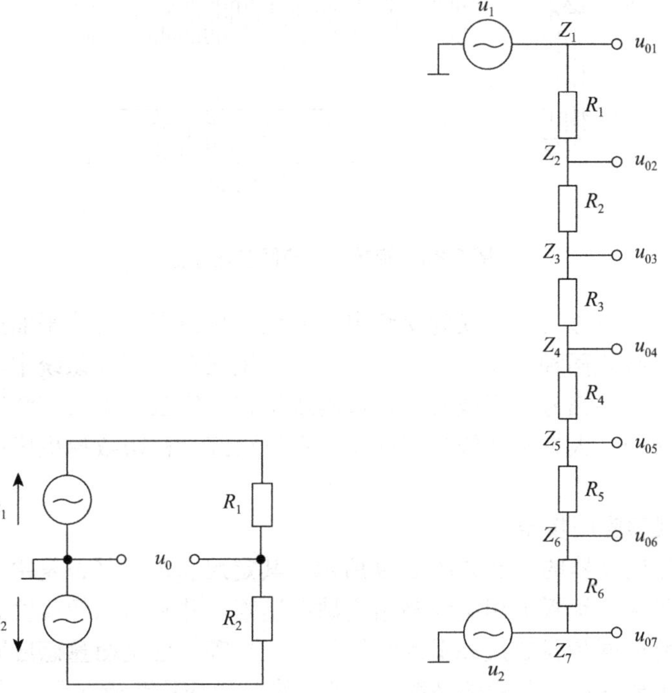

图 2.85　电阻电桥细分电路　　图 2.86　电阻链细分电路

2.9.3 感应同步器

1. 感应同步器的结构与原理

感应同步器是利用电磁原理将线位移和角位移转换成电信号的一种装置。根据用途，可将感应同步器分为直线式和旋转式两种，分别用于测量线位移和角位移，如图 2.87 和图 2.88 所示。

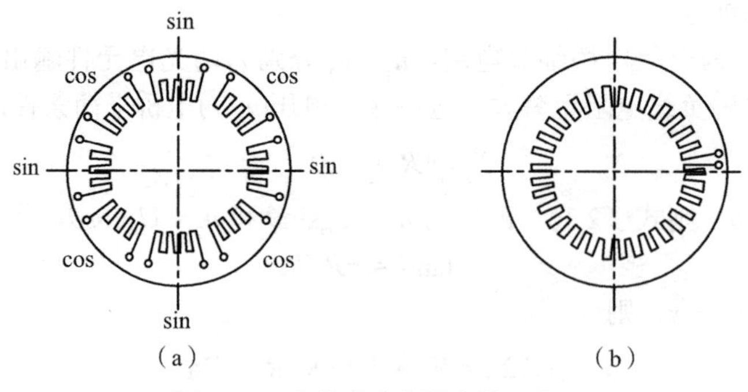

图 2.87　直线式感应同步器示意

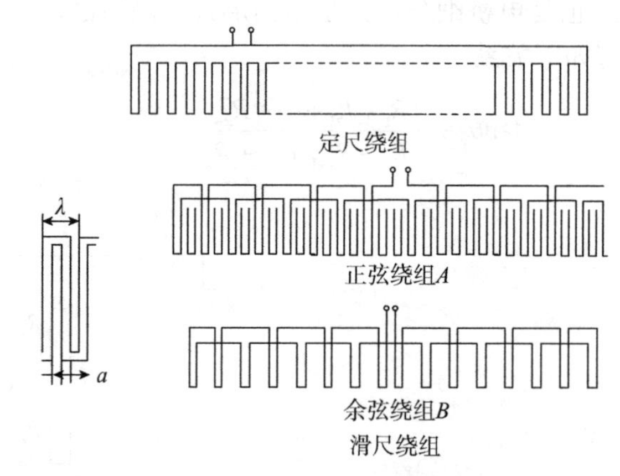

图 2.88　旋转式感应同步器示意

将角度或直线位移信号变换为交流电压的位移传感器，又称平面式旋转变压器，它有圆盘式和直线式两种。在高精度数字显示系统或数控闭环系统中，圆盘式感应同步器用以检测角位移信号，直线式用以检测线位移。感应同步器广泛应用于高精度伺服转台、雷达天线、火炮和无线电望远镜的定位跟踪、精密数控机床以及高精度位置检测系统中。

（1）直线式感应同步器

直线式感应同步器的构造如图 2.89 所示，其定尺和滑尺基板是由与机床热膨胀系数相近的钢板做成，钢板上用绝缘黏结剂贴以钢箔，并利用照像腐蚀的办法做成图示的印刷绕组。感应同步器定尺和滑尺绕组的节距相等，这是衡量感应同步器精度的主要参数，工艺上要保证其节距的精度。一块标准型感应同步器定尺长度为 250mm，滑尺为 2mm，其绝对精度可达 2.5μm，分辨率可达 0.25μm。

从图 2.89 可以看出，如果把定尺绕组和滑尺绕组对准，那么滑尺绕组正好和定尺绕组相差 1/4 节距。也就是说，正弦激磁 *A* 绕组和余弦激磁 *B* 绕组在空间上相差 1/4 节距。感应同步器的定尺和滑尺尺座分别安装在机床上两个相对移动的部件上（如工作台和床身），当工作台移动时，滑尺在定尺移动。滑尺和定尺要用防护罩罩住，以防止铁屑、油污和切割液等东西落到器件上，从而影响正常工作。由于感应同步器的检测精度比较高，故对安装有一定的要求，如在安装时，要保证定尺安装面与机床导轨面的平行度，如这两个面不平行，将引起定尺和滑尺之间的间隙变化，从而影响检测灵敏度和检测精度。

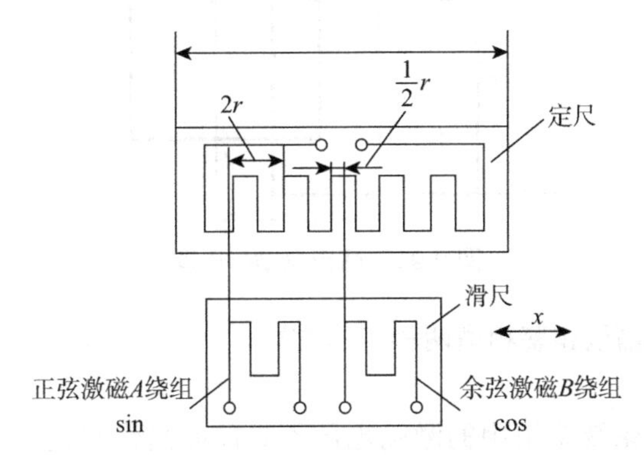

图 2.89　直线式感应同步器构造

（2）旋转式感应同步器

旋转式感应同步器由定子基板、定子绕组板、转子基板、转子绕组板、静电屏蔽层等组成，如图 2.90 所示。

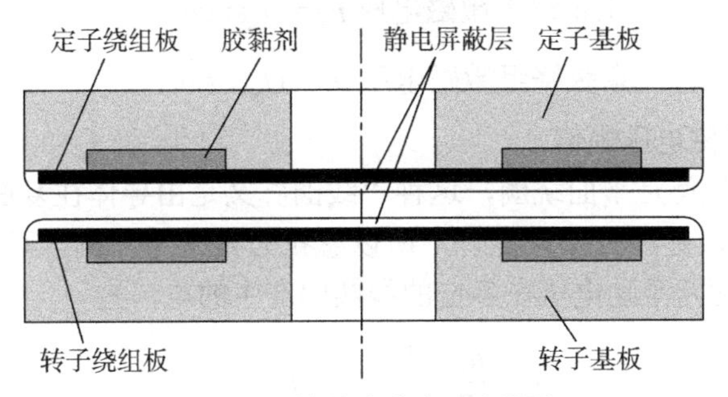

图 2.90　旋转式感应同步器结

旋转式感应同步器工作原理与旋转变压器的工作原理相同。旋转式感应同步器的转子共有 N 个导片，如图 2.91 所示，设感应线圈 A 的中心从励磁线圈中心右移的距离为 x，当转子转过角度 θ 时，定子绕组 A 和 B 分别感应输出电势为

$$e=k\omega E_m\cos(2\pi x/W)\cos\omega t \tag{2.40}$$

式中　E_m ——励磁电压幅值；

ω ——激磁电源角频率；

k ——比例常数，其值与绕组间的最大互感系数有关，$k\omega$ 常称为电磁耦合系数；

W ——绕组节距，又称感应同步器的周期，$W=2b$；

x ——励磁绕组与感应绕组的相对位移。

旋转式感应同步器的最高精度与绕组的极对数有关，感应同步器的转子转角变化 360°/N 时，定子的频率变化 1Hz，因此精度大为提高，最高精度可达 0.1″。

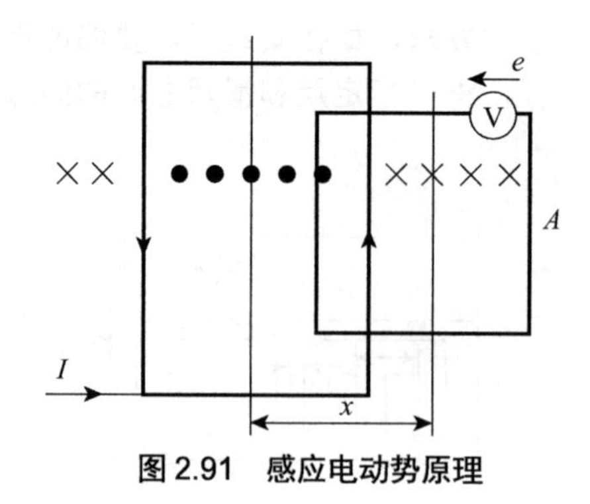

图 2.91　感应电动势原理

感应同步器有鉴幅型和鉴相型两种工作方式。

①鉴相法

如果滑尺的正、余弦绕组中的激励电压不是前面简化假设的“直流”情况，而是交流激励电压，则在定尺中的感应电动势 e_s 和 e_c 将不再是幅值 E_m 恒定，且与相对位移成正、余弦关系，而是幅值交变的正、余弦关系。

实际应用时，在滑尺的正、余弦绕组上供给频率相同、相位差 π/2 的交流激励电压，即

$$\text{正弦绕组激磁电压 } u_s = U_m \sin\omega t \tag{2.41}$$

$$\text{余弦绕组激磁电压 } u_c = U_m \cos\omega t \tag{2.42}$$

式中，U_m 为激磁电压幅值。

由于定尺和滑尺都是平面绕圈，这种“线圈”又是由导体往复曲折构成的“匝”，它并不是平面螺线，更不是柱形螺管，所以感抗 L 是非常小的，可以略去 L 而只考虑其电阻 R，于是上面两激励电压在各自的线圈中产生的电流为

$$\left.\begin{aligned} i_s &= \frac{u_s}{R} = \frac{U_m}{R}\sin\omega t \\ i_c &= \frac{u_c}{R} = \frac{U_m}{R}\cos\omega t \end{aligned}\right\} \tag{2.43}$$

这种激励电流在定尺中所感应出的电动势分别为

$$\left.\begin{aligned} e_s &= -k_s U_m \cos\omega t \sin\theta \\ e_c &= k_c U_m \sin\omega t \cos\theta \end{aligned}\right\} \tag{2.44}$$

式中，k_s 和 k_c 分别为正、余弦绕组与定尺绕组间的耦合系数。定尺绕组中感应电动势是滑尺的正、余弦绕组共同产生的，为

$$e_0 = e_c + e_s = k_c U_m \sin\omega t \cos\theta - k_s U_m \cos\omega t \sin\theta \tag{2.45}$$

当 $k_s = k_c = k$ 时，上式可以写成

$$e_0 = kU_m \sin(\omega t - \theta) = E_m \sin(\omega t - \theta) \tag{2.46}$$

上式表明，定尺绕组中的感应电动势 e_0 的相位是感应同步器相对位置 θ 角（或位置 x）的函数，位移每经过一个节距 W，感应电动势 e_0 则变化一个周期（2π）。检测 e_0

的相位，就可以确定感应同步器的相对位置。因此，这种方法称为鉴相法。

②鉴幅法

如果滑尺绕组的激励电压分别为

$$正弦绕组\ u_s = U_m\cos\varphi\cos\omega t \tag{2.47}$$

$$余弦绕组\ u_c = U_m\sin\varphi\cos\omega t \tag{2.48}$$

则在定尺绕组中产生的感应电动势的总和为

$$\begin{aligned} e_0 &= e_c+e_s = kU_m\sin\omega t\sin\varphi\cos\theta - kU_m\sin\omega t\cos\varphi\sin\theta \\ &= kU_m\sin(\theta-\varphi)\sin\omega t = E_m\sin(\theta-\varphi)\sin\omega t \end{aligned} \tag{2.49}$$

式（2.49）表明，激励电压的电相角 φ 值与感应同步器的相对位置 θ 角有对应关系。调整激励电压的 φ 值，使输出感应电动势 e_0 的幅值为零，此时，激励电压的 φ 值就反映了感应同步器的相对位置 θ。通过检测感应电动势的幅值来测量位置状态或位移的方法，称为鉴幅法。

2. 感应同步器的应用

感应同步器已被广泛应用于大位移静态与动态测量中，例如用于三坐标测量机、程控数控机床、高精度重型机床及加工中心测量装置等。

感应同步器利用电磁耦合原理实现位移检测，具有可靠性高、抗干扰能力强、对工作环境要求低的优势，在没有恒温控制和环境不好的条件下能正常工作，适应于工业现场的恶劣环境。光栅传感器是依靠光电学机制实现位移量检测，其分辨率高，测量精确，安装使用方便。封闭式的光栅传感器对工作环境适应性强，光栅传感器性能价格比的提高和技术复杂性的降低使其在测长方面比感应同步器应用得更普遍。

2.10 热电偶传感器

2.10.1 热电偶传感器工作原理

利用转换元件电磁参量随温度变化的特性，对温度和与温度有关的参量进行检测，将温度变化转换为热电势变化的称为热电偶传感器。

热电偶传感器在温度测量中应用极为广泛，因为它具有结构简单、制造方便、测温范围宽、热惯性小、准确度高、输出信号便于远传等优点。

将两种不同性质的导体 A、B 组成闭合回路，如图 2.92 所示。若节点 1 和节点 2 处于不同的温度（即 $T \neq T_0$）时，两者之间将产生一热电势，在回路中形成一定大小的电流，这种现象称为热电效应。其电势由接触电势（佩尔捷电势）和温差电势（汤姆逊电势）两部分组成。

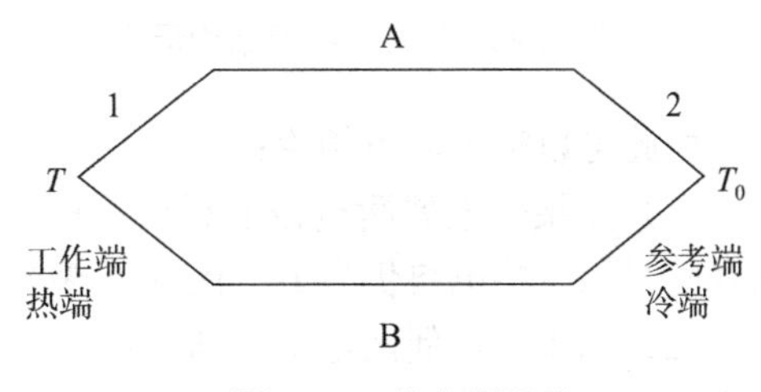

图 2.92　热电偶回路

1. 接触电势

当两种金属接触在一起时，由于不同

导体的自由电子密度不同，在结点处就会发生电子迁移扩散。失去自由电子的金属呈正电位，得到自由电子的金属呈负电位。当扩散达到平衡时，在两种金属的接触处形成电势，称为接触电势。其大小除与两种金属的性质有关外，还与结点温度有关。

当结点温度为 T 时，其接触电势为

$$e_{AB}(T)=\frac{kT}{e}\ln\frac{N_A}{N_B} \tag{2.50}$$

式中 e_{AB}（T）——A、B 两种金属在温度 T 时的接触电势；

k——波尔兹曼常数，$k=1.38\times10^{-23}$，J/K；

e——电子电荷，$e=1.6\times10^{-19}$，C；

N_A、N_B——金属 A、B 的自由电子密度；

T——结点处的绝对温度。

2. 温差电势

对于单一金属，如果两端的温度不同，则温度高端的自由电子向低端迁移，使单一金属两端产生不同的电位，形成电势，称为温差电势，如图 2.93 所示。其大小与金属材料的性质和两端的温差有关，可表示为

$$e_A(T,T_0)=\int_{T}^{T}\sigma_A\mathrm{d}T \tag{2.51}$$

式中 e_A（T，T_0）——金属 A 两端温度分别为 T 与 T_0 时的温差电势；

σ_A——温差系数；

T、T_0——高、低温端的绝对温度。

对于图 2.94 所示 A、B 两种导体构成的闭合回路，总的温差电势为

$$e_A(T,T_0)-e_B(T,T_0)=\int_{T_0}^{T}(\sigma_A-\sigma_B)\mathrm{d}T \tag{2.52}$$

于是，回路的总热电势为

$$e_{AB}(T,T_0)=e_{AB}(T)-e_{AB}(T_0)+\int_{T_0}^{T}(\sigma_A-\sigma_B)\mathrm{d}T \tag{2.53}$$

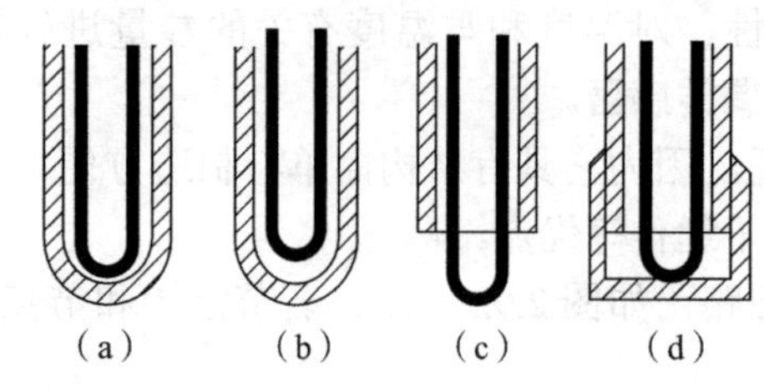

图 2.93 铠装热电偶结构示意

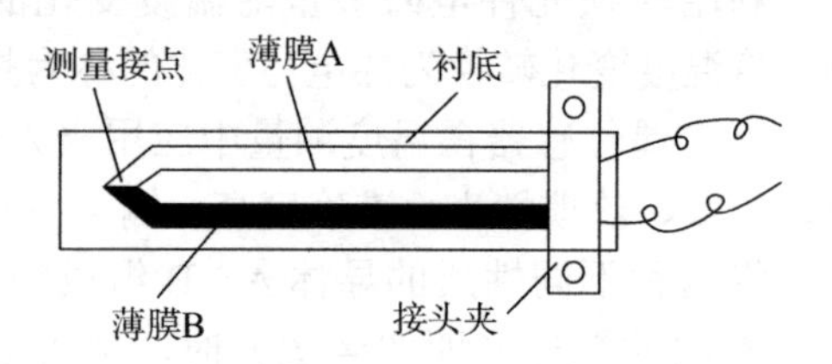

图 2.94 片状薄膜热电偶结构

由此可以得出如下结论：

（1）如果热电偶两电极的材料相同，即 $N_A=N_B$，$\sigma_A=\sigma_B$，虽然两端温度不同，但闭合回路的总热电势仍为零。因此，热电偶必须用两种不同材料做热电极。

（2）如果热电偶两电极材料不同，而热电偶两端的温度相同，即 $T=T_0$，闭合回路中也不产生热电势。

（3）热电偶 AB 的热电动势与导体材料 A、B 的中间温度无关，而只与接点温度有关。

（4）中间温度定律：热电偶 AB 在接点温度 T_1、T_3 的热电动势，等于热电偶在接点温度为 T_1、T_2 和 T_2、T_3 时的热电动势总和。

（5）中间导体定律：在热电偶回路中接入第三种材料的导线，只要第三种导线的两端温度相同，第三种导线的引入不会影响热电偶的热电动势。

根据此定律，可以在热电偶回路中接入电位计 E，只要保证电位计与连接热电偶处的接点温度相等，就不会影响回路中原来的热电势，接入的方式如图 2.95 所示。

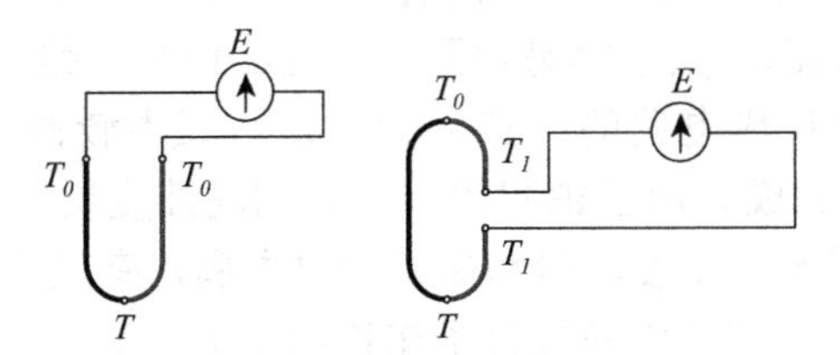

图 2.95　电位计接入热电偶回路

（6）标准电极定律：当测量两接点温度为 T_1、T_2 时的热电动势，用导体 A、B 组成的热电偶的热电动势等于 AC 热电偶和 CB 热电偶的热电动势的和，如图 2.96 所示。即

$$E_{AB}(T_1、T_2)=E_{AC}(T_1、T_3)+E_{CB}(T_3、T_2) \tag{2.54}$$

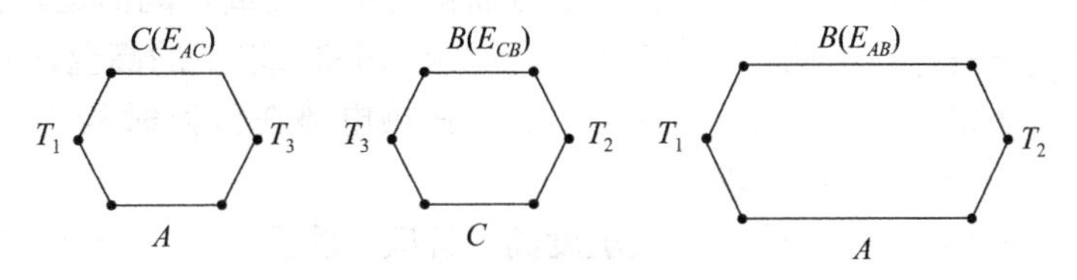

图 2.96　利用中间导体的热电偶回路

导体 C 称为标准电极（一般由铂制成），故把这一性质称为标准电极定律。表明参考电极 C 与各种电极配对时的总热电势为两电极 A、B 配对后的电势之差。利用该定律可大大简化热电偶选配工作，只要已知有关电极与标准电极配对的热电势，即可求出任何两种热电极配对的热电势而不需要测定。

为了保证在工程技术中应用可靠，并有足够的精确度，对热电偶电极材料有以下要求：

（1）在测温范围内，热电性质稳定，不随时间变化。

（2）在测温范围内，电极材料要有足够的物理化学稳定性，不易氧化或腐蚀。

（3）电阻温度系数要小，导电率要高。

（4）它们组成的热电偶，在测温中产生的电势要大，并希望这个热电势与温度成单值的线性或接近线性关系。

（5）材料复制性好，可制成标准分度，机械强度高，制造工艺简单，价格便宜。

最后还应强调一点，热电偶的热电特性仅取决于选用的热电极材料的特性，而与热极的直径、长度无关。

适于制作热电偶的材料有 300 多种，到目前为止，国际电工委员会已将其中七种推荐为标准化热电偶，分别为：

贵金属类：铂铑$_{10-}$铂、铂铑$_{13-}$铂、铂铑$_{30-}$铂铑$_{6}$；

一般金属类：铜－康（考）铜、铁－康铜、镍铬－康铜、镍铬－镍硅（铝）。

下面对几种广泛使用的热电偶进行介绍。

（1）铂铑$_{10-}$铂热电偶：由 φ0.5mm 的纯铂丝和相同直径的铂铑丝制成，用符号 LB 表示。铂铑丝为正极，纯铂丝为负极。这种热电偶可在 1300℃以下范围内长期使用，短期可工作在 1600℃高温。由于容易得到高纯度的铂和铂铑，故 LB 热电偶的复制精度和测量准确性高。LB 热电偶的材料为贵金属，成本较高。它由纯铂丝和铂铑丝（铂 90%，铑 10%）制成。由于铂和铂铑能得到高纯度材料，故其复制精度和测量的准确性较高，可用于精密温度测量和做基准热电偶，有较高的物理化学稳定性。主要缺点是热电势较弱，铂铑丝中的铑分子在长期使用后受高温作用会产生挥发现象，使铂丝受到污染而变质，从而引起热电偶特性变化，失去测量的准确性。

（2）镍铬－镍硅（镍铬－镍铝）热电偶：镍铬为正极，镍硅为负极，热偶丝直径为 1.2 ～ 2.5mm，用符号 EU 表示。EU 热电偶化学稳定性较高，测量范围为 -50 ～ 1312℃。它由镍铬与镍硅制成，化学稳定性较高，复制性好，热电势大，线性好，价格便宜。虽然测量精度偏低，但基本上能满足工业测量的要求，是目前工业生产中最常见的一种热电偶。镍铬－镍铝和镍铬－镍硅两种热电偶的热电性质几乎完全一致。由于后者在抗氧化及热电势稳定性方面都有很大提高，因而逐渐代替前者。

（3）铂铑$_{30-}$铂铑$_{6}$热电偶：这种热电偶可以测 1600℃以下的高温，其性能稳定，精确度高，但产生的热电势小，价格高。由于其热电势在低温时极小，因而冷端在 40℃以下范围时，对热电势值可以不必修正。

（4）镍铬－康铜热电偶：热电偶灵敏度高，价廉，测温范围在 800℃以下。

（5）铜－康铜热电偶：铜－康铜热电偶的两种材料易于加工成漆包线，而且可以拉成细丝，因而可以做成极小的热电偶，时间常数很小为毫秒级。其测量低温性极好，可达 -270℃。测温范围为 -270 ～ 400℃，而且热电灵敏度也高。它是标准型热电偶中准确度最高的一种，在 0 ～ 100℃范围可以达到 0.05℃（对应热电势为 2μV 左右），它在医疗方面得到广泛的应用。

下面再介绍几种特殊用途的热电偶。

（1）铱和铱合金热电偶：如铱$_{50}$铑－铱$_{10}$钌热电偶，它能在氧化气氛中测量高达 2100℃的高温。

（2）钨铼热电偶：钨铼系热电偶是 20 世纪 60 年代发展起来的一种较好的超高温热电偶，其最高使用温度受绝缘材料的限制，一般可达 2400℃，在真空中用裸丝测量时可用到更高的温度，但高温抗氧能力差。国产钨铼－钨铼$_{20}$热电偶使用温度范围为 300 ～ 2000℃，分度精度为 1%。

（3）金铁－镍铬热电偶：主要用在低温测量，可在 2 ～ 273K 范围内使用，灵敏度约为 10μV/℃。

（4）钯－铂铱$_{15}$热电偶：是一种高输出性能的热电偶，在 1398℃时的热电势为 47.255mV，比铂－铂铑$_{10}$热电偶在同样温度下的热电势高出 3 倍，因而可配用灵敏度较低的指示仪表，常应用于航空工业。

如前所述，各种热电偶都具有不同的优缺点，因此，在选用热电偶时，应根据测温范围、测温状态和介质情况综合考虑。

2.10.2　热电偶传感器的应用

由热电偶测温原理可知，热电偶的输出热电势是热电偶两端温度 t 和 t_0 差值的函数，当冷端温度 t_0 不变时，热电势与工作端温度成单值函数关系。各种热电偶温度与热电势关系的分度表都是在冷端温度为 0℃时作出的，因此用热电偶测量时，若要直接应用热电偶的分度表，就必须满足 t_0 = 0℃的条件。但在实际测温中，冷端温度常随环境温度而变化，这样 t_0 不但不是 0℃，而且也不恒定，因此将产生误差。一般情况下，冷端温度均高于 0℃，热电势总是偏小。为了提高测量精度，常需要采用一定的方法消除或补偿这个损失。

（1）冷端恒温法

①将热电偶的冷端置于装有冰水混合物的恒温容器中，使冷端的温度保持在 0℃不变。此法又称冰浴法，它消除了 $t_0 \neq$ 0℃而引入的误差，由于冰融化较快，所以一般只适用于实验室中。

②将热电偶的冷端置于电热恒温器中，恒温器的温度略高于环境温度的上限（例如 40℃）。

③将热电偶的冷端置于恒温空调房间中，使冷端温度恒定。

应该指出的是，除冰浴法是使冷端温度保持 0℃外，后两种方法只是使冷端维持在某一恒定（或变化较小）的温度上，因此，后两种方法仍必须采用修正法予以修正。图 2.97 所示为冷端置于冰瓶中的冰浴法接线图。

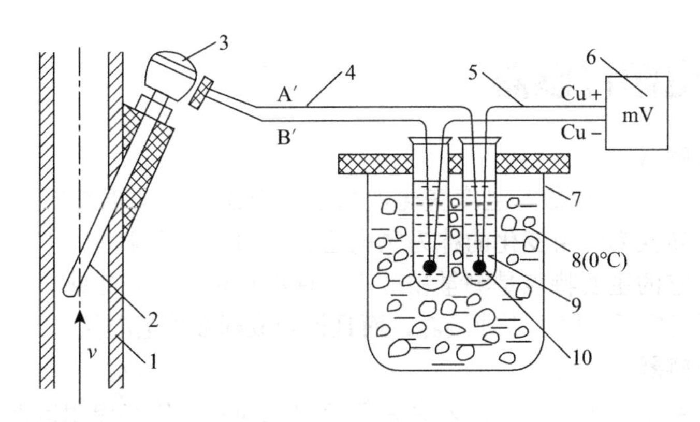

1—被测流体管道；2—热电偶；3—接线盒；4—补偿导线；5—铜质导线；
6—毫伏表；7—冰瓶；8—冰水混合物；9—试管；10—新的冷端

图 2.97　冰浴法接线图

（2）计算修正法

当热电偶的冷端温度 $t_0 \neq 0℃$时，由于热端与冷端的温差随冷端的变化而变化，所以测得的热电势 E_{AB}（t，t_0）与冷端为 0℃时所测得的热电势 E_{AB}（t，0℃）不等。若冷端温度高于 0℃，则 E_{AB}（t，t_0）<E_{AB}（t，0℃）。可以利用下式计算并修正测量误差

$$E_{AB}(t, 0℃) = E_{AB}(t, t_0) + E_{AB}(t_0, 0℃) \tag{2.55}$$

式中，E_{AB}（t，t_0）为用毫伏表直接测得的毫伏数。

修正时，先测出冷端温度 t_0，然后从该热电偶分度表中查出 E_{AB}（t_0，0℃），此值相当于损失掉的热电势，并把它加到所测得的 E_{AB}（t，t_0）上。根据式（2.55）求出 E_{AB}（t，0℃），此值是已得到补偿的热电势，根据此值再在分度表中查出相应的温度值。计算修正法共需要查分度表两次。如果冷端温度低于 0℃，由于查出的 E_{AB}（t_0，0℃）是负值，所以仍可用式（2.55）计算修正。

【例 2-1】用镍铬 - 镍硅（K 型）热电偶测炉温时，冷端温度 t_0 = 30℃，在直流毫伏表上测得的热电势 E_{AB}（t，30℃）= 38.505mV，试求炉温为多少？

解：查镍铬 - 镍硅热电偶分度表，得到 E_{AB}（30℃，0℃）= 1.203mV。根据

$$E_{AB}(t, 0℃) = E_{AB}(t, 30℃) + E_{AB}(30℃, 0℃)$$

$$= (38.505+1.203)\text{ mV} = 39.708\text{mV}$$

反查 K 型热电偶的分度表，得到 t = 960℃。该方法适用于热电偶冷端温度较恒定的情况，在智能化仪表中，查表及运算过程均可由计算机完成。

（3）仪表机械零点调整法

当热电偶与动圈式仪表配套使用时，若热电偶的冷端温度比较恒定，对测量准确度要求又不太高时，可将动圈仪表的机械零点调整至热电偶冷端所处的 t_0 处，这相当于在输入热电偶的热电势前就给仪表输入一个热电势 E（t_0，0℃）。这样，仪表在使用时所指示的值约为 E（t，t_0）+E（t_0，0℃）。

2.11 热电阻传感器

1. 热电阻传感器

利用转换元件电磁参量随温度变化的特性，对温度和与温度有关的参量进行检测，将温度变化转换为电阻变化的称为热电阻传感器。热电阻是中低温区最常用的一种温度检测器，它的主要特点是测量精度高，性能稳定，其中铂热电阻的测量精确度是最高的，它不仅广泛应用于工业测温，而且被制成标准的基准仪。

2. 热电阻传感器的分类

按材料分，热电阻传感器可分为金属热电阻式和半导体热电阻式两大类，前者简称热电阻，后者简称热敏电阻。

按结构分，热电阻传感器可分为普通型热电阻、铠装热电阻、薄膜热电阻。

按用途分，热电阻传感器可分为工业用热电阻、精密标准电阻。

3. 工作原理

温度升高，金属内部原子晶格的振动加剧，从而使金属内部的自由电子通过金属

导体时的阻碍增大，宏观上表现出电阻率变大，电阻值增加，我们称其为正温度系数，即电阻值与温度的变化趋势相同。

取一只100W/220V的灯，用万用表测量其电阻值，可以发现其冷态阻值只有几十欧，而计算得到的额定热态电阻值为484W。图2.98所示为热电阻传感器的原理演示。

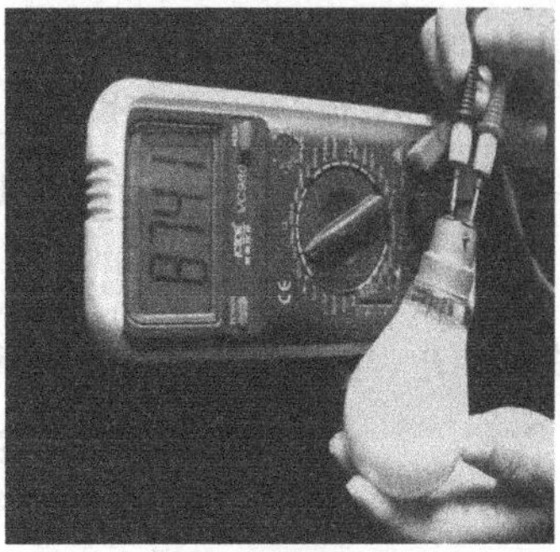

图2.98　热电阻传感器的原理演示

4. 热电阻材料的特点

热电阻材料必须具有以下特点：

（1）高温度系数、高电阻率。这样在同样条件下可加快反应速度，提高灵敏度，减小体积和重量。

（2）化学、物理性能稳定。以保证在使用温度范围内热电阻的测量准确性。

（3）良好的输出特性。即必须有线性的或者接近线性的输出。

（4）良好的工艺性。以便于批量生产、降低成本。

适宜制作热电阻的材料有铂、铜、铟、锰、碳、镍、铁等。

铂、铜是应用最广的热电阻材料。虽然铁、镍的温度系数和电阻率均比铂、铜要高，但由于存在不易提纯和非线性严重的缺点，因而使用不多。

①铂电阻

铂容易提纯，在高温和氧化性介质中的化学、物理性能稳定，制成的铂电阻输出－输入特性接近线性，测量精度高。工业用铂热电阻及其结构如图2.99所示。

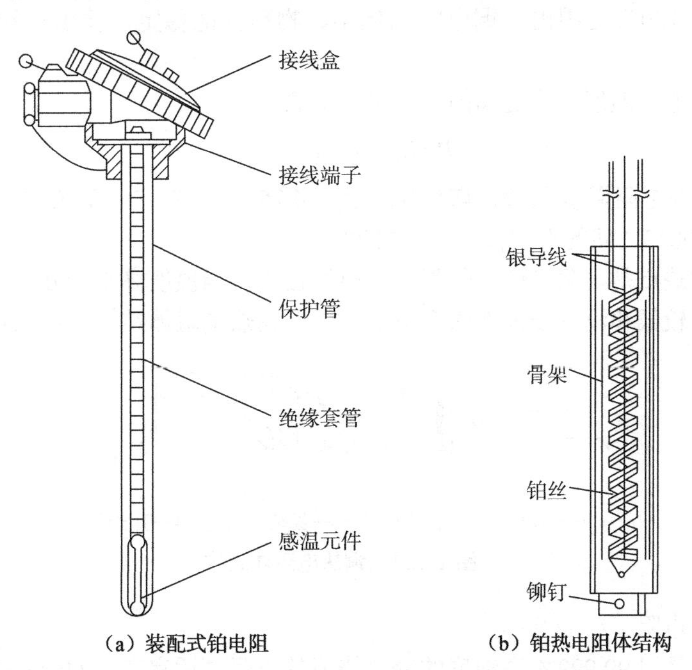

（a）装配式铂电阻　　（b）铂热电阻体结构

图2.99　工业用铂热电阻及其结构

铂电阻阻值与温度变化之间的关系可以近似用下式表示。

在 0 ～ 660℃温度范围内：

$$R_t=R_0\ (1+At+Bt^2) \tag{2.56}$$

在 -190 ～ 0℃温度范围内：

$$R_t=R_0\ [1+At+Bt^2+C\ (t-100)\ t^3] \tag{2.57}$$

式中 R_0、R_t——分别为 0℃和 t℃的电阻值；

A——常数（3.96847×10^{-3}/℃）；

B——常数（-5.847×10^{-7}/℃ ^{2}）；

C——常数（-4.22×10^{-12}/℃ ^{3}）。

薄膜铂热电阻元件（图 2.100）是把金属铂研制成粉浆，采用先进的激光喷溅薄膜技术，以及光刻法和干燥蚀刻法，把铂附着在陶瓷基片上形成膜，引线经过激光调阻制成的。铂金属的长期稳定性、可重复操作性、快速响应及较宽的工作温度范围等特性使其能够适合多种应用。

图 2.100　薄膜铂热电阻元件

铂电阻制成的温度计，除用作温度标准外，还广泛应用于高精度的工业测量。由于铂为贵金属，一般在测量精度要求不高和测温范围较小时，采用铜电阻。

②铜电阻

在 -50 ～ +50℃范围内，铜电阻的化学、物理性能稳定，输出—输入特性接近线性，价格低廉。

铜电阻阻值与温度变化之间的关系可近似表示为：

$$R_t=R_0\ (1+\alpha t) \tag{2.58}$$

式中，α 为电阻温度系数，取值范围为（4.25 ～ 4.28）$\times10^{-8}$℃ $^{-1}$（铂的电阻温度系数在 0 ～ 100℃之间的平均值为 3.9×10^{-3}℃ $^{-1}$）。

铜电阻的缺点是电阻率低、体积大、热惯性大，当温度高于 100℃时易被氧化，因此适宜在温度较低和没有浸蚀性的介质中工作。铜热电阻体结构如图 2.101 所示。

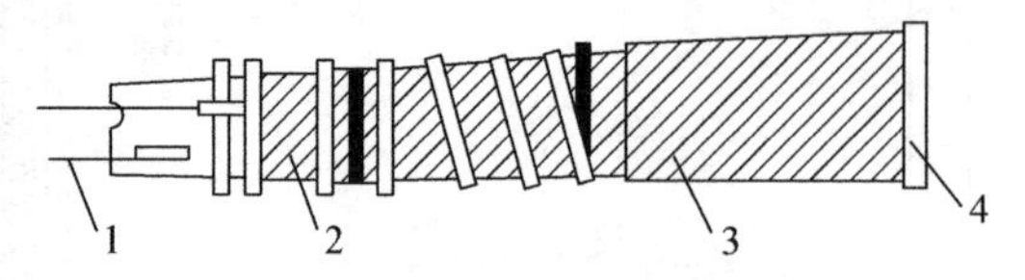

1—引出线；2—补偿线阻；3—铜热电阻丝；4—引出线

图 2.101　铜热电阻体结构

③其他热电阻

a. 铟电阻是用 99.999% 高纯度的铟丝绕成的电阻，适宜在 -269 ～ -258℃温度范围内使用，测温精度高，在 4.2 ～ 15K 温度范围内，其灵敏度是铂电阻的 10 倍，但其缺点是材料软，复现性差。

b. 锰电阻适宜在 −271 ～ −210℃温度范围内使用，其优点是在 2 ～ 63K 温度范围内电阻随温度变化大，灵敏度高。但锰电阻的缺点是材料脆，难拉成丝，易损坏。

c. 碳电阻适宜在 −273 ～ −268.5℃温度范围内使用，其优点是热容量小，灵敏度高，价格低廉，操作简便。但碳电阻的热稳定性较差。

热电阻的结构比较简单，一般将电阻丝绕在云母、石英、陶瓷、塑料等绝缘骨架上，经过固定，外面再加上保护套管，如图 2.102 所示。但骨架性能的好坏，影响其测量精度、体积大小和使用寿命。

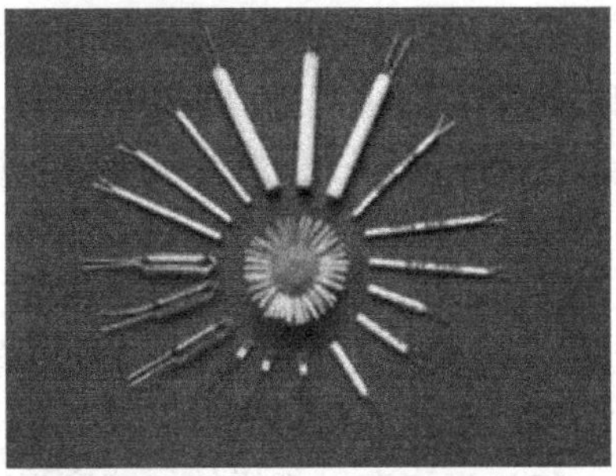

图 2.102　陶瓷、玻璃热电阻元件

5. 热电阻传感器的应用

（1）热电阻温度计

通常工业上用于测温是采用铂电阻和铜电阻作为敏感元件，测量电路用得较多的是电桥电路。为了克服环境温度的影响，常采用如图 2.103 所示的测量电路。由于采用这种电路，热电阻的两根引线的电阻值被分配在两个相邻的桥臂中，因环境温度变化引起的引线电阻值变化造成的误差被相互抵消。

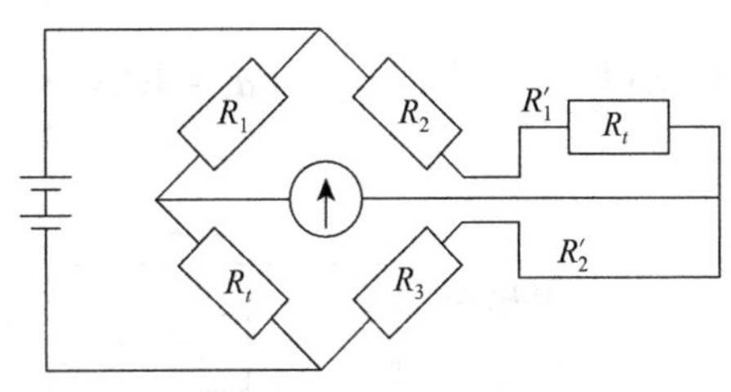

图 2.103　测温测量电路

（2）热电阻式流量计

热电阻式流量计的电原理如图 2.104 所示。两个铂电阻探头 R_{t1}、R_{t2}，R_{t1} 放在管道中央，它的散热情况受介质流速的影响。R_{t2} 放在温度与流体相同，但不受介质流速影响的小室中。当介质处于静止状态时，电桥处于平衡状态，流量计没有指示。当介质流动时，由于介质流动带走热量，温度的变化引起阻值变化，电桥失去平衡而有输出，电流计指示直接反映了流量的大小。

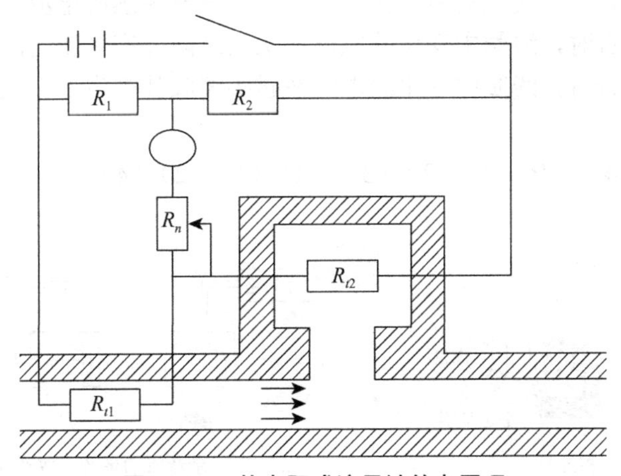

图 2.104　热电阻式流量计的电原理

2.12 传感器应用实例

【例 2-2】用如图 2.105 所示的装置可以测量汽车在水平路面上做匀加速直线运动的加速度。该装置是在矩形箱子的前、后壁上各安装一个由力敏电阻组成的压力传感器。用两根相同的轻弹簧夹着一个质量为 2.0kg 的滑块，滑块可无摩擦滑动，两弹簧的另一端分别压在传感器 a 和传感器 b 上，其压力大小可以直接从传感器的液晶显示屏上读出。现将装置沿运动方向固定在汽车上，传感器 b 在前，传感器 a 在后。汽车静止时，传感器 a、传感器 b 的示数均为 10N（取 $g = 10\text{m/s}^2$）。

（1）若传感器 a 示数为 14N，传感器 b 的示数为 6.0N，求此时汽车的加速度和方向？

（2）当汽车以怎样的加速度运动时，传感器 a 的示数为零？

解：（1）如图 2.106 所示，左侧弹簧对滑块向右的推力 $F_1 = 14\text{N}$，右侧弹簧对滑块的向左的推力 $F_1 = 6.0\text{N}$，滑块所受合力产生加速度 a_1，由牛顿第二定律得

$$F_1 - F_2 = ma_1$$

代入得 $a_1 = 4\text{m/s}^2$（与力同方向，向右）

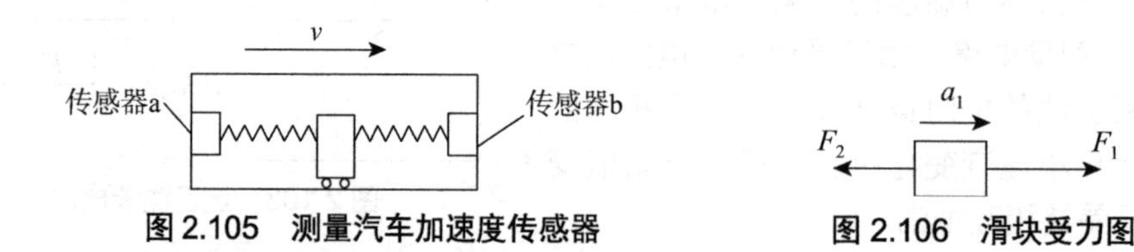

图 2.105 测量汽车加速度传感器　　图 2.106 滑块受力图

（2）传感器 a 的读数为零，即左侧弹簧的弹力 $F_1 = 0$，则右侧弹簧的弹力变为 $F_2 = 20\text{N}$，由牛顿第二定律得：$F_2 = ma_2$，所以 $a_2 = 10\text{m/s}^2$，其方向向左。

【例 2-3】动圈式话筒和磁带录音机都应用了电磁感应现象，图 2.107（a）所示是传声器原理，图 2.107（b）所示是录音机的录音、放音原理，由图可知：

（1）传声器工作时，录音磁铁不动，线圈振动而产生感应电流。

（2）录音机放音时，变化的磁场在静止的线圈里产生感应电流。

（3）录音机放音时，线圈中变化的电流在磁头缝隙处产生变化的磁场。

（4）录音机录音时，线圈中变化的电流在磁头缝隙处产生变化的磁场。

其中正确的是：

A.（2）（3）（4）　B.（1）（2）（3）　C.（1）（2）（4）　D.（1）（3）（4）

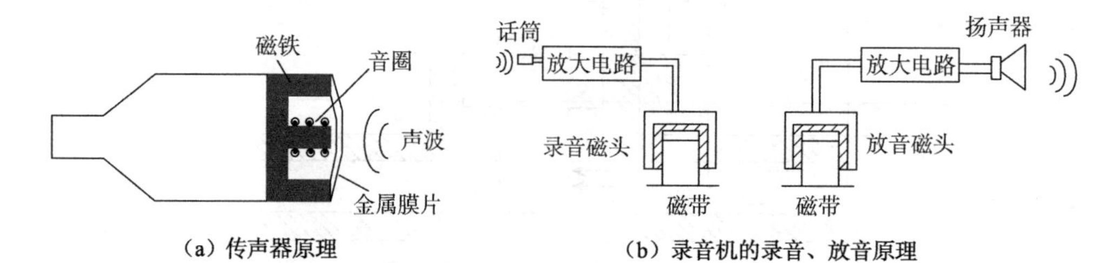

图 2.107 传声器原理与录音机的录音、放音原理

解：传声器的工作原理是，声波迫使金属线圈在磁铁产生的磁场中振动产生感应电流，故（1）正确。录音时，传声器产生的感应电流经放大电路放大后，在录音机磁头缝隙处产生变化的磁场，故（4）正确。录音机在放音时，通过变化的磁场使放音磁头产生感应电流，经放大电路后再送到扬声器中，故（2）正确。综上，正确答案为 C。

【例 2-4】设计制作一个温度自动控制装置（温控报警器）的实验：自己设计一个由热敏电阻作为传感器的简单自动控制试验，如图 2.108 所示，并对图中电路进行连接，完成实验。

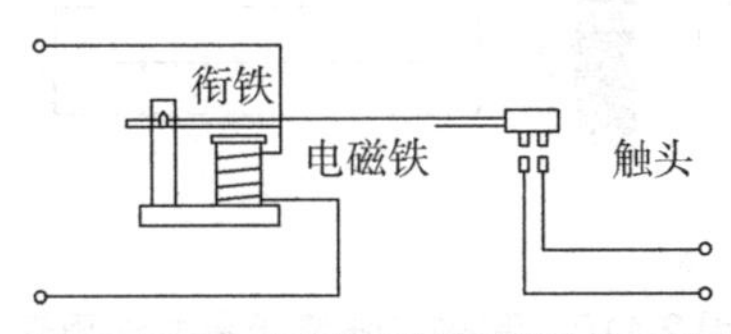

图 2.108　自制温控报警器的示意

解：将由热敏电阻作为主要元件的温控电路接入左侧接线柱，报警器接右侧接线柱，就可以通过实验完成温度控制与超温报警了。

本章习题

一、思考题

1. 应变片灵敏系数的概念是什么？

2. 电阻应变片的工作原理是什么？

3. 电感式传感器的特点有哪些？

4. 自感式传感器如何分类及特点？

5. 电容式传感器的特点有哪些？

6. 压电式传感器有哪些特点？

7. 极板间距式电容式传感器，极板半径 $r = 4\text{mm}$，间隙 $\delta = 0.5\text{mm}$，极板介质为空气，试求其静态灵敏度。若极板移动，求其电容变化。

8. 一电位器式位移传感器及接线如图 2.109 所示，变阻器有效长度为 L，总电阻 $R_t = 200\Omega$，读数仪表电阻 $R_L = 500\Omega$，活动触点位置 $x = L/5$。求：

（1）读数仪表的指示值 U_0；

（2）指示值的非线性误差；

（3）$R_L = 100\text{W}$ 时，指示值的非线性误差。

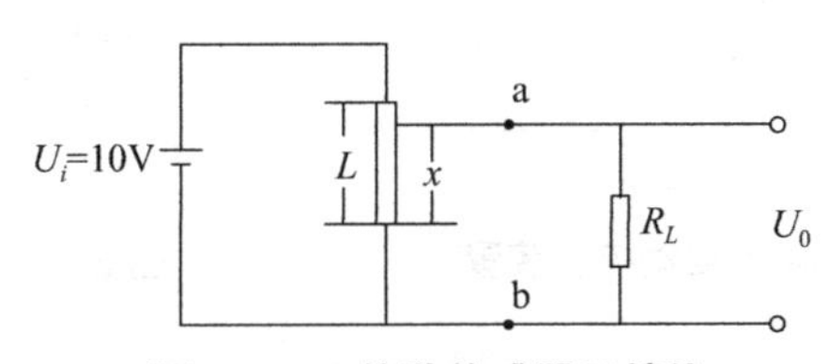

图 2.109　位移传感器及接线

二、综合题

1. 磁场具有能量，磁场中单位体积所具有的能量叫作能量密度，其值为 $B^2/2\mu$。式中，B 是磁感应强度；μ 是磁导率，在空气中 μ 为一已知常数。为了近似测得条形磁铁磁极端面附近的磁感应强度 B，一学生用一根端面面积为 A 的条形磁铁吸住一相同面积的铁片 P，再用力将铁片与磁铁拉开一段微小距离 ΔL，并测出拉力 F，如图 2.110 所示。因为 F 所做的功等于间隙中磁场的能量，所以由此可得此感应强度 B 与 F、A 之间的关系为：$B=$________。

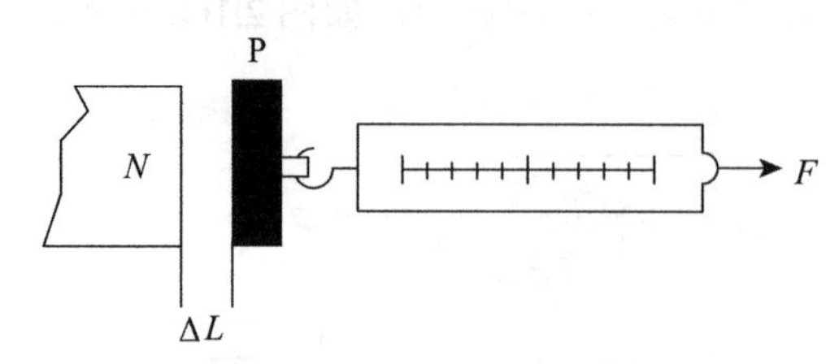

图 2.110 测磁场强度简易方法原理

2. 图 2.111 所示为电熨斗温度自动控制装置。

（1）常温时，上、下触点应是分离还是接触？

（2）双金属片温度升高时，哪一层形变大？

（3）假设原来设定温度上升到 80℃时断开电源，现在要求 60℃时断开电源，应怎样调节调温旋钮？

3. 某学生为了测量一物体的质量，找到一个力电转换器，该转换器的输出电压正比于受压面的压力（比例系数为 k），如图 2.112 所示。测量时，先调节输入端的电压，使转换器空载时的输出电压为 0，而后在其受压面上放一物体，即可测得与物体的质量成正比的输出电压 U。

现有下列器材：力电转换器，质量为 m_0 的砝码，电压表，滑动变阻器，干电池各一个，电键及导线若干，待测物体（可置于力电转换器的受压面上）。请完成对该物体质量的测量。

（1）设计一个电路，要求力电转换器的输入电压可调，并且使电压的调节范围尽可能大，在图 2.112 所示中画出完整的测量电路图。

（2）简要说明测量步骤，求出比例系数 k，并测出待测物体的质量 m。

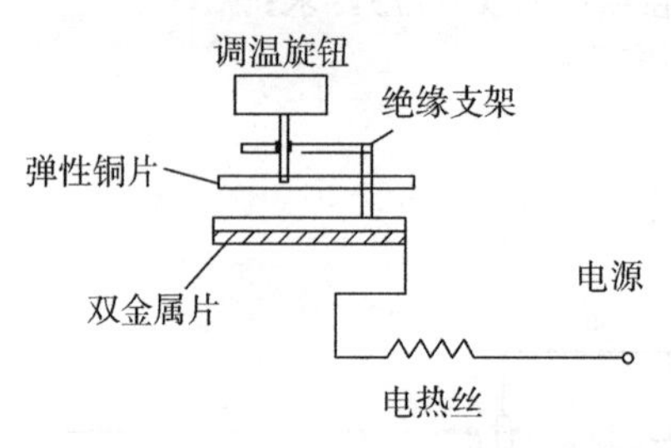

图 2.111 电熨斗温度自动控制装置

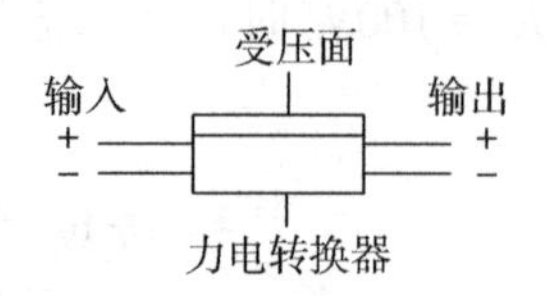

图 2.112 力电转换器示意

第 3 章 微机械传感器

【学习目标】

明确微机械传感器的概念、特点，掌握微机械加速度传感器、微机械压力传感器、微机械陀螺等微传感器的结构及作用原理。在信号测试中，能够根据实际情况，学会选择与使用微机械传感器。

【学习要求】

理解微机械传感器的概念、特点，熟练掌握微机械加速度传感器、微机械压力传感器、微机械陀螺的设计结构、特性及作用原理，了解微流量传感器、微气体传感器、微温度传感器的工作特性，并对微机械加工技术有一些认识。

【引例】

随着MEMS技术的不断发展，特别是其加工技术，如蒸镀、刻蚀、微细加工的进步，过去很难加工的工艺变得容易了。通过蒸镀，可以把拾取信息的敏感部分和电路集成于一体。例如，在半导体材料上，利用刻蚀方法使局部厚度变成几个微米而感受压力的敏感膜，从而避免了传统的把感压膜固定在装置上而产生的诸多不稳定因素。除了敏感元件及其信号处理电路，调节机构甚至运动元件也都可以利用微加工技术集成在一起，在相对极小的空间里制作出测量和控制系统。

微传感器的出现为传感器这个大家族增加了新的成员。所谓微传感器，就是采用微电子和微机械加工技术制造出来的新型传感器。目前，各种各样的微传感器已经问世，测量对象从机械量的位移、速度和加速度，到热工学量的温度和基于温度特性的红外图像、流速，以及磁场、化学成分等。与传统传感器相比，微传感器具有体积小、质量轻（例如，机械、集成电路和生物微电子产品的加工尺寸，通常分别是毫米、微米和纳米）、功能灵活（可以在一个基片上构造多种传感器及其配用电路）、成本低廉（可以规模化生产）、功耗小、可靠性高、适于批量化生产、易于集成和实现智能化的特点。同时，在微米量级的特征尺寸使得它可以完成某些传统机械传感器所不能实现的功能。但目前，很多微传感器对环境有较高的要求，如温度和湿度必须控制在一定范围内。

3.1 微传感器的概念及特点

如果狭义定义，传感器就是“将外界信号变换为电信号的一种装置”；广义定义，传感器就是“外界情报的获取装置”。在我国国家标准GB7665—87中，传感器（Transducer/Sensor）的定义是：能感受规定的被测量并按照一定的规律转换成可以输出的信号的器件或装置，通常由敏感元件和转换元件组成。其中，敏感元件（Sensing Element）是指传感器中能直接感受或响应被测量的部分；转换元件（Transduction Element）是指传感器中能将敏感元件感受或响应的被测量转换成适于传输或测量的电信号的部分。

机械传感器是各种传感器中应用最为广泛、技术最为成熟的传感器之一。它是用来检测物体动力学物理量的，基本原理是敏感元件受到外部机械作用时，其固有物理性质发生改变，如发生形变、电阻变化等，再利用这些变化将机械量转化为电信号，便可测得物体机械量的改变。机械传感器被应用在汽车、工业控制、医学、科学仪器等领域中。随着微机械加工技术的进步，机械传感器的微型化也成为研究热点。相信在未来的发展中，微机械传感器的需求会不断增加，微机械传感器的进一步微型化、集成化要求也将越来越高。

微传感器是采用微电子和微机械加工技术制造出来的新型传感器。与传统的传感器相比，它具有体积小、重量轻、成本低、功耗低、可靠性高、适于批量化生产、易于集成和实现智能化的特点。同时，在微米量级的特征尺寸使得它可以完成某些传统机械传感器所不能实现的功能。和传统传感器一样，微传感器主要有两个功能：一是获取信息；二是把获取的信息进行变换，使之成为一种与被测量有确定函数关系的、而且便于传输和处理的量，一般是电量。众所周知，测量的品质一般以测量准确度、测量带宽和测量速度来衡量，对传感器而言，就是要求它具备一定大小的灵敏度、稳定度和动态特性。

由于被测量的千差万别，传感器的种类也多种多样，分类方式也不尽相同。例如，按照敏感原理可以分为物理、化学和生物传感器。

物理量传感器是利用某些变换元件的物理特性以及某些功能材料的特殊物理性能制成的。如利用金属和半导体材料热效应制成的温度传感器、利用金属和半导体的压阻效应制成的压力传感器、利用半导体材料的光电效应制成的光电式传感器等，都属此类。常规传感器主要采用金属材料制作，而微传感器则优先采用硅材料制作。如今，传感器已经从以金属材料为主的常规传感器时代进入以硅材料为主的微传感器时代。

硅压阻型压力传感器出现在 20 世纪 60 年代，70 年代微机械加工技术使硅杯加工批量化之后，使硅压阻型压力传感器的生产效率提高，成本下降，为开拓许多新的应用领域创造了条件。20 世纪 80 年代，随着微机械加工技术的逐步成熟，硅压力传感器成为第一个能批量生产的微机械传感器，微传感技术迅速发展起来。经过四十余年的努力开发和研制，已经制造出了诸如压力、力、加速度、角速度、流量、温度、磁场、湿度、成像、气体成分、pH、离子和分子浓度以及生物酶等多种多样的微机械传感器。

目前形成产品的主要有微型加速度传感器、微型压力传感器及微型陀螺等。它们的体积只有常规传感器的几十分之一乃至百分之一；质量从常规的千克级下降至几十克乃至几克；功率降至 mW 乃至更低的水平。

微传感器的特性主要是指传感器输出与输入信号之间的关系，如图 3.1 所示。此外，还有与使用条件、使用环境、使用要求等有关的特性。当输入量为常量或变化极慢时，主要研究微传感器的静态特性；当输入量随时间较快地变化时，主要研究动态特性。

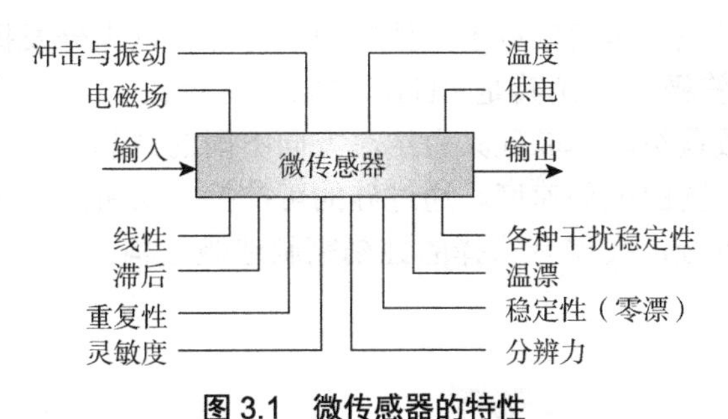

图 3.1　微传感器的特性

微传感器的实用化将对许多技术领域中的测控系统变革产生深远的影响。其在航空航天、遥感、生物医学及工业自动化等方面的应用更具明显优势，包括载人飞船、航天飞机在内的各种飞行器，需用几百乃至几千个传感器，以对各种参数进行监测。若用微传感器代替常规传感器，不仅能低价进入太空，而且对增加航程、减轻质量、减少能源消耗、全球监视及侦察等都有重大益处。

3.2　微机电系统的主要加工技术

微机电系统（Microelectro Mechanical Systems，MEMS）是在微电子技术基础上发展起来的多学科交叉的前沿研究领域，是将微电子技术与机械工程融合到一起的一种工业技术。经过几十年的发展，已成为世界瞩目的重大科技领域之一。它涉及电子、机械、材料、物理学、化学、生物学、医学等多种学科与技术，具有广阔的应用前景。目前，全世界有大约 600 余家单位从事 MEMS 的研制和生产工作，已研制出包括微型压力传感器、加速度传感器、微喷墨打印头、数字微镜显示器在内的几百种产品，其中微传感器占相当大的比例。

随着微机电系统的发展，微型制造技术作为实现 MEMS 技术的关键，也开始引起世界发达国家的材料科学工作者和工业界的极大关注。要想加工出精密的微机电器件，必须要具备相应微细加工技术。目前，常用的有以下几种方法。

（1）光刻术（Photolithography）

这种方法首先在基质材料上涂覆光致抗蚀剂（光刻胶），然后利用极限分辨率极高的能量束通过掩膜对光致蚀层进行曝光（或称光刻）。显影后，在抗蚀剂层上获得了与掩膜图形相同的极微细的几何图形。最后再利用其他方法，便可在工件材料上制造出微型结构。目前，光刻术中主要采用电子束曝光技术、离子束曝光技术、X 射线曝光技术和紫外准分子曝光技术。图 3.2 所示为微机械光刻加工仪器实物照片。

（2）蚀刻技术

蚀刻通常分为等向蚀刻和异向蚀刻。等向蚀刻可以制造任意横向几何形状的微型结构，高度一般为几微米，仅限于制造平面形结构。异向蚀刻可以制造较大纵深比的三维空间结构，其深度可达几百微米。

蚀刻技术又分为以下几种。

①化学异向蚀刻。化学蚀刻具有独特的横向欠蚀刻特性，即横向的刻蚀速率要慢很多，可以使材料蚀刻速度依赖于晶体取向的特点得以充分发挥。其特点是不同的硅晶面腐蚀速率相差极大，尤其是 <111> 方向，足足比 <100> 或是 <110> 方向的腐蚀速率小一到两个数量级。单晶硅具有结晶方向不同的结晶面，在碱性溶液中各结晶面之间存在着显著不同的蚀刻速度。通过硅的可控掺杂法引入一个非常有效的蚀刻停止层，阻止蚀刻的进行，实现有选择的蚀刻来制造微结构。图 3.3 所示为化学腐蚀加工仪。

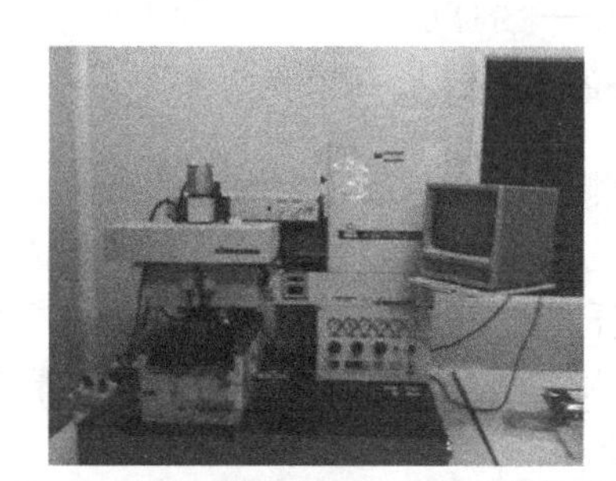

图 3.2　微机械光刻加工仪器实物照片

图 3.3　化学腐蚀加工仪

②离子束蚀刻。离子束蚀刻又分为聚焦离子束蚀刻和反应离子束蚀刻。聚焦离子束蚀刻在离子密度为 a/cm^2 数量级时，能产生直径为亚微米的射束，可对工件表面直接蚀刻，且可精确控制射束的密度和能量。它是通过入射离子向工件材料表面原子传递动量而达到逐个蚀除工件表面原子的目的，因而可达到纳米级的制造精度。反应离子束蚀刻是一种物理化学反应的蚀刻方法，它将一束反应气体的离子束直接引向工件表面，发生反应后形成一种易挥发又易靠离子动能而加工的产物，同时通过反应气体离子束溅射作用达到蚀刻的目的，是一种亚微米级的微加工技术。

③激光蚀刻。激光蚀刻通常采用 YAG 激光和准分子激光。目前常用的有氟化氩准分子激光和氟化氙准分子激光。氟化氩准分子激光器所产生的远紫外线激光束之类的蚀刻塑料聚合物硬材料，不仅可以蚀刻出极其微细的线条，而且不产生热量，材料受光束焦点作用处的周围没有热扩散和烧焦现象。这种准分子激光器所产生的远紫外线，其波长为 193nm，重复频率为 1Hz 或大于 1Hz，脉冲宽度为 12ns，一个脉冲即可蚀刻出几微米的沟槽。利用这种激光脉冲，能够把材料逐层剥下来，蚀刻出微细的线条。氟化氙准分子激光器产生的近紫外线的波长为 300nm，其蚀刻过程是：放在氯气中的硅片受到激光辐射后，氯分子分解为氯原子，与此同时，硅片上受激光辐射的电子附在氯原子上，形成带负电荷的氯离子，又与带正电荷的硅原子发生化学反应，形成一种四氯化硅的挥发性气体，通过反应器除掉四氯化硅，提供新鲜氯气，于是硅片受到腐蚀，不需要感光胶就能得到所需要的图形。

（3）LIGA 技术

LIGA 是由德文 Lithographie（光刻）、Galvanoformung（电铸成形）和 Abformung（注塑）三个词生成的缩写词，是一种快速微制造技术。LIGA 技术所加工的几何结构不受材料特性和结晶方向的限制，可以制造由各种金属材料、塑料制成的微机械。因此较硅材料的加工技术有了一个很大的飞跃。LIGA技术可以制造具有很大纵横比的三维结构，纵向尺寸可达数百微米，最小横向尺寸为1μm。尺寸精度达亚微米级，而且有很高的垂直度、平行度和重复精度。

LIGA技术包括以下三个工艺过程：①深层同步辐射X射线光刻。利用同步辐射X射线透过掩膜对固定于金属基底上的厚度可达0.5mm的X射线抗蚀剂（光刻胶）进行曝光，然后将其显影制成初级模板，该模板即为掩膜覆盖的未曝光部分的抗蚀剂层，具有与掩膜图形相同的平面几何图形。②电铸成形。电铸成形是用电沉积的方法在胎模上沉积金属以形成零件，胎模为阴极，要电铸的金属为阳极。在LIGA技术中，把托载初级模板（抗蚀剂结构）的金属基底作为阴极，所要成形的微结构金属材料（Ni，Cu，Ag）作为阳极。电铸后，将它们整个浸入剥离溶剂中，对初级模板进行腐蚀剥离，剩下的金属结构即为所需求的微结构件。③注塑。将电铸制成的金属微结构作为二级模板，将塑性材料注入二级模板的模腔，形成微结构件，从金属模中提出。也可用形成的结构件作为模板再进行电铸，应用LIGA技术进行三维微结构件的批量生产。

（4）牺牲层技术

牺牲层技术也叫分离层技术。牺牲层技术是在硅基板上用化学气相沉积方法形成微型部件，在部件周围的空隙上添入分离层材料，最后以溶解或刻蚀法去除分离层，使微型部件与基板分离。此技术也可以制造与基板略微连接的微机械。

（5）外延技术

在微电子工艺中，外延是指在单晶衬底上用物理的或化学的方法，按衬底晶向排列（生长）单晶膜的工艺过程。新排列的晶体称为外延层，有外延层的硅片称为（硅）外延片。外延生长是微机械加工的重要手段，与单晶生长的不同在于外延生长温度低于熔点许多，外延是在晶体上生长晶体，生长出的晶体的晶向与衬底晶向相同，掺杂类型、电阻率可不同，因而在外延层上可以进行各种横向与纵向的掺杂分布与腐蚀加工，从而制得各种结构。

（6）特种微细加工技术

①微细电火花加工。微细电火花加工的原理与普通电火花加工并无本质区别。实现微细电火花加工的关键在于微小轴（工具电极）的制作、微小能量放电电源、工具电极的微量伺服进给、加工状态检测、系统控制及加工工艺方法等。目前，应用微细电火花加工技术可加工出直径为2.5μm的微细轴和5μm的微细孔；可制作出长0.5mm、宽0.2mm、深0.2mm的微型汽车模具，并用其制作出了微型汽车模型；可制作出直径为0.3mm、模数为0.1mm的微型齿轮。②微细电解加工。电解加工是一种利用金属阳极电化学溶解原理来去除材料的制造技术，材料去除是以离子溶解的形式进行的，这种微去除技术使得电解加工具有微细加工的可能。通过降低加工电压和电解液浓度，可将加工间隙控制在10μm以下。采用微动进给和金属微管电极，在0.2mm的镍板上加工出了0.17mm的小孔。③微细超声加工。随着晶体硅、光学玻璃、工程陶瓷等硬脆材料在微机械中的广泛应用，硬脆材料的高精度三维微细加工技术已成为一个重要的研究课题。目前可用于硬脆材料加工的方法主要有光刻加工、电火花加工、电解加工、激光加工和超声加工等。利用超声做细加工技术，用工件加振的工作方式

在工程陶瓷材料上加工出了直径最小为5μm的微孔。④微细激光成形加工。微细激光成形加工与传统的特种加工方式不同，激光成形加工不是将材料去除，而是通过材料添加的方法实现成形加工。根据加工材料和机制的不同，激光成形加工可以分为光固化成形、选择性激光烧结成形、分层实体造型等多种类型。

（7）分子装配技术（Molecular Assemblage）

扫描隧道效应显微镜（STM）和原子力显微镜（AFM）具有0.01μm的分辨率，是目前世界上精度最高的表面形貌观测仪。利用其测针的尖端可以俘获分子或原子，并且可以按照需要拼成一定的结构进行分子装配制作微机械。美国某公司1991年操纵氙原子，在镍板上拼出了“IBM”的字样和美国地图。我国中科院近代化学研究所也拼出了“原子”字样和中国地图。分子装配技术是一种纳米级微加工技术，是一种从物质的微观角度来构造微结构、制作微机械的方法。

（8）集成机构（Integrated Mechanism）制造技术

近年来，微机械出现了一个新的发展趋势，即利用大规模集成电路的微细加工技术，将各种精巧的微机构（如微致动器、微传感器、微控制器等）集成在一个硅片上。它可以将传统的无源机构变为有源机构，可制成一个完整的机电一体的微机械系统，整个系统的尺寸可望缩小到几毫米至几百微米。

3.3 微机械传感器原理

3.3.1 微机械加速度传感器

加速度传感器是一种惯性传感器，能够测量物体的加速力。微机械惯性器件是微机电系统重要的研究内容，微惯性器件包括微陀螺和微加速度传感器。采用微机电技术制造的微加速度传感器在寿命、可靠性、成本、体积和重量等方面都要大大优于常规的加速度传感器，使得其无论在民用领域还是在军用领域都有着广泛的应用。在军用上，可用于各种飞行装置的加速度测量、振动测量、冲击测量，尤其在武器系统的精确制导系统、弹药的安全系统、弹药的点火控制系统，有着极其广泛的应用前景。

微加速度传感器是继微压力传感器之后，又一类技术成熟并得到实际应用的微机械传感器。微机械加速度传感器（图3.4）的种类很多，发展也很快，目前其工作原理主要有压阻式、电容式、压电式、力平衡式、热对流式、谐振式等。

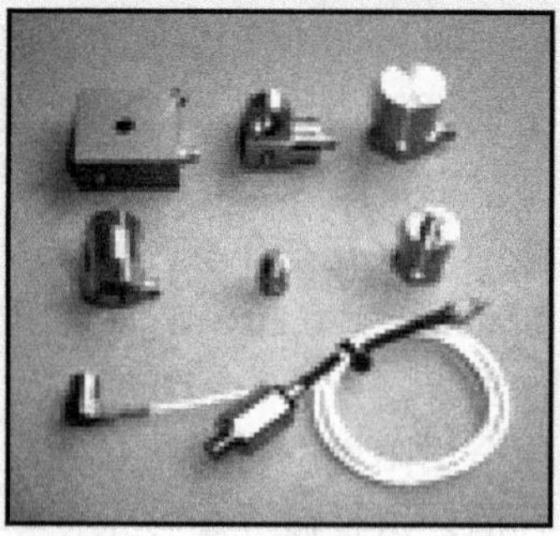

图3.4 微机械加速度传感器

1. 压阻式微机械加速度传感器

压阻式微机械加速度传感器（图3.5）是利用硅材料的压阻效应制作的传感器，它的工作原理是将被测的加速度转换为硅材料电阻率的变化来进行加速度的测量。压阻式微机械加速度传感器发展比较早，是比较成熟的传感器。

压阻式微机械加速度传感器具有加工工艺简单、频率响应高、体积小、测量方法易行、线性度好等优点，其缺点是温度效应严重、灵敏度低，一般只有 1mg，即最小敏感的加速度为 1×10^{-3}g，实际称为灵敏阈。通过温度控制电路可以对温度效应进行补偿。

比较典型的产品是美国 EG & GIC SENSORRS 公司生产的压阻式微机械加速度传感器，其基本结构形式如图 3.6 所示，这是一种双悬臂梁结构的传感器。该系列的传感器既有一维加速度传感器（如 3022、3028、3145、3255 等），也有三维加速度传感器（如 3355），测量范围有 0 ～ ±250g，或 0 ～ ±500g 等。在军事上可用于航空航天中的飞行导航、弹药的点火控制，在民用领域可用于汽车安全气囊、模态分析、振动试验、运动控制等。

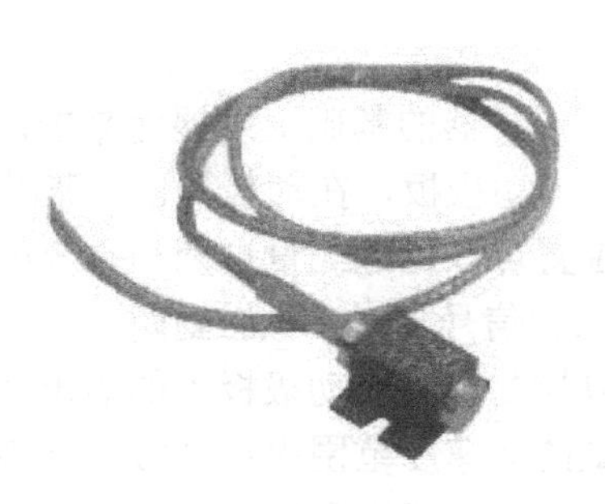

图 3.5　压阻式微机械加速度传感器

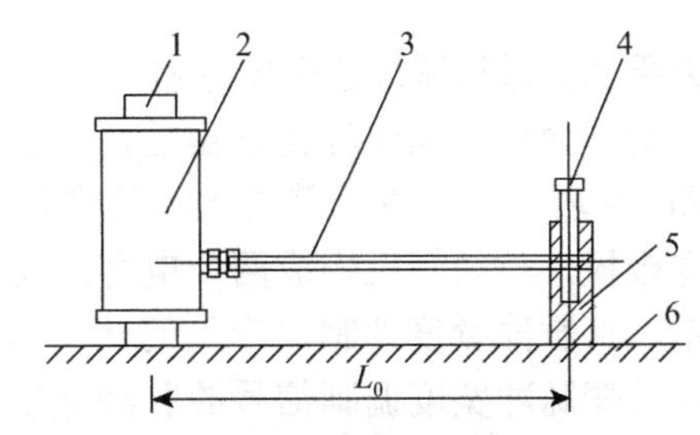

1—插座；2—传感器；3—连杆（可拆装）；4—限动螺钉；5—支座；6—被测构件

图 3.6　双悬臂梁结构传感器工作原理示意图

除双悬臂梁结构形式外，还有双端支撑的四梁和五梁结构。双悬臂梁结构灵敏度高，但横向效应大，四梁结构多梁横向效应小，但灵敏度不易做高。五梁结构灵敏度适中，而横向效应极小。另一个典型的产品是美国 ENDEVCO 公司生产的 7270A 系列的微硅高 g 值加速度传感器，其最大量程为 200000g，适用于爆炸效应研究、碰撞试验、导弹试验等高 g 值测量。

2. 电容式微机械加速度传感器

电容式微机械加速度传感器（图 3.7）是利用电容原理，将被测加速度转换成电容的变化来进行加速度测量。电容式微机械加速度传感器是基于微机械原理的一种新传感器，它采用被动原理，因而具有真正的静态响应，可以用来测大型结构的稳定静态响应和超低频运动。电容式加速度传感器的灵敏度比较高，易于构成高精度的力平衡式器件，目前国外已有高性能的器件出现。

电容式微机械加速度传感器的特点是灵敏度和测量精度高、稳定性好、温度漂移小、功耗极低、良好的过载保护能力、便于利用静电力进行自检。其缺点是由于传感器的电容量及其变化量极小，同时为减小分布电容的影响，其调理电路必须与传感器集成在一块芯片上。图 3.8 给出了两种结构形式的电容式微机械加速度传感器。

图 3.7　电容式微机械加速度传感器

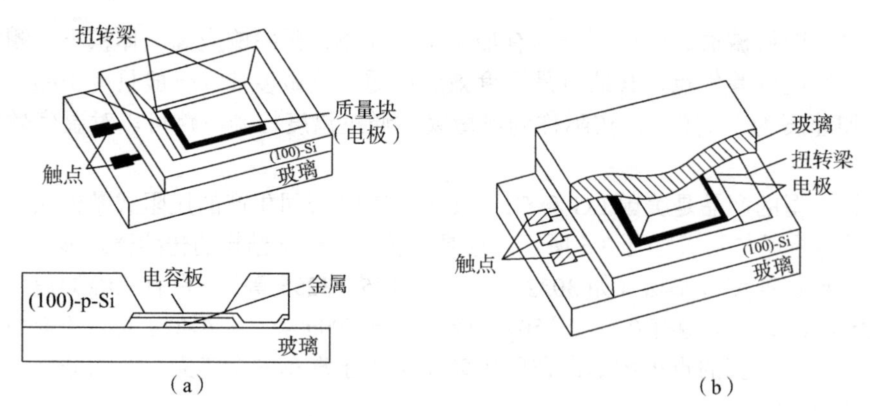

图 3.8　电容式微机械加速度传感器结构示意图

3. 力平衡式微机械加速度传感器

力平衡式微机械加速度传感器是在电容式加速度传感器的基础上发展而来的，其原理如图 3.9 所示。将以悬臂梁支撑的惯性质量块作为动极板，在动极板的上下分别有一个定极板，与动极板构成两个电容。动极板的位置可以通过测量这两个电容的差值来确定，将脉冲宽度调制器产生的两个脉冲宽度调制信号 V_E 与 $\overline{V}_E$ 加到两个定极板上，通过改变脉冲宽度调制信号的脉冲宽度，就可以控制作用在动极板上的静电力。利用脉冲宽度调制器和电容测量相结合，就能在测量的加速度范围内使动极板精确地保持在中间位置。采用这种脉冲宽度调制精度伺服技术，动极板和定极板间的间距可以做得很小，使传感器具有很高的灵敏度，因而这种传感器能够测量低频微弱加速度，分辨率能够达到 μg 量级，测量范围在 0 ～ 1g，动态范围在 0 ～ 100Hz，在整个测量范围内非线性误差小于 ±0.1%，横向灵敏度小于 ±0.5%。当 V_E 的脉冲电压峰值为 5V 时，灵敏度为 1040mV/g。图 3.9 中的 g 表示加速度，$g > 0$ 或 $g < 0$，表示加速度的方向及对 V_0 的影响。由于这种传感器具有很高的精度、极好的线性和稳定性，通常用于惯性导航。

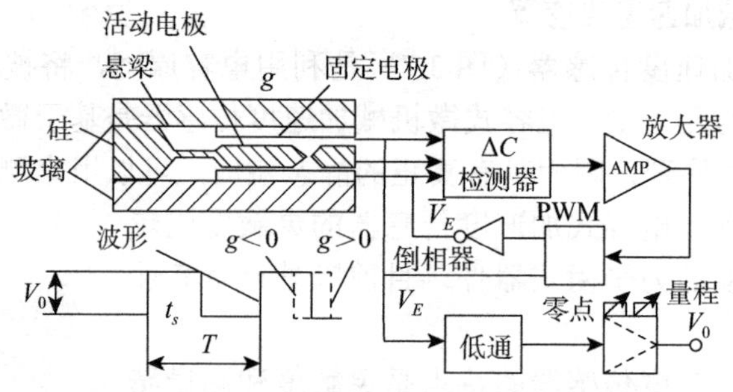

图 3.9　力平衡式微机械加速度传感器原理

4. 热对流式微机械加速度传感器

热对流式微机械加速度传感器是一种新型的加速度传感器，其作用原理如图 3.10 所示。在悬臂梁的端部有一扩散加热电阻，加热电阻通电后所产生的热量全部沿梁和上下两个散热板传递，而向上下两个散热板传导热量的速率取决于加热电阻与散热板

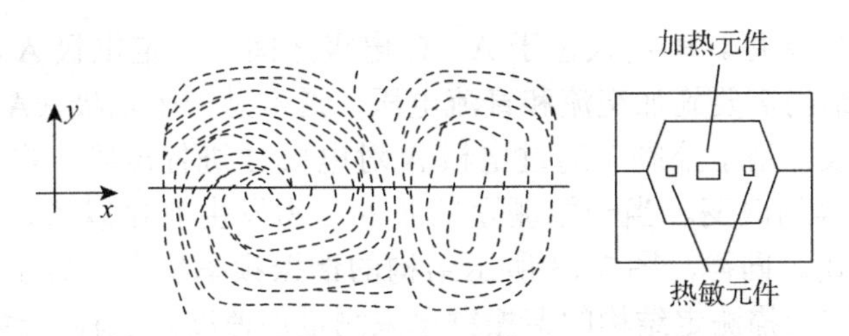

图 3.10　热对流式微机械加速度传感器作用原理

间的距离，沿悬臂梁的温度分布曲线由悬臂梁与散热板间的相对位置来确定，因此，可以通过分布在悬臂梁上的 P 型硅 / 铝热电偶对悬臂梁的温度测量来测定悬臂梁与两个散热板的对位置，从而实现对加速度的测量。

这种传感器的优点是热电偶具有很高的灵敏度，能够直接输出电压信号，可以省去复杂的信号处理电路，而且相对电容式传感器而言，这种传感器对电磁干扰不敏感。在悬臂梁与散热板的间距为 140μm 和 200μm、梁长为 100μm、梁宽为 4μm、梁厚为 10μm 时，传感器的灵敏度为 1mV/g，测量范围为 0 ～ 25g，分辨力为 0.003g。由于热对流式微机械加速度传感器中没有大的质量块，所以具有很强的抗冲击能力，它的缺点是频率响应范围很窄。这种传感器可以用于对带宽要求不高的场合。图 3.11 所示为一个热对流式微机械加速度传感器的结构示意。

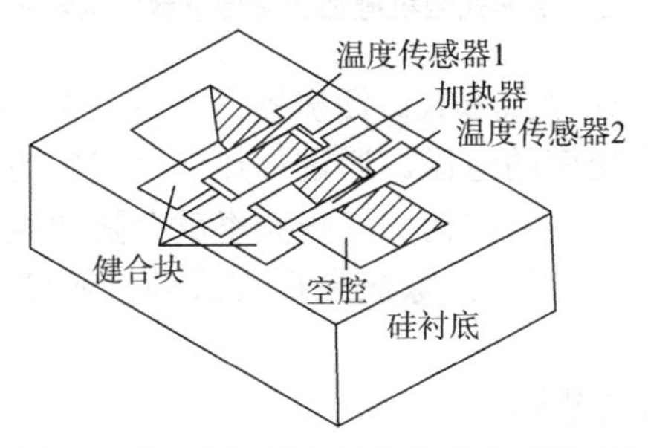

图 3.11　热对流式微机械加速度传感器结构示意

5. 谐振式微机械加速度传感器

谐振式微机械加速度传感器是利用某种谐振子的固有频率（也有用相位和振幅的）随被测量的变化而变化来进行测量的一种传感器。谐振式微机械加速度传感器的输出特性是频率信号不必经过模数转换（A/D）就可以方便地与微型计算机连接，组成高精度的测控系统。同时谐振式微机械加速度传感器还具有无活动部件、机械结构牢固、精度高、稳定性好、灵敏度高等特点，是一种很有前途和应用价值的传感器。图 3.12 所示为一种谐振式微机械加速度传感器实物。直接输出频率的谐振敏感元件有很多种，如振动弦、振动梁、振动膜、振动筒等。

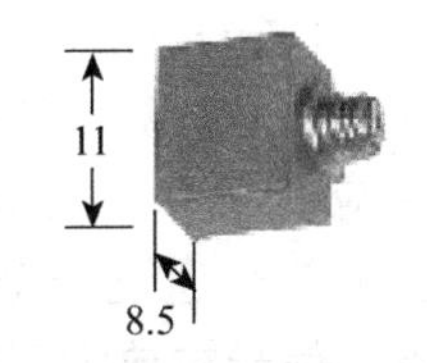

图 3.12　谐振式微机械加速度传感器实物

图 3.13 所示为一个多晶硅静电式谐振微机械加速度加速度传感器的结构示意。谐振器由 1 个谐振板（B 电极）和 2 个静电梳状驱动器（A 和 C 电极）组成，谐振

结构由折叠式梁所支撑。B 电极位于 A、C 电极之间，固定电极 A 和 C 用于驱动或检测。激发谐振结构需要施加交流和直流电压，通常是一个电极（A 极）用于驱动，另一个电极（C 极）用于控制。通过电极 A 对电极 B 进行激励，电极 B 产生侧向振动，引起梳状电容的改变。当一根绷紧的弦的张力发生变化以后，它的谐振频率也会发生相应的变化。同样，图 3.13 所示结构的谐振频率也会随梁上的应力变化而变化，因此可以通过扫描测定结构的谐振频率来测量加速度。这种传感器的输出方式是准数字化的频率。

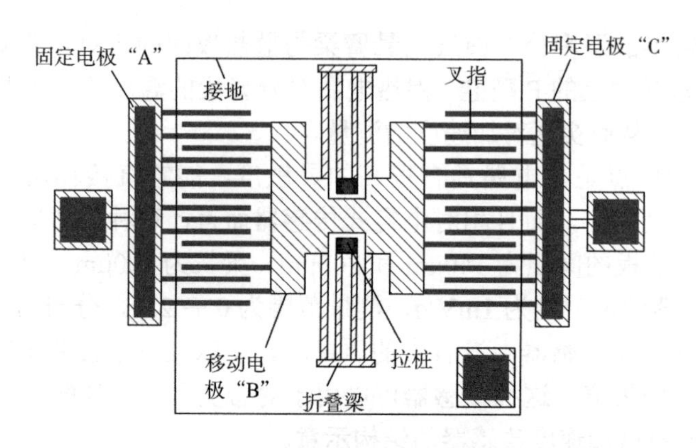

图 3.13　谐振式微机械加速度传感器结构示意

在图 3.13 中，系统采用热激振方式。激振器是在悬臂梁上制作的一个扩散加热电阻，在加热电阻的两端加上交变的电压。通过加热电阻产生的热量对结构进行激振。当传感器被放到加速度场中时，其结构的谐振频率就会随加速度的变化而改变，检测其谐振频率就可以得到被测加速度。除热激振方式外，还可采用压电激振、静电激振、光热激振等方式。

6. 压电式微机械加速度传感器

图 3.14 所示为一种用 ZnO 作为敏感材料的压电式微机械加速度传感器。传感器的质量块通过一个臂与基片相连，在这个臂上利用溅射技术制作了一个与臂等面积，厚度为 2μm 的 ZnO 压电薄膜，薄膜外生长了一层 SiO_2 将 ZnO 薄膜密封起来，加速度使梁产生的应变引起 ZnO 压电薄膜产生压电效应，压电信号通过一个电极耦合到 MOS 管的栅极，信号被放大后输出。传感器中串联了两块同等面积的 ZnO 压电薄膜，目的是抵消热电效应导致的传感器的温度漂移。

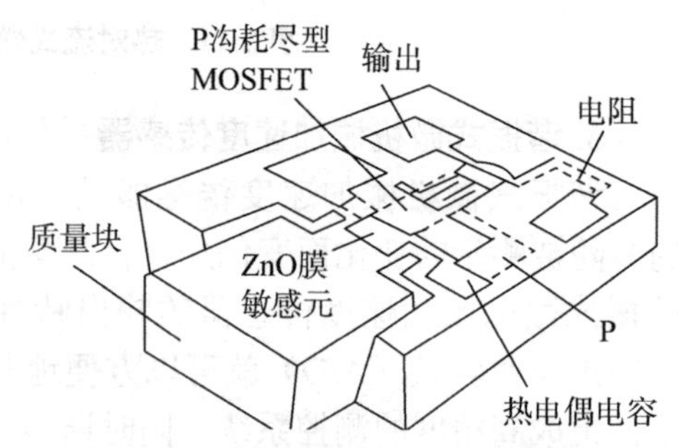

图 3.14　压电式微机械加速度传感器

这种传感器具有以下特点：①整个绝缘的 ZnO 薄膜可以减小栅极上的感应电荷的泄漏，传感器可以获得接近直流的频率响应（$<10^{-6}$Hz）；②利用 MOS 场效应管作为放大电路，对每个 g 值的加速度可以获得数伏的电压输出；③敏感元件与电荷放大器集成在同一芯片上，消除了传统压电加速度传感器连接电缆的分布电容带来的噪声影

响；④具有极好的线性；⑤频率响应范围很宽，其一阶固有频率大于 40kHz。

7. 隧道电流式微机械加速度传感器

隧道电流式微机械加速度传感器的工作原理是基于隧道效应。图 3.15 所示为一种折叠梁式隧道电流式微机械加速度传感器的结构，其中，图 3.15（a）所示是对电极极板，在极板上蒸镀一层金作为电极，图 3.15（b）所示包括检测质量、隧尖和折叠梁弹簧。将图 3.15（b）所示的板叠加在图 3.15（a）所示板上，就构成了加速度传感器，其侧向图如图 3.15（c）所示。在两层镀金的电容极板上施加驱动电压，由驱动电压产生的静电力与折叠梁的弹性力及检测质量的惯性力相平衡。在闭环系统内，通过调节驱动电压，使隧道间隙 s 维持在 1nm 左右，这样，隧道电流 I 也维持在一个常值，而驱动电压的变化就直接反映了被测量的大小。

隧道电流式微机械加速度传感器具有灵敏度高（是电容式传感器的 10^4 倍）、信噪比大、结构体积小和动态范围广等一系列优点，是一种很有发展前景的传感器。

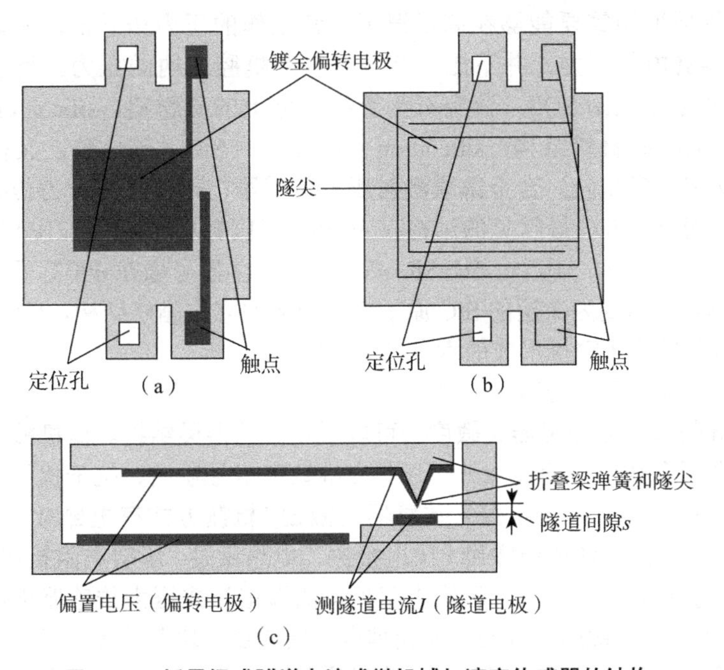

图 3.15　折叠梁式隧道电流式微机械加速度传感器的结构

3.3.2　微机械压力传感器

图 3.16　微机械压力传感器

微机械压力传感器（图 3.16）是最早开始研制的微机械产品，也是微机械技术中最成熟、最早开始产业化的产品。

从信号检测方式来看，微机械压力传感器分为压阻式和电容式两类，分别以体微机械加工技术和牺牲层技术为基础制造。从敏感膜结构来看，有圆形、方形、矩形、E 形等多种结构。目前，压阻式压力传感器的精度可达 0.05% ～ 0.01%，稳定性达 0.1%FS/ 年，温度误差为

0.0002%，耐压可达几百兆帕，过压保护范围可达传感器量程的20倍以上，并能进行大范围下的全温补偿。现阶段微机械压力传感器的主要发展方向有以下几个方面。

（1）将敏感元件与信号处理、校准、补偿、微控制器等进行单片集成，研制智能化的压力传感器。

Motorala公司的单片集成智能压力传感器堪称典范。这种传感器在1个SOI晶片（基于绝缘体的硅晶片）上集成了压阻式压力传感器、温度传感器、CMOS电路、电压电流调制、8位MCU内核（68H05）、10位模/数转换（A/D）器、8位数模转换（D/A）器、2KB的EPROM、128KB的RAM、启动系统ROM和用于数据通信的外围电路接口，其输出特性可以由MCU的软件进行校准和补偿，在相当宽的温度范围内具有极高的精度和良好的线性。

（2）提高工作温度，研制高低温压力传感器。

压阻式压力传感器由于受P-N结耐温限制，只能用于120℃以下的工作温度，然而在许多领域迫切需要能够在高低温下正常工作的压力传感器，例如测量锅炉、管道、高温容器内的压力，井下压力和各种发动机腔体内的压力。目前对高温压力传感器的研究主要包括SOS（蓝宝石为绝缘底体上的硅材料，silicon on sapphire）、SOI（绝缘体上的硅材料结构，silicon on insulator）、SiC（碳化硅，又称金钢砂或耐火砂）、Poly-Si（多晶硅）合金薄膜溅射压力传感器、高温光纤压力传感器、高温电容式压力传感器等。SiC最常见的结构有3C-SiC（闪锌矿结构）、2H-SiC（纤锌矿结构）、4H-SiC、6H-SiC，其中，6H-SiC高温压力传感器可望在600℃下应用（注：3C代表SiC变体是由周期为3层的SiC原子密排形成的立方晶格结构，4H代表SiC变体是由周期为6层的原子密排形成的六方晶格结构）。

（3）开发谐振式压力传感器。

要提高硅基微压力传感器灵敏度，可以采用微谐振梁结构。微机械谐振式压力传感器除具有普通微传感器的优点外，还具有准数字信号输出、抗干扰能力强、分辨力和测量精度高的优点。硅微谐振式传感器的激励/检测方式有电磁激励/电磁拾振、静电激励/电容拾振、逆压电激励/压电拾振、电热激励/压敏电阻拾振和光热激励/光信号拾振。其中，电热激励/压敏电阻拾振的微谐振式压力传感器价格低廉，与工业IC技术兼容，可将敏感元件与信号调理电路集成在一块芯片上，具有良好的应用前景。目前国内主要有中科院电子所、北京航空航天大学和西安交通大学从事这方面的研究，精度可达到0.37%。

在研究中发现，这种谐振式微机械压力传感器的温度交叉灵敏度较大。实际上，交叉灵敏度反映了在不同应变时，温度灵敏度不是一个常数，而是随着应变的变化而变化，交叉灵敏度的大小描述了温度灵敏度偏离常数的程度。为此设计了一种具有温度自补偿功能的复合微梁谐振式压力传感器，谐振器由在同一硅片上制作的微桥谐振器和微悬臂梁谐振器组成，微桥谐振器和微悬臂梁谐振器材料相同、厚度相等或相近、制作工艺完全相同，同时制作，因而二者对温度变化可以同步响应。通过数据融合技术，作为温敏元件的微悬臂梁谐振器的谐振频率实时补偿温度变化对微桥谐振器谐振频率的交叉灵敏度，经补偿的谐振式压力传感器的温度交叉灵敏度减小了两个数量级。光热激励/光学信号检测的微谐振式压力传感器具有抗电磁干扰、防爆等优点，

是对电热激励 / 压敏电阻拾振的微谐振式压力传感器的有益补充，但是需要复杂的光学系统，不易实现且成本较高。

3.3.3　微机械陀螺

陀螺仪是用于测量物体相对惯性空间转动的角速度或角度的装置。远在 17 世纪牛顿生活的时代，对高速旋转刚体的力学问题已有了较深入的研究，奠定了机械框架式陀螺仪的理论基础。1852 年法国学者傅科首先在实验室利用高速旋转刚体的定轴性，定性地演示了地球的自转现象，并提出了“陀螺”这个术语。一百多年来，陀螺已经从简单的演示装置发展成为精度很高的仪表，在航空、航天、航海以及制导技术等惯性导航系统中得到了广泛的应用。

陀螺的主要性能指标包括标度因子、阈值和分辨率、最大输入角速度、零偏、零偏稳定性、随机游走系数、带宽等。

陀螺的标度因子 K 是陀螺仪输出量与输入角速率的比值，是根据整个输入速率范围内测的输入 / 输出数据用最小二乘法拟合求出的直线的斜率，单位为 mv（° /s）或 v（° /h）。标度因数的线性度、不对称度、重复度以及温度灵敏度等概念，都是从不同角度反映该拟合直线与陀螺输入 / 输出数据的偏离程度。有时也用标度因数稳定性综合表示测试和拟合的精度，通过对某一输入点上输出值的均值与拟合直线对应点的偏差求整体均方根差（为 1σ 时），再与标称的标度因数求比值，即可得出标度因数稳定性。

陀螺的阈值和分辨率分别表示陀螺能敏感的最小输入角速率和在规定的输入角速率下能敏感的最小角速率增量，这两个量都是表征陀螺的灵敏度。

最大输入角速率表征陀螺正、反方向输入角速率的最大值。有时也用最大输入角速率除以阈值，得出陀螺的动态范围，即陀螺可敏感的速率范围。该值越大，表明陀螺敏感角速率的能力也越大。

零偏是指陀螺在零输入状态下的输出值，用较长时间内该输出值的均值等效折算为输入角速率来表示，单位为（° /s）或（° /h）。静态情况下长时间稳态输出是一个平稳的随机过程，故稳态输出将围绕均值（零偏）起伏和波动，习惯上用均方差来表示这种起伏和波动。这种均方差被定义为零偏稳定性，用相应的等效输入角速率表示。这就是我们常说的“偏置漂移”或“零漂”。零漂值的大小标志着观测值围绕零偏的离散程度。

随机游走系数是指由白噪声引起的随时间累积的陀螺输出误差系数，单位为° $/h^{1/2}$（即每检测带宽的角速度的平方根）。这里所说的“白噪声”，是指陀螺系统遇到的一种随机干扰。这一干扰是一个随机过程，当外界条件基本不变时，可认为各种噪声的主要统计特性是不随时间而改变的。从功率谱角度来看，这种干扰能对不同频率输入都进行干扰，抽象地把这种噪声假定在各频率分量上有相同的功率，类似于白光的能谱，故称为“白噪声”。白噪声是功率谱密度为常数的零均值平稳过程，是现实噪声的一种理想化。从某种程度上来说，随机游走系数反映了陀螺的研制水平，也反映了陀螺最小可检测的角速率，并间接指出了与光子、电子的散粒噪声效应所限定的检测极限的距离。据此，可推算出采用现有方案和元器件构成的陀螺是否还有提高性能的潜力，故此指标非常重要。

带宽是指标度因子变化在一定范围内时，陀螺能够检测的交变角速率的最大频率范围，通常用标度因子在3DB点处的带宽来表示。

根据陀螺的性能指标，通常可以把陀螺分为三个等级：惯性级、战术级和角速度级。不同性能级别的陀螺的性能参数如表3.1所列。在不同的应用领域，对陀螺的要求也不一样。在战术导弹、空间飞行器等惯性导航系统中，陀螺仪用来检测物体的运动方向。因为陀螺仪的定向是角速度对整个运动时间的积分，工作时间一般很长，所以很小的漂移或者不稳定都会造成很大的定向错误，从而引起严重的后果，因而要求陀螺仪的漂移速率小于0.0015°/h。在武器领域中，战术级别的惯性导航由于距离近，积分时间短，需要陀螺仪的精度和漂移是1～10°/h。随着全球定位系统（GPS）的出现，对惯性导航的要求大大地降低了，GPS能够提供运动物体的方位信息，这些信息不但可以缩短陀螺仪工作的积分时间间隔，而且可以不时地纠正惯性传感器的误差，所以陀螺仪的精度可以放宽到10～100°/h，带宽一般为10～100Hz。在汽车领域，陀螺用来定位汽车的位置以及提供安全舒适的驾驶环境，对陀螺的精度要求为0.1～1°/h，带宽为10～100Hz。在虚拟现实应用领域中，陀螺主要用来检测人体各部位的转动，由于人自身灵敏度和速度有限，因此这种陀螺的精度和带宽只要有1°/s和30Hz就够了。

表3.1　三类陀螺的性能要求

参数	角速度级应用	战术级应用	惯性级应用
角速度随机行走，°/(h)$^{1/2}$	>0.5	0.5～0.05	<0.001
漂移，°/h	10～1000	0.1～-10	<0.01
模式因子精度，%	0.1～1	0.01～0.1	<0.001
量程，°/sec	50～1000	>500	>400
1ms内的最大冲击加速度，g	10^3	10^3～10^4	10^3
带宽，Hz	>70	≈100	≈100

陀螺发展到今天，出现了各种各样的结构（图3.17）。按照它们的工作原理，可以把陀螺分为三大类：机械转子陀螺仪、光学陀螺仪和振动式陀螺仪。

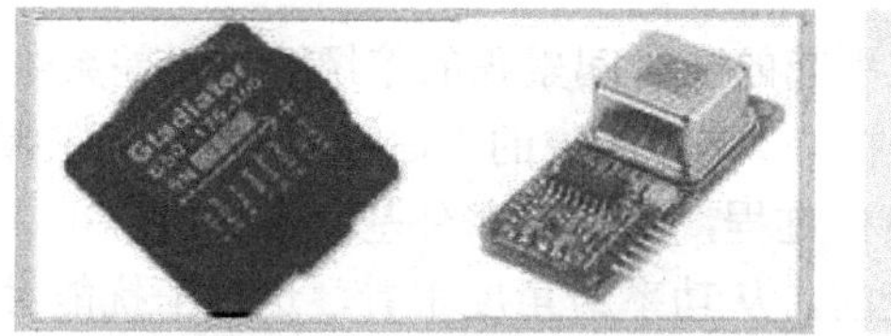

图3.17　各种各样结构的陀螺

1. 机械转子陀螺仪

机械转子陀螺利用角动量守恒原理检测角速度，这种陀螺的特点是都有一个高速旋转的转子。根据角动量守恒原理，在不受外部力矩的情况下，转子的角动量矢量在惯性系中保持不变。机械转子陀螺又分为两种：万向节陀螺和柔性支承陀螺。

万向节陀螺采用万向节结构支撑转子，使高速旋转的转子的转动方向在惯性坐标系中保持不变，因此惯性坐标系相对于转动坐标系的转角就等于转子的角动量矢量相对于转动空间的转角，其结构如图 3.18 所示。

柔性支承陀螺利用框架对转子施加力矩使转子与转动坐标系一起转动，通过测量所施加力矩的大小获得系统角速度。其结构如图 3.19 所示。柔性支承陀螺由于消除了万向节结构，避免了支承的磨损，延长了陀螺的寿命，因而得到了广泛的应用。

其他类型的机械转子陀螺还包括气浮陀螺、液浮陀螺以及静电陀螺，它们都是为了消除支承结构磨损。目前许多机械转子陀螺已经逐渐被光学陀螺所替代，但是在小型飞机自动驾驶等低端应用中仍有广泛的市场。

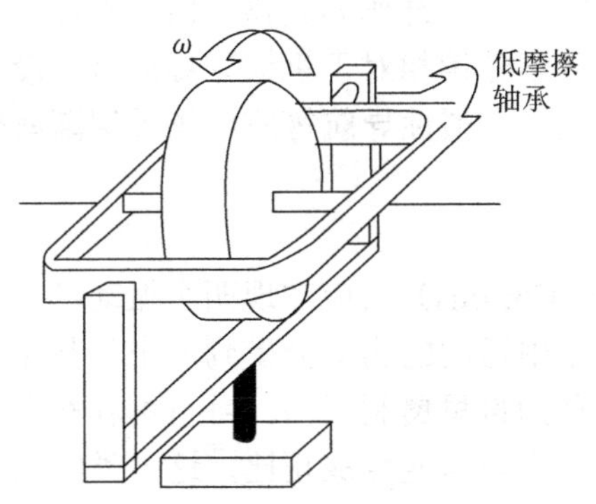

图 3.18　万向节机械转子陀螺仪结构

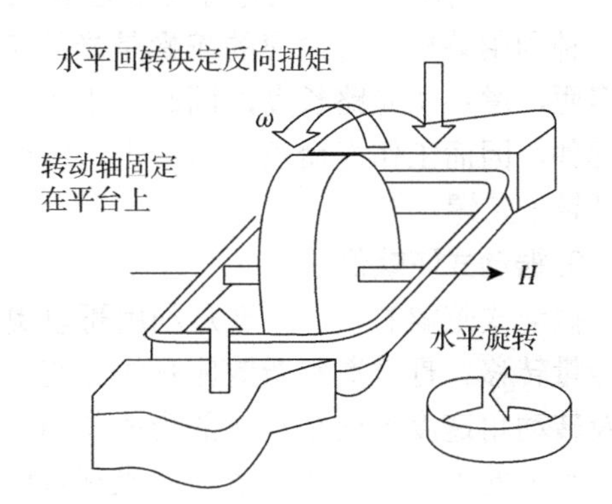

图 3.19　柔性支承机械转子陀螺结构

2. 光学陀螺仪

光学陀螺是 20 世纪 70 年代后发展起来的新型陀螺，包括激光陀螺和光纤陀螺两大类。光学陀螺的基本原理与转子式陀螺完全不同，其敏感原理基于萨格奈可（Sagnac）效应，如图 3.20 所示。所谓萨格奈可效应，是指在任意几何形状的闭合光路中，从某一点观察发出的一对光波沿相反方向运行一周后又回到该观察点时，这对光波的相位（或它们经历的光程）将由于该闭合环形光路相对于惯性空间的旋转而不同。

两光束之间的光程差为

$$\Delta L = \frac{4A}{c}\omega \tag{3.1}$$

两光束之间的相位差为

$$\Delta\phi = \frac{8A}{\lambda c}\omega \tag{3.2}$$

式中，c 为光速；A 为环路所围面积；λ 为光波波长；ω 为闭合环形光路相对于惯性空间的旋转角速度。

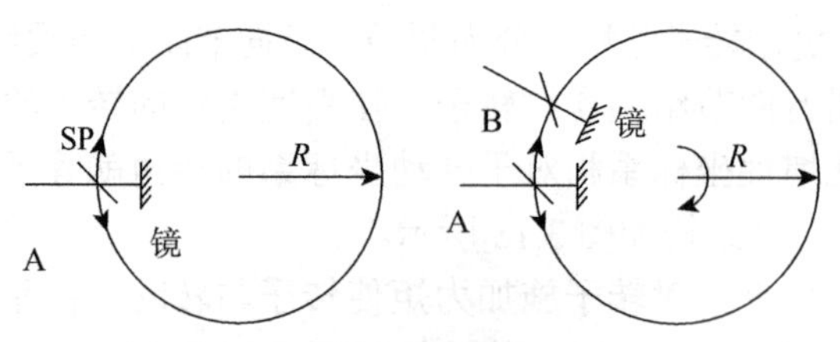

图 3.20　萨格耐可效应示意图

最先应用萨格耐可效应的陀螺是环形激光陀螺，该陀螺采用 Fabry−perot 激光腔作为光波导，激光腔的长度是波长的整数倍。当系统有角速度时，顺时针传导的光束与逆时针传导的光束在腔中具有不同的相位，通过检测两束光的干涉波形可以得到角速度信号。目前激光陀螺的零漂可以达到 0.0005° /h，同时还具有高度稳定的标度因子。另一种利用萨格耐可效应的陀螺是光纤陀螺，它采用光纤作为光路，由于光纤可以绕成多匝，增加了光路长度，同时减小了尺寸。光学陀螺相对于机械陀螺而言，没有可动部件，因而工作寿命长，耐冲击，精度也很高，在惯性导航等应用领域逐渐取代了机械转子陀螺。

3. 振动式陀螺仪

振动式陀螺的基本原理是利用哥里奥利斯（Coriolis）效应实现两个振动模态之间的能量转移。哥里奥利斯效应是指在转动坐标系中运动的物体会受到一个与其速度方向及转动角速度方向相垂直的力的作用，该力称为哥里奥利斯力。哥里奥利斯力是一种表观上的力，只存在于非惯性坐标系中，其大小与角速度成正比，这一类的陀螺都是通过检测哥里奥利斯力来得到系统的角速度的。振动式陀螺主要包括傅科摆、音叉式陀螺、声表面波陀螺、振动壳式谐振陀螺和振动式微机械陀螺等。

傅科摆是最早的振动式陀螺，如图 3.21 所示。它是由一个摆锤悬挂在一个相对于地球表面固定的点上，在重力作用下摆动，由于地球自转的缘故，摆锤受到哥里奥利斯力的作用而使摆动面发生偏转。傅科摆常用来演示地球的自转现象。

音叉式陀螺是另外一种振动式陀螺，如图 3.22 所示。它采用石英体制作，利用石英晶体的压电效应驱动音叉在较高音频处振动，当系统有角速度输入时，音叉结构在哥里奥利斯力的作用下沿与原振动平面垂直的方向振动，振动的振幅与测量的角速度成正比。如果陀螺振动频率足够高，就可以很容易把角速度信号从其他信号中分辨出来，石英音叉式陀螺的分辨率可以达到 1° /h，且体积小、寿命长，其缺点是与 IC 工艺不兼容。

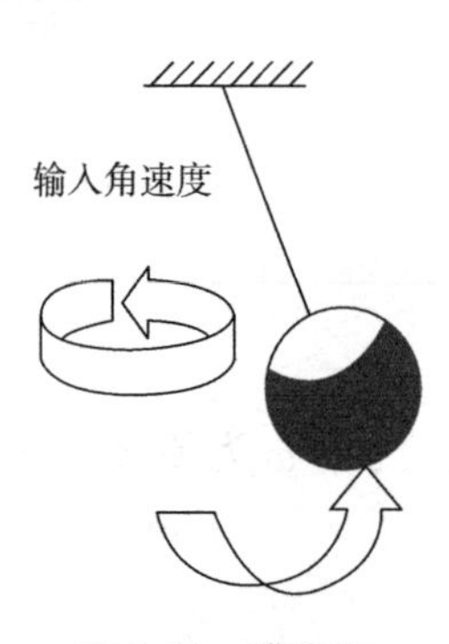

图 3.21　傅科摆

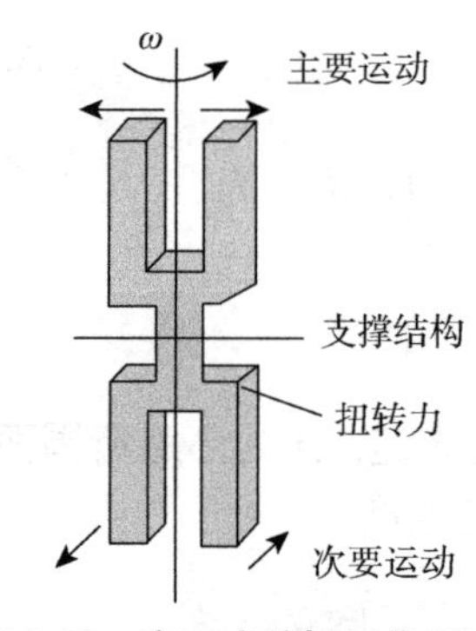

图 3.22　音叉式陀螺工作原理

声表面波器件（SAW）所组成的振荡器发生转动时，SAW 的传播参数将发生变化，这就是 SAW 中的角速度效应。应用这一效应，可以制作声表面波陀螺。目前，只有少数几个国家的科学家正在进行 SAW 陀螺的研究探索。理论上分析，声表面波角速度传感器具有高精度、高稳定性和高分辨率的特点。声表面波角速度传感器采用平面工艺制作，可使集成化技术得到应用，具有非常大的发展潜力。

振动壳式谐振陀螺也是近年来得到广泛重视的一种振动式陀螺，其工作原理以 1890 年英国科学家 G.H.Bryan 提出的理论为基础，即振动的轴对称壳体在绕其中心轴旋转时，壳体上的振动波节位置随着旋转的角速度的改变而改变。振动壳式谐振陀螺的工作原理如图 3.23 所示。微机械振动式谐振陀螺是目前振动式陀螺中最受重视的一类陀螺，它们采用微机械加工技术和微电子技术制作，利用哥里奥利斯效应实现两个振动模态之间的能量传递。微机械振动陀螺体积小、成本低，适合批量生产，同时精度一般较低，适合应用于对性能要求不高的领域。

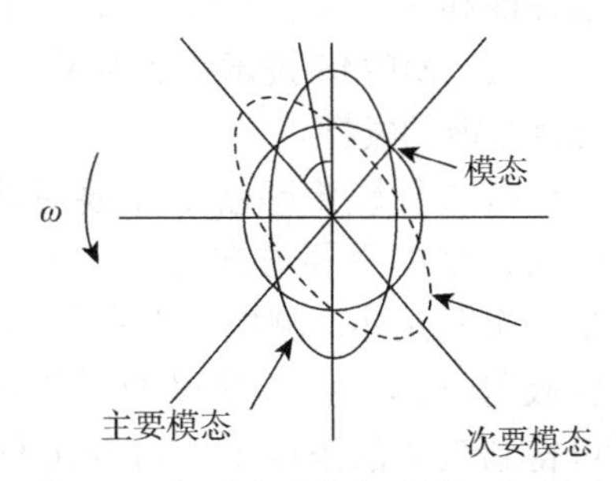

图 3.23　振动壳式谐振陀螺工作原理

3.3.4　其他微机械传感器

1. 微流量传感器

微流量传感器（图 3.24）是利用 MEMS 技术制作的把液体或气体的流量、流速和（或）方向转换为电信号输出的器件。微流量传感器不仅外形尺寸小，能达到很低的测量量级，而且死区容量小，响应时间短，适合于微流体的精密测量和控制。目前国内外研究的微流量传感器，依据工作原理可分为热式（包括热传导式和热飞行时间式）、机械式和谐振式三种。清华大学精密仪器系设计的阀片式微流量传感器通过阀片将流量转换为梁表面弯曲应力，再由集成在阀片上的压敏电桥检测出流量信号。该传感器的芯片尺寸为 3.5mm×3.5mm，在 10 ～ 200/min 的气体流量下，线性度优于 5%。

图 3.24　微流量传感器

荷兰 Twente 大学的学者利用薄膜技术和微机械加工技术制作了一对具有相对 V 型槽的谐振器芯片和顶盖芯片，利用低温玻璃键合技术将二者键合在一起，形成质量流量传感器，相对的 V 型槽形成流体通过流管。由于激励电阻和检测电桥产生的热量，使谐振器温度上升到高于环境温度的某一温度，如果有气流流过流管，对流换热使谐振器温度降低。气体流量不同，谐振器温度亦不同。由于谐振器和衬底材料不同，不同温度对应不同的内应力，因而可通过谐振频率的大小得到流量的大小。谐振器可以是微桥谐振器，也可以是方膜谐振器。研究表明，质量流量传感器的灵敏度与向衬底传导的热量和对流换热之比有关。对相同材料制作的微桥谐振器和微方膜谐振器来说，后者向衬底传导的热量更多，因而其灵敏度较桥谐振器低。对它们制作的氮化硅桥谐振器来说，在压曲临界温度以下，灵敏度为4kHz/Sccm，在压曲临界温度以上，灵敏度为-7kHz/Sccm（Sccm为体积流量单位，即standard-state cubic centimeter per minute，标况毫升每分）。

2. 微气敏传感器

根据制作材料的不同，微气敏传感器分为硅基气敏传感器和硅微气敏传感器。其中前者以硅为衬底，敏感层为非硅材料，是当前微气敏传感器的主流。微气体传感器可满足人们对气敏传感器集成化、智能化、多功能化等要求。例如许多气敏传感器的敏感性能和工作温度密切相关，因而要同时制作加热元件和温度探测元件，以监测和控制温度。MEMS技术很容易将气敏元件和温度探测元件制作在一起，保证气体传感器优良性能的发挥。

谐振式气敏传感器不需要对器件进行加热，且输出信号为频率量，是硅微气敏传感器发展的重要方向之一。北京大学微电子所提出的一种微结构气体传感器，由硅梁、激振元件、测振元件和气体敏感膜组成，微梁被置于被测气体中后，表面的敏感膜吸附气体分子而使梁的质量增加，谐振频率减小，这样通过测量硅梁的谐振频率可得到气体的浓度值。对NO_2气体浓度的检测实验表明，当其浓度在0～100ppm以内有较好的线性，浓度检测极限达到1ppm；当工作频率是19kHz时，灵敏度为1.3Hz/1ppm。德国学者在SiN_x（氮化硅）悬臂梁表面涂敷聚合物PDMS来检测己烷气体，得到0.099Hz/1ppm的灵敏度。

3. 微机械温度传感器

微机械温度传感器是应用最广的传感器之一，从家用电器到PC机、手机，从航天飞机到煤矿井下机械设备，都需要具有温度传感功能的器件。传统的温度传感器（如热电偶铂电阻等）虽然有各自不可替代的优点，但因与IC工艺不能兼容，而且可能因自热效应影响测量精度，制约了它们在微型化高端电子产品中的应用。与之相比，半导体温度传感器具有高灵敏度、体积小、功耗小、时间常数小、自热温升小、抗干扰能力强等优点，不论是电压、电流、频率输出，在相当大的温度范围内都与温度成线性关系，适合在集成电路系统中应用。

微机械温度传感器与传统的传感器相比，具有体积小、重量轻的特点，其固有热容量仅为10^{-8}～10^{-15}J/K，使其在温度测量方面具有传统温度传感器不可比拟的优势。

利用微机械加工技术还可以实现其他多种传感器，例如瑞士Chalmers大学的学者设计的谐振式流体密度传感器，浙江大学研制的力平衡微机械真空传感器，中科院合肥智能所研制的振梁式微机械力敏传感器等。

本章习题

1．什么是微机械传感器？微机械传感器与常规传感器的区别是什么？微机械传感器的特点是什么？

2．微机电系统的主要加工技术有哪些，各有什么特点？

3．微机械加速度传感器主要有哪几种，各自的工作原理是什么？

4．现阶段微机械压力传感器的主要发展方向有哪几个方面？

5．简述微机械陀螺的分类及性能要求。

第 4 章 测量误差分析

【学习目标】

通过本章的学习，掌握测量数据处理的基本方法及其基本性质。了解研究误差的意义，随机误差、系统误差和粗大误差产生的原因、特征、判断和处理方法，误差的合成与分配等内容。

【学习要求】

了解误差的基本概念，研究误差的意义；掌握误差的基本性质、产生原因及其处理方法；了解误差的合成与分配。

【引例】

零部件制造领域利用测量设备的主要任务在于确保产品符合公差的要求，因此，不但需要根据零部件的尺寸以及公差要求选择适合的测量系统，同时还需要考虑适合的测量方法等问题。坐标测量机（图 4.1）具备高精度、高效率和万能性的特点，是完成各种零部件几何量测量与品质控制的理想解决方案。零部件具有品质要求高、批量大、形状各异的特点，在选择适合的测量系统时，需要根据零部件测量精度要求、使用的环境、测量效率等方面进行考虑。

请思考这些测量过程要素有哪些？如果进行零部件测量，常用的测量方法有哪些？测量结果如何表达？

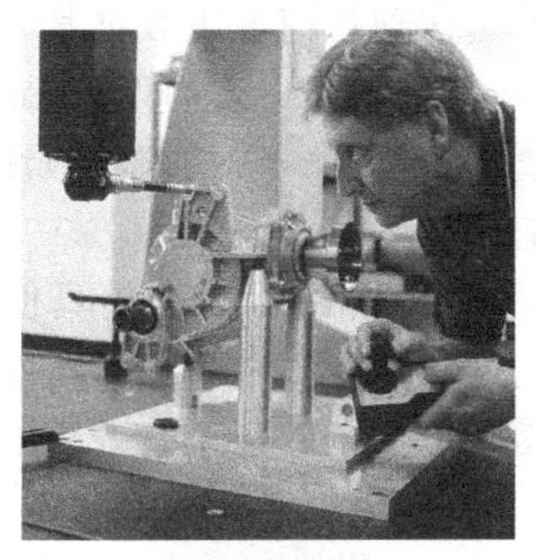

（a）现场操作

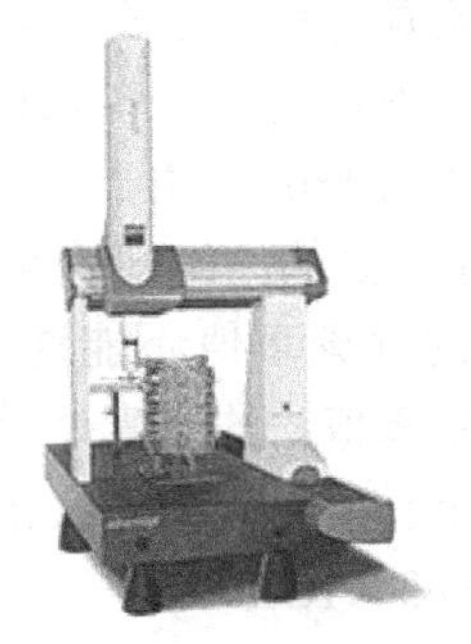

（b）实物图

图 4.1 坐标测量机

在科学研究与生产实践中，人们需要借助于实验与测量的方法得到某些物理量的具体量值。测量的目的是获取被测量的真实量值，但由于受到种种因素的影响，测量结果总是与被测量的真实量值不一致，即任何测量都不可避免地存在着测量误差，这在数值上即表现为误差。为充分认识并不断减小误差，有必要对测量过程中存在的误差进行研究。

4.1 测量误差的基本概念

4.1.1 测量误差及研究的意义和内容

在测量过程中，由于所选用的测试设备或实验原理和实验方法手段的不完善，所采用的测量装置性能指标的局限，在环境中存在着各种干扰因素，以及操作人员技术水平的限制，必然使测量值与被测量的真实量值之间存在着一定的差异。测量结果与被测量的真实量值之间的这个差异，称为测量误差，简称误差。

误差公理认为，在测量过程中各种各样的测量误差的产生是不可避免的，测量误差自始至终存在于测量过程中，一切测量结果都存在误差。因此，误差的存在具有必然性和普遍性。随着科学技术的发展和我们认识水平的不断提高，可以将测量误差控制得越来越小，但是测量误差的存在仍是不可避免的。

1. 真值

真值是指在一定的时间和空间条件下，能够准确反映某一被测量真实状态和属性的量值，也就是某一被测量客观存在的、实际具有的量值。

在不同的时间和空间，被测量的真值往往是不同的。在一定的时间和空间环境条件下，某被测量的真值是一个客观存在的确定数值。要想得到真值，必须利用理想的测量仪器或量具进行无误差的测量，由此可以推断，真值实际上是无法得到的。这是因为理想的测量仪器或量具，即测量过程的参考比较标准（或称计量标准）只是一个纯理论值。尽管随着科技水平的提高，可供实际使用的测量参考标准可以越来越接近理想的理论定义值，但误差总是存在的，而且在测量过程中还会受到各种主观和客观因素的影响，所以，做到无误差的测量是不可能的。

2. 理论真值和约定真值

真值分为理论真值和约定真值。理论真值是在理想情况下表征某一被测量真实状态和属性的量值。理论真值是客观存在的，或者是根据一定的理论所定义的。例如，三角形三内角之和为180°。由于测量误差的普遍存在，一般情况下被测量的理论真值是不可能通过测量得到的，但却是实际存在的。

由于被测量的理论真值不能通过测量得到，为解决测量中的真值问题，只能用约定的办法来确定真值。约定真值就是指人们为了达到某种目的，按照约定的办法所确定的量值。约定真值是人们定义的，得到国际上公认的某个物理量的标准量值。例如，光速被约定为3×10^8m/s。

3. 实际值

在满足实际需要的前提下，相对于实际测量所考虑的精确程度，其测量误差可以忽略的测量结果，称为实际值或叫约定真值。实际值在满足规定的精确程度时用以代替被测量的真值。例如在标定测量装置时，把高精度等级的标准器所测得的量值作为实际值。

由于真值是无法绝对得到的，在误差计算中，常常用一定等级的计量标准作为实际值来代替真值。实际测量中，不可能都与国家计量标准相比对，所以国家通过一系列的各级实物计量标准构成量值传递网，把国家标准所体现的计量单位逐级比较传递到日常工作仪器或量具上。在每一级的比较中，都把上一级计量标准所测量的值当作准确无误的值，一般要求高一等级测量器具的误差为本级测量器具误差的 1/3 ～ 1/10。在实际值中，把由国家设立的尽可能维持不变的各种实物标准作为指定值（或称约定真值），例如，指定国家计量局保存的铂铱合金圆柱体质量原器的质量为 1kg，指定国家天文台保存的铯钟组所产生的，在特定条件下铯 -133 原子基态的两个超精细能级之间跃迁所对应辐射的 9192631770 个周期的持续时间为 1s 等。

4. 测量值和指示值

通过测量所得到的量值称为测量值。测量值一般是被测量真值的近似值。

由测量器具指示的被测量的量值称为测量器具的示值，也称测量仪器的测量值或测得值。一般来说，测量仪器的示值和读数是有区别的。读数是仪器刻度盘上直接读到的数字，对于数字显示仪表，通常示值和读数是一致的，但对于模拟指示仪器，示值需要根据读数值和所用的量程进行换算。例如，以 100 分度表示量程为 50mA 的电流表，当指针在刻度盘上的 50 位置时，读数是 50，而示值应是 25mA。

5. 标称值

测量器具上标定的数值称为标称值，如标准电阻上标出的 1Ω，标准电池上标出的电动势 1.0186V，标准砝码上标出的 1kg 等。标称值并不一定等于它的真值或实际值，由于制造、测量水平的局限及环境因素的影响，它们之间存在一定的误差，因此在标出测量器具的标称值时，通常还要标出它的误差范围或准确度等级。例如某电阻的标称值为 1kΩ，误差为 ±1%，即意味着该电阻的实际值在 990 ～ 1010Ω；某信号发生器频率刻度的工作误差小于且等于（±1%±1）Hz，如果在额定条件下该仪器频率刻度是 100Hz（标称值），而实际值是（100±100×1%±1）Hz，即实际值在 98 ～ 102Hz。

测量的目的通常是为了获得尽可能接近真值的测量结果，如果测量误差超过一定的限度，测量工作及由此产生的测量结果将失去意义。在科学研究及现代化生产中，错误的测量结果有时还会使研究工作误入歧途甚至带来灾难性的后果。研究误差理论的目的，就是要分析误差产生的原因及其发生规律，正确认识误差的性质，寻找减小或消除测量误差的方法，学会测量数据的处理方法，使测量结果更接近于真值。在测量中，研究误差理论还可以指导我们合理地设计测量方案，正确地选用测量仪器和测量方法，确保产品和研究课题的质量。

测量误差的存在不可避免会影响人们对客观事物及其状态认识的准确性，为此有必要对测量误差进行更深入的研究，以寻求使测量误差尽量减小的方法，并准确地判断测量结果的可靠程度。研究各种参数检测过程中出现的测量误差，具有以下几方面意义。

（1）研究测量误差对于数据处理、实验设计有着十分重要的意义，它有助于正确地进行数据分析。

（2）有助于充分利用测量得到数据信息，在一定条件下得到更接近于真实值的最佳效果。

（3）有助于合理地确定实验误差，以免产生实验精度的虚假现象而升高或降低应有的精度。

（4）有助于合理地选择实验条件和确定实验方案，从而能够尽量在较经济的条件下，得到预期的结果。

4.1.2 测量误差的来源

测量误差的来源是多方面的，概括起来主要有以下几个方面。

（1）测量装置误差。由于测量所使用的标准量具、仪器仪表和附件不准确所引起的误差。如传感器或仪表灵敏度不足、仪表刻度不准确、变换器和放大器等性能不太优良，由这些引起的误差是常见的误差。仪器误差是由于测量仪器及其附件的设计、制造、装配、检定等环节不完善，以及仪器使用过程中元器件老化、机械部件磨损、疲劳等因素造成的。例如，仪器内部噪声引起的内部噪声误差；仪器相应的滞后现象造成的动态误差；仪器仪表的零点漂移、刻度的不准确和非线性，读数分辨率有限而造成的读数误差以及数字仪器的量化误差等都属仪器误差。为了减小仪器误差的影响，应根据测量任务正确地选择测量方法和仪器，并在额定的工作条件下按使用要求进行操作。

（2）测量环境误差。由于各种环境因素与规定的标准状态不一致而引起的测量装置和被测量本身的变化所造成的误差，如温度、大气压力、湿度、电磁场、电源电压、振动等引起的误差，也称影响误差，常用影响量来表征。所谓影响量，是指除了被测量以外，凡是对测量结果有影响的量，即测量系统输入信号中的非被测量值信息的参量。影响误差可以是来自系统外部环境（如环境温度、湿度、电源电压等）的外界影响，也可以是来自仪器系统内部（如噪声）的内部影响。通常影响误差是指来自外部环境困素的影响，当环境条件符合要求时，影响误差可不予考虑。但在精密测量中，须根据测量现场的温度、湿度、电源电压等影响数值求出各项影响误差，以便根据需要做进一步的处理。

（3）理论误差和测量方法误差。理论误差是指由于测量所依据的理论不严密，或者对测量计算公式的近似等原因，致使测量结果出现的误差。由于测量方法不完善引起的误差，如定义的不严密以及在测量结果表达式中没有反映出其影响因素，而在实际测量中又在原理和方法上起作用的这些因素所引起的并未能得到补偿或修正的误差。如用电压表测量电压，电压表的内阻对测量结果有影响。理论误差和方法误差通常以系统误差的形式表现出来。在掌握了具体原因及有关量值后，通过理论分析与计算，或者改变测量方法，这类误差是可以消除或修正的。对于内部带有微处理器的智能仪表，做到这一点是很方便的。

（4）测量人员误差。由于测量者的分辨能力、视觉疲劳、固有习惯或缺乏责任心等因素引起的误差，如读错刻度、操作不当、计算错误等。常见的指针式仪表刻度的读取，谐振法测量时谐振点的判断等，都容易产生误差。减小或消除人员误差的措施：提高测量人员操作技能、增强工作责任心、加强测量素质和能力的培养、采用自动测试技术等。

（5）使用误差。也称操作误差，是由于对测量设备操作使用不当而造成的。例如有些仪器设备要求测量前进行预热而未预热；有些测量设备要求实际测量前必须进行校准（例如普通万用表测量电阻时应进行校零，用示波器观测信号的幅度前应进行幅度校准等）而未校准等。减小使用误差的方法就是要严格按照测量仪器使用说明书中规定的方法步骤进行操作。

总之，在测量工作中，对于误差的来源需要认真分析，并采取相应措施，以减小误差对测量结果的影响。

4.1.3　测量误差的表示方法

在实际测量中，按照测量误差的表示方法，测量误差可分为绝对误差、相对误差、引用误差、算术平均误差和极限误差等。

1. 绝对误差

由测量所得到的被测量值 x 与其真值 A_0 的差值，称为绝对误差 Δx。

$$\Delta x = x - A_0 \tag{4.1}$$

绝对误差具有与被测量相同的单位，其值可为正，亦可为负。由于真值往往无法得到，因此常用高一级或高数级的标准仪器或计量器具所测得的数值代替真值。为了区别起见，假设满足规定准确度的用来代替真值使用的量值为实际值，用 A 表示，这时，绝对误差写成

$$\Delta x = x - A \tag{4.2}$$

在用于校准仪表和对测量结果进行修正时，常常使用的是修正值。修正值 C 用来对测量值进行修正，其定义为

$$C = A - x = -\Delta \tag{4.3}$$

修正值的值为绝对误差的负值。测量值加上修正值等于实际值，即 $x + C = A$。通过修正，使测量结果得到更准确的数值。

采用绝对误差来表示测量误差往往不能很确切地表明测量质量的好坏。例如，温度测量的绝对误差 $\delta = \pm 1℃$，如果用于人的体温测量，这是不允许的；但如果用于炼钢炉的钢水温度测量，就是非常理想的情况了。

为了使用的需要和方便，在实际工作中常采用真值的替代方法。这样在某些特定的条件下，真值被认为是可知的。

（1）理论真值：某一物理量的客观存在值，例如平面三角形的内角和恒等于 180°。

（2）约定真值：通常是国际会议约定的，例如国际计量大会决议的长度、质量、时间、电流、热力学温度、发光强度及物质的量七大基本量。

（3）相对真值：高一级标准器的误差与低一级标准器或普通仪器的误差相比，当为 1/5（或者 1/8 ～ 1/10）时，则可认为前者是后者的相对真值。

2. 相对误差

绝对误差 Δx 与真值 A_0 之比，称为相对误差。相对误差是无量纲的数，通常用百分数表示，其表达式为

$$r_0 = \frac{\Delta x}{A_0} \times 100\% \tag{4.4}$$

用实际值 A 代替真值 A_0 计算的相对误差，称为实际相对误差，用 r_A 表示，即

$$r_A = \frac{\Delta x}{A} \times 100\% \tag{4.5}$$

在实际应用中，当被测真值为未知数时，一般可用测量值 x 代替实际值，这时的相对误差称为示值相对误差，用 r_x 表示，即

$$r_x = \frac{\Delta x}{x} \times 100\% \tag{4.6}$$

对于相同的被测量，用绝对误差可以评定其测量质量。但对于不同的被测量，用绝对误差往往难以评定其测量精度的高低，通常采用相对误差来评定。采用相对误差来表示测量误差，能够较确切地表明测量的精确程度。

3. 引用误差

绝对误差和相对误差仅能表明某个测量点的误差。实际的测量装置或仪器往往可以在一个测量范围内使用，为了表明测量装置或仪器的精确程度而引入了引用误差。

测量的绝对误差与测量装置的量程的比值即为引用误差，用 r_γ 表示。

$$r_\gamma = \frac{\Delta x}{L} \times 100\% \tag{4.7}$$

式中，L 为测量装置的量程，指测量装置测量范围的上限 x_{max} 与测量范围的下限 x_{min} 之差，即

$$L = x_{max} - x_{min}$$

引用误差实质是一种相对误差，可用于评价某些测量装置或仪器的准确度。国际规定电测仪表的精度等级指数分为 0.1，0.2，0.5，1.0，1.5，2.5，5.0 共七个等级，其最大引用误差不能超过它给出的准确等级指数的百分数，即

$$r_{\gamma max} \leqslant \alpha\% \tag{4.8}$$

式中，α 为准确度等级。

4. 极限误差

各误差实际不应超过某个界限 Δ，Δ 称为极限误差。对服从正态分布的测量误差，一般取三倍的均方根误差 σ 作为极限误差，即

$$\Delta = 3\sigma \tag{4.9}$$

4.1.4 测量误差的分类

测量误差按其来源，可分为人员误差、仪器误差、方式误差、环境误差等；按其表征形式，可分为绝对误差、相对误差（相对真误差、实际相对误差、示值相对误差）、引用误差、容许误差等；按其特点和性质，可分为系统误差、随机误差和粗大误差。

1. 按表征形式分类

容许误差是指测量仪器在使用条件下可能产生的最大误差范围，它是衡量测量仪器的最重要的指标。测量仪器的准确度、稳定度等指标都可用容许误差来表征。按照

部颁标准 SJ943—82《电子仪器误差的一般规定》的规定，容许误差可用工作误差、固有误差、影响误差、稳定误差来描述。

（1）工作误差

工作误差是在额定工作条件下仪器的极限值，即来自仪器外部的各种影响量和仪器内部的影响特性为任意可能的组合时，仪器误差的最大极限值。这种表示方式的优点是可利用工作误差直接估计测量结果误差范围，缺点是测量误差一般偏大。

（2）固有误差

固有误差是当仪器的各种影响量和影响特性处于基准条件下，仪器所具有的误差。由于基准条件比较严格，因此固有误差可以比较准确地反映仪器所固有的性能，便于在相同条件下对同类进行比对和校准。

（3）影响误差

影响误差是当一个影响量处在额定使用范围内，而其他所有影响量处于基准条件时，仪器所具有的误差，如频率误差、温度误差等。

（4）稳定误差

稳定误差是在其他影响和影响特性保持不变的情况下，在规定的时间内，仪器输出的最大值或最小值与其标称值的偏差。

2. 按性质分类

（1）系统误差

在相同条件下，多次重复测量同一量值时，误差的大小和符号保持不变或按一定规律变化，这种误差称为系统误差。系统误差一般是由于所用仪器未经校准、观测环境（温度、压力、湿度等）的变化、观测人员的某种习惯或偏向性动作所造成的。通过实验或分析的方法找到系统误差的变化规律及产生的原因，或者采取一定的措施，可使系统误差减小或消除，从而得到更加准确的测量结果。因此，系统误差是可以预测的，也是可以消除的。

（2）随机误差

在相同条件下，多次重复测量同一量值时，误差的大小和符号无规律地变化，这种误差称为随机误差。随机误差的特点是：虽然某一次测量结果的大小和方向不可预知，但多次测量时，其总体服从统计学规律。在多次测量中，误差绝对值的波动有一定的界限，即具有有界性；当测量次数足够多时，正负误差出现的机会几乎相同，即具有对称性；同时随机误差的算术平均值趋于零，即具有抵偿性。由于随机误差的这些特点，可以通过对多次测量取平均值的办法来减小随机误差对测量结果的影响，或者用数理统计的办法对随机误差加以处理。

随机误差就个体而言，从单次测量结果来看是没有规律的，但就其总体来说，随机误差服从一定的统计规律。

系统误差和随机误差之间在一定条件下是可以相互转化的。对某一具体误差，在一种场合下为系统误差，在另外一种场合下有可能为随机误差，反之亦然。掌握了误差转换的特点，在有些情况下就可以将系统误差转化为随机误差，用增加测量次数并进行数据处理的方法减小误差的影响；或者将随机误差转化为系统误差，用修正的方法减小其影响。

（3）粗大误差

在相同条件下多次测量同一量值时，明显歪曲测量结果的误差称为粗大误差，又称疏失误差。出现粗大误差的原因是由于在测量时仪器操作错误，或读数错误，或计算出现明显的错误等。粗大误差一般是由于测量人员粗心大意、实验条件突变造成的。测量方法不当或错误，如用普通万用表电压挡直接测量高内阻电源的开路电压、用普通万用表交流电压挡测量高频交流信号的幅值等。测量环境条件的突然变化，如电源电压突然增高或降低、雷电干扰、机械冲击等引起测量仪器示值的剧烈变化等。这类变化虽然也带有随机性，但由于它造成的示值明显偏离实际值，因此将其列入粗差范畴。

粗大误差由于误差数值特别大，容易从测量结果中发现，一经发现有粗大误差，应认为该次测量无效，即可消除其对测量结果的影响。

4.1.5 测量不确定度与置信概率

1. 测量不确定度的概念

测量的目的是得到被测量的真值，但由于存在着测量误差，被测量的真值往往是无法得到的，测量结果就带有不确定性。测量者最为关心的是测量是否有效，测量的结果是否可信，测量结果的精确程度到底如何，这就需要用科学的方法对测量结果质量的高低进行评价，给出一个定量指标，以确定测量结果的可信程度。测量不确定度就是评价测量结果质量高低的一个重要的定量指标。测量结果的可用性在很大程度上取决于其不确定度的大小。测量不确定度越小，测量结果的质量就越高，使用价值就越大，测量水平就越高；测量不确定度越大，测量结果的质量就越低，使用价值就越小，测量水平就越低。

由于测量误差的存在，难以确定被测量的真值，而表征被测量的真值在某个量值范围不肯定程度的一个估计，称为测量的不确定度。测量不确定度可用 U 表示，通常用标准差 σ 表示的不确定度称为标准不确定度。

一个完整的测量结果实际上应该包括两个部分，即对被测量值的估计和测量结果的分散性参数，因此，被测量 Y 的测量结果可表示为 $y \pm U$，其中，y 是对被测量值的估计，U 则称为测量不确定度。

对被测量进行多次重复测量，被测量的测量值不是一个确定的数值，而是分散的无限多个可能值，测量不确定度表征了测量值所处的一个区间。测量不确定度的定义还表明，它是对被测量真值所处在的量值范围的一个估计。

测量不确定度是与测量结果相关联的一个参数，它是对测量结果分散性的估计，可以通过对测量值的评定而求出。但是，测量不确定度不代表具体的误差值。

一般测量不确定度包括若干个分量，将这些分量合成后的不确定度称为合成标准不确定度，用 u_c 表示。对正态分布而言，合成标准不确定度的置信概率只有68%。

2. 测量不确定度的来源

测量过程中有许多能引起不确定度的来源。测量不确定度一般来源于随机性和模糊性，前者归因于条件不充分，后者则归因于对事物本身概念不明确。测量不确定度常见的可能来源有以下几个方面。

（1）被测量的定义不完整，实现被测量定义的方法不理想，被测量样本不能代表所定义的被测量。

（2）被测量的测量方法不理想。

（3）抽样的代表性不够，即被测样本不能完全代表所定义的被测量。

（4）对测量过程受环境影响的认识不恰如其分，或对环境的测量与控制不完善。

（5）引用的数据或其他参数的不确定度。

（6）在相同条件下被测量在重复观测中的变化，由随机因素所引起的被测量本身的不稳定性。

由于测量过程中有多种能引起不确定度的来源，因此测量不确定度一般由多个分量组成。其中有些分量具有统计性，可用一系列测量结果的统计分布评定，并以实验标准偏差来表征。另外一些分量具有非统计性，只能靠经验或有关信息假定的概率分布来评定，用标准偏差来表征。

当因试验的性质无法利用计量学和统计学准确计算测量不确定度时，至少应识别出不确定度的来源，并根据以往经验或方法所确认的数据，对所有分量做出合理的评定。如果公认的测试方法中规定了测量不确定度的主要来源以及计算结果的表述形式，则可以直接引用。

在给出测量结果时，应同时给出相应的测量不确定度，以表明测量结果的可信赖程度。

由于随机误差的影响，使取得的测量结果偏离数学期望的多少和方向都带有随机性。而实际中往往要求随机误差的绝对值不要超过一定的界限，因此就需要研究测量结果的置信问题。

用来描述在进行测量时结果的误差处于某一范围内的可靠程度的量，称为置信概率或置信度，一般用百分数表示，而所选择的极限误差范围，称为置信区间。显然，对于同一测量结果来说，所取置信区间越宽，则置信概率越大，反之越小。

3. 测量不确定度和测量误差

测量不确定度和测量误差是误差理论中的两个重要而不同的概念，不应混淆或误用。

测量不确定度和测量误差的共同点在于它们都是评价测量结果质量高低的重要指标，都可作为测量结果的精度评定参数。但测量不确定度和测量误差亦有本质的区别，主要在以下几个方面。

（1）测量误差表明测量结果偏离真值的大小，是客观存在的，是不以人们的认识程度而改变的。而测量不确定度是说明测量分散性的一个参数，由人们经过分析和评定得到的，它与人们对被测量、影响量及测量过程的认识程度有关。测量结果可能非常接近真值（误差很小），但是由于认识不足，评定得到的不确定度可能比较大。也可能测量误差实际上比较大，但是由于分析估计不足，给出的不确定度却偏小。因此，在进行不确定度分析时，应该充分考虑各种影响因素，并对不确定度的评定加以验证。

（2）测量误差按其性质和特征可分为系统误差、随机误差和粗大误差，并可采取不同的措施来减小或消除各类误差对测量结果的影响。但由于各类误差之间并不存在绝对的界限，故在误差分类判别和误差计算时不易准确掌握。而测量不确定度不按性质分类，而是按评定方法分为A类评定和B类评定，两类评定方法不分优劣。各个不确定度分量不论其性质如何，皆可用两类方法进行评定，按实际情况的可能性加以选用。

（3）测量误差是有正号或负号的量值，其值为测量结果减去被测量的真值。而测量不确定度是无符号的参数，往往用标准差或标准差的倍数来表示。

（4）测量误差由于真值未知，往往不能准确得到，当用约定真值代替真值时，可以得到其估计值。而测量不确定度可以由人们根据实验结果、资料、经验等信息进行评定，从而可以定量确定。

（5）对测量误差而言，已知系统误差的估计值时，可以对测量结果进行修正，得到已修正的测量结果，但不能用测量不确定度对测量结果进行修正。在已修正测量结果的不确定度中，应考虑修正不完善而引入的不确定度。

4. 测量不确定度的表征

通常用标准差作为测量不确定度的表征参数。用标准差表征的测量不确定度，称为标准不确定度，用 u 表示。

测量不确定度亦可采用相对值来表示。标准不确定度除以测量值 y 的绝对值（设 $y \neq 0$），称为相对标准不确定度，用 u_r 表示。

标准不确定度可表示测量结果的不确定度，但它仅对应于标准差，由其所表示的测量结果区间包含被测量 y 的真值的概率仅为68%。然而在一些实际工作中，如高精度的测量，要求给出的测量结果区间包含被测量真值的置信概率较大，即给出一个测量结果的区间，使测量值大部分位于其中，为此需用扩展不确定度表示测量结果。扩展不确定度由标准不确定度 u 乘以包含因子 k 得到，记为 U，即 $U = ku$。包含因子 k 是为了求得扩展不确定度而对标准不确定度所乘之数字因子，它的计算规则完全是从扩展不确定度的定义得来的。

5. 标准不确定度的评定方法

在实际测量过程中，影响测量结果的因素有很多，因此不确定度通常包含有多个分量。各个不确定度分量不论其性质如何，皆可用两类方法进行评定：A类评定和B类评定。A类评定是指对一系列测量数据用统计分析的方法来评定；B类评定是指对一系列测量数据不是采用统计分析的方法来评定，而是基于经验或其他信息所认定的概率分布来评定。所有的不确定度分量均可用标准不确定度 u 来表征，不论它们是由随机误差而引起，还是由系统误差而引起，都对测量结果的分散性产生相应的影响。

（1）A类评定

标准不确定度的A类评定是用统计分析方法进行的评定。A类评定的标准不确定度等同于等精度测量列的标准差 σ，即 $u = \sigma$。当测量次数 n 足够多时，才能使标准不确定度的A类评定可靠，一般应使 $n = 6 \sim 10$。

当被测量 Y 取决于其他 n 个量 X_1，X_2，…，X_n 时，则 Y 的估计值 y 的标准不确定度 u_y 将取决于 X_i 的估计值 x_i 的标准不确定度 u_{xi}。为此要首先评定 x_i 的标准不确定度 u_{xi}。

x_i 的标准不确定度 u_{xi} 的评定方法是在其他 X_j（$j \neq i$）保持不变的条件下，仅对 X_i 进行 n 次等精度独立测量，用统计法由 m 个测量值求得测量列的标准差 σ_i。x_i 的标准不确定度 u_{xi} 的数值按不同情况来确定。

设 x_{i1}，x_{i2}，$\cdots x_{im}$ 是在重复性条件或复现性条件下，对 X_i 独立重复测量 m 次所得到的测量列。通常用测量列的算术平均值 $\bar{x}_i$ 作为 X_i 的估计值，则用测量列算术平均值的标准差 $\sigma_{\bar{x}i}$ 作为 X_i 的 A 类标准不确定度 u_{xi}，即

$$u_{xi} = \sigma_{\bar{x}i} = \frac{\sigma_i}{\sqrt{m}} \tag{4.10}$$

其中，测量列的标准差 σ_i 可用贝塞尔公式进行估算，即

$$\sigma_i = \sqrt{\frac{1}{m-1}\sum_{j=1}^{m} v_{ij}^2} \tag{4.11}$$

当用测量列中的任意一次测量值 x_{ij} 作为测量结果时，所对应的 A 类标准不确定度为

$$u_{xi} = \sigma_i = \sqrt{\frac{1}{m-1}\sum_{i=1}^{m} v_{ij}^2} \tag{4.12}$$

（2）B 类评定

如果我们拥有足够多的时间和资源，就可以对每个不确定度的原因进行详尽的统计研究，所有的不确定度分量都可以用 A 类评定得到。但是这样的研究并非经济可行，因此许多不确定度分量实际上还必须用别的方法来进行评定。标准不确定度的 B 类评定是用非统计分析方法进行的评定。所谓非统计分析方法，是指根据经验或资料以及对测量值进行一定的分布假设，估计标准差来表征标准不确定度。

B 类评定的原始数据不是来自测量列的数据处理，而是基于实验得到，或对其他有可能影响被测量变化的信息进行估计。B 类评定的信息来源主要有：以前的测量数据、经验或资料；测量设备的校准证书、检定证书及其他文件提供的数据；手册提供的参考数据等。

采用 B 类评定法需先根据实际情况分析，对测量值进行一定的分布假设。假设的分布主要有正态分布、均匀分布、三角分布、反正弦分布及两点分布等。当无法确定分布类型时，建议采用均匀分布。均匀分布的主要特点是误差有确定的范围，在此范围内误差出现的概率相等。

常见的 B 类评定有下列几种情况。

①当测量估计值 x 受到多个独立因素影响，且各因素的影响大小相近，则假设为正态分布，由所取置信概率 p 的分布区间半宽 a 与包含因子 k_p 来估计标准不确定度，即

$$u_x = \frac{a}{k_p} \tag{4.13}$$

式中，包含因子 k_p 的数值按正态分布确定。

②当估计值 x 取自有关资料，所给出的测量不确定度 U_x 为标准差的 k 倍时，则其标准不确定度为

$$u_x = \frac{U_x}{k} \tag{4.14}$$

举例：标准砝码的校准证书说明，标称值 1kg 的标准砝码的质量为 1000.000325g，该值的测量不确定度按三倍标准差计算为 240μg，求该砝码质量的标准不确定度。

已知测量不确定度 $U_{ms} = 240\mu g$，$k = 3$，故标准不确定度为

$$u_{ms} = \frac{U_{ms}}{k} = \frac{240}{3} = 80(\mu g) \tag{4.15}$$

③若根据信息，已知估计值 x 落在区间（$x - a$，$x + a$）内的概率为 1，且在区间内各处出现的机会相等，则 x 服从均匀分布，其标准不确定度为

$$u_x = \frac{a}{\sqrt{3}} \tag{4.16}$$

由手册查得纯铜在温度 20℃时的线膨胀系数 $\alpha = 16.25 \times 10^{-6}/℃$，并已知该系数的误差范围为 $\pm 0.4 \times 10^{-6}/℃$，求线膨胀系数 α 的标准不确定度。

根据手册提供的信息可认为 α 的值以等概率分布于（16.25 − 0.4）$\times 10^{-6}/℃$ 至（16.25 + 0.4）$\times 10^{-6}/℃$ 区间内，且不可能在此区间之外，故假设 α 服从均匀分布。已知该区间的半宽 $a = 0.4 \times 10^{-6}/℃$，则纯铜在温度 20℃时的线膨胀系数 α 的标准不确定度为

$$u_x = \frac{a}{\sqrt{3}} = \frac{0.4 \times 10^{-6}}{\sqrt{3}} = 0.23 \times 10^{-6}(1/℃) \tag{4.17}$$

④当估计值 x 受到两个独立且皆具有均匀分布的因素影响，则 x 服从在区间（$x - a$，$x + a$）内的三角分布，其标准不确定度为

$$u_x = \frac{a}{\sqrt{6}} \tag{4.18}$$

⑤当估计值 x 服从在区间（$x - a$，$x + a$）内的反正弦分布，则其标准不确定度为

$$u_x = \frac{a}{\sqrt{2}} \tag{4.19}$$

6. 随机误差的置信度

对于服从正态分布的随机误差，当概率密度函数确定后，其概率密度分布曲线也就确定了。若给定一个概率值 p（$0 < p < 1$），则能确定一个对称的误差区间〔$-a$，a〕，满足 $P\{-a \leqslant \delta \leqslant a\} = p$。误差区间〔$-a$，$a$〕称为置信区间，所对应的概率值 p 称为置信概率。置信区间表征随机误差的变化范围，置信概率表征随机误差出现的可能程度，置信区间越宽，相应的置信概率就越大。置信区间和置信概率共同表明了随机误差的可信赖程度。把置信区间和置信概率两者结合起来，统称为置信度。a 为置信区间的界限值，称为置信限。往往将置信限 a 表示为标准差的倍数，即 $a = t\sigma$，t 称为置信因子。令 $\alpha = 1 - p$，α 称为显著水平或显著度，它表示随机误差在置信区间以外出现的概率。

当 $t=1$，置信区间为〔$-\sigma$，σ〕，相应的置信概率 $p=2\Phi(1)=2\times0.3413=0.6826$，置信水平 $\alpha=1-p=0.3174\approx1/3$，这意味着大约每 3 次测量中有一次测得值的误差落在置信区间〔$-\sigma$，σ〕之外。

当 $t=2$，置信区间为〔-2σ，2σ〕，相应的置信概率 $p=2\Phi(2)=2\times0.4772=0.9544$，置信水平 $\alpha=1-p=0.0456\approx1/22$，这意味着大约每 22 次测量中有一次测得值的误差落在置信区间〔-2σ，2σ〕之外。

当 $t=3$，置信区间为〔-3σ，3σ〕，相应的置信概率 $p=2\Phi(3)=2\times0.49865=0.9973$，置信水平 $\alpha=1-p=0.0027\approx1/370$，这意味着大约每 370 次测量中有一次测得值的误差落在置信区间〔-3σ，3σ〕之外。

置信区间与相应的置信概率的关系，如图 4.2 所示。

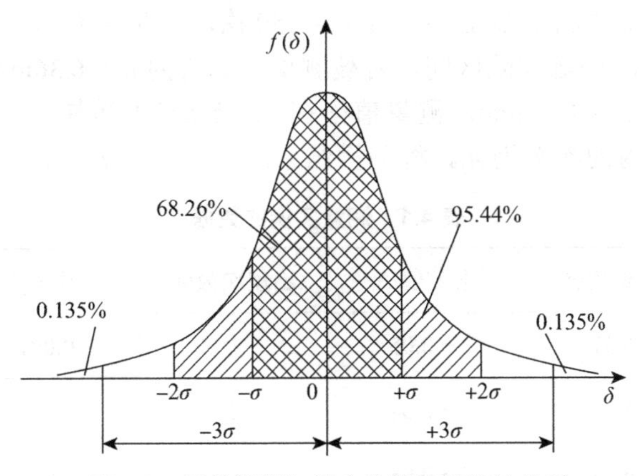

图 4.2　置信区间与相应的置信概率的关系

常用在一定置信概率下的置信区间的大小来表示测量列的精密程度，置信区间越小，则测量列的精密程度就越高。

4.2　随机误差的处理

4.2.1　随机误差的特征和概率分布

1. 随机误差的统计特征

随机误差是在相同条件下对同一量进行多次测量时，误差的绝对值和符号均发生变化，而且这种变化没有确定的规律，也不能事先预知。随机误差使测量数据产生分散，即偏离它的数学期望。虽然对单次测量而言，随机误差的大小和符号都是不确定的，且没有规律性，但是在进行多次测量后，随机误差服从概率统计规律。

我们的任务就是要研究随机误差使测量数据按什么规律分布，多次测量的平均值有什么性质，以及在实际测量中对于有限次的测量，如何根据测量数据的分布情况估计出被测量的数学期望、方差和被测量的真值出现在某一区间的概率等。总之，我们用概率论和数理统计的方法来研究随机误差对测量数据的影响，并用数理统计的方法对测量数据进行统计处理，从而克服或减少随机误差的影响。

大量实验证明，随机误差服从以下统计特征。

（1）绝对值相等的正误差与负误差出现的次数相等，称为随机误差的对称性。

（2）绝对值小的误差比绝对值大的误差出现的次数多，称为随机误差的单峰性。

（3）在一定的测量条件下，随机误差的绝对值不会超过一定界限，称为随机误差的有界性。

（4）随着测量次数的增加，随机误差的算术平均值趋向于零，称为随机误差的抵偿性。

对同一个被测量进行多次等精度的重复测量时，可得到一系列不同的测量值，通常把进行多次测量得到的一组数据称为测量列。若测量列不包含系统误差和粗大误差，则该测量列及其随机误差具有一定的统计特征。

测量实例：等精度测量某工件直径 $n = 150$ 次，测量值范围在 6.31 ～ 6.41mm。将测量值范围分成 11 个等间隔区间。若被测量的真值为 $L = 6.36$mm，误差值 $\delta_i = x_i - L$。区间间隔 $\Delta x = \Delta\delta = 0.01$mm。测量值落在（$x_i \pm \Delta x/2$）范围内，或误差值出现在（$\delta_i \pm \Delta\delta/2$）范围内的次数为 n_i。将测量结果统计并列成表 4.1。

表 4.1　测量实例的数据

区间号/i	测量值/x_i	误差值/Δ_i	出现次数/n_i	频率/f_i	频率密度/p_i
1	6.31	−0.05	1	0.007	0.7
2	6.32	−0.04	3	0.020	2.0
3	6.33	−0.03	8	0.058	5.8
4	6.34	−0.02	18	0.120	12.0
5	6.35	−0.01	28	0.187	18.7
6	6.36	0	34	0.227	22.7
7	6.37	+0.01	29	0.193	19.3
8	6.38	+0.02	17	0.113	11.3
9	6.39	+0.03	9	0.060	6.0
10	6.40	+0.04	2	0.013	1.3
11	6.41	+0.05	1	0.007	0.7

误差在（$\delta_i \pm \Delta\delta/2$）范围内出现的次数 n_i 与总次数 n 的比值 $f_i = n_i/n$ 称为频率。在以频率 f_i 为纵坐标，以误差 δ 为横坐标的直角坐标图上，以区间间隔 $\Delta\delta$ 为宽度，以各频率 f_i 值为高度画出长方形，得到如图 4.3 所示的频率直方图。

对于同一组测量数据，取不同的区间间隔值 $\Delta\delta$，所得的频率值 f_i 是不同的，间隔值 $\Delta\delta$ 越大，频率值 f_i 也越大，因而所得的频率直方图也不相同。为避免间隔值的影响，常取 $p_i = n_i/n\Delta\delta$）作为纵坐标，p_i 称为频率密度。以 δ 为横坐标，频率密度 p_i 为纵坐标所得的图仍称为频率直方图，其图形与图 4.3 类似。

当测量次数 $n\to\infty$ 时，且令 $\Delta\delta\to \mathrm{d}\delta$，$n_i\to \mathrm{d}n$（$\mathrm{d}\delta$，$\mathrm{d}n$ 均为无穷小量），则折线趋于平滑曲线，频率密度也就趋于概率密度。

根据概率论，随机误差的概率密度函数定义为

$$f(\delta)=\lim_{n\to\infty}\frac{n_i}{n\Delta\delta}=\frac{1}{n}\frac{\mathrm{d}n}{\mathrm{d}\delta} \tag{4.20}$$

式中 n——测量总次数；

n_i——误差在（$\delta_i\pm\Delta\delta/2$）范围内出现的次数。

概率密度函数 f（δ）对应的曲线称为概率密度分布曲线，如图 4.4 所示。

$$f(\delta)\mathrm{d}\delta=\frac{\mathrm{d}n}{n} \tag{4.21}$$

曲线下面的右阴影部分的面积，称之为概率元。概率元实质上就是随机误差出现在区间（δ，$\delta+\mathrm{d}\delta$）的概率，可表示为

$$P\{\delta,\delta+\mathrm{d}\delta\}=f(\delta)\mathrm{d}\delta=\frac{\mathrm{d}n}{n} \tag{4.22}$$

随机误差出现在区间（$-\infty$，δ）的概率，即曲线下面的左阴影部分的面积，可表示为

$$F(\delta)=P\{-\infty,\delta\}=\int_{-\infty}^{\delta}f(\delta)\mathrm{d}\delta \tag{4.23}$$

式中，F（δ）为随机误差的分布函数。

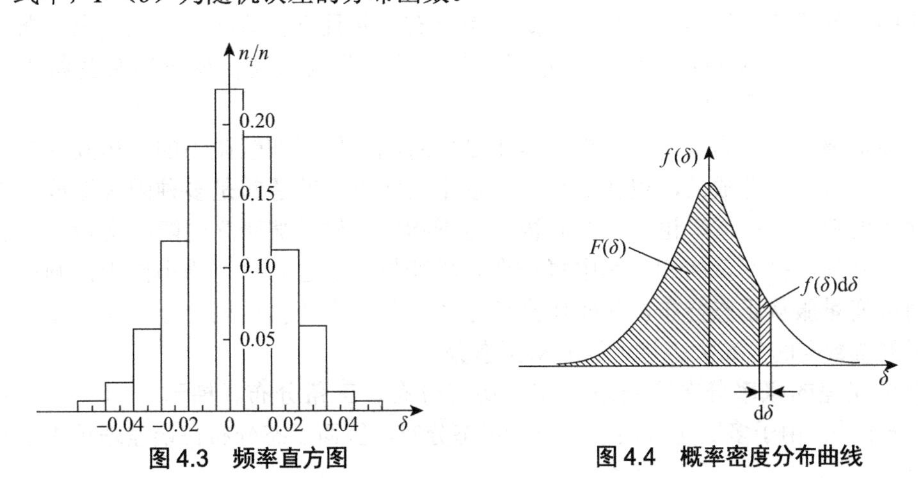

图 4.3 频率直方图　　图 4.4 概率密度分布曲线

随机误差的概率密度函数 f（δ）与其分布函数 F（δ）互为微积分关系，即

$$f(\delta)=\lim_{\Delta\delta\to 0}\frac{\left[F(\delta+\Delta\delta)-F(\delta)\right]}{\Delta\delta}=\frac{\mathrm{d}F(\delta)}{\mathrm{d}\delta} \tag{4.24}$$

若测量列不包含系统误差和粗大误差，则该测量列中的随机误差具有以下四个统计特征。

①对称性：随机误差可正可负，绝对值相等的正、负误差出现的概率相等，其概率密度分布曲线以纵轴为对称。

②单峰性：绝对值小的误差比绝对值大的误差出现的概率要大，误差值越小，出现的概率越大，其概率密度分布曲线在 $\delta=0$ 处有一峰值。

③有界性：当误差 $|\delta|\to\infty$，则误差出现的概率趋于零。因此在一定的测量条件下，误差的绝对值一般不会超过一定的界限。

④抵偿性：正误差和负误差可相互抵消，随着测量次数 $n\to\infty$，随机误差的代数和趋于零，即

$$\lim_{n\to\infty}\sum_{i=1}^{n}\delta_i=0 \tag{4.25}$$

应指出，随机误差的上述统计特征是在造成随机误差的随机影响因素很多，且测量次数足够多的情况下归纳出来的，但并不是所有的随机误差都具有上述特征。当造成随机误差的随机影响因素不多，或某种随机影响因素的影响特别显著时，随机误差可能不呈现上述特征。

2. 随机误差的正态分布

由于随机误差的存在，测量值也是随机变量。在测量中，测量值的取值可能是连续的，也可能是离散的。从理论上讲，大多数测量值的可能取值范围是连续的，而实际上由于测量仪器的分辨力不可能无限小，因而得到的测量值往往是离散的。此外，一些测量值本身就是离散的，例如测量单位时间内脉冲的个数，其测量值本身就是离散的。实际中要根据离散型随机变量和连续型随机变量的特征来分析测量值的统计特性。在概率论中，无论是离散型随机变量还是连续型随机变量，都可以用分布函数来描述它的统计规律。但实际中较难确定概率分布，并且不少情况下也无须求出概率分布规律，只需知道某些数字特征就够了。数字特征是反映随机变量的某些特性的数值，常用的有数学期望和方差等。

在很多情况下，测量中的随机误差正是由对测量值影响较微小的、相互独立的多种因素的综合影响造成的，也就是说，测量中的随机误差通常是多种因素造成的许多微小误差的总和。在概率论中，中心极限定理指出：假设被研究的随机变量可以表示为大量独立的随机变量的和，其中每一个随机变量对于总和只起微小作用，则可认为这个随机变量服从正态分布，又叫作高斯分布。测量中随机误差的分布及在随机误差影响下测量数据的分布大多接近于服从正态分布。

随机误差的概率分布有正态分布、均匀分布、三角分布、梯形分布、反正弦分布、t 分布等。由于多数随机误差都服从正态分布，因而正态分布在误差理论中占有十分重要的地位。

正态分布的概率密度函数为

$$f(\delta)=\frac{1}{\sigma\sqrt{2\pi}}e^{-\frac{\delta^2}{2\sigma^2}} \tag{4.26}$$

式中，σ 为标准差，它的意义在后面再进行详细阐述。

按正态分布概率密度函数所得的曲线称为正态分布曲线。随机误差的正态分布曲线如图 4.5 所示。

正态分布随机误差的分布函数为

$$F(\delta)=\frac{1}{\sigma\sqrt{2\pi}}\int_{-\infty}^{\delta}e^{-\frac{\delta^2}{2\sigma^2}}\mathrm{d}\delta \tag{4.27}$$

服从正态分布的测量值 x，其概率密度函数为

$$f(x)=\frac{1}{\sigma\sqrt{2\pi}}e^{-\frac{(x-L)^2}{\sigma^2}} \tag{4.28}$$

测量值的正态分布曲线如图 4.6 所示。

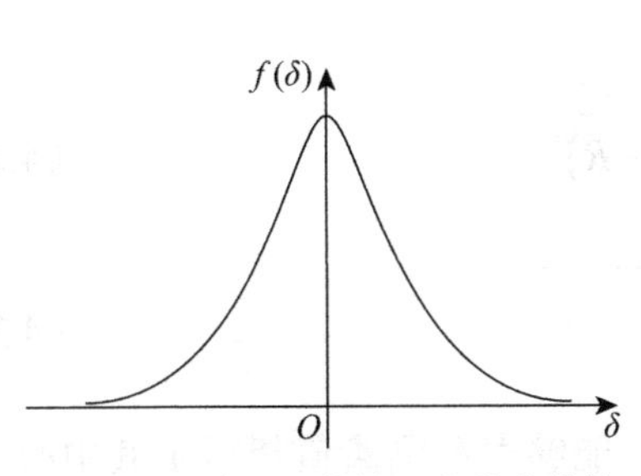

图 4.5　随机误差的正态分布曲线

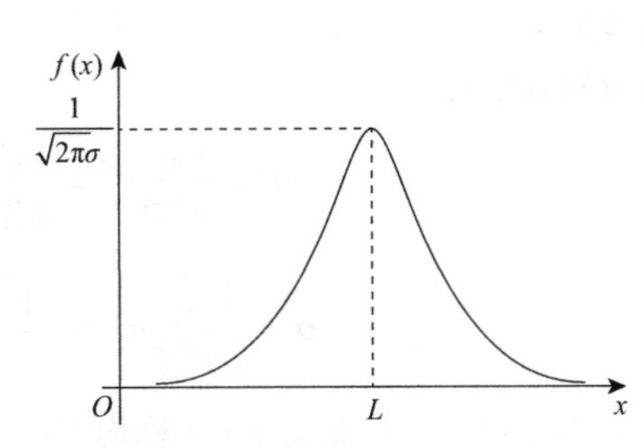

图 4.6　测量值的正态分布曲线

测量值的正态分布曲线具有以下特点：

① 曲线关于 $x=L$ 对称。

② 是单峰曲线，在 $x=L$ 处有最大值 $f(L)=\frac{1}{\sqrt{2\pi}\sigma}$。

③ 曲线以横轴为渐进线，x 离 L 越远，f（x）的值就越小，当 $x\to\infty$ 时将趋近于横轴。

④ L 决定了曲线的中心位置。若固定 σ 的值而改变 L 的值，则图形沿着横轴水平移动，而不会改变图形的形状，如图 4.7 所示。

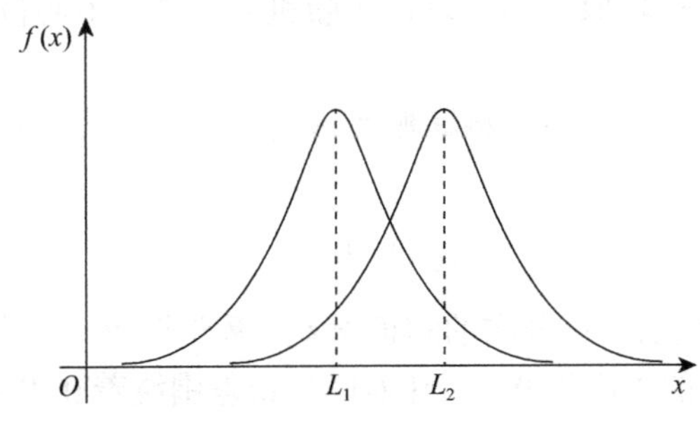

图 4.7　σ 固定，L 变化的正态分布曲线

在误差理论中，正态分布占有重要的地位。实践表明，在绝大多数情况下，测量值及随机误差是服从正态分布的，但也有一些误差服从均匀分布、泊松分布等非正态分布。概率论中的中心极限定理指出：对于服从任何分布的独立的随机变量，当其数

量足够多时，这些随机变量的总和近似地服从正态分布，随机变量的数量越多，则越近似。也就是说，相互独立的随机变量，其总和的分布是以正态分布为其极限分布。根据中心极限定理，尽管某些随机影响因素造成的随机误差不服从正态分布，但只要这些造成随机误差的影响因素足够多，而个别因素造成的影响在总的影响中所起的作用又很小，则由这些影响因素产生的随机误差就应该是服从或近似服从正态分布的。基于以上原因，正态分布是研究和分析随机误差的基础。在满足一定要求的前提下，把随机误差视为服从正态分布具有普遍性和实用性。

4.2.2 随机误差的方差和标准差

在实际测量中，为表明测量数据的分散程度，引入了方差和标准差。方差 σ^2 和标准差 σ 分别表示为

$$\sigma^2=\frac{1}{n}\sum_{i=1}^{n}\delta_i^{\,2}=\frac{1}{n}\sum_{i=1}^{n}\left(m_i-R\right)^2 \tag{4.29}$$

$$\sigma=\sqrt{\frac{1}{n}\sum_{i=1}^{n}\delta_i^{\,2}}=\sqrt{\frac{1}{n}\sum_{i=1}^{n}\left(m_i-R\right)^2} \tag{4.30}$$

由概率论可知，标准差 σ（又称均方根误差）能够表征测量值相对于其中心位置数学期望的离散程度。因此，标准差的大小表征测量值的离散程度，若标准差 σ 的值小，则表明较小的误差所占比重大，较大的误差所占比重小，测量结果的可靠性就高，反之就低。测量值和随机误差都是随机变量，有关随机变量的一些概念和处理方法可直接用于对测量值和随机误差的分析与处理。

1. 测量值和随机误差的数学期望与算术平均值

（1）测量值和随机误差的数学期望

根据概率论与数理统计，连续型随机变量 ξ 的数学期望定义为：

$$E(\xi)=\int_{-\infty}^{\infty}\xi f(\xi)\mathrm{d}\xi \tag{4.31}$$

它是随机变量 ξ 的一阶原点矩，表征了随机变量 ξ 的中心位置。数学期望是随机变量的一个数字特征值。

设随机误差 δ 服从正态分布，将其概率密度函数表达式（4.28）代入式（4.31），可求得

$$E\left(\delta\right)=0 \tag{4.32}$$

式（4.32）表明，服从正态分布的随机误差的数学期望等于零。这说明服从正态分布的随机误差总体分布的中心为 0，意味着随机误差围绕着 0 出现，且在 $\delta=0$ 处有最大的概率值。

设测量值 x 服从正态分布，将其概率密度函数表达式（4.29）代入式（4.31），可求得

$$E\left(x\right)=L \tag{4.33}$$

式（4.33）表明，服从正态分布的测量值 x 的数学期望等于被测量的真值 L。这说

明服从正态分布的测量值 x 总体分布的中心为真值 L，意味着测量值 x 围绕着真值 L 取值，且在真值 L 处有最大的概率值。

测量的目的是得到被测量的真值，而测量值的数学期望等于真值，我们只要求得测量值的数学期望，即可得到被测量的真值。我们对某个被测量进行等精度测量，只要测量装置有足够高的灵敏度和分辨力，则可进行无限多次测量，所有可能的测量值就构成一个无限总体，这个无限总体的数学期望即为被测量的真值。这就意味着，我们想要通过测量得到被测量的真值，就必须做无限次等精度测量，以得到测量值的无限总体，这在实际上是无法做到的。在实际测量中，我们只能做有限次等精度测量，取得有限个测量值，也就是说，只能得到测量值的一个容量有限的样本。由于测量值的无限总体无法得到，因此我们只能根据所得到的样本对测量值的数学期望——真值进行估计。

（2）测量值的算术平均值

n 次等精度测量测量值的算术平均值定义为

$$\overline{x}=\frac{x_1+x_2+\cdots+x_n}{n}=\frac{1}{n}\sum_{i=1}^{n}x_i \tag{4.34}$$

设被测量的真值为 L，各测量值与真值的误差为 δ_1，δ_2，…，δ_n，则有

$$\left.\begin{aligned}\delta_1&=x_1-L\\ \delta_2&=x_2-L\\ &\cdots\\ \delta_n&=x_n-L\end{aligned}\right\} \tag{4.35}$$

式（4.35）两边求和，得

$$\sum_{i=1}^{n}\delta_i=\sum_{i=1}^{n}(x_i-L)=\sum_{i=1}^{n}x_i-nL \tag{4.36}$$

由式（4.36）可得

$$\overline{x}=\frac{1}{n}\sum_{i=1}^{n}x_i=L+\frac{1}{n}\sum_{i=1}^{n}\delta_i \tag{4.37}$$

由随机误差的抵偿性，当测量次数 $n\to\infty$ 时，有

$$\lim_{n\to\infty}\sum_{i=1}^{n}\delta_i=0$$

故有

$$\lim_{n\to\infty}\overline{x}=L \tag{4.38}$$

式（4.38）表明，当测量次数 $n\to\infty$ 时，测量值的算术平均值会收敛于被测量的真值。但在实际测量中，进行无限次测量是不可能的，只能进行有限次测量。当测量次数为有限次时，只要测量次数足够多，测量值的算术平均值处于真值的附近，随着测量次数的增加而趋于真值，因此我们可以认为测量值的算术平均值是最接近于真值的近似值。

进一步分析还可证明，测量值的算术平均值 $\bar{x}$ 的数学期望等于真值 L，即 $E(\bar{x})=L$。这意味着，当测量次数 $n\to\infty$ 时，全体测量值的算术平均值等于真值。而在有限次等精度测量中，可用有限次测量值的算术平均值作为被测量真值的最佳估计值。

在实际的等精度测量中，由于随机误差的存在而无法得到被测量的真值，但我们可用测量值的算术平均值代替真值作为测量结果。

（3）残余误差

测量值与算术平均值的差称为残余误差，简称残差。用 v_i 表示残差，则有

$$v_i = x_i - \bar{x}\ (i=1,2,\cdots,n) \tag{4.39}$$

残余误差有两个重要的性质：

①一组测量值的残余误差的代数和等于零，即

$$\sum_{i=1}^{n} v_i = 0 \tag{4.40}$$

②一组测量值的残余误差的平方和为最小，即

$$\sum_{i=1}^{n} v_i^2 = \min \tag{4.41}$$

这个性质是最小二乘法的理论基础。

2. 测量列的方差、标准差和精密度参数

（1）测量列的方差和标准差

根据概率论，连续型随机变量 ξ 的方差定义为

$$D(\xi)=\int_{-\infty}^{\infty}\left[\xi-E(\xi)\right]^2 f(\xi)\mathrm{d}\xi \tag{4.42}$$

它是随机变量 ξ 的二阶中心矩，表征了随机变量 ξ 相对于其数学期望 E（ξ）的分散程度。对于离散型随机变量，其方差则可定义为

$$D(\xi)=\lim_{n\to\infty}\frac{1}{n}\sum_{i=1}^{n}\left[\xi-E(\xi)\right]^2 \tag{4.43}$$

由于方差的物理意义不够明显，在实际工作中，常采用标准差 σ 来表征随机变量的分散程度。标准差 σ 定义为方差的正平方根值，即

$$\sigma=\sqrt{D(\xi)} \tag{4.44}$$

方差或标准差是随机变量的又一个数字特征值。

各次测量的测量值可视作离散型随机变量。对一被测量进行无限多次等精度测量，各次测量的测量值组成无限测量列。根据式（4.43）和式（4.44），无限测量列中各测量值 x_i 的真误差（x_i-L）的平方和的算术平均值，再开方所得的数值，即为测量列的标准差 σ。故可得测量列标准差的定义式为

$$\sigma=\lim_{n\to\infty}\sqrt{\frac{1}{n}\sum_{n=1}^{n}\left(x_i-L\right)^2} \tag{4.45}$$

标准差也称为方均根偏差。

正态分布的测量值与相应的随机误差有同一形状的正态分布曲线，只是坐标原点沿着横坐标平移了 L，因此测量值与相应的随机误差有同样的标准差值。测量列的标准差表征了测量值和随机误差的分散程度，它决定了测量值和随机误差概率密度分布曲线的形状。如图 4.8 所示，标准差 σ 的数值越小，概率密度分布曲线形状越陡峭，说明测量值和随机误差的分散性小，测量的精密度高；反之，σ 的数值越大，概率密度分布曲线形状越平坦，说明测量值和随机误差的分散性大，测量的精密度低。

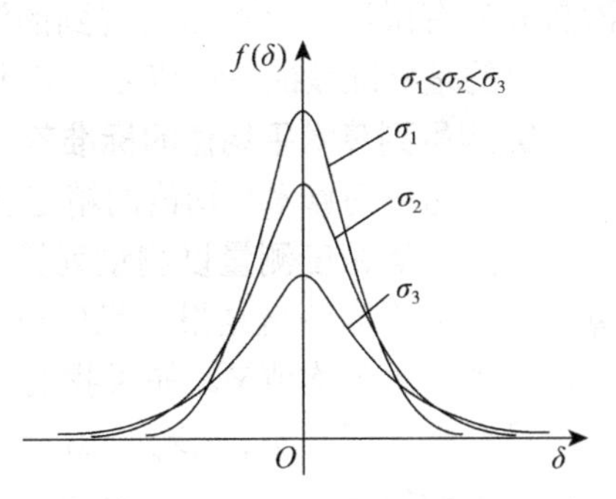

图 4.8　σ 变化时概率密度分布曲线

将正态分布随机误差的概率密度函数 $f(\delta)$ 的表达式（4.28）对 δ 求二阶导数，并令二阶导数 $f''(\delta)=0$，可得 $\delta=\pm\sigma$。由此可得标准差的几何意义：标准差就是概率密度分布曲线拐点的横坐标。

标准差 σ 的值决定于测量条件，测量条件一旦确定后，σ 的值也就唯一地确定了。在一定测量条件下所进行的等精度测量，其中任一次测量所得的测量值及相应的随机误差不可预知，但它们都有同一个标准差 σ 的值。在不同的测量条件下对同一被测量所进行的两组等精度测量，其标准差 σ 的值往往是不相同的。应该指出，标准差 σ 不是误差的一个具体值，而是表征测量值和随机误差分散性的一个特征参数。

（2）测量列的精密度参数

测量的精密度是一个定性的概念，它定性地反映了在一定测量条件下进行等精度测量所得测量值和随机误差的分散程度。为了能够定量地评定测量值和随机误差的分散程度，引入测量列的精密度参数。

能够用来评定测量列精密度的参数有多个，目前最常用的是测量列标准差。对于服从正态分布的测量值和随机误差，当测量列标准差一定，它们的正态分布曲线的形状就完全被确定了，测量的精密度也就确定了。

（3）测量列标准差的估计

式（4.45）给出了测量列标准差的定义式，但要按式（4.45）来求出测量列标准差必须满足两个条件：一是测量次数 $n\to\infty$，即必须得到测量值的无限总体；二是要求得到各测量值的真误差，即必须得到被测量的真值。在实际测量中，这两个条件往往是无法满足的，我们只能进行有限次测量，也不可能得到被测量的真值，因此不能按式（4.45）来求出测量列的标准差。

对于有限次等精度测量，由于被测量的真值 L 无法得到，也就得不到各测量值的真误差 δ_i，但可用算术平均值 $\bar{x}$ 来代替真值求得各测量值的残余误差 v_i，因而可利用残余误差 v_i 来代替真误差 δ_i 对标准差 σ 做出估计。通过推导，可以得到如下的贝塞尔公式：

$$s=\hat{\sigma}=\sqrt{\frac{1}{n-1}\sum_{i=1}^{n}\left(x_i-\bar{x}\right)^2}=\sqrt{\frac{1}{n-1}\sum_{i=1}^{n}v_i^2} \tag{4.46}$$

贝塞尔公式用算术平均值 $\bar{x}$ 代替真值 μ，用残余误差 v_i 代替真误差 δ_i。考虑到测量次数 n 为有限次，是根据所得到的测量值样本来对无限总体的标准差做出估计，因而所求得的是标准差的估计值 $\hat{\sigma}$。$\hat{\sigma}$ 也可记作 s。

3. 测量列算术平均值的标准差

（1）测量列算术平均值的精密度参数

有限次等精度测量以测量列算术平均值作为真值的最佳估计值，也就是以测量列算术平均值作为测量结果。我们对某一个量做 n 次重复测量，可以得到一个测量列，求出一个算术平均值 $\bar{x}$。如果我们重复上述过程 m 次，就可以得到 m 个测量列，求出 m 个算术平均值 $\bar{x}_1,\bar{x}_2,\cdots,\bar{x}_m$。由于随机误差的存在，这 m 个算术平均值都不可能完全相同，它们围绕着被测量的真值有一定的分散性，因此有必要考虑算术平均值的精密度。测量列算术平均值可视为随机变量，因而可用测量列算术平均值的标准差作为测量列算术平均值的精密度参数。

（2）测量列算术平均值标准差的估计

可以证明，测量列算术平均值标准差 $\sigma_{\bar{x}}$ 为测量列标准差 σ 的 $1/\sqrt{n}$，即

$$\sigma_{\bar{x}}=\frac{\sigma}{\sqrt{n}} \tag{4.47}$$

在实际测量中往往只能得到 σ 的估计值 s，因此只能用 s 代替 σ 来计算 $\sigma_{\bar{x}}$，因而只能得到 $\sigma_{\bar{x}}$ 的估计值 $s_{\bar{x}}$，即

$$s_{\bar{x}}=\frac{s}{\sqrt{n}}=\sqrt{\frac{1}{n(n-1)}\sum_{i=1}^{n}v_i^2} \tag{4.48}$$

（3）等精度测量的测量次数

由上式可知，随着测量次数的增多，算术平均值的标准差减小，亦即作为测量结果的算术平均值的精密度提高。因此，在等精度测量中，为了提高测量结果的精密度，应进行多次重复测量。

由于算术平均值的标准差 $\sigma_{\bar{x}}$ 与测量次数 n 的平方根 $\sqrt{n}$ 成反比，因此 $\sigma_{\bar{x}}$ 随着 n 增大而减小的速度越来越小，如图 4.9 所示。

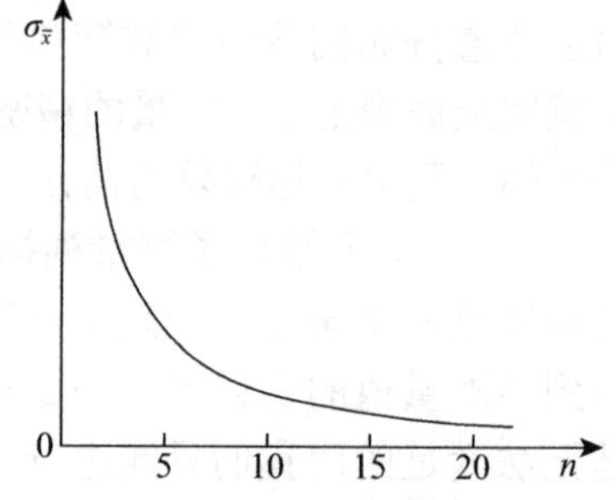

图 4.9　算术平均值的标准差 $\sigma_{\bar{x}}$ 与测量次数 n 的关系曲线

当 $n>10$ 以后，n 再增加时，$\sigma_{\bar{x}}$ 的减小效果已不明显。同时，当测量次数过多时也不能保证测量条件不改变。另外，测量次数增加以后，计算量和时间也增加了。鉴于以上原因，一般等精度测量的测量次数取 $n\leqslant 10$ 即可。

【例 4-1】对某工件的尺寸进行了 10 次等精度测量，测得值（mm）分别为：10.0040，10.0057，10.0045，10.0065，10.0051，10.0053，10.0055，10.0050，10.0062，10.0054。试计算测量列的算术平均值、标准差和算术平均值标准差。

解：为计算方便免出差错，可采用表格形式运算，见表 4.2。

表 4.2 例 4-1 的数据运算

i	x_i	v_i	$\|v_i\|$	v_i^2
1	10.0040	−0.00132	0.00132	0.0000017424
2	10.0057	+0.00038	0.00038	0.0000001444
3	10.0045	−0.00082	0.00082	0.0000006724
4	10.0065	+0.00118	0.00118	0.0000013924
5	10.0051	−0.00022	0.00022	0.0000000484
6	10.0053	−0.00002	0.00002	0.0000000004
7	10.0055	+0.00018	0.00018	0.0000000324
8	10.0050	−0.00032	0.00032	0.0000001024
9	10.0062	+0.00088	0.00088	0.0000007744
10	10.0054	+0.00008	0.00008	0.0000000064
	$\bar{x}=10.00532$	$\sum v_i=0$	$\sum\|v_i\|=0.00540$	$\sum v_i^2=0.0000049140$

计算测量列的算术平均值为

$$\bar{x}=\frac{1}{n}\sum_{i=1}^{n}x_i=10.00532$$

计算各测量值的残余误差。将测量列算术平均值和残余误差的计算结果填入表 4.2 中。

计算各测量值残余误差的平方值及平方和，并将计算结果填入表 4.2 中。

应用贝塞尔公式，估算测量列的标准差为

$$s=\sqrt{\frac{1}{n-1}\sum_{i=1}^{n}v_i^2}=\sqrt{\frac{0.0000049140}{10-1}}=0.00074\text{mm}$$

估算例 4-1 的测量列算术平均值标准差为

$$s_{\bar{x}}=\frac{s}{\sqrt{n}}=\frac{0.00074}{\sqrt{10}}=0.00023\text{mm}$$

4.2.3 不等精度直接测量的数据处理

前面所讨论的测量结果的计算都是基于等精度测量条件的，即在相同地点、相同的测量方法和相同测量设备、相同测量人员、相同环境条件（温度、湿度、干扰等），并在短时间内进行的重复测量。若在测量条件不相同的情况下进行测量，则测量结果的精密度将不相同，这样的测量称为不等精度测量。例如，用不同精度的仪器进行对比，显然所得到的测量结果会不相同。那么，怎样处理不等精度测量的结果呢？

在一些精密的科学实验中，往往可能在不同的测量条件下对同一被测量使用不同的测量工具、不同的测试方法、不同的测量次数等，这就是不等精度测量。对于不等精度测量，计算最后测量结果及其精度（如标准差），不能套用前面等精度测量的计算公式，需推导出新的计算公式。

1. 权的概念

在等精度测量中，各个测得值可认为同样可靠，并取所有测得值的算术平均值作为最后测量结果。在不等精度测量中，各个测量结果的可靠程度不一样，因而不能简单地取各测量结果的算术平均值作为最后测量结果，应让可靠程度大的测量结果在最后结果中占的比重大一些，可靠程度小的比重小一些。为了衡量测量结果及误差的可靠程度，引进“权”的概念，常用符号p表示。所谓“权”就是测量值可靠程度的数值化表示，可靠程度越大，权值也越大。

既然测量结果的权表明了测量的可靠程度，权的大小往往也就根据这一原则来确定。例如在测量中，测量方法越完善，测量仪器准确度越高，测量者经验越丰富，所得测量结果的权也应该越大。而在测量条件和测量值水平相同的情况下，往往根据测量的次数确定权的大小。重复测量次数越多，其可靠程度显然越大，此时完全可以用测量的次数来确定权的大小，即$p_i = n_i$。

2. 加权算术平均值及其标准差

若对同一被测量进行j组不等精度测量，得到j组测量结果，各组测量列的算术平均值为$\overline{m}_i\left(i=1,2,\cdots,j\right)$，相应各组测量列的权为$p_i$，则$j$组测量列全体的平均值就称为加权算数平均值$M$，可由下式表示：

$$M = \frac{p_1\overline{m}_1 + p_2\overline{m}_2 + \cdots + p_j\overline{m}_j}{p_1 + p_2 + \cdots + p_j} = \frac{\sum_{i=1}^{j} p_i\overline{m}_i}{\sum_{i=1}^{j} p_i} \tag{4.50}$$

由式（4.50）可知，如果$p_1 = p_2 = \cdots = p_j$时，就变为等精度测量，上式求得的结果即为等精度测量的算术平均值。而由权的定义可知，加权平均值的标准差可定义为

$$\sigma_{\mathrm{M}} = \sigma_{\overline{m}_i}\sqrt{\frac{p_i}{\sum_{i=1}^{j} p_i}} = \frac{\sigma}{\sqrt{\sum_{i=1}^{j} p_i}} \tag{4.51}$$

4.3 系统误差的分析

前面所述的随机误差处理方法，是以测量数据中不含系统误差为前提。实际上，测量过程中往往存在系统误差，在某些情况下的系统误差数值还比较大。测量结果的精度不仅取决于随机误差，还取决于系统误差的影响。因此，研究系统误差的特征和规律性，用一定的方法发现和减小或消除系统误差，就显得十分重要。否则，对随机误差的严格数学处理也将失去意义，或者效果甚微。

4.3.1　系统误差的判别

由于系统误差和随机误差同时存在测量数据中，且不易被发现，多次重复实验又不能减少它对测量结果的影响，这种潜伏性使得系统误差比随机误差具有更大的危险性。因此，研究系统误差的特征与规律性，并用一定的方法发现和减少或消除系统误差，就显得十分重要。

系统误差的存在往往会严重影响测量结果，因此必须消除系统误差的影响，才能有效提高测量的准确度。为了消除或减小系统误差，首先要判别是否存在系统误差，然后再设法消除。发现系统误差必须根据具体测量过程和测量仪器进行全面仔细的分析，这是一件困难而又复杂的工作，目前还没有能够适用于发现各种系统误差的普遍方法。下面介绍几种适用于发现某些系统误差常用的方法。

1. 实验对比法

实验对比法是改变产生系统误差的条件进行不同条件的测量，以发现系统误差的方法，这种方法适用于发现不变的系统误差。例如，采用普通仪器、仪表进行测量之后，如果测量人员对测量结果不完全相信，可再用高一级或几级的仪器仪表进行重复测量。平时用普通万用表测量电压 时，由于仪表本身的误差或者因为仪器的内阻不够高而引起测量误差，再用数字电压表重复测量一次，即可发现万用表测量时所存在的系统误差。

2. 残余误差观察法

残余误差观察法是根据测量列的各个残余误差大小和符号的变化规律，直接由误差数据或误差曲线图形来判断有无系统误差，这种方法主要适用于发现有规律变化的系统误差。

若有测量列 l_1，l_2，…，l_n，则它们的系统误差为 Δl_1，Δl_2，…，Δl_n，不含系统误差值为 l_1'，l_2'，…，l_n'，则有

$$l_1 = l_1' + \Delta l_1$$

$$l_2 = l_2' + \Delta l_2$$

$$\vdots$$

$$l_n = l_n' + \Delta l_n$$

它们的算术平均值为　$\bar{x} = \bar{x}' + \Delta\bar{x}$

因　$l_i - \bar{x} = v_i$

$$l_i' - \bar{x}' = v_i'$$

故有　$$v_i = v_i' + (\Delta l_i - \Delta\bar{x}) \quad (4.52)$$

若系统误差显著大于随机误差，v_i' 可以忽略，则得

$$v_i \approx \Delta l_i - \Delta \overline{x} \tag{4.53}$$

式（4.53）说明，显著含有系统误差的测量列，其任一测量值的残余误差为系统误差与测量列系统误差平均值之差。根据测量先后顺序，将测量列的残余误差列表或作图进行观察，可以判断有无系统误差。通常将残余误差画成曲线，如图 4.10 所示。图 4.10（a）所示为残余误差大体上正负相同，无明显变化规律，可认为不存在系统误差；图 4.10（b）所示为残余误差有规律的递增（或递减），可以认为存在线性的系统误差；图 4.10（c）所示为残余误差有规律地变化逐渐由正到负，再由负到正，循环交替重复变化，可以认为存在周期性系统误差；图 4.10（d）所示情况可认为同时存在线性及周期性的系统误差。

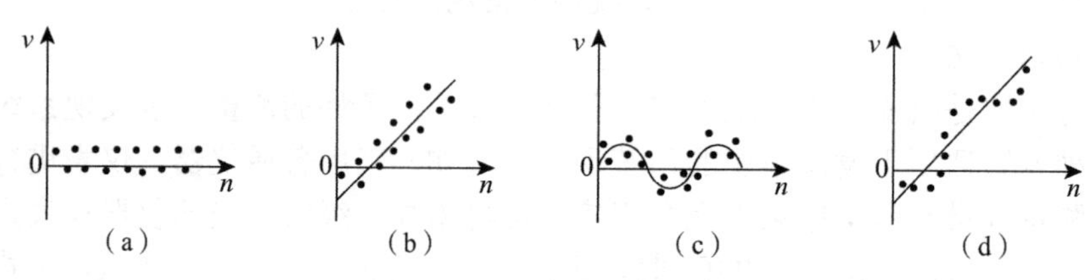

图 4.10　残余误差散点图

3. 马利克夫判据

当测量次数较多时，将测量列的前 k 个残余误差之和，减去测量列后 $(n-k)$ 个残余误差之和，若其差值接近于零，说明不存在变化的系统误差；若其差值显著不为零，则认为测量列存在着变化的系统误差。这种方法适用于发现线性的系统误差。

$$M = \sum_{i=1}^{k} v_i - \sum_{i=k+1}^{n} v_i \tag{4.54}$$

式中，M 为上述差值；n 为测量次数，若 n 为偶数，则 $k = n/2$，若 n 为奇数，则 $k = (n+1)/2$。

4. 阿卑—赫梅特判据

阿卑—赫梅特判据用于发现是否存在周期性系统误差。首先将测量数据按顺序排列，依次两两相乘，然后取和的绝对值，再用此列数据求出标准差的估计值。

若

$$u = \left| \sum_{i=1}^{n-1} v_i v_{i+1} \right| > \sqrt{n-1}\sigma^2 \tag{4.55}$$

则可以认为存在周期性系统误差。对于已经确定存在变值系统误差的测量数据，原则上应舍弃不用。但是如果残余误差的最大值小于测量允许的误差范围或仪器规定的系统误差范围，其测量数据可以考虑使用。若继续测量，则需密切注意误差的变化情况。

4.3.2　系统误差的消除

在测量过程中，如果发现有系统误差存在，必须进一步分析比较，找出可能产生系统误差的因素以及减小和消除误差的方法。但是这些方法和具体的测量对象、测量方法、测量人员的经验有关，因此要找出普遍有效的方法比较困难，下面介绍几种常见的消除系统误差的方法。

1. 从产生系统误差的根源上采取措施

从产生系统误差的根源上采取措施是减小系统误差最根本的方法。测量仪器本身存在误差和对仪器安装、使用不当，测量方法或原理存在缺点，测量环境变化以及测量人员的主观原因都可能造成系统误差。在开始测量前，应尽量发现并消除这些误差来源或设法防止测量受这些误差来源的影响，这是消除或减弱系统误差最好的方法。在测量中，除要在测量原理和测量方法上尽力做到正确、严格外，还必须对测量仪器定期检定和校准，注意仪器的正确使用条件和方法。例如，仪器的放置位置、工作状态、使用频率范围、电源供给、接地方法、附件和导线的使用以及连线，都要注意符合规定并正确合理，部分仪器使用前需要预热和调零。应注意周围环境对测量的影响，特别是温度对电子测量的影响较大，精密测量要注意恒温或采取散热、空气调节等措施。为避免周围电磁场及有害震动的影响，必要时可采用屏蔽或减震措施。

测量工作的环境（温度、湿度、气压、交流电源电压、电磁场干扰）要安排合适，必要时可采取稳压、散热、空调、屏蔽等措施。

测量人员应提高测量技术水平，提高工作责任心，克服主观原因所造成的系统误差。

2. 用修正法消除系统误差

修正方法是预先通过检定、校准或计算得出测量器具的系统误差的估计值，作出误差表或误差曲线，然后取与误差数值大小相同、方向相反的值作为修正值，将实际测量结果加上相应的修正值，即可得到已修正的测量结果。如米尺的实际尺寸不等于标称尺寸，若按照标称尺寸使用，就要产生系统误差。因此，应按经过检定得到的尺寸校准值（将标称尺寸加上修正值）使用，即可减少系统误差。值得注意的是，修正不可能达到理想完善，因此系统误差不可能完全消除。

这种方法是预先将测量器具的系统误差检定出来或计算出来，作出误差表或误差曲线，然后取与误差数值大小相同而符号相反的值作为修正值，将实际测得值加上相应的修正值，即可得到不包含该系统误差的测量结果。

由于修正值本身包含有一定误差，因此用修正值消除系统误差的方法不可能将全部系统误差修正掉，总要残留少量系统误差，对这种残留的系统误差则应按随机误差进行处理。

3. 不变系统误差消除法

对测量值中存在固定不变的系统误差，常用以下几种消除法。

（1）零示法。将被测量与已知标准量相比较，当二者的效应互相抵消时，指零仪器示值为零，达到平衡，这时已知量的数值就是被测量的数值。电位差计就是采用零示法的典型例子。采用这种方法不需要读数，只要指零仪器具有足够的灵敏度即可。零示法测量的准确度主要取决于已知标量值，因而误差很小。

（2）替代法。以已知标量值代替被测量，通过改变已知量的方法使两次的指示值相同，则可根据已知标准量的数值得到被测量。替代法在阻抗、频率等许多电参数的精密测量方法中获得广泛的应用。由于已知量在接入时没有改变被测电路的工作状态，所以被测电路不受影响，而且测量电路中的电源、元器件等均采用原电路参数，所以对测量结果也不产生影响。此外，由于不改变电路的工作环境，其内在特性及外界因素所引起仪器示值的误差，在两次测量中可以抵消掉，故替代法是一种比较精密的测量方法。

（3）差值法。差值法就是测出被测量 A_x 与标准量 A_n 的差值，即 $a = A_x - A_n$，再利用 $A_x = A_n + a$ 求出被测量。根据误差传递理论，被测量的绝对误差（ΔA_x）由标准量的绝对误差（ΔA_n）和被测量差值的绝对值（Δa）决定，即 $\Delta A_x = \Delta A_n + \Delta\alpha$。

测量结果的相对误差为

$$\frac{\Delta A_x}{A_x} = \frac{\Delta A_n}{A_x + \alpha} + \frac{\Delta\alpha}{A_x}$$

当 A_x 与 A_n 接近时，可近似为

$$\lambda_{A_x} = \lambda_{A_n} + \left(\frac{\alpha}{A_x}\right) \cdot \gamma_\alpha$$

式中　$\lambda_{A_x} = \frac{\Delta A_x}{A_x}$——测量结果的相对误差；

$\lambda_{A_n} = \frac{\Delta A_n}{A_n}$——标准量具的相对误差，由标准量具的准确度等级决定；

$\gamma_\alpha = \frac{\Delta\alpha}{\alpha}$——测量差值 a 的相对误差，由测量差值 a 所选用仪表的准确度等级和量程决定。

（4）正负误差补偿法。正负误差补偿法就是在不同的测量条件下，对被测量测量两次，某些测量条件对两次测量结果产生相反的影响，使其中一次测量结果的误差为正，而使另一次测量结果的误差为负，取两次测量结果的平均值作为测量结果。显然，大小恒定的系统误差经这样的处理即可被消除。

（5）对称观测法。对称观测法就是在测量过程中合理设计测量步骤以获取对称的数据，并配以相应的数据处理程序，以得到与该影响无关的测量结果，从而消除系统误差。对称观测法是消除测量结果随某影响量线性变化的系统误差的有效方法。

（6）迭代自校法。迭代自校法就是利用多次交替测量以逐渐逼近准确值，从而消除或削弱测量环节带来的误差的方法。

（7）微差法。将测量值 x 与已知量 B 比较，只要二者接近，而不必完全抵消，其差值 δ 可由小量程仪表读出（或指示出与此差值成正比的量）。设 $x > B$，其微差量 $\delta = x - B$，或被测量 $x = B + \delta$，其差值 δ 越小，测量结果准确度越高。

绝对误差：　$\Delta x = \Delta B + \Delta\delta$

相对误差：

$$\frac{\Delta x}{x} = \frac{\Delta B}{x} + \frac{\Delta\delta}{x} = \frac{\Delta B}{B+\delta} + \frac{\delta}{B+\delta}\frac{\Delta\delta}{\delta}$$

因为 $B+\delta\approx B$，并令 $r_\delta=\dfrac{\Delta\delta}{\delta}$，得

$$r_x=\frac{\Delta x}{x}\approx\frac{\Delta B}{B}+r_\delta\bullet\frac{\delta}{B}\tag{4.56}$$

式中，$\dfrac{\Delta B}{B}$ 为已知标准量的相对误差，其值很小；r_δ 为测量微差用电压表示值的相对误差；$\dfrac{\delta}{B}$ 为微差与标准差之比，称为相对微差。

由于 $\delta<<x$，将相对微差 $\dfrac{\delta}{B}$ 与仪表的误差 r_δ 相乘，使 r_δ 对测量误差 r_x 的影响大大减弱。如果 $\delta=0.1$B，则测量 δ 时的不准确度以其 1/10 反映在 x 的准确度上。因此，减小微差值，就可以提高测量准确度。由式（4.56）看出，测量误差 r_x 主要由标准量的相对误差 $\dfrac{\Delta B}{B}$ 决定，而与测量仪器的示值误差 r_δ 关系较小。

微差法比零示法更容易实现。在测量过程中已知量不必调节，仪表可以直接读数，比较直观。微差法也可用于频率测量。若将 δ 值按被测量 x 刻度，则可以做成简便而又准确的直读式仪器。

4. 线性系统误差消除法

消除线性系统误差的较好方法是对称法。对称法又称等距读数法，随着时间的变化，被测量做线性变化，若选定某时刻为中点，则对称此点的系统误差算术平均值均相等。利用这一特点，可将被测量对称安排，取各对称点两次或多次读数的算术平均值作为测量值，即可以消除这个系统误差。

例如检定量块平行性时，如图 4.11 所示，先以标准量块 A 的中心 0 点对零，然后按图中所示被检量块 B 上的顺序逐点检定，再按相反顺序进行检定，取正反两次读数的平均值作为各点的测量值，就可消除因温度变化而产生的线性系统误差。

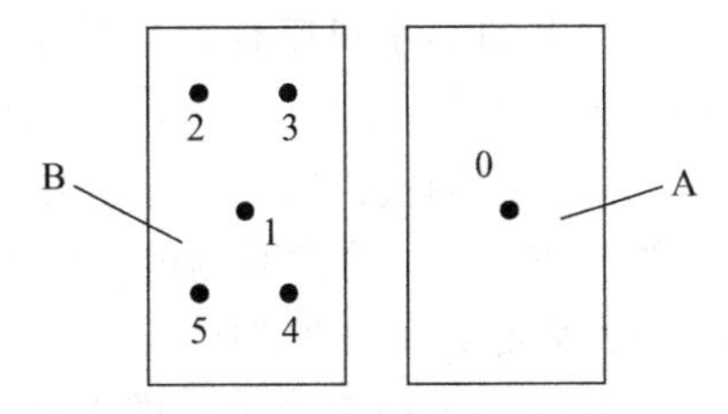

图 4.11　检定量块平行性

5. 周期性系统误差消除法

对于周期性系统误差，采用半周期法，即相隔半个周期进行两次测量，取两次读数平均值，即可有效地消除周期性系统误差。周期性系统误差一般可表示为 $\Delta l=\alpha\sin\varphi$，设 $\varphi=\varphi_1$ 时，误差为 $\Delta l_1=\alpha\sin\varphi_1$；当 $\varphi_2=\varphi_1+\pi$ 时，即相差半周期的误差为 $\Delta l_2=\alpha\sin(\varphi_1+\pi)=-\alpha\sin\varphi_1=-\Delta l$；取两次读数平均值则有

$$\frac{\Delta l_1+\Delta l_2}{2}=\frac{\Delta l_1-\Delta l_2}{2}=0$$

由此可见，半周期法能消除周期性误差。例如仪器刻度盘安装偏心，测微仪表指针回转中心与刻度盘中心有偏心等引起的周期性误差，皆可用半周期法予以消除。

4.4 粗大误差的分析和剔除

4.4.1 粗大误差的产生和处理原则

明显地偏离了被测量真值的测量值所对应的误差，称为粗大误差。粗大误差的产生，有测量操作人员的主观原因，如读错数、记错数、计算错误等，也有客观外界条件的原因，如外界环境的突然变化等。

在无系统误差的情况下，测量中大误差出现的概率是很小的。在正态分布情况下，误差绝对值超过 $2.57\sigma(x)$ 的概率仅为 0.27%。对于误差绝对值较大的测量数据，就值得怀疑，可以列为可疑数据。可疑数据对测量值的平均值和实验标准偏差都有较大的影响，因而造成测量结果的不正确。在测量中，必须分析可疑数据是否是粗大误差，若是粗大误差，则应将其对应的测量值剔除。还要分清可疑数据是由于测量仪器、测量方法或人为错误等因素造成的异常数据，还是由于正常的粗大误差的出现造成的。在不确定产生原因的情况下，就应该根据统计学的方法来判别可疑数据是否是粗大误差。含有粗大误差的测量值称为坏值。测量列中如果混杂有坏值，必然会歪曲测量结果。

对粗大误差的处理原则是：利用科学的方法对可疑值做出正确判断，对确认的坏值予以剔除。为了避免或消除测量中产生粗大误差，首先要保证测量条件的稳定，增强测量人员的责任心，并以严谨的作风对待测量任务。

进行误差判断时，应注意如下几个问题。

（1）所有的检验法都是人为主观拟订的，至今尚未有统一的规定。这些检验法又都是以正态分布为前提的，当偏离正态分布时，检验可靠性将受到影响，特别是测量次数比较少时更不可靠。

（2）若有多个可疑数据同时超过检验所定的置信区间时，应逐个剔除，重新计算再进行判别。若有两个相同数据超出范围时，也应逐个剔除。

（3）一组测量数据中，可疑数据应很少，反之，则说明系统工作不正常。因此剔除异常数据需慎重。注意对测量过程和测量数据的分析，尽量找出产生异常数据的原因，不要盲目剔除。在自然界中，有时一个异常数据的出现，可能意味着一个重大的发现。

（4）一个可疑数据是否被剔除，与我们给定的置信概率的大小或者说对应的置信系数的大小有关。当置信概率给定得过小时，有可能把正常测量值当成异常数据来剔除；当置信概率给定得过大时，又可能判别不出来异常数据。所以，在测量中应设法提高测量的精密度，即设法减小测量值的标准差，将有利于对测量数据的判别。

4.4.2 坏值判别准则

粗大误差的数值都比较大，它往往会对测量结果产生明显的歪曲，一旦发现含有粗大误差的测量值，应将其从测量结果中剔除。对粗大误差除了设法从测量结果中发现和鉴别而加以剔除外，更重要的是要加强测量人员的工作责任心，并以严格的科学态度对待测量工作。此外，还要保证测量条件的稳定，应避免在外界条件发生激烈变化时进行测量。如能达到以上要求，一般情况下是可以防止粗大误差产生的。

在判别某个测量值是否含有粗大误差时，要特别谨慎，应进行充分的分析和研究，并根据判别准则予以确定。对可疑值是否是坏值的正确判断，须利用坏值判别准则。这些坏值判别准则建立在数理统计原理的基础上，在一定的假设条件下，确立一个标准作为对坏值剔除的准则。其基本方法就是给定一个显著水平 α，然后按照一定的假设条件来确定相应的置信区间，超出此置信区间的误差就被认为是粗大误差，相应的测量值就是坏值，应予以剔除。这些坏值判别准则都是在某些特定条件下建立的，都有一定的局限性，因此不是绝对可靠和十全十美的。通常用来判别粗大误差的准则有拉依达准则、格拉布斯准则、狄克松准则、罗曼诺夫斯准则等。本节主要介绍拉依达准则和格拉布斯准则。

1. 拉依达准则

拉依达准则也称 3σ 准则，对于某一测量值，若各测量值只含有随机误差，则根据随机误差的正态分布规律，其残余误差在 3σ 以外的概率不到 0.3%。拉依达准则认为凡剩余误差大于 3 倍标准偏差的可以认为是粗大误差，它所对应的测量值就是坏值，应予以舍弃。可表示为

$$|v_i| > 3\sigma \tag{4.57}$$

式中，v_i 是坏值的残余误差。

需要注意的是，在舍弃坏值后，剩下的测量值应该重新计算算术平均值和标准偏差，再用拉依达准则鉴别各个测量值，看是否有新的坏值出现。直到无新的坏值时为止，此时所有测量值的残差均在 3σ 范围之内。

拉依达准则是最简单常用的判别粗大误差的准则，但它只是一个近似的准则，是建立在重复测量次数趋于无穷大的前提下。当测量次数有限，特别是测量次数较少时，此准则不是很可靠。

2. 格拉布斯准则

格拉布斯准则也是根据随机变量正态分布理论建立的，但它考虑了测量次数 n 以及标准差本身有误差的影响等。理论上比较严谨，使用也比较方便。

设对某量作多次等精度独立测量，得

$$x_1, x_2, \cdots, x_n$$

当 x_i 服从正态分布时，计算得

$$\bar{x} = \frac{1}{n}\sum x$$

$$v_i = x_i - \bar{x}$$

$$\sigma = \sqrt{\frac{v^2}{n-1}}$$

为了检验 $x_i\left(i=1,2,\cdots,n\right)$ 中是否存在粗大误差，将 x_i 按大小顺序排列成顺序统计量 $x_{(i)}$，且

$$x_{(1)} \leqslant x_{(2)} \leqslant \cdots \leqslant x_{(n)}$$

格拉布斯导出了 $g_{(n)}=\dfrac{x_{(n)}-\bar{x}}{\sigma}$ 及 $g_{(1)}=\dfrac{\bar{x}-x_{(1)}}{\sigma}$ 的分布，取定显著度 α（一般为 0.05 或 0.01），可得如表 4.3 所列的临界值 $g_0(n,\alpha)$，有

$$p\left(\frac{x_{(n)}-\bar{x}}{\sigma}\geqslant g_0(n,\alpha)\right)=\alpha$$

若认为 $x_{(1)}$ 可疑，则有

$$g_{(1)}=\frac{\bar{x}-x_{(1)}}{\sigma}$$

若认为 $x_{(n)}$ 可疑，则有

$$g_{(n)}=\frac{x_{(n)}-\bar{x}}{\sigma}$$

当

$$g_{(i)}\geqslant g_0(n,a) \tag{4.58}$$

即判别该测量值含有粗大误差，应予剔除。

表 4.3　格拉布斯准则判别系数表

n	α		n	α	
	0.05	0.01		0.05	0.01
	$g(n,\alpha)$			$g(n,\alpha)$	
3	1.15	1.16	17	2.48	2.78
4	1.46	1.49	18	2.50	2.82
5	1.67	1.75	19	2.53	2.85
6	1.82	1.94	20	2.56	2.88
7	1.94	2.10	21	2.58	2.91
8	2.03	2.22	22	2.60	2.94
9	2.11	2.32	23	2.62	2.96
10	2.18	2.41	24	2.64	2.99
11	2.23	2.48	25	2.66	3.01
12	2.28	2.55	30	2.74	3.10
13	2.33	2.61	35	2.81	3.18
14	2.37	2.66	40	2.87	3.24
15	2.41	2.70	50	2.96	3.34
16	2.44	2.75	100	3.17	3.58

应用格拉布斯准则时，先计算测量列的算术平均值和标准差，再取定置信概率显著度 α，根据测量次数 n 查出相应的格拉布斯临界系数 $g(n,\alpha)$，计算格拉布斯鉴别值 $g(n,\alpha)\ \sigma$；将各测量值的残余误差与格拉布斯鉴别值相比较，若满足式（4.58），则可认为对应的测量值 x_i 为坏值，应予剔除；否则 x_i 不是坏值，不予剔除。

格拉布斯准则在理论上比较严谨，它不仅考虑了测量次数的影响，而且还考虑了标准差本身存在误差的影响，被认为是较为科学和合理的，可靠性高，适用于测量次数比较少而要求较高的测量列。格拉布斯准则的计算量较大。

4.4.3 粗大误差的剔除

对粗大误差，除了设法从测量数据中发现、鉴别并加以剔除外，更重要的是要加强测量者的工作责任心和以严格的科学态度对待测量工作。发现可疑数据，首先要对测量过程进行分析，是否有外界干扰（如电力网电压的突然跳变、雷电、强的电磁场等），要慎重对待可疑数据；其次，可以在等精度条件下增加测量次数，或采用不等精度测量和互相之间进行校核的方法。例如，对某一被测量，可由两位测量人员进行测量、读数和记录，或者用两种不同仪器、不同方法进行测量。在测量过程中，尽量保证测量条件的稳定，应避免在外界条件激烈变化时进行测量。

应用上述坏值判别准则，每次只能剔除一个坏值，剔除一个坏值后需重新计算测量列的算术平均值和标准差，再进行判别，直至无坏值为止。

【例 4-2】多次重复测量某工件的厚度（mm），得测量列为：39.44，39.27，39.94，39.44，38.91，39.69，39.48，40.56，39.78，39.86，39.35，39.71，39.46，40.12，39.76，39.39，试判定该测量列是否存在坏值，若有坏值，则将其剔除。

解：应用格拉布斯准则来判别。采用表格形式运算，见表 4.4。

表 4.4 例 4-2 的数据运算表

i	x_i	v_i	v_i^2	v_i（剔除x_8后）	v_i^2（剔除x_8后）
1	39.44	−0.184	0.033856	−0.121	0.014641
2	39.27	−0.354	0.125316	−0.291	0.084681
3	39.94	+0.316	0.099856	+0.379	0.143641
4	39.44	−0.184	0.033856	−0.121	0.014641
5	38.91	−0.714	0.509796	−0.651	0.423801
6	39.69	+0.066	0.004356	+0.129	0.016641
7	39.48	−0.144	0.020736	−0.081	0.006561
8	40.56	+0.936	0.876096	—	—
9	39.78	+0.156	0.024336	+0.219	0.047961
10	39.68	+0.056	0.003136	+0.119	0.014161
11	39.35	−0.274	0.075076	−0.211	0.044521
12	39.71	+0.086	0.007396	+0.149	0.022201

续表

i	x_i	v_i	v_i^2	v_i（剔除x_8后）	v_i^2（剔除x_8后）
13	39.46	−0.164	0.026896	−0.101	0.010201
14	40.12	+0.496	0.246016	+0.559	0.312481
15	39.76	+0.136	0.018496	+0.199	0.039601
16	39.39	−0.234	0.054756	−0.171	0.029241
$\sum$	633.98	−0.004	2.159976		1.224975

①计算算术平均值为

$$\sum_{i=1}^{n} x_i = 633.98$$

$$\bar{x} = \sum_{i=1}^{n} x_i \bigg/ n = \frac{633.98}{16} = 39.624$$

②计算各测量值的残余误差 v_i 及 v_i^2，并填入表 4.4 中。

③计算标准差为

$$\sum_{i=1}^{n} v_i^2 = 2.159976$$

$$s = \sqrt{\frac{\sum_{i=1}^{n} v_i^2}{n-1}} = \sqrt{\frac{2.159976}{16-1}} \approx 0.38$$

④取定置信概率 $a = 0.05$，根据测量次数 $n = 16$ 查出表 4.3 中相应的格拉布斯临界系数 $g(n,\alpha) = 2.44$，计算格拉布斯鉴别值为

$$[g(n,\alpha)]\ s = 2.44 \times 0.38 = 0.93$$

⑤将各测量值绝对值最大的残余误差与格拉布斯鉴别值相比较，有 $|v_8| = 0.936 > 0.93$，故可判定 v_8 为粗大误差，即 x_8 为坏值应予剔除。

⑥剔除 x_8 后，重新计算测量列的算术平均值为

$$\sum_{i=1}^{n} x_i = 633.98 - 40.56 = 593.42$$

$$\bar{x} = \sum_{i=1}^{n} x_i \bigg/ n = \frac{593.42}{15} = 39.561$$

⑦重新计算各测量值的残余误差 v_i 及 v_i^2，并填入表 4.4 中。

⑧重新计算标准差为

$$\sum_{i=1}^{n} v_i^2 = 1.224975$$

$$s=\sqrt{\frac{\sum_{i=1}^{n}v_i^2}{n-1}}=\sqrt{\frac{1.224975}{15-1}}\approx 0.295$$

⑨取定置信概率 $a=0.05$，根据测量次数 $n=15$ 查出表 4.3 中相应的格拉布斯临界系数 $g(n,\alpha)=2.41$，计算格拉布斯鉴别值为

$$[g(n,\alpha)]\ s=2.41\times 0.295=0.71$$

⑩将各测量值的残余误差与格拉布斯鉴别值相比较，所有残余误差 v_i 的绝对值均小于格拉布斯鉴别值，故已无坏值。

至此，判别结束，全部测量值中仅有 x_8 为坏值，予以剔除。

4.5　误差的合成与分配

在测量中通常可以用系统误差 ε 及随机误差的标准偏差 $\sigma(x)$ 来反映测量结果的正确度和精密程度，在国际通用计量学术语中，用测量不确定度来表征被测量之值可能的分散程度，即测量结果的误差大小。但是，在实际测量中，误差常常来源于很多方面。例如用 n 个电阻串联，则总电阻的误差就与每个电阻的误差有关。又如，用间接法测电阻上的功率，通常只需测得这个电阻的阻值、电压、电流这三项中的两项，然后计算电阻消耗的功率。这时，功率的误差就与各直接测量量的误差有关。不管某项误差是由若干因素产生的还是由于间接测量产生的，只要与若干分项有关，这项误差就叫总误差，各分项的误差叫分项误差或部分误差。

在测量工作中，常常需要从以下两个方面考虑总误差与分项误差的关系：一方面是如何根据各分项误差来确定总误差，即误差合成问题；另一方面是当技术上对某量的总误差限定一定范围以后，如何确定各分项误差的数值，即误差的分配问题。正确地解决这两个问题可以指导我们设计出最佳的测量方案。在注重测量经济、简便的同时，提高测量的准确度，使测量总误差降低到最小。

在很多场合，由于进行直接测量有困难或直接测量难以保证准确度，而需要采用间接测量。通过测量与被测量有一定函数关系的其他参数，再根据函数关系算出被测量。在这种测量方式中，测量误差是各个测量值误差的函数，研究这种函数误差有以下两个方面内容。

（1）已知被测量与各参数之间的函数关系及各测量值的误差，求函数的总误差。这是误差的合成问题。在间接测量中，例如增益、功率等量值的测量，一般都是通过电压、电流、电阻、时间等直接测量值计算出来的，如何用各分项误差求出总误差是经常遇到的问题。

（2）已知各参数之间的函数关系及对总误差的要求，分别确定各个参数测量的误差。这是误差分配问题，它在实际测量中具有重要意义。例如制订测量方案时，当总误差被限制在某一允许范围内，如何确定各参数误差的允许界限，这就是由总误差求分项误差的问题。再如，制造一种测量仪器，要保证仪器的标称误差不超过规定的准

确度等级，应对仪器各组成单元的允许误差提出分项误差要求，这就是利用误差分配来解决设计问题。

可见，研究误差的合成与分配是很重要的。

4.5.1 误差的合成

检测系统往往由若干个环节组成，测量过程往往包含若干个环节，各个环节都存在着误差因素。任何测量结果都包含一定的测量误差，这是检测系统或测量过程各个环节一系列误差因素共同影响的综合结果。各个环节的误差因素称为单项误差，根据各单项误差来确定测量结果的总误差，这就是误差的合成。

1. 随机误差的合成

随机误差用测量的标准差或极限误差来表征，随机误差的合成分为标准差的合成与极限误差的合成两种情况。

（1）标准差的合成

根据对随机变量求标准差的方法，标准差的合成一般采用方和根法，同时要考虑误差传递系数以及各单项误差之间的相关性影响。设测量中有 q 个彼此独立的随机误差，它们的标准差分别为 $\sigma_1,\sigma_2,\cdots,\sigma_q$ ，按方、和、根的办法，它们合成为

$$\sigma=\sqrt{\sigma_1{}^2+\sigma_2{}^2+\cdots+\sigma_q{}^2}=\sqrt{\sum_{i=1}^{q}\sigma_i{}^2} \tag{4.59}$$

若 q 个随机误差是相关的，则合成后总随机误差的标准差为

$$\sigma=\sqrt{\sum_{i=1}^{q}\sigma_i{}^2+2\sum_{1<i<j<q}\rho_{ij}\sigma_i\sigma_j}$$

式中， ρ_{ij} 为第 i 个和第 j 个随机误差间的相关系数，其取值介于 ±1 之间，即

$$-1\leqslant\rho_{ij}\leqslant 1$$

在实际测量中，如果各个彼此独立的随机误差的极限误差为 $\Delta_1,\Delta_2,\cdots,\Delta_q$ ，则也可按方和根法合成，合成后的总极限误差为

$$\Delta=\sqrt{\Delta_1^2+\Delta_2^2+\cdots+\Delta_q^2}=\sqrt{\sum_{i=1}^{q}\Delta_i^2} \tag{4.60}$$

若 q 个相关的随机误差为正态分布，则合成后总随机误差的极限误差为

$$\Delta=\sqrt{\sum_{i=1}^{q}\Delta^2{}_i+2\sum_{1<i<j<q}\rho_{ij}\Delta_i\Delta_j} \tag{4.61}$$

（2）极限误差的合成

在实际测量中，各个单项随机误差和测量结果的总随机误差也常以极限误差的形式来表示。用极限误差来表示随机误差，有明确的概率意义。一般情况下，各个单项随机误差服从的分布不同，各个单项极限误差的置信概率也不同，因而有不同的置信系数。设各单项极限误差为

$$\delta_i = \pm t_i \sigma_i \quad (i=1,2,\cdots,q) \tag{4.62}$$

式中，σ_i 为各单项随机误差的标准差，t_i 为各单项极限误差的置信系数。

总极限误差为

$$\delta = \pm t\sigma \tag{4.63}$$

式中，σ 为合成的总标准差，t 为总极限误差的置信系数。

综合式（4.61）、式（4.62）和式（4.63），可得合成的总极限误差为

$$\delta = \pm t\sqrt{\sum_{i=1}^{q}\left(\frac{a_i\delta_i}{t_i}\right)^2 + 2\sum_{1\leqslant i<j}^{q}\rho_{ij}a_i a_j \frac{\delta_i}{t_i}\frac{\delta_j}{t_j}} \tag{4.64}$$

式中，ρ_{ij} 为任意两单项随机误差之间的相关系数。

根据已知的各单项极限误差和相应的置信系数，即可按式（4.64）进行极限误差的合成。但必须注意到，式（4.64）中的各个置信系数不仅与置信概率有关，而且与随机误差服从的分布有关。对于服从相同分布的随机误差，选定相同的置信概率，其相应的各个置信系数相同。对于服从不同分布的随机误差，即使选定相同的置信概率，其相应的各个置信系数也不相同。由此可知，式（4.64）中的各个单项极限误差的置信系数，一般来说并不相同。合成的总极限误差的置信系数 t，一般来说与各个单项极限误差的置信系数也不相同。当单项随机误差的数目 q 较多时，合成的总极限误差接近于正态分布，因此合成的总极限误差的置信系数 t 可按正态分布来确定。

当各个单项随机误差均服从正态分布时，各个单项极限误差与总极限误差选定相同的置信概率，其相应的各个置信系数相同，即 $t_1 = t_2 = \cdots = t_q = t$，式（4.64）可简化为

$$\delta = \pm\sqrt{\sum_{i=1}^{q}(a_i\delta_i)^2 + 2\sum_{1\leqslant i<j}^{q}\rho_{ij}a_i a_j\delta_i\delta_j} \tag{4.65}$$

一般情况下，各个单项随机误差互不相关，相关系数 $\rho_{ij} = 0$，式（4.65）可简化为

$$\delta = \pm\sqrt{\sum_{i=1}^{q}(a_i\delta_i)^2} \tag{4.66}$$

当各个单项随机误差传递系数均为 1，且各个单项随机误差互不相关，相关系数 $\rho_{ij} = 0$ 时，则有

$$\delta = \pm\sqrt{\sum_{i=1}^{q}\delta_i^2} \tag{4.67}$$

式（4.66）和式（4.67）均具有十分简单的形式，由于在实际测量中各个单项随机误差大多服从正态分布或近似服从正态分布，而且它们之间常常是互不相关或近似不相关，因此式（4.66）和式（4.67）均是较为广泛应用的极限误差合成公式。在实际应用时，应注意式（4.66）和式（4.67）的使用条件。

2. 系统误差的合成

（1）确定性系统误差的合成

确定性系统误差是指误差方向和大小均已确切掌握了的系统误差。在测量过程

中，若有 q 个单项确定性系统误差，其误差值分别为 $\Delta_1,\Delta_2,\cdots,\Delta_q$，相应的误差传递系数为 $\alpha_1,\alpha_2,\cdots,\alpha_q$，则按代数和法进行合成，求得总的确定性系统误差为

$$\Delta=\sum_{i=1}^{q}\alpha_i\Delta_i \tag{4.68}$$

在实际测量中，有不少确定性系统误差在测量过程中均已消除，由于某些原因未予消除的确定性系统误差也只是有限的少数几项，它们按代数和法合成后，还可以从测量结果中修正，故最后的测量结果中一般不再包含有确定性系统误差。

（2）未确定性系统误差的合成

若测量过程中存在若干项未确定性系统误差，应正确地将这些未确定性系统误差进行合成，以求得最后结果。由于未确定性系统误差的取值具有随机性，并且服从一定的概率分布，因而若干项未确定性系统误差综合作用时，它们之间就具有一定的抵偿作用。这种抵偿作用与随机误差的抵偿作用类似，因而未确定性系统误差的合成，完全可以采用随机误差的合成公式，这就给测量结果的处理带来很大方便。对于某一项误差，当难以严格区分是随机误差还是未确定性系统误差时，由于不论做哪一种误差处理，最后总误差的合成结果均相同，故可将该项误差任作一种误差来处理。

（3）标准差的合成

若测量过程中有 q 个单项未确定性系统误差，它们的标准差分别为 $\Delta_1,\Delta_2,\cdots,\Delta_q$，其对应的误差传递系数为 $\alpha_1,\alpha_2,\cdots,\alpha_q$，则合成后未定系统误差的总标准差为

$$\Delta=\sqrt{\sum_{i=1}^{q}(\alpha_i\Delta_i)^2+2\sum_{1\leqslant i<j}^{q}\rho_{ij}\alpha_i\alpha_j\Delta_i\Delta_j} \tag{4.69}$$

当 $\rho_{ij}=0$ 时，则有

$$\Delta=\sqrt{\sum_{i=1}^{q}(\alpha_i\Delta_i)^2} \tag{4.70}$$

（4）极限误差的合成

因为各个单项未确定性系统误差的极限误差为

$$r_i=t_i\Delta_i \quad (i=1,2,\cdots,q)$$

总的未确定性误差的极限误差为

$$r=\pm\, t\Delta$$

则可得

$$r=\pm\, t\sqrt{\sum_{i=1}^{q}(\alpha_i\Delta_i)^2+2\sum_{1\leqslant i<j}^{q}\rho_{ij}\alpha_i\alpha_j\Delta_i\Delta_j} \tag{4.71}$$

当各个单项未确定性系统误差均服从正态分布，且 $\rho_{ij}=0$ 时，则式（4.71）可简化为

$$r=\pm\, t\sqrt{\sum_{i=1}^{q}(\alpha_i\Delta_i)^2} \tag{4.72}$$

3. 系统误差与随机误差的合成

以上讨论了各种相同性质的误差合成，但在实际测量中存在各种不同性质的系统误差和随机误差，应将它们进行综合，以求得测量结果的总误差。若测量结果有 q 个单项随机误差，r 个单项确定性系统误差和 s 个单项未确定性系统误差，它们的误差值或极限误差分别为

$$\Delta_1,\Delta_2,\cdots,\Delta_q$$
$$\varepsilon_1,\varepsilon_2,\cdots,\varepsilon_r$$
$$e_1,e_2,\cdots,e_s$$

则测量结果总的综合极限误差为

$$\Delta=\sum_{i=1}^{r}\varepsilon_i\pm\sqrt{\sum_{i=1}^{s}e_i^{\ 2}+\sum_{i=1}^{q}\Delta_i^{\ 2}} \tag{4.73}$$

4.5.2　误差的分配

如果说上面讨论的由各分项误差合成总误差是误差传播的正问题，那么给定总误差后，如何将这个总误差分配给各分项，即对各分项误差应提出什么要求，则可以说是误差传播的反问题。这种制订误差分配方案的工作经常会遇到，当总误差给定后，由于存在多个分项，所以从理论上说误差分配方案可以有无穷多个，因此只可能在某些前提下进行分配。下面介绍一些常见的误差分配原则。

1. 按等作用原则分配

设各误差因素皆为随机误差，且互补相关，有

$$\begin{aligned}\sigma_m&=\sqrt{\left(\frac{\partial f}{\partial x_1}\right)^2\sigma_1^{\ 2}+\left(\frac{\partial f}{\partial x_2}\right)^2\sigma_2^{\ 2}+\cdots+\left(\frac{\partial f}{\partial x_n}\right)^2\sigma_n^{\ 2}}\\&=\sqrt{\alpha_1^{\ 2}\sigma_1^{\ 2}+\alpha_2^{\ 2}\sigma_2^{\ 2}+\cdots+\alpha_n^{\ 2}\sigma_n^{\ 2}}\\&=\sqrt{D_1^{\ 2}+D_2^{\ 2}+\cdots+D_n^{\ 2}}\end{aligned}$$

式中，D_i 为函数的局部误差，$D_i=\dfrac{\partial f}{\partial x_i}\sigma_i=\alpha_i\sigma_i$。

等作用原则认为各个局部误差对函数误差的影响相同，即

$$D_1=D_2=\cdots=D_n=\frac{\sigma_m}{\sqrt{n}}$$

由此可得

$$\sigma_i=\frac{\sigma_m}{\sqrt{n}}\frac{1}{\partial f/\partial x_i}=\frac{\sigma_m}{\sqrt{n}}\frac{1}{\alpha_i} \tag{4.74}$$

或用极限误差表示为

$$\sigma_i=\frac{\sigma}{\sqrt{n}}\frac{1}{\partial f/\partial x_i}=\frac{\sigma}{\sqrt{n}}\frac{1}{\alpha_i} \tag{4.75}$$

式中，σ为函数的总极限误差；σ_i为各单项误差的极限误差。

按等作用分配原则进行误差分配后，可根据实际测量时各分项误差达到给定要求的困难程度适当进行调节，在满足总误差要求前提下，对不容易达到要求的分项适当放宽分配的误差，而对容易达到要求的分项，则可适当把分给的误差再改小些，以使各分项测量的要求不致难易不均。

2. 按可能性分配误差

按等作用原则分配误差可能会出现不合理情况，这是因为计算出来的各个局部误差都相等，对于其中有的测量值要保证它的测量误差不超出允许范围较为容易实现，而对于其中有的测量值则难以满足要求，若要保证它的测量精度，势必要用昂贵的高精度仪器，或者要付出较大的劳动。

当各个局部误差一定时，则相应测量值的误差与其传递系数成反比。所以各个局部误差相等，其相应测量值的误差并不相等，有时可能相差较大。

由于存在上述两种情况，对按等作用原则分配的误差，必须根据具体情况进行调整。对难以实现测量的误差项适当扩大，对容易实现测量的误差项尽可能缩小，而对其余误差项不予调整。

案例分析

为测量一圆柱体的体积，采用间接测量圆柱直径D和高度h，根据函数式

$$V=\frac{\pi D^2}{4}h \tag{4.76}$$

求得圆柱体的体积V。若已经给定测量体积的相对误差为1.0%，试对直径D和高度h测量环节进行误差分配。已知：$D=18\text{mm}$，$h=46\text{mm}$，$\pi=3.1416$，代入式（4.76），可计算出体积为$V=11705.6\text{mm}^3$，而给定测量体积的绝对误差为

$$\Delta_V=V\times1.0\%=11705.6\text{mm}^3\times1.0\%=117.056\text{mm}^3$$

因为测量项有两项，即$n=2$。首先按照等作用原则分配误差，则可分别计算出D和h的极限误差为

$$\Delta_D=\frac{\Delta_V}{\sqrt{n}}\frac{1}{\dfrac{\partial V}{\partial D}}=\frac{\Delta_V}{\sqrt{n}}\frac{2}{\pi D^2}=\frac{117.056}{\sqrt{2}}\times\frac{2}{\pi\times18\times46}=0.06365\text{mm}$$

$$\Delta_h=\frac{\Delta_V}{\sqrt{n}}\frac{1}{\dfrac{\partial V}{\partial h}}=\frac{\Delta_V}{\sqrt{n}}\frac{2}{\pi D^2}=\frac{117.056}{\sqrt{2}}\times\frac{2}{\pi\times18^2}=0.3253\text{mm}$$

由此可知，按照等作用原则对D测量环节所分配的极限误差小，而对h测量环节所分配的误差大。于是，测量D选用分度值为0.01mm的千分尺，在0～20mm量程范围内的极限误差为±0.013mm，测量h选用分度值为0.10mm的游标卡尺，在0～50mm量程范围内的极限误差为±0.150mm。选择时，要查表得到各种量具有在量程范围内的极限误差。用这两种量具测量的体积极限误差合成为

$$\Delta_V = \pm\sqrt{\left(\frac{\partial V}{\partial D}\right)^2 {\Delta_D}^2 + \left(\frac{\partial V}{\partial h}\right)^2 {\Delta_h}^2} = \pm\sqrt{\left(\frac{\pi Dh}{2}\right)^2 {\Delta_D}^2 + \left(\frac{\pi D^2}{4}\right)^2 {\Delta_h}^2}$$

$$= \pm\sqrt{\left(\frac{\pi Dh}{2}\right)^2 \times 0.013^2 + \left(\frac{\pi D^2}{4}\right)^2 \times 0.15^2} = \pm 41.748\text{mm}^3$$

因为 $|\Delta_V| = 41.748\text{mm}^3 < 117.056\text{mm}^3$，所以上述量具选择不够合理，需要进行调整。

改用分度值为 0.05mm 的游标卡尺，在 0 ～ 50mm 量程范围内的极限误差为 ±0.08mm。测量 D 和 h 时共用，这时测量 D 的极限误差虽然会超出按等作用原则分配的允许误差，但可以从测量 h 允许误差的多余部分得到补偿。调整后，测量体积的极限误差合成为

$$\Delta_V = \pm\sqrt{\left(\frac{\pi Dh}{2}\right)^2 \times 0.08^2 + \left(\frac{\pi D^2}{4}\right)^2 \times 0.08^2} = \pm 106.0226\text{mm}^3$$

因为 $|\Delta_V| = 106.0226\text{mm}^3 < 117.056\text{mm}^3$ 仍满足要求，故调整后用一把分度值为 0.05mm 的游标卡尺可以完成任务。

本章习题

1. 简述真值、实际值、示值、误差的定义。
2. 测量误差有哪些表示方法和来源？
3. 误差按性质分为哪几种？各有什么特点？
4. 已知某被测量 X 的 10 次等精度测量值为：50.234，50.230，50.232，50.231，50.232，50.238，50.229，50.232，50.231，50.236，求测量列的平均值和标准差。
5. 随机误差有什么特点？常见的产生随机误差的原因都有哪些？
6. 系统误差有什么特点？常见的产生系统误差的原因都有哪些？
7. 对某信号源输出电压的 10 次等精度测量值如下：100.050，100.090，100.030，100.030，100.050，100.060，100.020，100.020，100.030，100.040，单位为 V，试判断是否存在系统误差。
8. 归纳粗大误差的检验方法。
9. 在测量过程中，有效数字的舍入和有效位数的确定应遵循什么原则？
10. 用等精度测量结果的处理步骤对题 7 中的数据进行等精度处理。
11. 在设计测量方案时，主要从哪些方面加以考虑？

第 5 章　常见工程量的测量

【学习目标】

通过本章的学习，要求对动态测试概念有一个完整的认识，并具备对主要工程量参数如位移、速度、力、振动等动态测试分析所必需的基本知识及初步技能，为从事机械参数测试、工程检测、实验及设备状态监测与故障诊断打下基础。

【学习要求】

了解在常见工程量测量中所使用的传感器的变换原理及类型；掌握测量中所使用的传感器的工作特性、主要应用及选用的基本原则；掌握常见工程量的测量方法。

【引例】

在机器工作及其制造过程中，常常需要测量机械运动的位移。对机械或其部件位移的准确测量是机器正常工作的保障。如在零件加工中精度必须通过对刀具运动量的准确测量来实现；控制系统中对阀开度的测量是实现对机器工作控制的保证；强烈的振动往往会影响机器的正常运行，引起机器的失效和损坏。

机械工程中，常用工程量有位移、速度、加速度、力、压力、振动和噪声等。通过对相关物理量的检测，不仅能够对产品质量提供客观的评价，还能够为生产、科研提供可靠的数据。

例如，采用微机自动测量及数据处理钢绞线拉力试验机（图 5.1），充分利用力传感器、大标距引伸计、光电编码器、计算机自动测量处理系统等高新技术，能够自动精确测量钢绞线试样的力学性能指标。配备附件也可对各种金属、非金属材料的拉伸、压缩等力学性能进行精确测定，显示并打印试验结果及曲线，同时具有自动调零、自动标定、连续全程测量等功能，操作简便。

图 5.1　微机自动测量及数据处理钢绞线拉力试验机

5.1　位移测量

位移是指物体的某个表面或某点相对于参考表面或参考点位置的变化，是一种基本的测量量，在机械工程中应用很广。这不仅是因为在机械工程中经常要求精确地测量零部件的位移或位置，更重要的是因为对许多参数如力、压力、扭矩、速度、加速度、温度、流量等的测量，也可通过适当的方法转换成位移来测量。测量位移时，首先要根据不同的测量对象，选择适当的测量点、测量方向和测量仪器。

位移有线位移和角位移。线位移是物体上某点在两个不同瞬时的距离变化量，它描述了物体空间位置的变化。角位移则是在一平面内，两矢量之间夹角的变化量，它描述了物体上某点转动时位置的变化。对位移的度量除了确定其大小之外，还应确定其方向。一般情况下，应使测量方向与位移方向重合，这样才能真实地测量出位移量的大小，否则测量结果仅是该位移在测量方向上的分量。位移测量系统一般由位移传感器、相应的测量电路和终端显示装置组成。位移传感器选择得恰当与否，对测试精确度影响很大，必须特别注意。

位移可通过电阻式、电感式、差动式、电容式、涡流式、霍尔式、应变式、压电式、光栅、感应同步器、磁栅等方法测量。测量时，应根据不同的被测对象、测量范围、线性度、精确度和测量目的，选择合适的测量方法。本节将介绍一些常用的位移传感器。表 5.1 给出了几种位移传感器特性的比较。

表 5.1　位移传感器的特性

<table>
<tr><th colspan="3">型式</th><th>测量范围</th><th>精确度</th><th>线性度</th><th>特点</th></tr>
<tr><td rowspan="4">电阻式</td><td rowspan="2">滑线式</td><td>线位移</td><td>1 ～ 300mm*</td><td>±0.1%</td><td>±0.1%</td><td rowspan="2">分辨率较好，可用于静态或动态测量，机械结构不牢固</td></tr>
<tr><td>角位移</td><td>0°～ 360°</td><td>±0.1%</td><td>±0.1%</td></tr>
<tr><td rowspan="2">变阻器</td><td>线位移</td><td>1 ～ 1000mm*</td><td>±0.5%</td><td>±0.5%</td><td rowspan="2">结构牢固、寿命长，但分辨率差、电噪声大</td></tr>
<tr><td>角位移</td><td>0 ～ 60转</td><td>±0.5%</td><td>±0.5%</td></tr>
<tr><td rowspan="3">应变式</td><td colspan="2">非粘贴</td><td>±0.15%应变</td><td>±0.1%</td><td>±1%</td><td rowspan="2">不牢固</td></tr>
<tr><td colspan="2">粘贴</td><td>±0.3% 应变</td><td>±2% ～ 3%</td><td></td></tr>
<tr><td colspan="2">半导体</td><td>±0.25%应变</td><td>±2% ～ 3%</td><td>满刻度20%</td><td>牢固、体积小，使用方便，机械滞后小，温度灵敏性高，需温度补偿和非线性补偿</td></tr>
<tr><td rowspan="3">电感式</td><td colspan="2">自感式
变气隙型</td><td>±0.2mm</td><td>±1%</td><td>±3%</td><td>只适用于微小位移测量</td></tr>
<tr><td colspan="2">螺管型
特大型</td><td>1.5 ～ 2mm
300 ～ 2000mm*</td><td></td><td>0.15% ～ 1%</td><td>测量范围较前者宽，使用方便可靠，动态性能较差</td></tr>
<tr><td colspan="2">差动变压器</td><td>±0.08 ～ 75mm*</td><td>±0.5%</td><td>±0.15%</td><td>分辨率好，受到杂散磁声干扰时需要屏蔽</td></tr>
<tr><td colspan="3">涡流式</td><td>±2.5 ～±250mm*</td><td>±1% ～ 3%</td><td><3%</td><td>分辨率好，受被测物体材料、形状及加工质量影响</td></tr>
<tr><td colspan="3">同步机</td><td>360°</td><td>±0.1°～±7°</td><td>±0.5%</td><td>可在1200r/min的转速下工作，坚固，对温度和湿度不敏感</td></tr>
<tr><td colspan="3">微动同步器</td><td>±10°</td><td>±1%</td><td>±0.05%</td><td>线性误差与变压比和测量范围有关</td></tr>
<tr><td colspan="3">旋转变压器</td><td>±60°</td><td></td><td>±0.1%</td><td></td></tr>
</table>

续表

型式		测量范围	精确度	线性度	特点
电容式	变面积	10^{-3}～100mm*	±0.005%	±1%	介电常数受环境湿度、温度影响
	变间距	10^{-3}～10mm*	1%		分辨率很好，但测量范围很小，只能在小范围内近似地保持线性
霍尔元件		±1.5mm	0.5%		结构简单、动态特性好
感应同步器	直线式	10^{-3}～10000mm*	2.5μm/250mm		模拟和数字混合测量系统，数字显示（直线式感应同步器的分辨率可达1μm）
	旋转式	0°～360°	±0.5		
计量光栅	长光栅	10^{-3}～10000mm*	3μm /1m		测量时工作速度可达12m/min
	圆光栅	0°～360°	±0.5角秒		
角度编码器	接触式	0°～360°	10^{-6}rad		分辨率好，可靠性高
	光电式	0°～360°	10^{-6}rad		

注：* 指这种传感器形式能够达到的最大测量范围，每种规格的传感器有一定的工作量程，往往小于此范围。

5.1.1 滑线电阻式位移传感器

滑线电阻式位移传感器（图 5.2）是通过改变电位器触头位置，将位移转化为电阻值的变化，常用滑线电阻式位移传感器有直线位移型、角位移型和非线性型等。如图 5.2（a）和（b）所示，如果电阻丝直径与材质一定时，则电阻值随触头位置而变化，当滑动点随被测件产生线位移 x 或角位移 α 时，均可改变触点与任一接点间的电阻值 R_x，且 $R_x = x/l$，即阻值与位移 x 或 α 成正比。

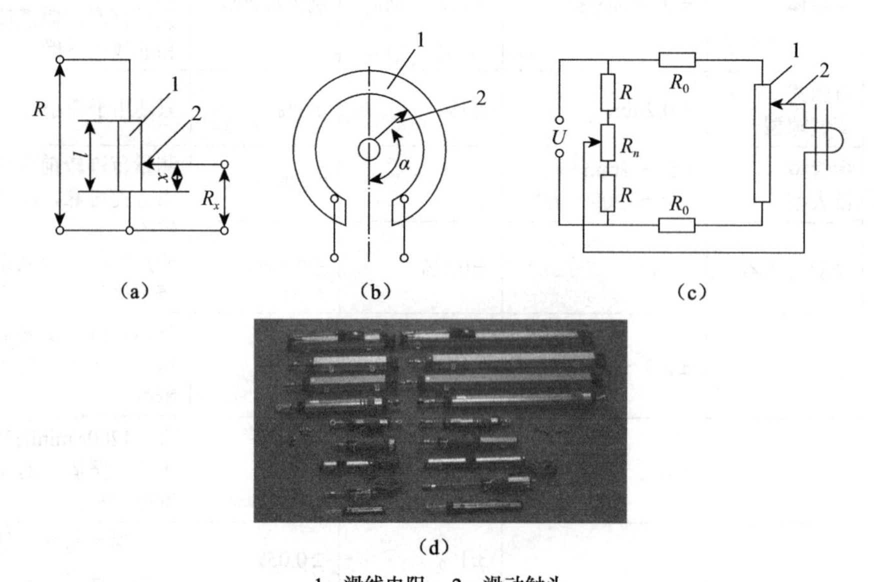

1—滑线电阻；2—滑动触头

图 5.2 滑线电阻式位移传感器和测量电路

图 5.2（b）为角位移型，输出阻值 $R = k_\alpha \alpha$，α为被测物体转动角度，灵敏度 k_α 为单位角度上对应的电阻值，一般为常数。非线性型是指被测量f与滑动触头位移x之间具有某种函数关系$f(x)$，通过它可以获得输出电阻$R(x)$与$f(x)$的线性关系。例如，$f(x)=kx^2$，将电位器骨架做成斜边斜率为k的直角三角形，就能实现$R(x)$与$f(x)$的线性关系。

图 5.2（c）为一桥式测量电路，供桥电源为具有一定精度的直流稳压电源，电桥的输出直接用光线示波器显示。

由于电桥必须输出一定的电流以驱动光线示波器的振子工作，同时又要求输出在一定范围内是线性的，因此桥路中接入了电阻R_0。为了保证电桥输出的特性，要求桥臂阻值的相对改变量$\Delta R / R$控制在 10% 以下。电阻阻值的大小就是按此条件来选取的，但R_0也不宜过大，否则会降低电桥的输出功率。为了提高电桥的灵敏度，还要求各桥臂的阻值相等，即组成全臂电桥。电位器R_n是用于预调平衡的。

滑线电阻式位移传感器可以将机械位移或其他能变换成位移的非电量变换为电阻值的变化，并转换成电压的变化。该类传感器具有结构简单、价格低廉、性能稳定、对环境条件要求不高、输出信号大、易于转换、便于维修等优点。其缺点是存在摩擦，分辨力有限，精度不够高，动态响应较差，仅适于测量变化较缓慢的量，常用作位置信号发生器。

电阻体是由电阻系数很高的极细均匀导线，按照一定的规律整齐地绕在一个绝缘的骨架上制成的。在它与电刷相接触的部分，将导线表面的绝缘物质去掉，然后加以抛光，形成一个电刷可在其上滑动的接触道。电刷通常是由具有弹性的金属薄片或金属丝制成，其末端弯曲成弧形，利用电刷与电阻本身的弹性变形产生的弹性力，使电刷与电阻元件有一定的接触压力，以使两者在相对滑动过程中保持可靠的接触和导电。

滑线电阻的结构形式有缠绕式和单丝式。缠绕式是用电阻丝缠绕在绝缘骨架上而成，常用的电阻丝材料为铜镍合金（铜 60%、镍 40%），缠绕时应保证一定的张力，且缠绕均匀。单丝式是用单根电阻丝张紧后固定在绝缘骨架的槽中制成。电刷为磷青铜，电刷由触头、臂、导向及轴承等装置组成。触头常用银、铂铱、铂铑等金属，电刷臂用磷青铜等弹性较好的材料，骨架常用陶瓷、酚醛树脂及工程塑料等绝缘材料，其形状可根据需要而定。电阻元件有线绕电阻、薄膜电阻、导电塑料电阻、导电玻璃釉电阻等。除自制的滑线电阻外，可利用现有的产品，如滑线变阻器、多圈电位器等。

5.1.2　应变式位移传感器

应变式位移传感器的测定原理是利用一弹性元件把位移量转换成应变量，而后用应变片、应变仪等测量记录。用来测量位移的弹性元件和应变片等组件，称为应变片式位移传感器（图 5.3）。应变片式位移传感器的种类也有多种，各类之间的区别就在于弹性元件的结构形式。常用的弹性元件有悬臂梁、圆环和半圆环等。

图 5.3 所示为悬臂梁弹性元件，若在其自由端有δ的位移作用，则梁表面会产生弯曲应变ε，其值与δ成正比。通过如图的贴片测出应变ε，就可测得位移量δ。位移与应变之间的关系，随梁的结构形式不同而异。

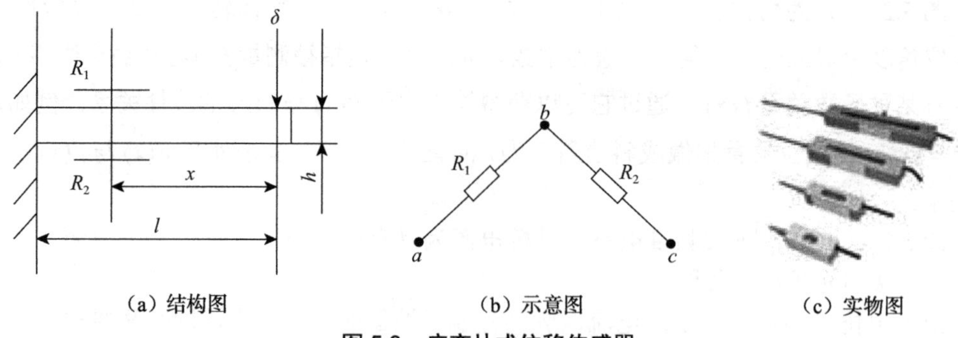

（a）结构图　　（b）示意图　　（c）实物图

图 5.3　应变片式位移传感器

对于等断面梁，贴片处的应变与位移或挠度间的关系为

$$\varepsilon=\frac{3}{2}\frac{hx}{l^3}\delta$$

或

$$\delta=\frac{2}{3}\frac{l^3}{hx}\varepsilon$$

式中，l、h 分别为梁的长度、厚度；x 为从自由端到贴片处距离。

若按图 5.3 所示的方法贴片和接桥，则位移 δ 与应变仪读数 $\hat{\varepsilon}$ 的关系为

$$\delta=\frac{1}{3}\frac{l^3}{hx}\hat{\varepsilon} \tag{5.1}$$

对于等强度梁，则有

$$\delta=\frac{l^2}{h}\varepsilon=\frac{l^2}{h}\frac{\hat{\varepsilon}}{2} \tag{5.2}$$

这种方法一般只用于位移 $\delta<250\mu m$ 的情况下。其特点是结构牢固，性能稳定、可靠，有较高的测量精度和良好的线性关系，与之配用的测量电路和仪器也较为成熟。

悬臂梁一般用弹簧钢或磷铜片制成。梁的尺寸应该按所测的位移来选择。给定 ε（一般取 500 ～ 100μm），根据所测位移量 δ，就可由式（5.1）或式（5.2）选择合适的 l 与 h。为了尽量减小被测对象的影响，设计弹性梁时应根据具体情况将变形梁的刚度限制在一定的程度。

5.1.3　电感式位移传感器

电感式位移传感器是一种属于金属感应的线性器件，将直线或角位移的变化转换为线圈电感量变化，接通电源后，在开关的感应面将产生一个交变磁场，当金属物体接近此感应面时，金属中则产生涡流而吸取了振荡器的能量，使振荡器输出幅度线性衰减，然后根据衰减量的变化来完成无接触检测物体的目的。电感式位移传感器无滑动触点，工作时不受灰尘等非金属因素的影响，并且低功耗、长寿命，可使用在各种恶劣条件下。电感式位移传感器主要应用在自动化装备生产线对模拟量的智能控制方面。

电感式传感器种类很多，常见的有自感式（可变磁阻式）、涡流式和互感式（差动变压器式）三种。

电感式传感器的特点是：① 无活动触点、可靠度高、寿命长；② 分辨率和灵敏度高，能测出 0.01μm 的位移变化；③ 传感器的输出信号强，电压灵敏度一般每毫米的位移可达数百毫伏的输出；④ 线性度高、重复性好，在一定位移范围（几十微米至数毫米）内，传感器非线性误差可达 0.05% ～ 0.1%；⑤ 测量范围宽（测量范围大时分辨率低）；⑥ 无输入时有零位输出电压，引起测量误差；⑦ 对激励电源的频率和幅值稳定性要求较高；⑧ 频率响应较低，不适用于高频动态测量。

电感式传感器主要用于位移测量和可以转换成位移变化的机械量（如力、张力、压力、压差、加速度、振动、应变、流量、厚度、液位、比重、转矩等）的测量。常用电感式传感器有变间隙型、变面积型和螺管插铁型。在实际应用中，这三种传感器多制成差动式，以便提高线性度和减小电磁吸力所造成的附加误差。

变间隙型电感传感器：这种传感器的气隙随被测量的变化而改变，从而改变磁阻。它的灵敏度和非线性都随气隙的增大而减小，因此常常要考虑两者兼顾。气隙一般取 0.1 ～ 0.5mm。

变面积型电感传感器：这种传感器的铁芯和衔铁之间的相对覆盖面积（磁通截面）随被测量的变化而改变，从而改变磁阻。它的灵敏度为常数，线性度也很好。

螺管插铁型电感传感器：由螺管线圈和与被测物体相连的柱型衔铁构成，其工作原理基于线圈磁力线泄漏路径上磁阻的变化，衔铁随被测物体移动时改变了线圈的电感量。这种传感器的量程大、灵敏度低、结构简单，便于制作。

1. 可变磁阻式位移传感器

变气隙型可变磁阻式电感传感器的结构如图 5.4（a）所示，它由线圈 1、铁芯 2 及衔铁 3 组成。在铁芯和衔铁之间有空气隙 δ。若空气气隙 δ 很小，且不考虑磁路的铁损时，由电磁学理论可得到线圈自感 L 为

$$L=\frac{N^2\mu_0 A_0}{2\delta} \tag{5.3}$$

式中，μ_0 为空气磁导率，$\mu_0=4\pi\times10^{-7}\,\text{H/m}$；$A_0$ 为空气气隙导磁截面积，m^2；N 为线圈匝数。

若衔铁上下移动时，引起空气气隙 δ 变化，从而自感 L 变化，这就是该传感器的工作原理，与极距变化型电容传感器的工作原理类似，在 $\Delta\delta/\delta_0 \ll 1$ 时，电感变化量 ΔL 与气隙长度变化量 $\Delta\delta$ 近似呈线性关系。为改善传感器性能，在实际应用时往往采用如图 5.4（d）所示的差动形式。

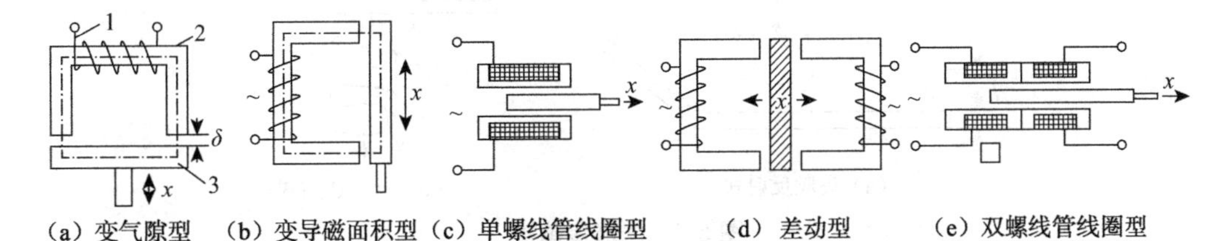

（a）变气隙型 （b）变导磁面积型 （c）单螺线管线圈型 （d）差动型 （e）双螺线管线圈型

图 5.4 可变磁阻式电感传感器典型结构

图 5.4（b）是变导磁面积型，其自感 L 和 A_0 成线性关系，这种传感器灵敏度较低，其工作原理与变面积型电容式传感器类似。

图 5.4（c）是单螺线管线圈型，铁芯在线圈中移动时，线圈的自感发生变化。该类型传感器结构简单、加工难度低，但灵敏度低，适合测量数毫米级的较大位移。

图 5.4（e）是双螺线管线圈型，其灵敏度、线性度要优于单螺线管，传感器线圈常接到电桥的邻臂上，如图 5.5（a）所示。线圈电感 L_1、L_2 随铁芯位移而变化，输出特性如图 5.5（b）所示，可看出，输出电压 u 和位移 x 近似于线性关系。

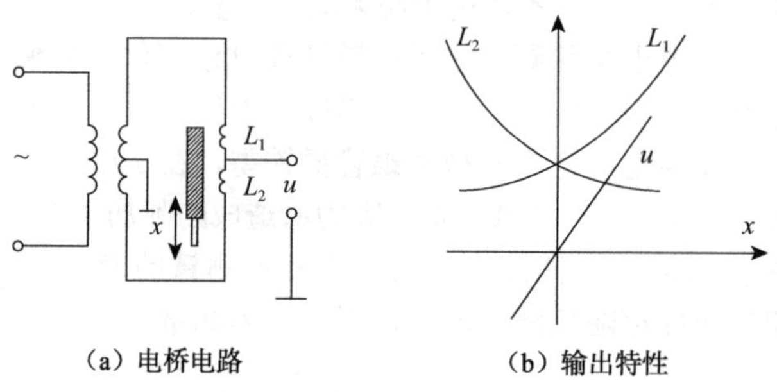

（a）电桥电路　　（b）输出特性

图 5.5　双螺管线圈差动型电桥电路及输出特性

2. 涡流式位移传感器

涡流传感器分为高频反射式、低频透射式两类。高频反射式涡流传感器的结构如图 5.6（a）所示，在金属导体上方放置一个线圈，当线圈中通以交流电流 i_1 时，线圈的周围空间就产生了交变磁场 H_1，在金属导体内就会产生感应电流 i_2，这种电流在金属体内是闭合的，称之为“电涡流”或“涡流”。涡流 i_2 产生反向电磁场 H_2，由于 H_1 与 H_2 方向相反，H_2 抵消了部分原磁场 H_1，使导电线圈的自感发生了变化。线圈自感的变化程度取决于励磁电流 i_1 的频率 f，与线圈 L 至金属板之间的距离 δ、线圈 L 的外形尺寸、金属导体材料的电阻率 ρ、磁导率 μ 等参量有关。当改变其中一个参量（其余为常数），则线圈自感就成为此参量的单值函数，即可达到不同的测量目的。例如，改变 δ，可作为位移、振动测量；改变 ρ、μ，可作为材质鉴别或探伤等。

低频透射式涡流传感器采用低频激励，涡流有较大的穿透深度，工作原理如图 5.6（b）所示。传感器包括发射线圈和接收线圈，并分别位于被测材料上下方。由

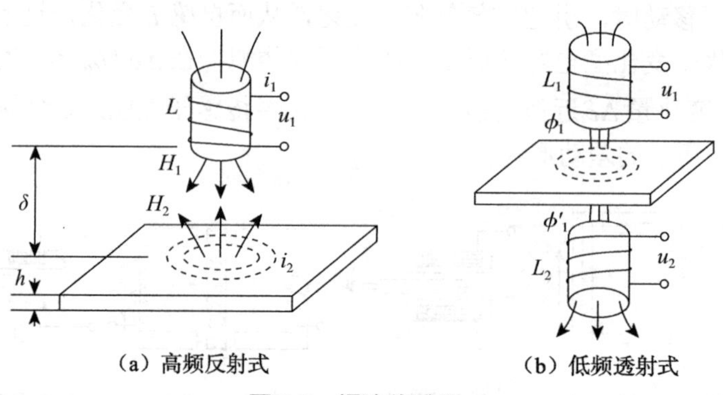

（a）高频反射式　　（b）低频透射式

图 5.6　涡流传感器

振荡器产生的低频电压 u_1 加到发射线圈 L_1 两端，于是在接收线圈 L_2 两端将产生感应电压 u_2，其大小与 u_2 的幅值、频率以及两个线圈的匝数、结构和两者的相对位置有关。若两线圈间无金属导体，则磁力线能较多穿过 L_2，在 L_2 上产生的感应电压 u_2 最大。如果在两个线圈之间设置一金属板，由于在金属板内产生电涡流，该电涡流消耗了部分能量，使到达线圈 L_2 的磁力线减小，从而引起 u_2 的下降。当金属板厚度越大，材料内部气泡或裂纹越少、越小等情况下，电涡流损耗越大，u_2 就越小。可见，u_2 的大小间接反映了金属板的厚度，以及气泡或裂纹的大小和多少等情况。

涡流式电感传感器主要用于位移、振动、转速、距离、厚度等参数的测量，可实现非接触式测量，如进行金属材料的无损探伤、材质判别等。图 5.7 所示为用涡流式传感器测厚和进行零件计数的例子。

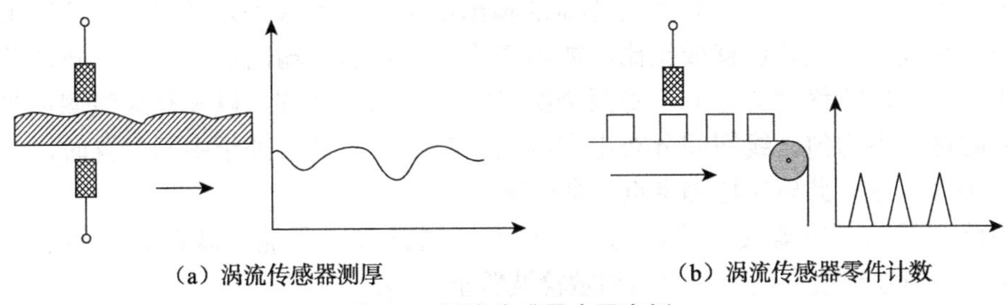

（a）涡流传感器测厚　　（b）涡流传感器零件计数

图 5.7　涡流传感器应用实例

3. 差动变压器式位移传感器

差动变压器式传感器的结构形式有多种，以螺管型应用较为普遍，图 5.8 给出了差动变压器的结构和接线情况，传感器主要由线圈、铁芯和活动衔铁三部分组成。线圈包括一个初级线圈和两个反接的次级线圈，当初级线圈输入交流激励电压时，次级线圈将产生感应电动势。现就其输出做出如下分析。

设初级、次级的互感系数分别为 M_1、M_2，因互感 M 是和铁芯的搭接长度 Δl 成正比的，则两个次级线圈的感应电动势可表示为

$$e_1 = K_1 e \Delta l_1$$
$$e_2 = K_2 e \Delta l_2$$

式中，K_1、K_2 为比例系数；Δl_1、Δl_2 为铁芯与两个次级线圈的搭接长度的变化量。

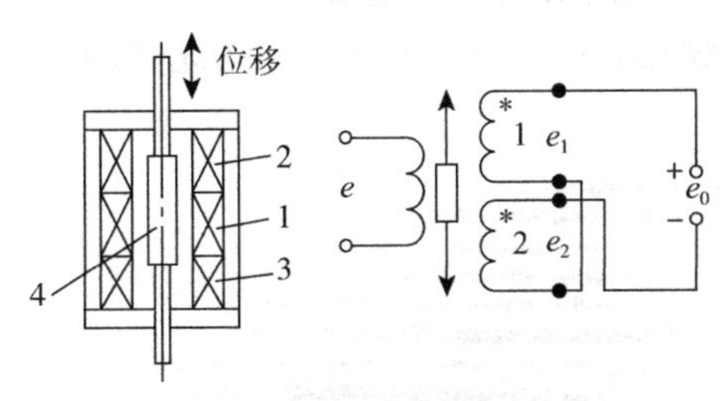

1—一次侧线圈；2、3—二次侧线圈；4—铁芯

图 5.8　差动变压器的组成和接线

由于结构的对称性，有$K_1 = K_2$，$\Delta l_1 = \Delta l_2$。这样，W_1、W_2两线圈反相串接后的总输出电压可表示为

$$e_0 = e_1 - e_2 = 2Ke\Delta l \tag{5.4}$$

结构一旦确定，则上式中的$2K$为一常数，输出信号e_0是一个交流信号，其幅值与位移Δl成正比，而频率则等于交流电源e的频率（当Δl是常量时）或与之有一定的关系。

显然，e_0是调幅输出，载波是e，调制信号是位移变化量Δl。差动变压器也是一种调制器。对于这样一种调制信号，在其后续的测量环节中一般要设置一个典型的测量电路——相敏检波电路，其目的是既能检测位移的大小，又能分辨位移的方向。

工程上一般不直接用e_0作为传感器的输出电压，这是因为差动变压器的输出是交流电压，其幅值与铁芯位移成正比，如用交流电压表示其输出值，只能反映铁芯位移的大小，不能反映移动的方向。受两个次级线圈结构不对称，以及初级线圈铜损、电阻、铁磁材质不均匀、线圈间分布电容等因素影响，当铁芯处于中间位置时，输出电压e_0一般不为零，此电压称为零点残余电压。

因此，差动变压器式传感器的后接电路，通常采用既能反映铁芯位移大小及方向，又能补偿零点残余电压的差动相敏检波输出电路。

如图5.9所示，差动变压器的差动整流电路与相敏检波电路的功能基本相同，虽然检波效率低，但因其测量线路简单，故用得也很多。差动变压器的最后输出一般可用示波器直接显示。由于示波器振子的内阻都很小，当差动变压器的测量电路是电压输出时，振子回路应接入电阻，以保证线性。

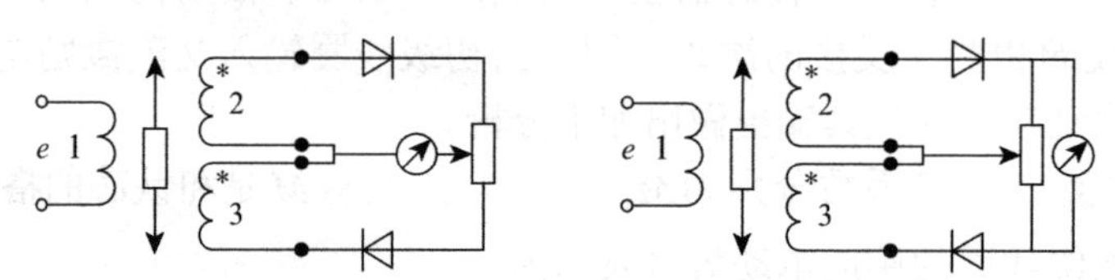

图5.9　差动变压器的差动整流电路

国产的差动变压器式位移传感器有很多种，如图5.10所示，其测量位移范围有0～±5mm，0～10mm，…，0～300mm等。

差动变压器式位移测量系统具有精确度高、性能稳定、线性范围大、输出大、使用方便等优点。由于可动铁芯具有一定的质量，故系统的动态特性较差。

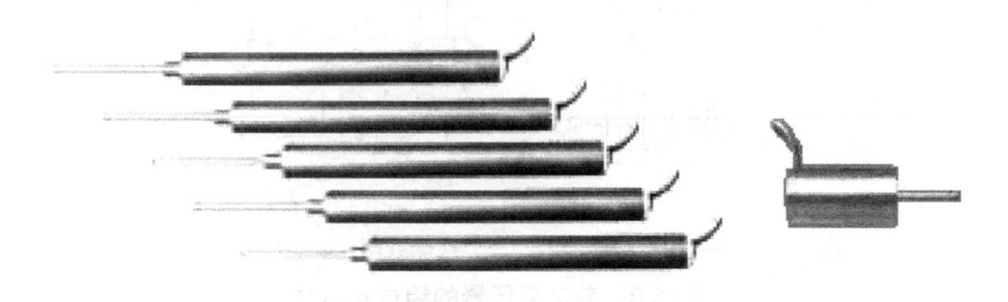

图5.10　差动变压器式位移传感器

5.1.4 光栅式数字传感器

光栅是由很多等节距的透光缝隙和不透光的刻线均匀相间排列构成的光电器件。光栅分为物理光栅和计量光栅，前者常用于光谱分析、光波长测量，后者用于位移的精密测量。按用途和结构形式，计量光栅分为测量线位移的长光栅和测量角位移的圆光栅。按应用中光路的不同，计量光栅分为透射光栅和反射光栅，透射光栅是在透明光学玻璃上均匀刻制出平行等间距的条纹形成的，而反射光栅则是在不透光的金属载体上刻制出等间距的条纹所形成。这里主要讨论透射式计量光栅。

透射光栅的结构如图 5.11 所示，图中，a 为刻线（不透光）宽度，b 为缝隙（透光）宽度，W 称为光栅的栅距，$W = a+b$。一般 $a = b$，也可做成 $a:b = 1.1:0.9$。常用的透射光栅的刻线密度一般为每毫米 10 线、25 线、50 线、100 线、250 线等，刻线的密度由测量精度决定。

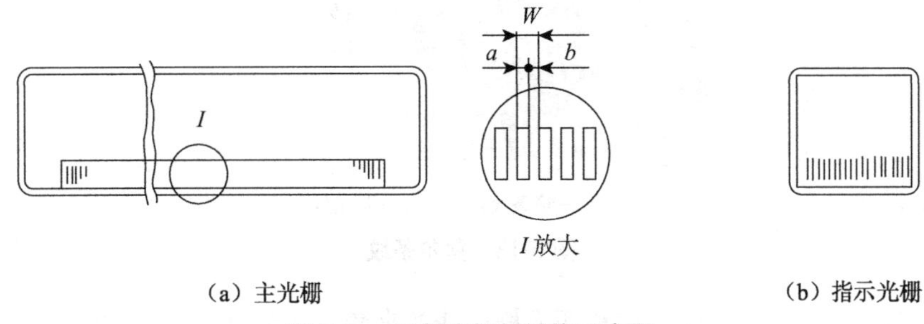

（a）主光栅　　（b）指示光栅

图 5.11　透射光栅的结构示意图

光栅式数字传感器通常由光源、聚光镜、计量光栅、光电器件及测量电路等部分组成，如图 5.12 所示。计量光栅由主光栅（标尺光栅）和指示光栅组成，因此计量光栅又称光栅副，它决定了整个系统的测量精度。一般主光栅和指示光栅的刻线密度相同，但主光栅要比指示光栅长得多。测量时，主光栅与被测对象连在一起，并随其运动，指示光栅固定不动，因此主光栅的有效长度决定了传感器的测量范围。

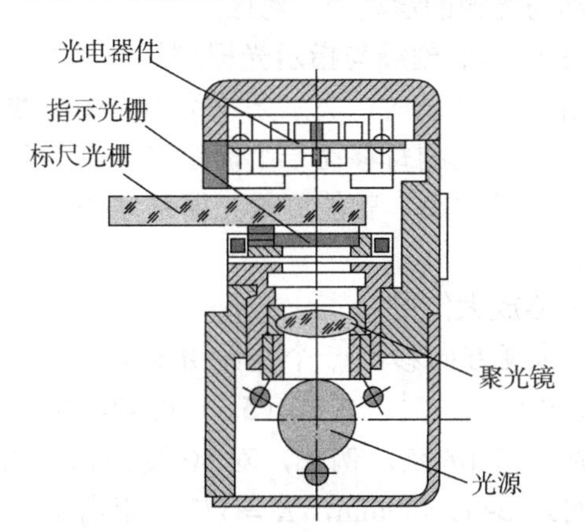

图 5.12　光栅式数字传感器结构图

1. 莫尔条纹

将指示光栅与主光栅重叠放置，两者之间保持很小的间隙，并使两块光栅的刻线之间有一个微小的夹角 θ，如图 5.13 所示。当有光源照射时，由于挡光效应（对刻线密度≤ 50 线 /mm 的光栅）或光的衍射作用（对刻线密度≥ 100 线 /mm 的光栅），在与光栅刻线大致垂直的方向上形成明暗相间的条纹。在两光栅刻线的重合处，光从缝隙透过形成亮带，而在两光栅刻线错开的地方，形成暗带，这些明暗相间的条纹称为莫尔条纹。

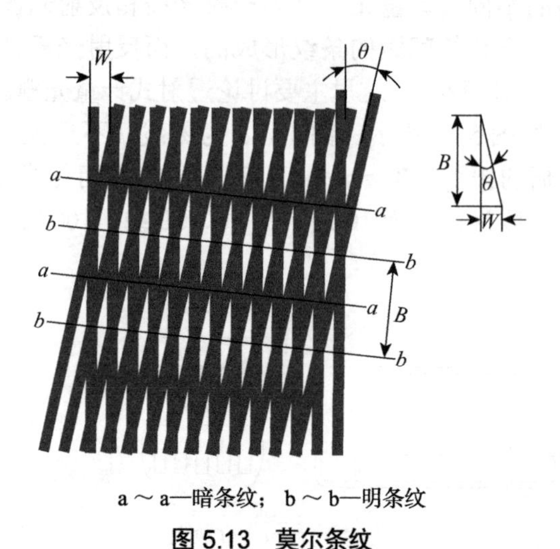

a ～ a—暗条纹；b ～ b—明条纹

图 5.13　莫尔条纹

莫尔条纹的间距 B 与栅距 W 和两光栅刻线的夹角 θ（单位为 rad）之间的关系为

$$B = \frac{W}{2\sin\frac{\theta}{2}} \approx \frac{W}{\theta} = KW \tag{5.5}$$

式中，K 为放大倍数，$K = 1/\theta$。

莫尔条纹有如下几个重要特性。

（1）莫尔条纹的运动与光栅的运动一一对应

当指示光栅不动，主光栅的刻线与指示光栅刻线之间始终保持夹角 θ，而使主光栅沿与刻线的垂直方向作相对移动时，莫尔条纹将沿光栅刻线方向移动；光栅反向移动，莫尔条纹也反向移动。主光栅每移动一个栅距 W，莫尔条纹也相应移动一个间距 S。因此通过测量莫尔条纹的移动，就能测量光栅移动的大小和方向，这要比直接对光栅进行测量容易得多。

（2）莫尔条纹具有位移放大作用

当主光栅沿与刻线垂直方向移动一个栅距 W 时，莫尔条纹移动一个条纹间距 S。当两个光栅刻线夹角 θ 较小时，由式（5.5）可知，W 一定时，θ 越小，则 B 越大，相当于把栅距 W 放大了 $1/\theta$ 倍。例如，对 50 线 /mm 的光栅，若取 $\theta = 0.1^\circ$，则 W=0.02mm，莫尔条纹间距 B=11.459mm，$K = 573$，相当于将栅距放大了 573 倍。因此，莫尔条纹的放大倍数相当大，可以实现高灵敏度的位移测量。

（3）莫尔条纹具有误差平均效应

莫尔条纹是由光栅的许多刻线共同形成的，对刻线误差具有平均效应，能在很大程度上消除由于刻线误差所引起的局部和短周期误差影响，可以达到比光栅本身刻线精度更高的测量精度。因此，计量光栅特别适合于小位移、高精度位移的测量。

（4）莫尔条纹的间距 S 随光栅刻线夹角 θ 变化

由于光栅刻线夹角 θ 可以调节，因此可以根据需要改变 θ 的大小来调节莫尔条纹的间距，这给实际应用带来了方便。当两光栅的相对移动方向不变时，改变 θ 的方向，则莫尔条纹的移动方向改变。

2. 光电转换

主光栅和指示光栅相对位移产生莫尔条纹，莫尔条纹对应的光通量变化符合正弦变化规律，在暗条纹处光通量最小、亮条纹处光通量最大。光电元件（如硅光电池等）感受莫尔条纹移动时光强的变化，将光信号转换成正弦的电压或电流信号进行输出，主光栅移动一个栅距对应输出信号的一个正弦周期。将此信号经放大、整形后变为方波，每经过一个正弦周期输出一个方波脉冲，这样脉冲总数 N 就与光栅移动的栅距数 W 相对应，因此光栅的位移 $x = NW$。

3. 辨向电路

在实际工程中，无论测量线位移还是角位移，通常要判别移动方向。若采用一个光电元件，据该光电元件的输出将无法判别光栅的移动方向，因为主光栅无论向哪个方向移动，莫尔条纹均作明暗交替变化，且变化规律相同。为了辨别方向，通常在一个莫尔条纹宽度内相隔 1/4 栅距的位置上安放两个光电元件，如图 5.14（b）所示，获得相位差为 90º 的两个信号，然后送到如图 5.14（a）所示的辨向电路进行处理，正向移动与反向移动时的波形分别如图 5.14（c）和图 5.14（d）所示。正向移动时，Y_2 有

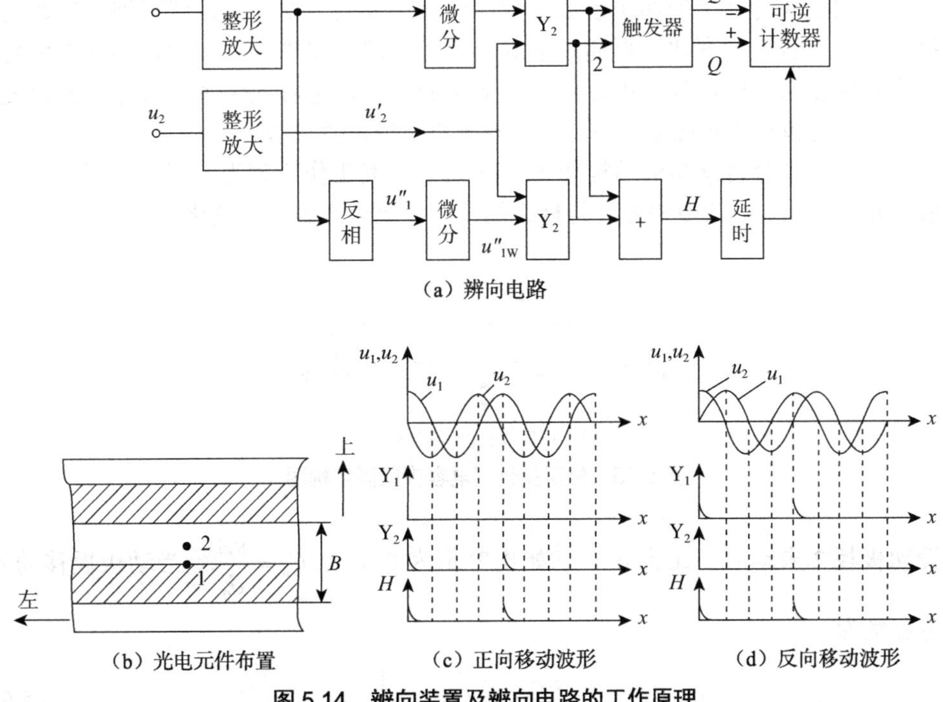

（a）辨向电路

（b）光电元件布置　（c）正向移动波形　（d）反向移动波形

图 5.14　辨向装置及辨向电路的工作原理

脉冲输出，反向移动时，Y_1有脉冲输出，将Y_2、Y_1分别接到可逆计数器的加、减计数输入端，就可实现对光栅位移量的辨向测量。

4. 细分电路

由以上分析可知，位移量是根据移过莫尔条纹的数量来确定的，因而该方法的分辨力为光栅的一个栅距。在精密检测中，常常需要测量比栅距更小的位移量，为了提高分辨力，可采用两种方法实现：① 增加刻线密度来减小栅距，但是这种方法受光栅刻线工艺的限制。② 采用细分技术，使光栅每移动一个栅距时输出均匀分布的多个脉冲，从而得到比栅距更小的分度值，使分辨力提高。细分有直接细分、电桥细分、锁相细分等多种方法，其中直接细分法是最常用的方法。直接细分又称位置细分，常用的细分为四细分，即在一个莫尔条纹宽度内相隔 1/4 栅距的位置上放置 4 个光电元件，在莫尔条纹的一个周期内将产生 4 个计数脉冲，实现四细分。

5.1.5 电容式传感器

电容式传感器是通过极板间距离发生变化而引起电容量的变化。电容器传感器的优点是结构简单、价格便宜、灵敏度高、过载能力强、动态响应特性好，以及对高温、辐射、强振等恶劣条件的适应性强等。缺点是输出有非线性，寄生电容和分布电容对灵敏度、测量精度的影响较大，以及联接电路较复杂等。电容式传感器可以很好地用于位移和间隙的测量。

间距为δ、相互覆盖面积为A的两块金属极板充满介电常数为ε的介质所构成的电容器，其电容量$C=\dfrac{\varepsilon A}{\delta}$，当被测物体使电容器$\delta$、$A$或$\varepsilon$发生变化时，都会引起电容的变化。如果保持其中的两个参数不变，而仅改变另一个参数，就可把该参数的变化变换为单一电容量的变化，再通过配套的测量电路，将电容的变化转换为电信号输出，即可实现测量目的。根据电容器参数变化的特性，电容式传感器可分为极距变化型、面积变化型和介质变化型三种，这里着重介绍极距变化型。

极距变化型电容传感器的结构如图 5.15 所示，其工作原理为：两极板相互覆盖面积及极间介质不变，仅改变极距，将极距的变化转化为电容量的变化。

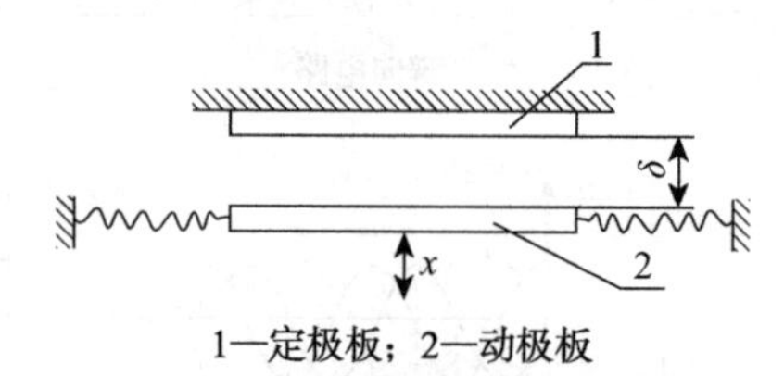

1—定极板；2—动极板

图 5.15　极距变化型电容传感器结构图

设动极板 2 未动时极距为δ_0，初始电容量为C_0，则$C_0=\dfrac{\varepsilon A}{\delta_0}$。当动极板移动$\Delta\delta$时，电容量为

$$C_0+\Delta C=\frac{\varepsilon A}{\delta_0-\Delta\delta}=C_0\frac{1}{1-\Delta\delta/\delta_0} \tag{5.6}$$

经推导可得

$$\frac{\Delta C}{C_0}=\frac{\Delta\delta/\delta_0}{1-\Delta\delta/\delta_0} \tag{5.7}$$

若 $\Delta\delta/\delta_0 \ll 1$ 时，电容变化量 ΔC 与极距变化量 $\Delta\delta$ 近似呈线性关系，灵敏度为

$$S=\frac{\Delta C}{\Delta\delta}\approx\frac{C_0}{\delta_0} \tag{5.8}$$

此时的非线性度误差为

$$\gamma=\left|\frac{\Delta\delta}{\delta_0}\right|\times 100\% \tag{5.9}$$

若位移相对变化量为 0.1，则 $\gamma=10\%$，可见非线性度误差很大，这种传感器仅适合于微小位移测量。

由式（5.7）、式（5.8）可知，δ_0 越小，灵敏度越高，但非线性误差会增大。为此常采用差动式结构，如图 5.16 所示，动极板初始处在两静极板中间位置。

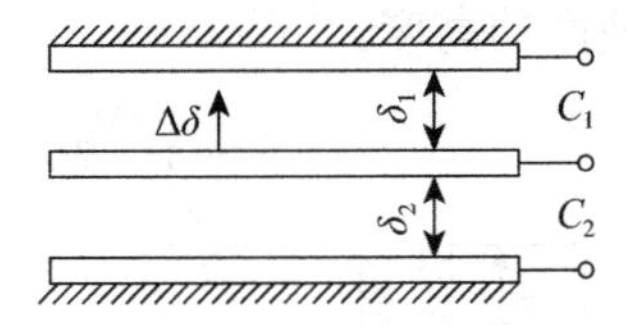

图 5.16　差动平板式电容传感器原理图

设动极板上移 $\Delta\delta$，则 C_1 增大，C_2 减小，如果 C_1、C_2 初始电容用 C_0 表示，则有

$$\Delta C=C_1-C_2=\frac{\varepsilon A}{\delta_0-\Delta\delta}-\frac{\varepsilon A}{\delta_0+\Delta\delta}=\frac{2\Delta\delta}{\delta_0}\cdot\frac{C_0}{1-(\Delta\delta/\delta_0)^2} \tag{5.10}$$

若 $(\Delta\delta/\delta_0)^2 \ll 1$ 时，电容变化量 ΔC 与极距变化量 $\Delta\delta$ 近似呈线性关系，灵敏度为

$$S=\frac{\Delta C}{\Delta\delta}\approx\frac{2C_0}{\delta_0} \tag{5.11}$$

此时的非线性度误差为

$$\gamma=(\frac{\Delta\delta}{\delta_0})^2\times 100\% \tag{5.12}$$

可见，极距变化型电容传感器接成差动结构，不仅使灵敏度提高了一倍，而且非线性误差可减小一个数量级。

将传感器接成“差动”形式，是改善传感器性能的一个重要方法，其主要优点有：①提高灵敏度；②改善非线性；③消除信号中的共模干扰，抑制温漂。例如，温度或湿度变化时，会引起差动电容传感器的介质介电常数发生变化，两电容的电容量变为 $C_1+\Delta C_1$ 和 $C_2+\Delta C_2$，由于最后传感器的输出量只取决于两个电容量的差，受温度影响后两个电容量的差值不变，因此输出中温度的影响就被抵消了。

面积变化型电容传感器的结构有角位移型、平面线位移型、圆柱体线位移型，如图 5.17 所示。当动极板发生旋转或平移，均引起两个极板相互覆盖面积发生变化，从而引起电容量变化。其优点是输出与输入呈线性关系，但与极距变化型电容式传感器相比，它的灵敏度较低，适用于较大量程范围的角位移和直线位移的测量。

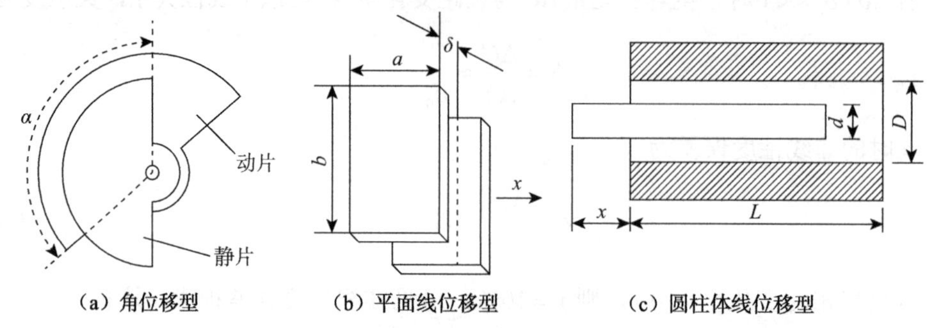

图 5.17　面积变化型电容传感器

介质变化型电容传感器的典型应用为测取液面高度，如图 5.18 所示，图中 1、2 为电容的两个电极，当液面高度不同时，两个极板间介质的介电常数发生变化，引起电容量变化，据此原理即可测出液面的高度。

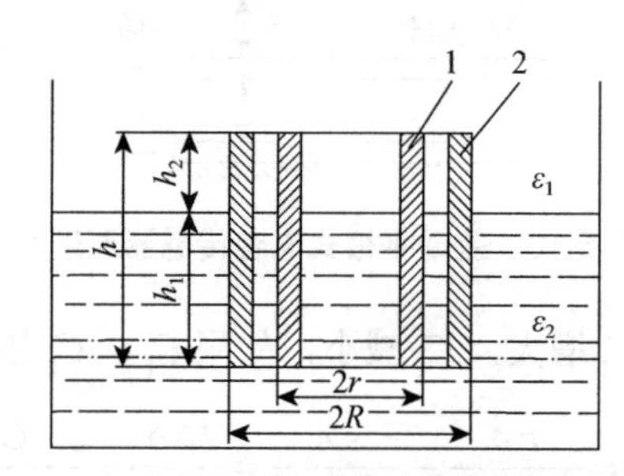

图 5.18　介质变化型传感器的电容液面计原理图

5.1.6　光电式位移传感器

光电式位移传感器根据被测对象阻挡光通量的多少来测量对象的位移或几何尺寸，其特点是属于非接触式测量，并可进行连续测量。光电式位移传感器常用于连续测量线材直径或在带材边缘位置控制系统中用作边缘位置传感器。

光电式传感器是采用光电元件作为检测元件的传感器，它首先把被测量的变化转换成光信号的变化，然后借助光电元件进一步将光信号转换成电信号。光电式传感器一般由光源、光学通路和光电元件三部分组成。光电检测方法具有精度高、反应快、非接触等优点，而且可测参数多，传感器的结构简单，形式灵活多样，因此，光电式传感器在检测和控制中应用非常广泛。

光电式传感器是各种光电检测系统中实现光电转换的关键元件，它是把光信号（红外、可见及紫外光辐射）转变成为电信号的器件，可用于检测直接引起光量变化的非电量，如光强、光照度、辐射测温、气体成分分析等，也可用来检测能转换成光量变化的其他非电量，如零件直径、表面粗糙度、应变、位移、振动、速度、加速度，以及物体的形状、工作状态的识别等。光电式传感器具有非接触、响应快、性能可靠等特点，因此在工业自动化装置和机器人中获得广泛应用。

5.1.7　霍尔式位移传感器

霍尔式位移传感器的测量原理是保持霍尔元件的激励电流不变，并使其在一个梯度均匀的磁场中移动，则所移动的位移正比于输出的霍尔电势。磁场梯度越大，灵敏度越高；梯度变化越均匀，霍尔电势与位移的关系越接近于线性。霍尔式位移传感器的惯性小、频响高、工作可靠、寿命长，因此常用于将各种非电量转换成位移后再进行测量的场合。其缺点是对工作环境要求较高。

霍尔式传感器分为线性型霍尔传感器和开关型霍尔传感器两种。线性型霍尔传感器由霍尔元件、线性放大器和射极跟随器组成，它输出模拟量。开关型霍尔传感器由稳压器、霍尔元件、差分放大器、斯密特触发器和输出极组成，它输出数字量。

霍尔器件具有许多优点，它们的结构牢固、体积小、重量轻、寿命长、安装方便、功耗小、频率高（可达 1MHz）、耐震动，不怕灰尘、油污、水汽及盐雾等的污染或腐蚀。霍尔线性器件的精度高、线性度好；霍尔开关器件无触点、无磨损、输出波形清晰、无抖动、无回跳、位置重复精度高（可达 μm 级）。取用了各种补偿和保护措施的霍尔器件的工作温度范围宽，可达 -55 ～ 150℃。

5.1.8　超声波测距离传感器

利用超声波在超声场中的物理特性和各种效应而研制的装置可称为超声波换能器、探测器或传感器。此类传感器采用超声波回波测距原理，运用精确的时差测量技术检测传感器与目标物之间的距离，采用小角度、小盲区超声波传感器，具有测量准确、无接触、防水、防腐蚀、低成本等优点，可用于液位、物位检测，其特有的液位、料位检测方式，可保证在液面有泡沫或大的晃动，不易检测到回波的情况下有稳定的输出。

超声波探头按其工作原理可分为压电式、磁致伸缩式、电磁式等，其中以压电式最为常用。压电式超声波探头常用的材料是压电晶体和压电陶瓷，这种传感器统称为压电式超声波探头。它是利用压电材料的压电效应来工作的：逆压电效应将高频电振动转换成高频机械振动，从而产生超声波，可作为发射探头；而正压电效应是将超声振动波转换成电信号，可作为接收探头。

压电式超声波传感器结构如图 5.19 所示，它主要由压电晶片、吸收块（阻尼块）、保护膜、引线等组成。压电晶片多为圆板形，厚度为 δ。超声波频率 f 与其厚度 δ 成反比。压电晶片的两面镀有银层，作为导电的极板。阻尼块的作用是降低晶片的机械品质，吸收声能量。如果没有阻尼块，当激励的电脉冲信号停止时，晶片将会继续振荡，加长超声波的脉冲宽度，使分辨率变差。

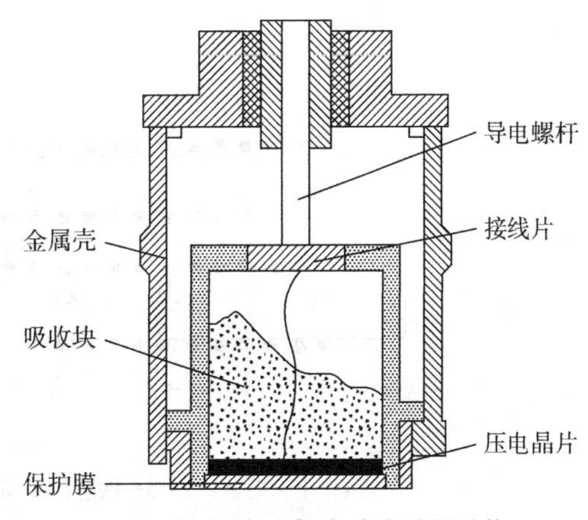

图 5.19　压电式超声波传感器结构

5.2 速度测量

运动速度是衡量物体运动状况的一项重要指标，也是描述物体振动的主要参数。物体的运动速度分为线速度和角速度（转速），或分为瞬时速度和平均速度。对于不同的测试对象、不同的测量精度，所采用的速度传感器类型及测试原理也不一样。瞬时速度的测量要求测出速度的时间历程，平均速度的测量要求测定平均时间内指定对象移动的距离。因此，测量者在选用速度传感器时，须对这些传感器的工作原理、性能和特点有所了解，便于获得准确的测量结果。

5.2.1 线速度测量

线速度传感器是用来测量直线运动速度的传感器，它的输出电压与被测物体运动速度呈线性关系，因而它被广泛用于航空、兵器、机械、仪器仪表、地质石油、核工业等部门的自动控制和自动测量。该传感器具有极高的频率响应，可检测小模数齿轮和其他物体的转速，具有稳定的工作性能。输出为方波信号，能实现远距离传输。

1. 磁电式速度传感器

运动速度的测量，有时需要测瞬时速度，有时需要测平均速度。磁电式速度传感器适于测量往复运动的瞬时速度，对单程运动或行程较长的运动可用永磁感应测速传感器。

永磁感应测速传感器的结构及原理如图 5.20 所示。速度线圈 3 和速度线圈 6 是在两根平行的铁芯 2 和铁芯 5 上均匀密绕一层漆包线。位移线圈嵌在铁芯速度线圈 5 等间距（节距）的窄凹槽内，注意相邻两个凹槽内绕组的绕向相反，永久磁铁 1 在两平行铁芯之间。测量时，被测物体与永久磁铁用非铁芯物质连接。永久磁铁在铁芯中形成磁路如图 5.20（b）中虚线所示，磁感应强度为 B。当被测物体带动永久磁铁沿线圈作轴

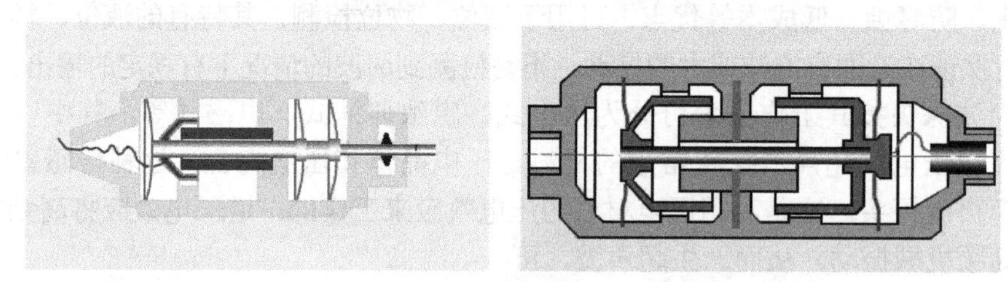

（a）原理图

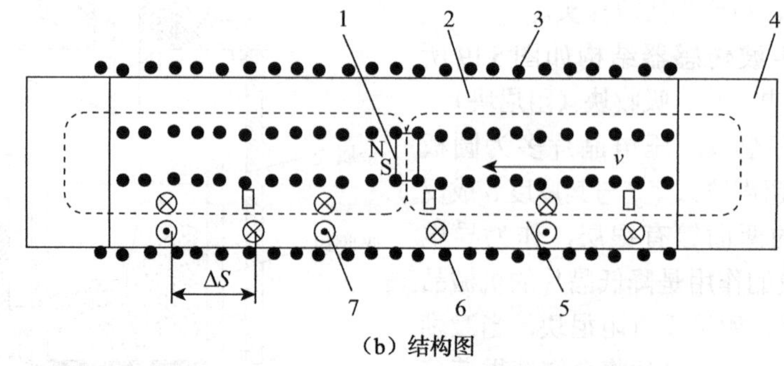

（b）结构图

1—永久磁铁；2，5—铁芯；3，6—速度线圈；4—磁轭；7—位移线圈

图 5.20 永磁感应测速传感器的结构及原理示意图

向运动时，速度线圈切割永久磁铁的磁力线，产生磁感应电动势。当速度线圈匝数和磁感应强度恒定时，速度线圈感应电动势与运动速度成比例。

磁电式振动速度传感器的优点是不需要外加电源，输出信号可不经调理放大即可远距离传送，这在实际长期监测中是十分方便的。另外，由于磁电式振动速度传感器中存在机械运动部件，它与被测系统同频率振动，不仅限制了传感器的测量上限，而且其疲劳极限造成传感器的寿命比较短。在长期连续测量中，必须考虑传感器的寿命，要求传感器的寿命大于被测对象的检修周期。

用定距测量方法测量平均速度，最简单的方法是用示波器同时记录位移、时间脉冲信号，如图 5.21 所示。其中，图 5.21（a）是测试系统框图，图 5.21（b）是光线示波器在记录纸上的记录结果。曲线 1 是位移脉冲信号，每个脉冲等价于线位移 Δx；曲线 2 是时间脉冲信号（时标），时标周期为 t_0。若与位移 Δx 对应的时标脉冲数为 n，则其平均速度 $v=\dfrac{\Delta x}{nt_0}$。

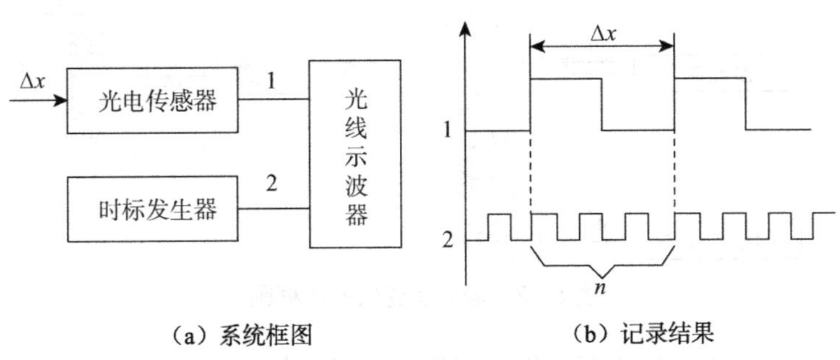

（a）系统框图　　（b）记录结果

图 5.21　定距测量法的测量系统框图及记录结果示意图

2. 多普勒测速

在实际应用中，激光测速仪、雷达测速仪可测量汽车超速、云层移动速度、飞机速度等，其工作原理是基于光波、声波的多普勒效应。多普勒效应是奥地利物理学家多普勒在 1842 年发现的，是指波源与观察者有相对运动时，观察者接收到的频率与波源发射频率不相同的现象。例如，当一列火车迎面开来时，听到火车汽笛的声调变高，即频率增大；当火车远离而去时，听到火车汽笛的声调变低，即频率减小。

雷达测速仪发出一定频率的无线电波，当无线电波在行进的过程中碰到物体时，该无线电波会被反弹，反弹回来的波被雷达测速仪所接收，反弹波的频率及振幅都会随着所碰到的物体的移动状态而改变。若无线电波所碰到的物体是固定不动的，那么反弹回来的无线电波的频率是不会改变的。然而，若物体是朝着无线电波发射的方向前进时，此时反弹回来的无线电波会被压缩，因此该电波的频率会随之增加；反之，若物体是朝着远离无线电波方向行进时，则反弹回来的无线电波的频率会随之减小。

雷达测速仪检测到发射出去的无线电波与其遇到运动物体后反弹回来的无线电波的频率变化，以及输入通道和输出通道的相位变化。由频率的变化，依特定的比例关系，计算出该波所碰撞到物体的速度。由输入通道和输出通道之间的相位关系，计算判断运动物体是朝着无线电波的方向前进，还是朝其反方向前进。根据多普勒原理，由于雷达发射和接收共用一个天线，且运动目标的运动方向与天线法线方向相一致，运动目标的多普勒频率 f_d、雷达的发射频率 f_t、电磁波在空气中的传播速度 C 与目标运动速度 V_r 之间的关系为

$$V_r = \frac{f_d C}{2f_t}$$

这就是雷达测速仪的基本工作原理。对于雷达测速仪的详细计算和具体使用注意事项，请参阅其他参考资料。

当波源相对于介质运动时，波源的频率与介质中的波动频率不相同。同样，介质中的频率与一个相对于介质运动的接收器所记录的频率也不相同，这两种情况都称为多普勒效应，所产生的频率差称为多普勒频率。激光测速仪的系统框图如图 5.22 所示，主要由激光光源、分光器、光接收器、频率检测器及振动物体等部分组成。

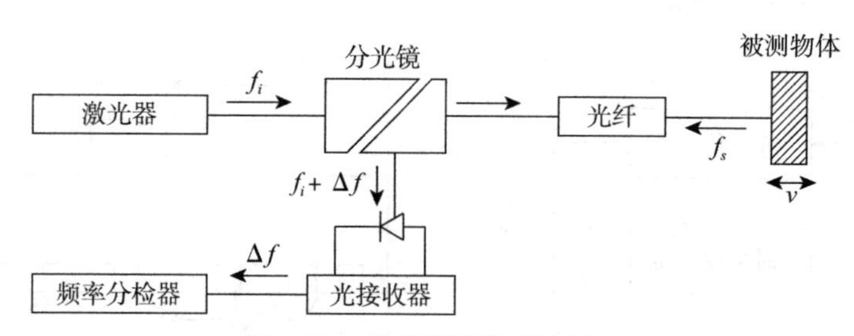

图 5.22　激光测速仪系统框图

其工作原理为：由激光光源（氢 - 氦激光）发出的光（频率为 f_i）导入光导纤维，经过分光镜后，光线通过光纤射向振动物体，由于振动物体（被测体）振动，产生散射（频率为 f_s），被测物体的运动速度与多普勒频率之间的关系为

$$\Delta f = f_s - f_i = 2nv/\lambda \tag{5.13}$$

式中，f_i 为入射光频率，即激光光源频率；f_s 为散射光频率；n 为发生散射介质的折射率；λ 为入射光在空气中的波长；v 为被测物体的运动速度。

式（5.13）表明，多普勒频率 Δf 与被测物体运动速度 v 成比例变化关系，从频率分检器中测得 Δf 后，即可得到物体的运动速度。

3. 相关测速

图 5.23 所示为利用互相关分析法在线测量热轧钢带运动速度的实例。在沿钢板运动的方向上相距 d 处，安装相同的两个凸透镜和两个光电池。当钢带以速度 v 移动时，其表面凹凸不平使反射光经透镜分别聚焦在两个光电池上。光电池输出的电信号是反映钢带不平的随机信号 $x(t)$、$y(t)$。经互相关处理，其 $R_{xy}(\tau)$ 的曲线在时差 τ_m 处出现峰值，说明信号 $x(t)$、$y(t)$ 是仅有时差 τ_m 的非常相似的随机信号。热轧钢带的运动速度可由式 $v=\dfrac{d}{\tau_m}$ 求得。

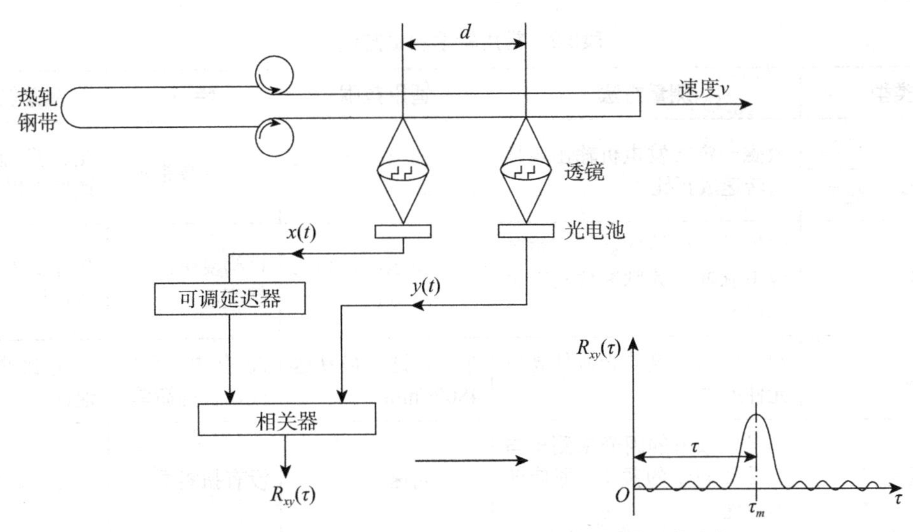

图 5.23　利用互相关分析法进行相关测速的实例

4. 空间滤波器测速

空间滤波器测速原理如图 5.24 所示，利用空间滤波器件与被测物体同步运动，在单位空间内测得相应的时间频率，求得运动体的运动速度。例如，一个栅板在空间长度为 L 内有 N 个等距栅缝，当栅板的移动速度为 v，移动长度 L 的时间为 t_0 时，光源透过栅格明暗变化的空间频率 $\mu = N/L$，即空间频率是单位空间长度内物理量周期性变化的次数。相应的时间频率 $f = N/t_0$，由此求得

$$v = L/t_0 = (N/\mu)\cdot(f/N) = f/\mu \tag{5.14}$$

这样就可以用空间频率描述运动速度 v。采用这种检测方法既可测量运动体的线速度，又可测量转动体的角速度。

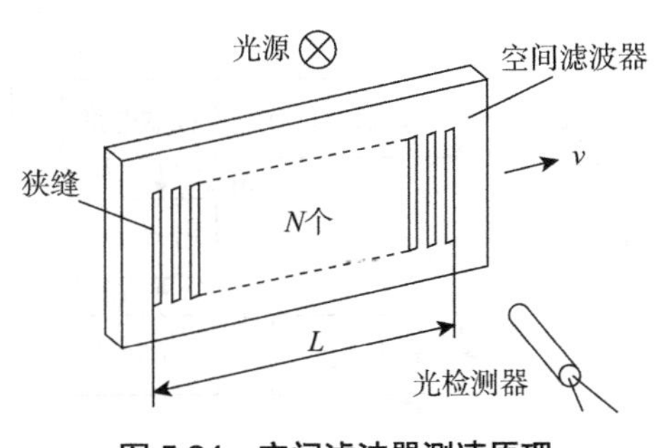

图 5.24　空间滤波器测速原理

5.2.2　角速度测量

角速度的测量一般采用间接的方法，即通过各种各样的传感器将转速变换为其他物理量。最早以机械式和发电式方法居多，目前以数字脉冲式为主流，机械式已经很少用。常用的转速测量方法如表 5.2 所示。

表5.2 常用转速测量方法

类型		测量方法	适用范围	特点	测速仪
测速发电机	直流	激磁一定，发电机输出电压与转速成正比	中、高速，最高达10000r/min	可远距离指示	交、直流测速发电机
	交流				
磁电式		转轴带动磁性体旋转产生计数电脉冲，其脉冲数与转速成比例	中、高速，最高达48000r/min	机构复杂，精度高	数字式磁电转速计
光电式		利用转动圆盘的光线使光电元件产生脉冲	中、高速，最高达4800r/min	没有扭矩损失，机构简单	光电脉冲转速计
同步闪光式		用已知频率的闪光来测出与旋转体同步的频率（即旋转体转速）	中、高速	没有扭矩损失	闪光测速仪
旋转编码盘		把码盘中反映转轴位置的码值转换成电脉冲输出	低、中、高速	数字输出，精度高	光电式码盘

1. 数字式转速测量

数字式转速测量系统框图如图5.25所示。这里使用数字测速的测频法：给定标准时间，在基准时间内测得旋转的角度。测量系统包括时基电路、计数控制器和计数器三个基本环节。时基电路提供时间基准（0.1s，0.2s，…）。由时基调整后得到所需要的时间基准，在基准时间内，通过控制电路得到相应的控制指令，用来控制门电路开关。门电路打开，计数器对传感器输出信号进行计数；门电路关闭时，计数停止。计数器结果由数码管显示。

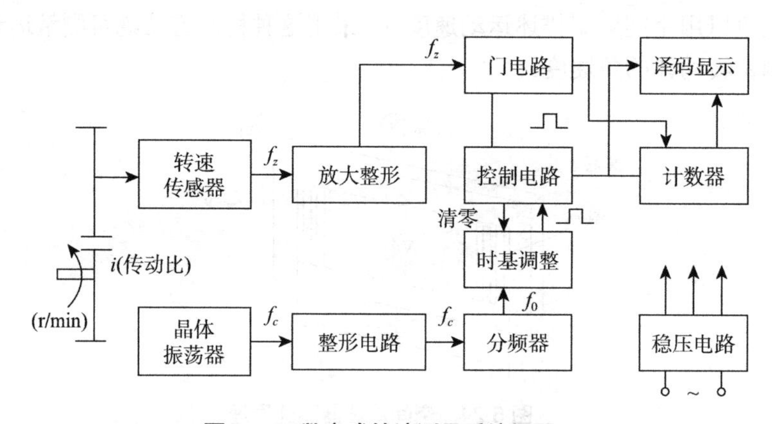

图5.25 数字式转速测量系统框图

2. 光电式转速计

图5.26（a）所示为透射式光电转速计工作原理。在转动体上安装遮光盘，盘上开孔，采用集成化窄缝型光电耦合器作为发光和受光元件，遮光盘在窄缝中转动，每当小孔经过时产生一次脉冲。孔多则分辨力高。图5.26（b）所示为反射式光电转速计工作原理，只要在转动件上涂抹黑白标记，用聚焦后的光线照射，根据反射光的强度变

动次数计数。黑白条纹数多，则分辨力强。用光电法时，应注意避免环境光的干扰，宜采用红外波段，这种红外光源和光敏器件也很容易制造。

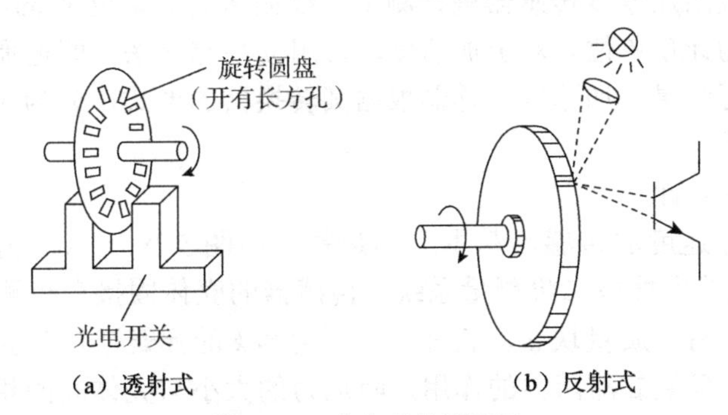

图 5.26　光电式转速测量

3. 霍尔式转速计

在图 5.27（a）中，把永磁铁粘贴在非磁性材料制作的圆盘上部，在图 5.27（b）中，把永磁体粘贴在圆盘的边缘。霍尔传感器的感应面对准永磁体的磁极并固定在机架上。机轴旋转便带动永磁体旋转，每当永磁体经过传感器位置时，霍尔传感器便输出一个脉冲。用计数器记下脉冲数，便可知转轴转过多少转。为提高测量转速或转数的分辨率，可适当增加永磁体数。霍尔传感器测量转速属非接触式测量，对被测件影响很小，输出电压信号幅值与转速无关，转速测量范围可达 5×10^5 r / min 。

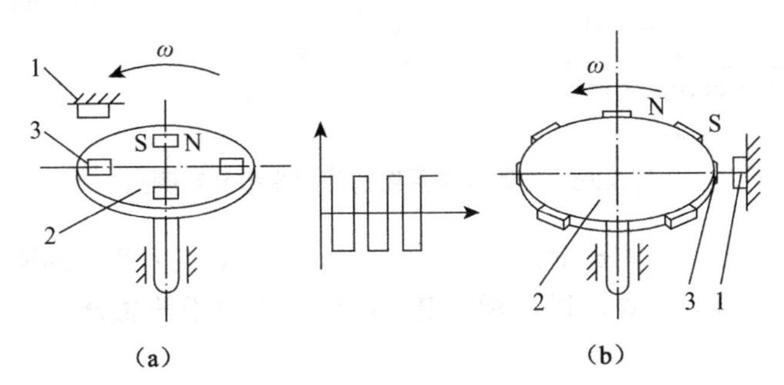

1—霍尔元件；2—被测物体；3—永磁体

图 5.27　霍尔转速传感器工作原理

5.3　加速度测量

加速度是表征物体运动本质的一个基本物理量，通过测量加速度可获取物体的运动状态。例如，惯性导航系统就是通过测量飞行器的加速度来测量它的加速度、速度（地速）、位置、飞过的距离以及相对于预定到达点的方向等。工程中通常通过测量加速度来判断运动机械系统所承受的加速度负荷的大小，以便正确设计其机械强度和按照设计指标正确控制其运动加速度，以免机件损坏。

5.3.1 线加速度测量

线加速度一般用加速度传感器进行测定。线加速度的单位是 m/s^2，而习惯上常以重力加速度 g 作为计量单位。对于加速度，常用惯性测量法，即把惯性型测量装置安装在运动体上进行测量。加速度传感器根据其转换器的形式，分为应变片式、差动变压器式和压电式等。

1. 惯性式加速度计

目前，测量加速度的传感器基本上都是基于如图 5.28 所示的由质量块 m、弹簧 k 和阻尼器 c 组成的惯性型二阶测量系统。传感器的壳体固接在待测物体上，随物体一起运动，壳体内有一质量块 m，通过一根刚度为 k 的弹簧连接到壳体上，当质量块相对壳体运动时，受到黏滞阻力的作用，阻尼力的大小与壳体间的相对速度成正比，比例系数 c 称为阻尼系数，用一个阻尼器来表示。由于质量块不与传感器基座固定连接，因而在惯性作用下与基座之间将产生相对位移。质量块承受加速度并产生与加速度成比例的惯性力，从而使弹簧产生与质量块相对位移相等的伸缩变形，弹簧变形又产生与变形量成比例的反作用力。当惯性力与弹簧反作用力相平衡时，质量块相对于基座的位移与加速度成正比例，故可通过该位移或惯性力来测量加速度。

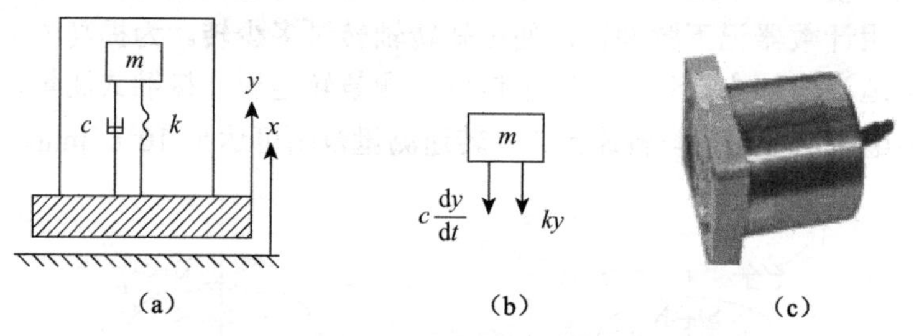

图 5.28 二阶惯性系统的物理模型及实例图

要建立惯性式加速计的数学模型，可建立如图 5.28（a）所示的两个坐标系，以坐标 x 表示传感器基座的位置，以坐标 y 表示质量块相对于传感器基座的位置，以静止状态下的位置为坐标原点。

假设壳体和质量块都沿着标注正反向运动。对质量 m 取隔离体，受力状态如图 5.28（b）所示。质量体的绝对运动应当等于其牵连运动和相对运动之和。因此，由牛顿运动规律，有

$$m\left(\frac{d^2x}{dt^2}+\frac{d^2y}{dt^2}\right)=-c\frac{dy}{dt}-ky$$

经整理后得

$$m\frac{d^2y}{dt^2}+c\frac{dy}{dt}+ky=-m\frac{d^2x}{dt^2} \tag{5.15}$$

式（5.15）是描述质量块对壳体的相对运动的微分方程，显然，它是二阶线性测量系统。如果引入系统的运动特性参数，则式（5.15）可写成

$$\frac{d^2y}{dt^2}+2\xi\omega_n\frac{dy}{dt}+\omega_n^2y=-\frac{d^2x}{dt^2} \tag{5.16}$$

式中，ω_n 为二阶系统的固有角频率，$\omega_n=\sqrt{\frac{k}{m}}$；$\xi$ 为系统的阻尼比，$\xi=\frac{c}{2\sqrt{mk}}$；m 为质量块的质量；k 为弹簧刚度系数；c 为阻尼系数。

以待测物体的加速度 $\frac{d^2x}{dt^2}$ 为激励，并记作 $\alpha=\frac{d^2x}{dt^2}$，以质量块的相对位移 y 为响应，对式（5.16）取拉氏变换，则有

$$s^2Y(s)+2\xi\omega_n sY(s)+\omega_n^2Y(s)=-A(s) \tag{5.17}$$

传递函数 $H(s)$ 为

$$H(s)=\frac{Y(s)}{A(s)}=-\frac{1}{s^2+2\xi\omega_n s+\omega_n^2} \tag{5.18}$$

频率响应函数 $H(j\omega)$ 为

$$\begin{aligned}H(j\omega)&=-\frac{1}{(j\omega)^2+2\xi\omega_n j\omega+\omega_n^2}\\&=-\frac{1}{\omega_n^2}\frac{1}{[1-(\omega/\omega_n)^2]^2+2j\xi\omega/\omega_n}\end{aligned} \tag{5.19}$$

幅频特性为

$$A(\omega)=\frac{1}{\omega_n^2}\frac{1}{\sqrt{\left[1-(\omega/\omega_n)^2\right]^2+(2\xi\omega/\omega_n)^2}} \tag{5.20}$$

相频特性为

$$\phi(\omega)=-\arctan\frac{2\xi\omega/\omega_n}{1-(\omega/\omega_n)^2} \tag{5.21}$$

从上式可知，只有当 $\frac{\omega}{\omega_n}<<1$ 时，才有 $A(\omega)\approx\frac{1}{\omega_n}$。这是用惯性式传感器测量加速度的理论基础，即惯性式加速度计必须工作在低于其固有频率的频域内。因此，为使惯性式加速度计有尽可能宽的工作频域，它的固有频率应尽可能高一些，也就是弹簧的刚度 k 应尽可能大一些，质量块的质量 m 应尽可能小。

2. 应变片式加速度传感器

应变片式加速度传感器的结构如图5.29所示，它的弹性元件为悬臂梁，在梁的端部有一质量块 m。当构件以加速度 a 运动时，弹性元件受惯性力 $Q=ma$ 的作用而产生弹性变形，其变形量与加速度 a 成正比。因此，测出悬臂梁的应变值，就可测得加速度 a 的大小。

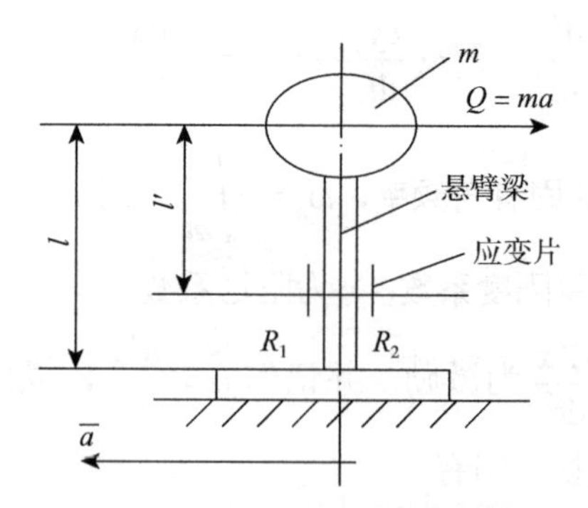

图 5.29　应变片式加速度传感器的结构

根据材料力学的理论 $\sigma = E\varepsilon$，所以，当悬臂梁是等强度梁时，贴片处的应变为

$$\varepsilon = \frac{Ql}{EW} = \frac{ml}{EW}a \tag{5.22}$$

式中，W 为梁的抗弯截面系数；l 为梁的长度；E 为弹性模量。

若应变片 R_1、R_2 按半桥接法，则加速度 a 与仪器应变读数 $\hat{\varepsilon}$ 间的关系为

$$a = \frac{EW}{mk} \cdot \frac{\hat{\varepsilon}}{2} \tag{5.23}$$

当悬臂梁为等截面梁时，也可导出类似的关系

$$\varepsilon = \frac{Ql'}{EW} = \frac{ml'}{EW}a$$

$$a = \frac{EW}{ml'} \cdot \frac{\hat{\varepsilon}}{2}$$

式中，l' 为贴片处到质量块中心的距离。

可见，由应变仪的输出读数或示波器的记录波形，就可求得加速度的大小或变化规律。用悬臂梁作弹性元件的加速度传感器，其测量范围为 1 ～ 10g 或更大。加速度传感器的弹性元件除悬臂梁外，还有空心圆柱、圆环等。

显然，通过这种传感器已经把加速度的测量转化成一个力学量的测量，所以在组成的测量系统中可以采用各种现有的应变仪或者自行设计的专用测量电路。

3. 差动变压器式加速度传感器

差动变压器式加速度传感器的结构如图 5.30 所示。差动变压器的外壳、线圈等与弹簧片组成的组件固定在被测件上。被测件以加速度 a 运动时，铁芯的惯性力作用在弹簧片上而产生弯曲变形，也即铁芯相对于线圈有位移，因此差动变压器有输出，其输出与铁芯位移（加速度 a）成正比。

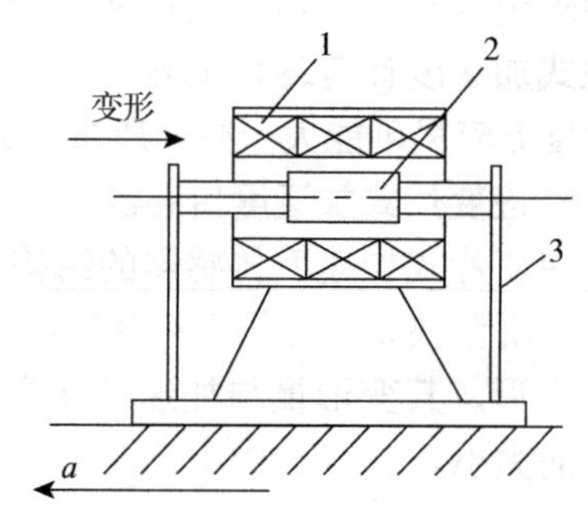

1—线圈；2—铁芯（质量块）；3—弹簧片

图 5.30　差动变压器式加速度传感器的结构

同交流电桥一样，差动变压器也是一个调制器，其输出为调幅输出，因而其测量电路或系统的组成也类似于应变仪的电路，如图 5.31 所示。

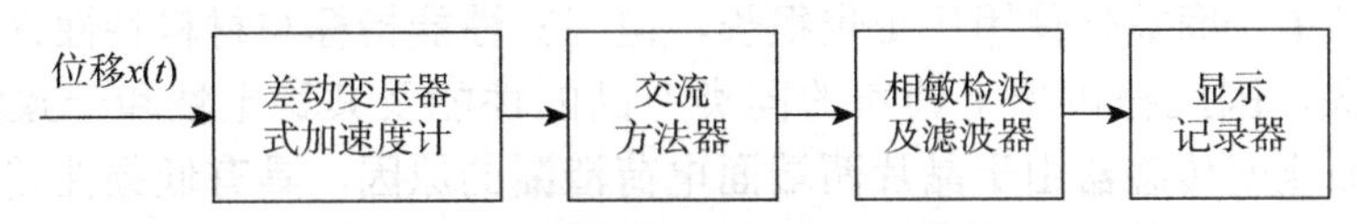

图 5.31　差动变压器测量系统框图

4. 压电式加速度传感器

压电式加速度传感器是基于石英晶体、压电陶瓷等物质的压电效应而设计的。所谓压电效应，是指某些物质受到外力作用几何尺寸发生变化时，内部被极化，表面上出现电荷积聚形成电场；当外力去掉时，又重新恢复到原状态的现象。若将这些物质置于电场中，其几何尺寸也发生变化，这种由于外电场作用导致物质机械变形的现象，称为逆压电效应或电致伸缩效应。具有压电效应的材料称为压电材料，最常用的有石英晶体和压电陶瓷。

压电式加速度传感器如图 5.32 所示，当构件以加速度 a 运动时，质量块 m 就以惯性力 $Q = ma$ 作用在压电晶片上。晶片由于压电效应在其两端面就产生电荷 q，其量值与加速度成正比，即

$$q = S_q a \tag{5.24}$$

式中，S_q 为传感器的电荷灵敏系数。

若压电晶片的电容为 C，则两端面的输出电压为

$$e = \frac{q}{C} = S_v a \tag{5.25}$$

式中，S_v 为传感器的电压灵敏系数。

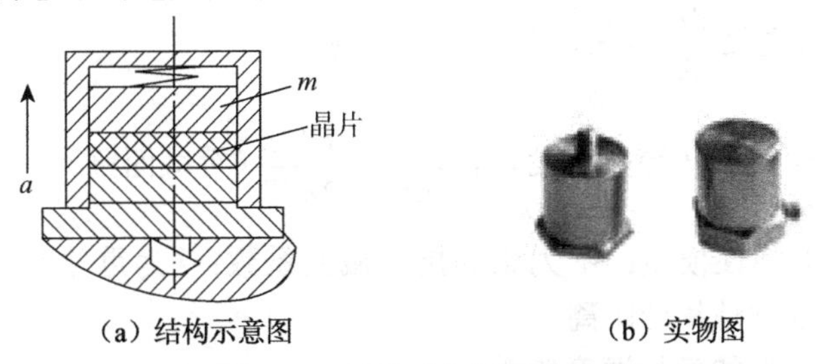

（a）结构示意图　　（b）实物图

图 5.32　压电式加速度传感器

压电式加速度传感器的输出可接入电荷或电压放大器放大，然后再输入到其他测量线路，最后由示波器记录。测量系统框图如图 5.33 所示。

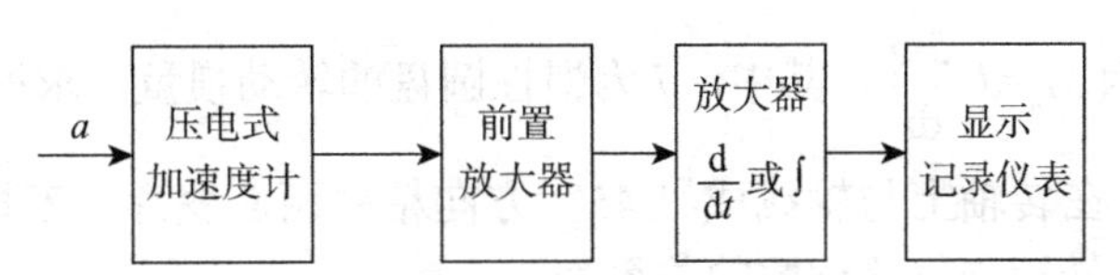

图 5.33　压电式加速度传感器测量系统框图

压电式加速度传感器具有动态范围大、频率范围宽、坚固耐用、受外界干扰小，以及压电材料受力自产生电荷信号不需要任何外界电源等特点。虽然压电式加速度传感器的结构简单，商业化使用历史也很长，但因其性能指标与材料特性、设计和加工工艺密切相关，因此在市场上销售的同类产品的性能及其稳定性和一致性差别非常大。压电式加速度传感器由于晶片两端面电荷泄漏的原因，具有低频性差的特点，与压阻和电容式相比，其最大的缺点是不能测量零频率的信号，故不适于测量恒定或缓变的加速度，但对快变的过程却很适用，故常用来测量振动加速度。

5.3.2 角加速度测量

测定角加速度也是利用惯性力对弹性元件产生变形的原理，以下介绍两种应变片式角加速度传感器，其弹性元件分别为悬臂梁和敏感轴。

1. 悬臂梁弹性元件的角加速度传感器

悬臂梁式角加速度传感器结构如图 5.34 所示。它与线加速度传感器的不同之处是传感器要装在回转轴上，轴的回转会使传感器的位置改变，球自重对悬臂梁的作用方向也在改变，且它直接影响测试结果，因此要设法消除球自重的影响。另外，传感器在回转时，悬臂梁所受的惯性力分为切向惯性力 Q_t 和法向惯性力 Q_n。

$$Q_t = ml\frac{\mathrm{d}\omega}{\mathrm{d}t}，\quad Q_n = ml\omega^2 \tag{5.26}$$

式中，m 为重球的质量；l 为重球的回转半径；ω 和 $\frac{\mathrm{d}\omega}{\mathrm{d}t}$ 分别为轴的角速度和角加速度。

为了消除自重 mg 与法向惯性力 Q_n 的影响，采用如图 5.34 所示的两个悬臂梁，即两个线加速度传感器对称装设，按图示方法贴片与接桥，就能达到目的。这时，应变仪的读数 $\hat{\varepsilon}$ 仅与角加速度 $\frac{\mathrm{d}\omega}{\mathrm{d}t}$ 有关，其量值关系为

$$\frac{\mathrm{d}\omega}{\mathrm{d}t} = \frac{EW\hat{\varepsilon}}{2mll'}（等强度梁），\quad \frac{\mathrm{d}\omega}{\mathrm{d}t} = \frac{EW\hat{\varepsilon}}{2mll''}（等截面梁） \tag{5.27}$$

式中，E 为梁的弹性模量；W 为梁的抗弯截面系数；l 为重球的回转半径；l' 为梁的长度；l'' 为球中心到贴片处距离。

2. 敏感轴弹性元件的角加速度传感器

敏感轴式角加速度传感器结构如图 5.35 所示，敏感轴 1 的一端与被测轴相连，另一端装有惯性圆盘 2。当被测轴 3 以角加速度 $\frac{\mathrm{d}\omega}{\mathrm{d}t}$ 转动时，敏感轴 1 就受到惯性转矩 M_n 的作用，其值为 $M_n=J\frac{\mathrm{d}\omega}{\mathrm{d}t}$，其中，$J$ 为惯性圆盘的转动惯量。求得惯性转矩 M_n，即可求出角加速度。在转轴上与轴线成 ±45° 方向粘贴两应变片，若按半桥接法，则应变读数为 $\hat{\varepsilon} = 2\varepsilon_1$，转矩与仪器读数的关系为

$$M_n = 0.1d^3 \frac{E}{1+\mu}\hat{\varepsilon} \tag{5.28}$$

式中，E 为被测件材料的弹性模量；μ 为被测件材料的泊松比；d 为轴的直径。

因此，角加速度为

$$\frac{\mathrm{d}\omega}{\mathrm{d}t} = \frac{M_n}{J} = \frac{0.1d^3}{J} \cdot \frac{E}{1+\mu}\hat{\varepsilon} \tag{5.29}$$

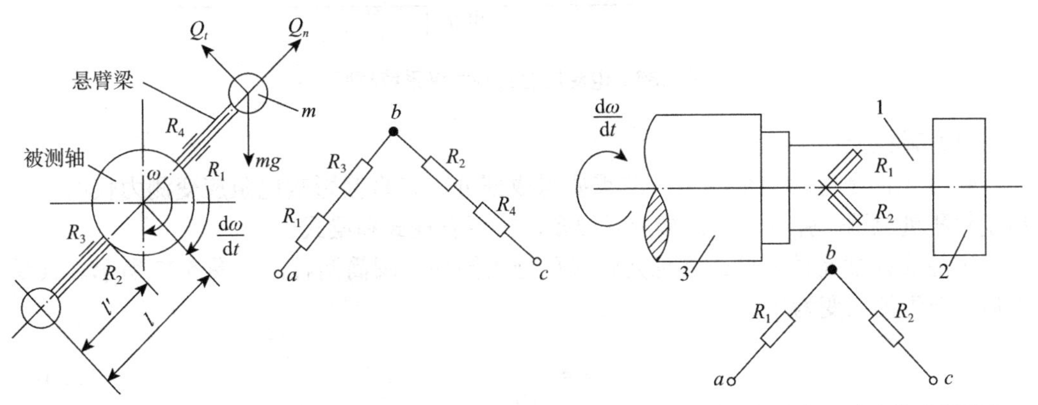

图 5.34　悬臂梁式角加速度传感器结构

图 5.35　敏感轴式角加速度传感器结构

5.4　力与压力测量

力的作用使物体改变运动状态或使物体产生变形，它是衡量设备负荷状况或运动原因的物理量。在机械加工、材料性能、设备性能和状态监测中常要测量力，这里主要介绍动态力的测量。

压力是单位面积承受的力，又称压强。由于各个领域中广泛应用着不同的力的测量仪表和装置，因此测量压力的方法也多种多样。

5.4.1　力的测量

测量力的传感器种类很多，按工作原理可分为弹性式、电阻应变式、电感式、电容式、压电式和磁电式等。电阻应变式和压电式传感器应用较为广泛。

1. 电阻应变式测力仪

电阻应变式测力仪具有精度高、频率响应好、测力范围宽、简便等优点，且有静态和动态两种形式。

电阻应变式测力仪系统框图如图 5.36 所示。力作用于弹性元件上，使其产生应变，贴在弹性元件上的应变片的电阻将发生变化，由电桥调制输出的电压信号经放大、相敏检波、滤波之后，送 A/D 采样，变换成数字量显示出来。应变仪一般都要有温度补偿。

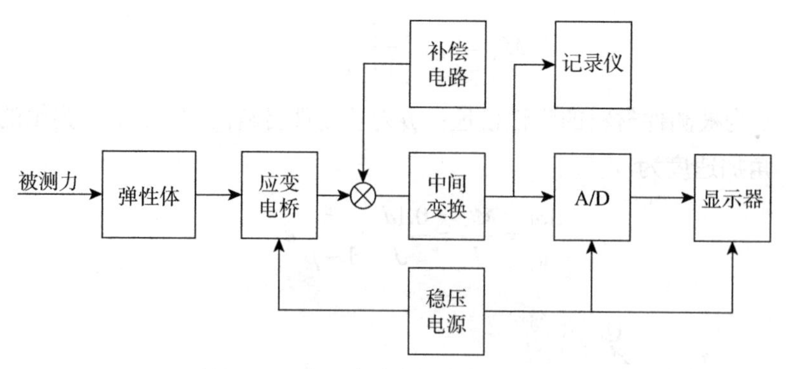

图 5.36　电阻应变式测力仪系统框图

（1）弹性元件

弹性元件是电阻应变测力仪的重要组成部分，它直接影响电阻应变测力仪的测量精度和测量范围。弹性元件结构形式很多，主要有柱式和梁式。

①柱式弹性元件。柱式弹性元件又可分为圆柱、圆筒两种，如图 5.37 所示。其受力后，产生的应变为

$$\varepsilon=\frac{F}{AE} \tag{5.30}$$

式中，F 为弹性力；E 为弹性材料的弹性模量；A 为弹性体的横截面积。

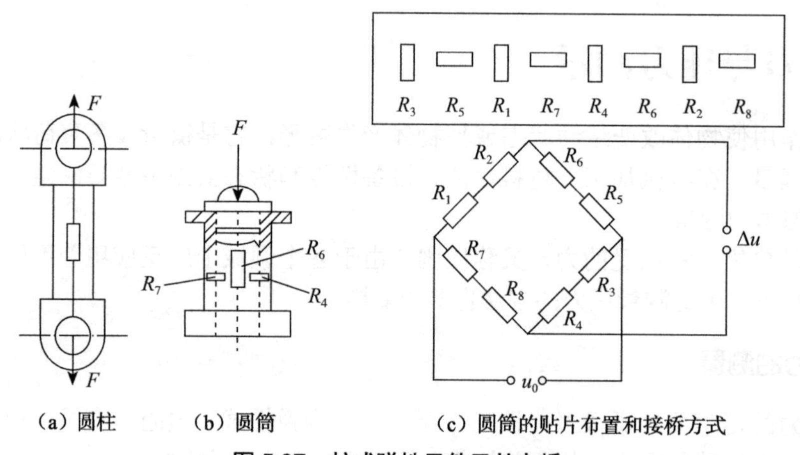

图 5.37　柱式弹性元件及其电桥

薄壁圆环形弹性元件如图 5.38 所示，图 5.38（b）所示为纯圆环，图 5.38（a）所示为带刚性部分圆环。图 5.38（a）中，φ_0 对应等厚部分的 AB 段弧。φ 对应处截面应变为

$$\varepsilon=\frac{1}{EW}\frac{Fr_0}{2}\left(\frac{\sin\varphi_0}{\varphi_0}-\cos\varphi\right) \tag{5.31}$$

式中，W 为圆环抗弯截面模量；r_0 为环的平均半径。

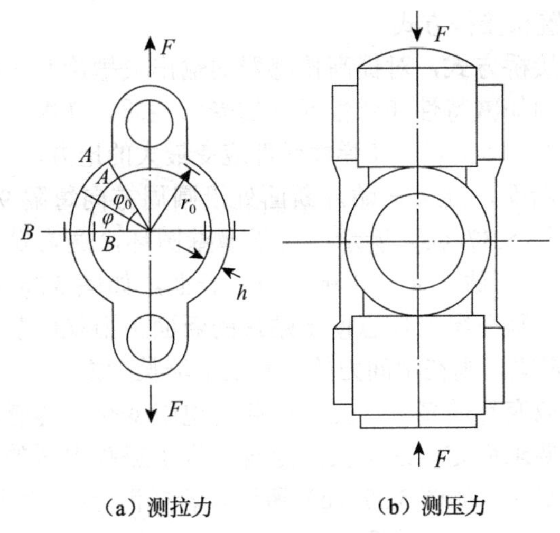

（a）测拉力　　（b）测压力

图 5.38　薄壁环形弹性元件

把 $\varphi=\varphi_0$ 和 $\varphi=0$ 代入式（5.31），可分别得到 A、B 两截面的应变。

②梁式弹性元件。按梁的支撑情况，梁式弹性元件又分悬臂梁式和两端固定梁式两种，如图 5.39 所示。

悬臂梁如图 5.39（a）所示，在 x 截面处的应变值为

$$\varepsilon_x=\frac{6F(l-x)}{Ebh^2} \tag{5.32}$$

两端固定梁如图 5.39（b）所示，在中心处的应变值为

$$\varepsilon=\frac{3Fl}{4Ebh^2} \tag{5.33}$$

式中，l 为梁的长度；b 为梁的宽度；h 为梁的厚度。

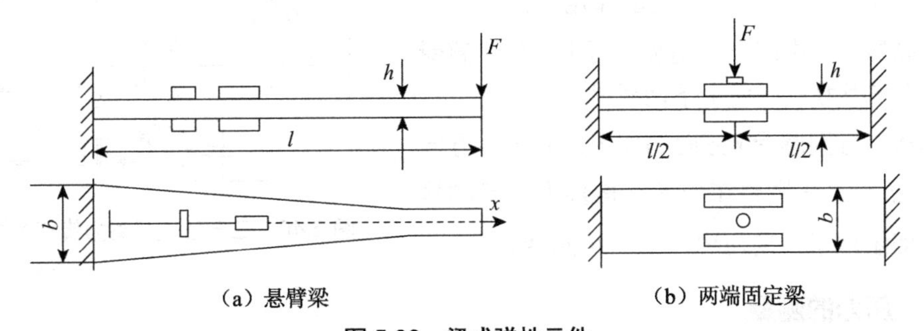

（a）悬臂梁　　（b）两端固定梁

图 5.39　梁式弹性元件

悬臂梁式弹性元件结构简单、灵敏度高，但量程小、线性度差，适用于小量程，精度不高的场合。

由式（5.31）、式（5.32）和式（5.33）可知，只要弹性元件的尺寸和材料确定后，弹性元件在外力作用下所产生的应变与外力成正比。

（2）应变片的布置和接桥方式

应变片的布置和接桥方式，对提高传感器的输出灵敏度和消除有害因素的影响有很大关系。根据电桥的加减特性和弹性元件的受力性质，在贴片位置许可的情况下，通常贴 4 ～ 8 片应变片，其位置应在弹性元件应变最大的地方。

对于圆柱或圆筒断面，通常在贴片断面处沿圆周方向每隔 90°或 45°贴一片竖向和横向片，相间隔如图 5.37（c）所示；对于薄壁圆环，通常贴在对称的 $B-B$ 断面的内外表面沿圆周方向或贴在 $A-A$ 断面的内表面，如图 5.38（a）所示；对于悬臂梁，如果是等强度梁，则在梁的任意便于贴片的断面上沿梁的长度方向上下各贴一片或两片，对于两端固定梁，则在中间力的位置上下沿长度方向贴片，如图 5.39 所示。

接桥方式应根据应变片的多少、应变引起的电阻变化、传感器灵敏度的大小以及消除有害因素影响的要求而定，通常接成全桥。为了提高电桥的灵敏度，在相邻桥臂中接上符号相反的应变片，如图 5.37（c）所示。若要消除有害因素的影响，如温度，将符号相同的应变片接在相邻的桥臂中。

在此必须指出的是，电阻应变仪的供桥电压有直流和交流两种，当采用直流电源时，干扰的影响是不可忽略的。电干扰信号来自电桥相邻的载流导体的电磁场。为了抑制干扰，常采取如下措施：

①电桥的信号引出须用双芯屏蔽线。

②屏蔽线的屏蔽金属网应当与电源至电桥的负接线端相连接，并与放大器的“机壳地”隔离。

③放大器应具有高共模抑制比，电桥两根双芯屏蔽线上的干扰信号在放大器的输出端抵消。

2. 压电式测力的方法

压电式测量传感器用于动态力的测量。三向压电式测力传感器的结构如图 5.40 所示，可以用来测 x、y、z 三个方向的作用力。它有三对石英晶体片，中间一对是纵向压电晶体，感受 z 方向的作用力 F_z；而上下两对是厚度切变变形压电晶体，分别感受 x 方向的作用力 F_x 和 y 方向的作用力 F_y。三块叠在一起，再接上三套测量电路，即组成了三向压电式测力传感器。

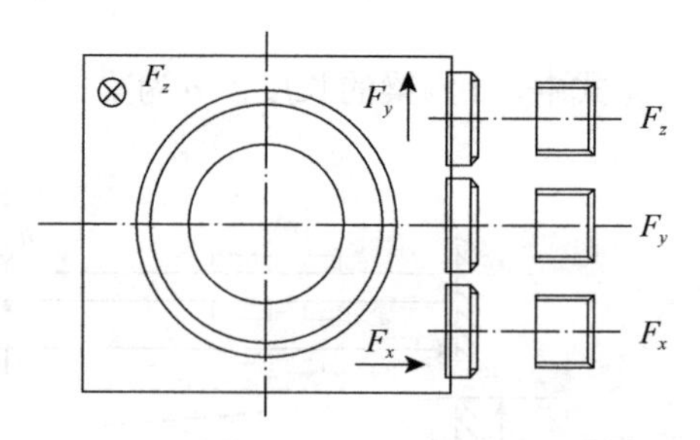

图 5.40　三向压电式测力传感器结构

5.4.2　压力的测量

压力是反映物体状态的参数，它在科学研究和生产活动的各个领域里具有重要意义。工程测量中所测量的压力（在物理学中称为压强）是指介质（包括气体或液体）垂直作用在单位面积上的力。因此，压力 p 可表示为

$$p=\frac{F}{S} \tag{5.34}$$

式中，F 为垂直作用在单位面积上的力；S 为面积。

工程上，压力的表示方法可分为以下几种：绝对压力是指作用于物体表面积上的全部压力，其零点以绝对真空为基准，又称总压力或全压力，一般用大写符号 P 表示；大气压力是指地球表面上的空气柱重量所产生的压力，以 P_0 表示；表压力是指超出当地大气压力的数值，即绝对压力与当地大气压力之差（$p_{表压}=p_{绝对}-p_{当地大气压}$）；真空度是指当绝对压力低于当地大气压时，表压力为负表压，习惯上把负表压称为真空度。绝对压力越低，负表压的绝对值越大，真空度就越高。差压是指任意两个压力之差，如静压式液位计和差压式流量计，就是利用测量差压的大小来知道液位和流体流量的大小。

1. 压力测量方法

由于各个领域中广泛应用着不同的力的测量仪表和装置，因此测量压力的方法也多种多样。根据不同的测量原理，可把压力测量方法归纳为四类。

（1）液体压力平衡原理测压法

液体压力平衡原理测压法是通过液体产生的压力或传递压力来平衡被测压力的测量方法，它又可分为液柱压力计法和活塞压力计法。

液柱压力计法利用液柱产生的压力与被测介质压力相平衡的原理，其原理简单、工作可靠、种类各异，为了满足不同的测量要求，工作液体常用水银、水、酒精等。

活塞式压力计法利用液体传递压力的原理，通常把它作为标准压力发生器，用来校准其他压力仪表。

（2）机械力平衡原理测压法

机械力平衡原理测压法是将被测压力通过某种转换元件转换成一个集中力，然后用一个大小可调的外界力来平衡这个未知的集中力，从而实现对压力的测量。

（3）弹性力变形测压法

弹性力变形测压法原理是利用多种形式的弹性元件在受到压力作用后会产生弹性变形，采用不同材料、不同形状的弹性元件作为感压元件，根据弹性变形的大小，可以适用于不同场合、不同范围的压力测量。这类压力仪表品种多，应用广。通常采用的弹性元件可分为以下五种形式。

①平膜片。它是将弹性材料做成简单的平面膜片，其刚性较大，工艺简单。

②波纹膜片。它是将膜片做成波纹状，有正弦波纹、三角波纹、梯形波纹等形状，这种膜片灵敏度高，变形较大。有时将两片组合在一起做成膜盒，其变形输出比单片输出加大一倍。

③弹簧管。又称波登管，通常有单圈管和多圈管之分。弹簧管做成的压力计在工业应用中最为普遍。

④波纹管。它是将弹性材料做成波纹管状，其灵敏度高，位移变形大。

⑤挠性膜片。一般用于较低压力的测量，膜片中心有硬心，使它与弹簧配合，可得到较好的线性特性。

（4）其他物理特性测压法

①电气式测压法。用压敏元件直接将压力转换成电阻、电荷量等电量的变化来测量压力，包括电阻式、电容式、压电式、电感式、霍尔式、光电式等测量方法。

②热导原理测压法。利用气体在压力降低时导热系数变小的原理来测量真空度。

③电离真空测量原理测压法。这是根据带有一定能量的质点通过稀薄气体时，可使气体电离的原理，利用对离子数计数来测量真空。

2. 常用压力传感器

（1）压阻式压力传感器

压阻式压力传感器的压力敏感元件是压阻元件，它是基于压阻效应工作的。所谓压阻元件，实际上就是指在半导体材料的基片上用集成电路工艺制成的扩散电阻，当它受外力作用时，其阻值由于电阻率的变化而改变。扩散电阻正常工作时，需依附于弹性元件，常用的是单晶硅膜片。

图 5.41 所示为压阻式压力传感器的结构。压阻芯片采用周边固定的硅杯结构，封装在外壳内。在一块圆形的单晶硅膜片上布置四个扩散电阻，两片位于受压应力区，另外两片位于受拉应力区，它们组成一个全桥测量电路。硅膜片用一个圆形硅杯固定，两边有两个压力腔，一个是与被测压力相连接的高压腔，另一个是低压腔，接参考压力，通常和大气相通。当存在压差时，膜片产生变形，使两对电阻的阻值发生变化，电桥失去平衡，其输出电压反映膜片两边承受的压差大小。

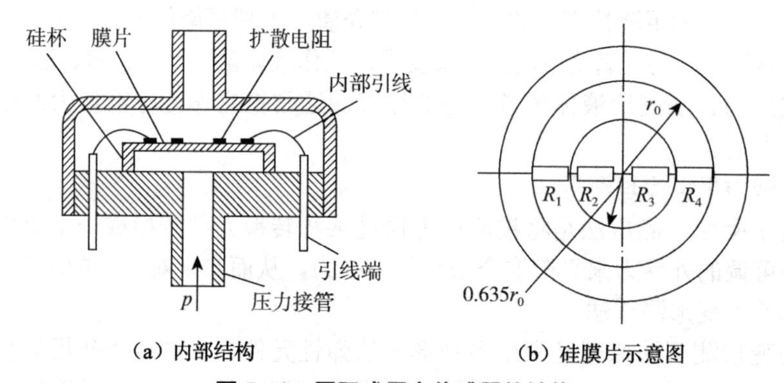

（a）内部结构　　（b）硅膜片示意图

图 5.41　压阻式压力传感器的结构

压阻式压力传感器的优点是体积小、结构比较简单、动态响应好、灵敏度高，能测出十几帕斯卡的微压，它是目前发展较为迅速和应用较为广泛的一种压力传感器。

这种传感器测量准确度受到非线性和温度的影响，从而影响压阻系数的大小。现在出现的智能压阻压力传感器利用微处理器对非线性和温度进行补偿，它利用大规模集成电路技术将传感器与微处理器集成在同一块硅片上，兼有信号检测、处理、记忆等功能，从而大大提高了传感器的稳定性和测量准确度。

（2）霍尔式压力传感器

由霍尔效应可知，如果将霍尔元件放在一个磁场中移动，保持控制电流不变，它将输出一个与位移大小有关的霍尔电势。霍尔压力传感器的工作机理就是利用半导体材料的霍尔效应。在介质压力的作用下，由弹性元件产生位移，带动弹性元件一端的霍尔元件使它在磁场中产生同样的位移，当霍尔元件通有恒定的控制电流时，就产生与被测压力成正比的霍尔电势。

如图 5.42 所示，弹性元件为膜盒 2。在被测介质压力变化时，推动膜盒 2 上端芯杆 3 和杠杆 4，使霍尔片 5 发生位移，偏离中心位置，输出霍尔电势。霍尔电势的大小和压力的变化成线性关系，其符号“+”“-”反映的是输入压力是正压还是负压。压力测量范围为 -0.27 ～ +0.54MPa，精度为 1.5 级。霍尔元件对磁场的测量是非接触检测，工作可靠，其输出电势为毫伏级，便于远传，故其应用较广。但是霍尔元件易受温度影响而造成误差，通常使用时要采取温度补偿措施来提高它的测量准确度。

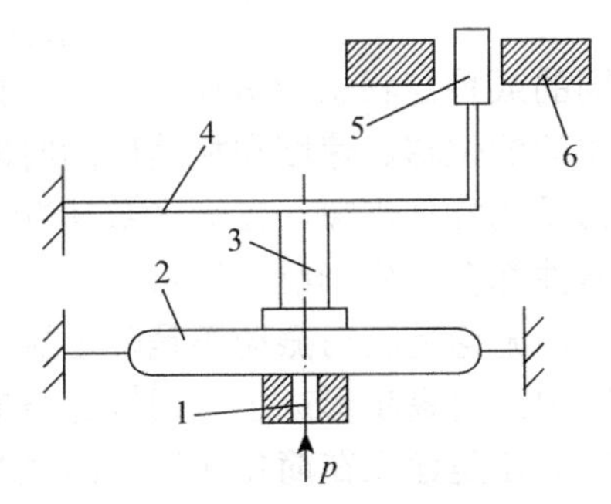

1—管道；2—膜盒；3—芯杆；4—杠杆；5—霍尔片；6—永久磁铁

图 5.42 霍尔式压力计

（3）光电式压力传感器

光电式压力传感器的测量原理就是利用压力变化引起投射到光敏元件上的光强度变化，从而获得压力的测量数值。

电测压的主要器件包括弹性膜盒以及与其连接的遮光板、两个光敏元件 LA 和 LB、光源等基本部件。当被测压力作用于膜片时，引起遮光板中狭缝的位移，这样就使投射到光敏元件 LB 上的光强度增强，而同时使光敏元件 LA 上的光强度减弱。如果把光敏元件 LA 和 LB 接成差动电路，就能实现光电转换。只要将狭缝位移与光敏元件差动输出电压设计成线性关系，而由于膜片变形引起的狭缝位移与所测压力是线性关系，因此就可以使压力和输出电压成比例。

由于光敏元件容易受温度变化的影响而产生测量误差，因此可采用反馈电路加以补偿。使光敏元件 LA 和 LB 的总电流 i_L 通过某一公共电阻 R，由于温度变化可使光敏元件电流发生变化，则电阻 R 上的共模电压也将发生变化，这样经过反相放大器将引起控制元件的输出电流变化，从而调节灯源的发光强度，使光敏元件的差动输出电压获得补偿。

设通过光敏元件的电流 i_λ 与灯源的电流 i_L 成比例，即 $i_\lambda = ki_L$，而灯源电流 i_L 与控制电流 i_B 存在 $i_L = \beta i_B$ 的关系，如果将反馈放大器的跨导设为 G，则可以得到

$$\frac{\Delta i_\lambda}{i_\lambda} = \left(\frac{1}{1+k\beta GR}\right)\frac{\Delta k}{k} \tag{5.35}$$

式中，$k\beta GR$ 的数值通常很大，所以有 $\frac{\Delta i_\lambda}{i_\lambda} << \frac{\Delta k}{k}$。这个结论说明，对于温度变化所引起的比例系数 k 的相对变化 $\Delta k/k$，由于反馈线路的作用使光敏元件的共模电流的相对变化量降低到很小。此外，值得说明的是，由于灯源老化而引起的比例系数 k 的变化，通过上述反馈线路亦可消除对输出差动电压的影响。

光电式测压的特点是光敏元件反应灵敏，输出信号较大，不需要再进行放大，可以获得连续的输出电压，且具有很高的分辨率。

5.5 振动测量

物体随时间反复进行相同的或特定状态的运动，就称为振动。典型的振动是周期运动，一个振动过程可以用振动的位移、速度和加速度随时间变化的过程来描述。振动是工程技术和日常生活中常见的物理现象，在大多数情况下，振动是有害的，它对仪器设备的精度、寿命和可靠性都会产生影响。当然，振动也有可以被利用的一面，如输送、清洗、磨削、监测等，无论是利用振动还是防止振动，都必须确定其量值。在长期的科学研究和工程实践中，已逐步形成了一门较完整的振动工程学科，可供进行理论计算和分析。但这些毕竟还是建立在简化和近似的数学模型上，还必须用试验和测量技术进行验证。随着现代工业和现代科学技术的发展，对各种仪器设备提出了低振级和低噪声的要求，以及对主要生产过程或重要设备进行监测、诊断，对工作环境进行控制等，这些都离不开振动的测量。测量振动的目的是测出振动的位移、速度和加速度的时间历程。

研究振动的测量包括两方面的内容：一是研究怎样测量振动的各项参数；二是研究振动试验怎样实现。振动试验是检查被用来振动的产品、零件、材料的抗振特性和其他特征参数的试验。

振动试验主要包括以下几类。

（1）零件、材料、电气接线等的抗振特性试验。

（2）材料的激振疲劳试验。

（3）振动和声学有关的试验——振动方法、机械阻抗、机械转移等参数的测量。

（4）机器、产品的可靠性、安全性试验。

测量振动的系统通常由传感器、测振仪和记录仪等组成，如图 5.43 所示。

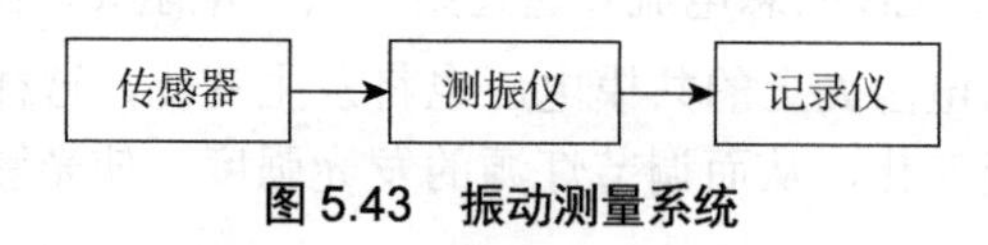

图 5.43 振动测量系统

随着测试技术的发展，振动测试系统也在不断更新。传感器最初多用磁电式传感器，但是由于它体积大、频带较窄，在使用上受到限制。目前多采用压电晶体加速计，它具有频带宽、动态范围大、体积小、重量轻等优点。测振仪过去多采用电压前置放大器，但是由于这种仪器的灵敏度受到测量电缆长度的限制，使得测量结果含有较大的误差。在目前，更倾向于采用电荷放大器，由于它的灵敏度不受电缆长度的影响，这样就给使用带来了极大的方便。记录仪早期使用光学示波器，现在出现了磁带记录仪、数字记录仪、遥感记录系统等。这些技术的进步和仪器的发展都为振动参数的数据处理、远距离传输、提高准确度等方面带来了令人鼓舞的进步。下面分别讨论测振传感器、测振仪以及振动的记录方法。

5.5.1　测振传感器

在现代振动测量中，除某些特定情况采用光学测量外，一般用电测的方法。将振动运动转变为电学（或其他物理量）信号的装置称为振动传感器。

根据被测振动参数，测振传感器可分为位移式传感器（其传感器的输出量与振动位移量成正比）、速度式传感器（其输出量与振动速度成正比）、加速度式传感器（其输出量与振动加速度成正比）。

从力学原理上，振动传感器又可分为绝对式传感器和相对式传感器。绝对式传感器测量振动物体的绝对运动，这时需将振动传感器基座固定在振动体待测点上。绝对式振动传感器的主要力学组件是一个惯性质量块和支承弹簧，质量块经弹簧与传感器基座相连，在一定频率范围内，质量块相对基座的运动（位移、速度和加速度）与作为基础的振动物体的振动（位移、速度、加速度）成正比，传感器敏感组件再把质量块与基座的相对运动转变为与之成正比的电信号，从而实现绝对式振动测量。相对式传感器测量振动体待测点与固定基准的相对运动，这时，由传感器敏感组件直接将此相对运动（振动体的运动）转变为电信号。相对式传感器又可分为接触式和非接触式两种。实际上，有时很难建立一个测量的固定基准，如振动体在空间宏观移动。另外，从现场振动测量的便利条件和应用方便而言，使用得最多的是绝对式传感器。但在某些场合，无法或不允许将传感器直接固定在试件上（如旋转轴、轻小结构件等），必须采用相对式传感器。

根据振动传感器所用敏感元件的不同，又可将其分为电位计式、应变式、电阻式、张丝式、电容式、电感式、涡流式、差动变压式和光电式等。

振动传感器的技术性能主要包括：

（1）频率特性：包括幅频特性和相频特性。

（2）灵敏度：电信号输出与被测振动输入之比。

（3）动态范围：可测量的最大振动量与最小振动量之比。

（4）幅值线性度：理论上，在测量频率范围内传感器灵敏度应为常数，即输出信号与被测振动成正比。实际上，传感器只在一定幅值范围保持线性特性，偏离比例常数的范围称为非线性，在规定线性度内可测幅值范围称为线性范围。

（5）横向灵敏度：传感器除了感受测量主轴方向的振动外，对于垂直于主轴方向的横向振动也会产生输出信号。横向灵敏度通常用主轴灵敏度的百分比来表示。从使用上看，横向灵敏度越小越好，一般要求小于 3% ～ 5%。

目前使用较多的相对式位移传感器为电涡流传感器，它的特点是结构简单、灵敏度高、线性好、频率范围宽（0 ～ 10kHz）、抗干扰性强，因此广泛应用于非接触式振动位移测量，尤其是大量应用于大型旋转机械上监测轴系的径向振动和轴向振动。

1. 粘贴式电阻应变计

粘贴式电阻应变计是将应变片粘贴在弹性梁上，应变片是传感器的敏感元件。其原理是应变片电阻的变化与应变片的纵向伸长或压缩量成正比，即

$$\frac{\Delta l}{l}=\frac{\Delta R}{R} \tag{5.36}$$

式中，l为应变片纵向长度（mm）；Δl为纵向伸缩量（mm）；R为总电阻（Ω）；ΔR为电阻变化量（Ω）。

在粘贴式电阻应变计中，质量块与悬臂梁组成一个质量—弹簧系统。使用时，应变片应贴在悬臂梁的应变方向。当质量块运动时，悬臂梁将产生弯曲应变，这一应变由悬臂梁的特点及其材料性质决定。在一定的变形范围内，该质量块的位移x与悬臂梁的应变（$\Delta l/l$）成正比，即

$$x\propto\frac{\Delta l}{l}=\frac{\Delta R}{R} \tag{5.37}$$

$$\frac{\Delta R}{R}=Kx=K\beta_{\alpha}\ddot{u} \tag{5.38}$$

式中，K为机电转换系数；x为质量块的位移；l、Δl为悬臂梁长度和悬臂梁的应变长度；β_{α}为幅频特性动力放大系数；$\ddot{u}$为加速度计基座的输入。

当应变计随基座振动时，由于加速度的作用，质量块上的惯性力使敏感元件变形，从而使应变片电阻发生变化而输出电信号。

实际使用中一般应变片需要贴四片或八片。由于应变片的温度效应较为严重，为了补偿温度效应，在测量线路中一般要加补偿应变片，其数量和型号通常和测量应变片相同。补偿片贴在与测量片相垂直的方向，并组合在同一个桥路里，使其由于温度变化而引起的电阻变化互相抵消，从而达到温度补偿的目的。

此传感器的优点是可从零频率附近开始测量，适用于低频测量，结构简单，使用可靠，横向效应小；缺点是灵敏度低。

2. 压阻式加速度计

压阻式加速度计的敏感元件是单晶硅片，其工作原理是利用单晶硅片的“压敏电阻效应”。振动时，压阻元件变形，其电阻变化和变形量成正比，再通过所配的电桥线路转变为电量输出。它的结构和应变式加速度计基本相同，仅仅是敏感元件不同。但是它的低频特性好，具有零频响应，输出阻抗低，可直接和示波器、数字电压表、磁带记录仪相连。压阻式加速度计特别适用于低频测量和需要有直流响应能力的冲击测量等领域。

3. 张丝式传感器

在张丝式传感器中，电阻丝不直接粘贴在弹性元件上，而是直接连在活动质量块和基座之间，以感受质量块在振动过程中的位移变化。当质量块相对于基座振动时，一组电阻丝受力拉伸，另一组电阻丝受力压缩，电阻丝的相对变化通过电桥进行变换和测量。

由于电阻丝的电阻变化率直接反映了质量块在振动过程中的位移，因此，张丝式传感器的灵敏度较高。此外，其低频特性也较好。这种加速度计的缺点是稳定性较差、易受温度影响、零漂较大、需要温度补偿、需要外接电源。

4. 磁电式速度传感器

磁电式速度传感器有两种结构：动圈式和动磁式。动圈式速度传感器的活动系统由活动线圈和电磁阻尼器组成。活动线圈放在由永久磁铁和壳体所形成的间隙中，线圈和阻尼器由芯杆相连，并通过弹簧片支承在壳体上。传感器壳体固定在振动物体上，当物体振动时，壳体也随之振动，则线圈相对于磁铁运动，线圈切割磁力线运动便产生感应电动势为

$$e = BNlv \tag{5.39}$$

式中，B 为磁感应强度；N 为线圈匝数；l 为每匝线圈的长度；v 为线圈相对于磁铁的运动速度，即被测的振动速度。

传感器的结构一旦确定，则式（5.39）中的参数 B、N、l 均为常数，因而感应电动势和被测的振动速度 v 成正比。

动磁式速度传感器与动圈式速度传感器的区别主要是其活动部分是磁钢，而不是线圈。磁钢由两个圆柱形的弹簧支承，线圈绕在非导磁性的金属骨架上并与壳体相连。传感器固定在振动物体上，当物体振动时，磁钢在线圈中产生运动，从而产生感应电动势。磁钢的运动速度就是被测的振动速度。

磁电式速度传感器的优点是内阻小，不需要高输入阻抗的放大器，对测量仪器要求简单。由于使用空气阻尼或电阻尼，受温度影响较小，故其稳定性较高。由于输出信号和振动速度成正比，故低频测量时输出较大，有利于提高系统的信噪比。缺点是其振动频率响应范围窄，只适用于低、中频测量。

5.5.2　测振仪的电路原理

图 5.44 所示为测振仪的原理图。通常压电式振动传感器的内阻很大，所以在将它与放大器连接之前，需要先经过阻抗变压器，使两边阻抗匹配。测振仪可直接读取振动的加速度值。

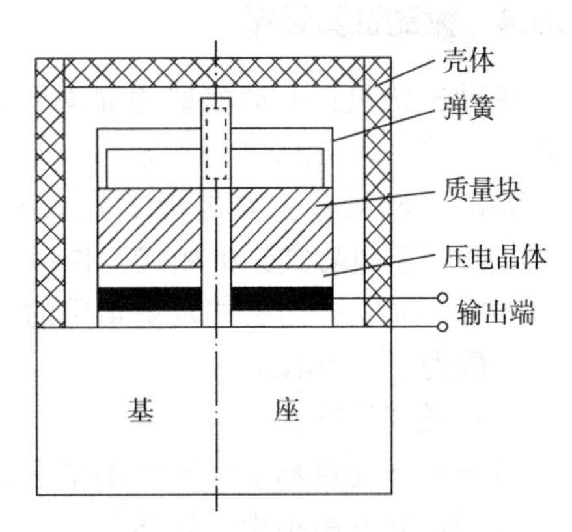

图 5.44　测振仪的原理图

对于不同类型的传感器，测振仪的前置电路是不同的。速度型传感器可通过一次积分电路获得位移；加速度型传感器从理论上看可以采用二次积分电路获得位移，但实际上很少这样使用，因为它需要将传感器的灵敏度调得很高，这样就不能正常测出加速度。

压电式振动传感器测得的电荷量由电荷放大器变换成相应的输出电压。电荷放大器由一个高增益运算放大器和一个电阻与电容并联的反馈网络构成。反馈电容上的电压决定了输出电压与输入电荷之间的关系，电荷放大器的输出电压仅由反馈电容决定，即

$$U_0 = \frac{-Q}{C_f + \frac{1}{j\omega} g_f} \tag{5.40}$$

式中　C_f ——反馈电容；

Q ——压电传感器产生的电荷；

g_f ——反馈电导。

若反馈电导很大，即 $g_f <<1$，式（5.40）可简化为

$$U_0 = \frac{-Q}{C_f} \tag{5.41}$$

可见，电荷放大器的输出电压仅由输入电压和反馈电容决定，而与压电式测振传感器和放大器之间的电缆长度无关。

5.5.3　振动的记录方法

波形记录是振动记录经常使用的一种方法。对于简单的周期信号，可以从图形上读出它的幅值、频率等参数，对于复杂的波形信号（如随机信号），就不能简单地从波形上读到它的特征参数。

有效记录也是振动记录的一种方法，它常用于记录周期性振动信号。常用的记录仪中大多使用全波整流，然后求出有效值的变换。

此外，当振动的频率较大时，也可以采用对数记录方法。

目前，随着信号处理技术的发展，一些先进的分析仪器采用快速傅里叶变换（FFT）方式来记录振动波形，它的最大特点是能将模拟数据在不连续的时间间隔内取样，并使其数字化。

5.5.4　振动试验设备

振动试验包括振动模型的理论分析和设计计算、振动环境试验设计、振动试验设备等。本节仅介绍振动试验设备。

振动试验设备主要是指试验室进行振动试验的激振仪器，一般可将其分为机械式、电液式和电磁式。机械式工作频率范围较窄，约为 5 ～ 80Hz；电液式的频率范围为 0.05 ～ 800Hz；电磁式是最常用的，它的最高频率可达 3 ～ 4kHz，甚至更高，最低频率一般为 5 ～ 10Hz。

1. 机械式振动台

机械式振动台基于旋转体不平衡块的离心力而引起振动，其振动频率由直流电动机来控制，幅度由不平衡块的偏角大小及试件的重量决定。对称的两块不平衡块作相对旋转，水平分力相互抵消，垂直分力相互叠加合成上下振动的推力。

为了前后左右都对称，常用四块不平衡块组成激振器连接在振动台面连杆上。四块不平衡块的调整可以是手动或电动机械式，也可以是液压传动式，这就是调幅时需要停车调整和不需要停车调整的区别。

2. 电液式振动台

电液式振动台主要由激振器、电液伺服阀、电控装置、油源等部分组成，它是将液压能转换成机械能的装置，在伺服阀的控制下，阀的流量和油的流动方向决定台体推力的大小和运动方向。

电液式振动台的工作原理：信号源产生的振动信号经测量控制部分与阀位移、台位移反馈信号相加产生误差信号，该误差信号经功率放大器放大后，送到伺服阀中的力矩电机控制线圈，控制线圈直接拖动伺服阀的一级阀，使其阀心产生与输入信号成正比的运动，并驱动二级阀作正弦运动，二级阀将油源的高压油按电控信号变化规律供给台体，使台体产生振动。由于阀位移和台位移反馈信号的存在，保证了当输入信号为零时，活塞轴在激振器的中心位置。

电液伺服阀是电液式振动台的关键元件之一，它既是功率放大装置，又是电能、机械能的转换器。它接收来自电控装置的控制信号，将该控制信号转换成驱动激振器的液压驱动力。伺服阀可以是力矩电机式的二级滑阀式伺服阀。

电控装置包括扫频信号发生器、振动测量和控制部分、阀位移、台位移、压差检测器、电荷放大器、功率放大器、扫频定振控制器。电控装置提供振动台在进行振动试验时所需的各种控制信号，并对激振器响应进行处理，对振动台实现闭环控制，使之达到一定的准确度和稳定度。

3. 电磁式振动台

电磁式振动台主要由功率放大器和振动台体组成。电磁式振动台是根据载流导体在磁场中受到电磁力作用的原理，像电动喇叭一样激振工作。电磁式振动台的台体结构由磁路系统、活动组件、弹性支承以及导向机构等组成。

磁路系统的结构分为单磁路和双磁路两种，它们是由直流电流经静止线圈产生的恒定磁场所形成的。单磁路系统结构简单，台面漏磁较大；双磁路系统可以减少漏磁，但结构复杂。对于小功率的振动台可采用永磁磁场。

活动组件是产生交变电磁力的部件。由功率放大装置提供的交流电流经运动线圈，在恒定磁场下产生突变电磁力，使工作台面上下垂直振动。振动频率由动圈内的交流电流的频率决定，幅度由其电压电流决定。由于活动线圈和静止线圈内有较大的电流流过，因此产生的热量需要冷却，冷却方式有水冷式和风冷式两种类型。

由于活动组件依靠弹性支承置于静止线圈的磁路工作间隙中，因此，弹性支承应具有足够的刚度来支承活动组件和台面及试件的全部重量。弹性支承和活动组件构成振动系统，其共振频率决定了电磁振动台的低频特性。若使用空气弹簧，则其最低频率可达 5Hz 以下。

导向机构实际上是一个水平振动滑台，是为了使试件能在正常状态下作水平方向振动而设置的，它常和振动台外壳做成一个整体。将振动台振动轴旋转 90°成水平方向，由垂直方向的振动改为水平方向的振动。试件的重量必须由水平振动滑台来承担，它使振动滑台免受弯矩，因此滑台台面一般采用液压平面轴承．并且有单向运动的引导轴承装置。

5.6　噪声测量

噪声是由许多不同频率和声强的声波杂乱无章地组合而成，是一种不协调的声音。随着现代工业的发展，噪声已成为主要公害之一。90dB 以上的噪声将使听力受损，长期受强噪声刺激（一般指 115dB 以上），将导致听力损失，引起心血管系统、神经系统及内分泌系统等方面疾病。我国已制定了环境噪声限制和测量标准，也对许多机械、设备制定了相应的噪声标准。

声音是振动在弹性介质中传播的波。一个声学系统的主要环节是声源、传播途径和受者。工程中许多噪声都由机械振动所致，噪声测量与振动测量密切相关。

为正确评价各类机械、设备及环境的噪声，研究噪声对环境污染和对人类健康的影响，在寻找噪声源及传播途径以便控制噪声的过程中，都需要进行噪声测量。

1. 噪声测量的物理量

（1）声压与声压级

当物体产生机械振动时，在介质中以波动的形式传播振动，这就是声波。在空气中传播的声波，会在大气压上叠加一个微小的交变压力，其气压波动的大小称为声压。因此可以用声压来衡量声音的大小，声压的单位为 Pa。

声压 p 是声波在介质中传播时在物体上产生的压力，单位是帕（$1Pa = 1N/m^2$）。正常人可听到的最弱的声压 $p_0 = 2\times10^{-5}$ Pa，称为听阀声压。使人感到疼痛的声压为 20Pa，称为痛阀声压。由于听阀声压和痛阀声压的值相差一百万倍，因此人们常用声压级来表示。在实际工程中，通常用声压对基准声压的相对值的对数来表示声音的大小，称为声压级 L_p，单位为 dB。

$$L_p = 20\lg\frac{p}{p_0} \tag{5.42}$$

式中 L_p ——声压级，dB；

p ——实际声压，Pa；

p_0 ——参考基准声压，取为听阀声压。

这样，由听阀声压到痛阀声压的声压便可由 0 ～ 120db 的声压级来表示了。声压级表示声压的强弱与人耳判断声音的强弱基本一致。

（2）声强与声强级

声波的传播过程实际上是振动能量的传播过程。因此，常用能量的大小来描述声波辐射的强弱。声场中单位时间内在垂直于声波传播方向的单位面积上所通过的能量叫声强，用 I 表示，单位为 W/m^2。人能感受到的声强范围大约为 10^{-12} ～ $1W/m^2$，相应的声强级为

$$L_I = 10\lg\frac{I}{I_0} \tag{5.43}$$

式中 L_I ——声强级，dB；

I ——实际声强，W/m^2；

I_0 ——参考基准声强，取为听阀声强 $10^{-12}W/m^2$。

由于在特定的气温（38.9℃）时，声强与声压的平方成正比，即 $I/I_0 = p^2/p_0^{\,2}$，所以声压级的对数值前乘 20，而声强级前乘 10。表 5.3 给出了几种声音的声强、声强级及声压、声压级，从中可以看出常温下空气中某点的声压级近似等于该点的声强级。

表 5.3　几种声音的声强、声强级及声压、声压级

声音	声强 /（W/m²）	声强级 /dB	声压 /Pa	声压级 /Pa
最弱能听到的声音	10^{-12}	0	2×10^{-5}	0
微风树叶声	10^{-10}	20	10^{-4}	14
轻脚步声	10^{-8}	40	10^{-3}	34
稳定行驶的汽车	10^{-7}	50	2×10^{-3}	40
普通谈话声	3.2×10^{-6}	65	10^{-2}	54
高声谈话声	10^{-5}	70	10^{-1}	74
热闹街道	10^{-4}	80	1	94
火车声	10^{-3}	90	10	114
铆钉声	10^{-2}	100	10^{3}	154
飞机声（3m远）	2×10^{-1}	110	10^{4}	174

（3）声功率与声功率级

声功率和声功率级也是常用的测量参数。声源在单位时间内辐射出的总声能称为声功率，用符号 P 表示，单位为瓦（W）。声功率是反映声源发射总能量的物理量，且与测量位置无关，是声源特征的重要指标。同样由于声功率的变化范围很宽，人耳能接受的声功率也很宽，为此也用声功率级 L_W 表示，其定义为

$$L_W = 10\lg\frac{W}{W_0} \tag{5.44}$$

式中　L_W ——声功率级，dB；

W ——声功率，W；

W_0 ——参考基准声功率，$W_0 = 10^{-12}$ W。

人耳听觉较声波的物理参数测量要复杂得多，它包含了区分声音高低和强弱两种属性。人耳对声音的感受和反应具有明显的非线性，一般在 20 ～ 20000Hz 之间对 1000 ～ 4000Hz 频率的声波反应最灵敏。通常把声压和声波频率结合起来评价声音的大小，主要依赖声音的频率、声压和波形。人对声音大小的听觉用响度和响度级来定义和衡量。

响度是人耳判断声音强弱大小的量，用 S 来表示，单位为宋（sone）。1 son 定义为频率为 1000Hz，声压级为 40dB 的平行波的强度。响度级 L_S 的单位为方（phon），它的定义为如果某一声音听起来同 1000Hz 的基准声的纯音一样响，则此 1000Hz 纯音的声压级就等于该声音的响度级。根据这个原则，人们通过大量实验作出了人耳可听频率域内纯音的响度级曲线，称为等响度曲线。

2. 噪声测量常用仪器

常用的噪声测量仪器有传声器、声级计、磁带记录仪、校准器和频谱分析仪等。按不同的测量要求，可单独用声级计或用多种仪器组合。

（1）传声器

传声器是将声压信号转换成电压信号测量噪声的传感器，通常用膜片将声波信号转换成电信号。

①传声器的压力响应和自由场响应

传声器除具有一般传感器性能外，还要有高的声阻抗、声发射和绕射对声场的影响小、低电噪声、平坦幅频特性、输出电信号与声压间极小相移等性能。

传声器置于声场之中，由于反射和衍射现象，会干扰原来的声场，通常会使传声器膜片的声压增大。这种干扰与声波波长、声波入射方向、传声器的尺寸和形状有关。通常用压力响应及自由场响应来描述不同声场中传声器的特性。

压力响应是指传声器的膜片上受到均匀声压时，其输出与声压之比。这相当于尺寸很小的传声器正对一个自由平面行波呈现的响应，没有干扰声场。

自由场是指只有直达声而没有反射声的声场，实际上是指反射声与直达声相比可以忽略的声场，例如，消声室是人工模拟的自由场实验室。传声器在自由场中的输出与原声压值（假设传声器不在时）之比称自由场响应。为减少传声器放入声场而产生的干扰，有的传声器振膜具有适当的阻尼，以补偿高频段所产生的压力增量对输出的影响。或者传声器说明书上同时附有压力响应曲线和自由场响应曲线，以便使用时做修正。

②电容式传声器

按转换原理，传声器分为电容式、压电式和动圈式等。精密测量中最常用的是电容式传声器。

电容式传声器由振动膜片和后极板构成平板电容器，当膜片感受到声压波动而振动时，随之改变平衡位置，导致两平行极板间的距离发生微小变化，于是改变了电容量，这样就将声压信号变换成电信号。电容式传声器的输出阻抗很高，需要使用前置放大器进行阻抗变换，然后再利用测量放大器使信号放大。它的灵敏度高、动态范围较宽、频率特性平坦，是性能比较优良的传声器，故成为当前使用的主要类型。某电容式传声器的结构原理如图 5.45 所示，由振膜和固定的背极组成可变电容，振膜可近似看成一单自由度振动系统，在声压作用下产生振动，将改变电容器的电容。

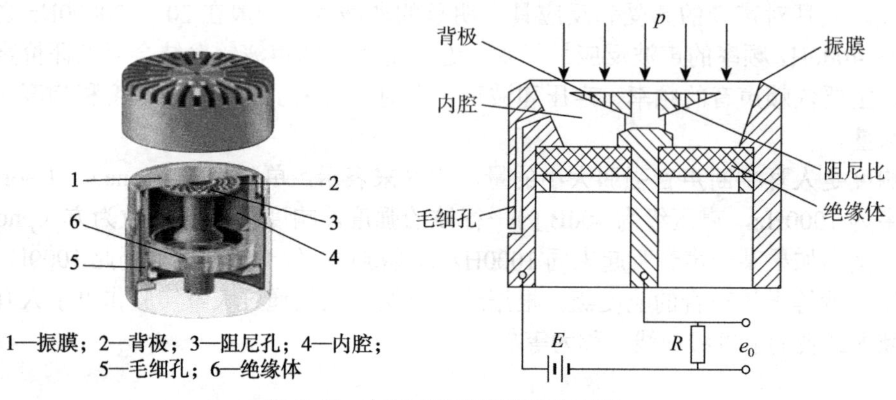

图 5.45 电容式传声器的结构原理

压电式传声器是利用压电晶体的压电效应而做成的声电转换传感器，因此也称为晶体式传声器。这种传声器高频响应范围不够宽，且容易受温度影响，但是它的优点是体积小、结实可靠。

动圈式传声器是将一线圈与膜片连接，当声压使线圈在磁场中运动时，将产生电信号。它的输出阻抗比较低，可以与显示记录设备相连。这种传声器易受周围磁场的干扰，测量误差较大，目前已逐步被淘汰。

（2）噪声分析仪

噪声分析仪是用来进行噪声频谱分析的，而噪声的频谱分析是识别噪声产生的原因并有效地控制噪声的必要手段。

进行频谱分析时，首先将被测噪声的信号通过一组滤波器，将不同频率的分量逐一分离出来，再经过放大器将结果由表头直接读出，或通过记录仪得到频谱图。

进行频谱分析所使用的滤波器称为带通滤波器，它的特性是使信号有选择地通过某一段很窄的频率范围。允许通过的频带越窄，则被测噪声的频率成分的分辨率就越高。

①频率分析仪

频率分析仪主要由放大器、滤波器及指示器组成。

噪声频谱的分析，视具体情况可选用不同带宽的滤波器。常用的有恒百分比带宽的倍频程滤波器和 1/3 倍频程滤波器。如 ND2 型声级计内部设有倍频程滤波器，当选择“滤波器”档时，声级计便成为倍频程频率分析仪，采用的带宽为 3.15Hz、10Hz、31.5Hz、100Hz、315Hz 和 1000Hz。一般来说，滤波器的带宽越窄，对噪声信号的分析越详细，但所需的分析时间也越长，且仪器的价格也越贵。因此，应根据分析需要合理地选择带宽。

②实时频谱分析仪

上述的频率分析仪器是扫频式的，它是逐个频率、逐点进行分析的，因此分析一个信号要花费很长的时间。为了加速分析过程，满足瞬时频谱的分析要求，发展了实时频谱分析仪器。

最早出现的实时频谱分析仪器是平行滤波型的，相当于恒百分比带宽的分析仪，由于分析信号同时进入所有的滤波器，并同时被依次快速地扫描输出，因此整个频谱几乎是同时显示出来的。随着采用时间压缩原理的实时频谱分析仪的发展，它可获得窄带实时分析。时间压缩原理的实时分析仪采用的是模拟滤波器和数字采样相结合的方法，时间压缩是由数字化信号在存入和读出存储器时的速度差异来实现的。随着电子技术的不断发展，采用数字采样和数字滤波的全数字式频谱分析仪得到了日益广泛的应用。如丹麦 B&K 公司的 2131 型是一种数字式实时频谱分析仪，能进行倍频程、1/3 倍频程的实时频谱分析；2031 型为数字式窄带实时频谱分析仪，它是利用快速傅里叶变换（FFT）直接求功率谱来进行分析的。

（3）声级计

噪声用声级来计量大小，因而测量噪声就必须测出声级。声级计集传声器、衰减放大、显示、计权网络、模拟或数字信号输出为一体，它体积小，携带方便，既可以独立测量、读数，又可以将所测信号接入磁带记录仪、分析仪或外接滤波器构成频谱分析系统。声级计是噪声测量中最常用的仪器，其方框图如图 5.46 所示。

噪声测量一般都选用精密声级计，测量误差小于1dB。精密声级计的传声器多为电容式。有些声级计设有峰值和最大有效值（均方根值）保持器，可测量冲击噪声。

声级计必须定期校准。某些行业噪声测量标准规定，每次测量前后都必须对测量装置进行校准，且前后两次校准读数差值不得大于1dB，否则测量结果无效。工业上常用活塞发生器校准声级计。

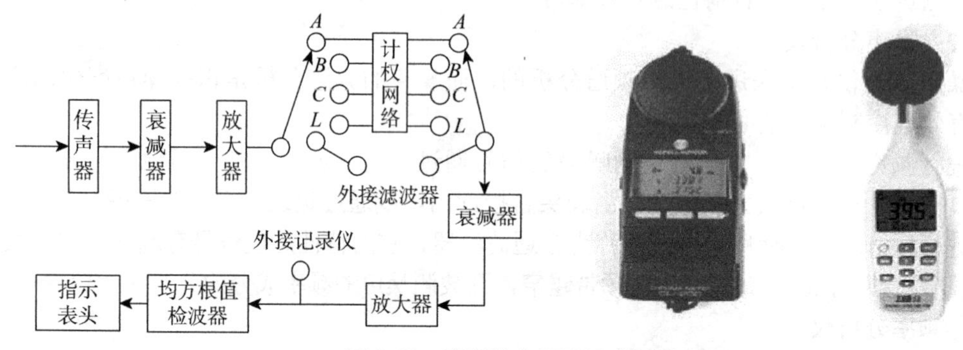

图 5.46　声级计方框图及实例图

案例分析

桩基应力波检测方法

随着高层建筑的发展，桩基技术有了飞跃发展。为保证建筑结构的安全性和完整性，桩基动测技术也有了飞跃的发展，尤其是桩身完整性小应变动态检测，越来越受到人们的重视，它具有省工、省时及无破损等优点。下面以应用广泛的声脉冲反射法为例，介绍桩基检测的基本方法。

1. 桩基应力波反射法基本原理

声脉冲反射波法是用一手锤在桩顶激发出一声脉冲，利用安装在桩顶的加速度计接收反射波信号，获得的加速度随时间的变化曲线经数值积分可以得到速度—时间曲线。它是该低应变法获得的唯一试验曲线。

声脉冲反射法的原理：桩身中的缺陷会引起波阻抗的改变，当声脉冲沿桩身向下传播时，如遇到波阻抗变化的截面将会发生反射，也就是在缺陷处产生反射波，这样就可以利用在桩顶接收到的反射波信号识别缺陷出现的位置、缺陷的类型及其严重程度等。由此可知，反射波的时域波形变化对缺陷识别至关重要。为此我们希望在桩顶激发的入射的声脉冲，在桩身中传播时保持常速度及波形不发生畸变，即要求声脉冲在传播时不发生弥散。在声脉冲反射波法中很容易从桩顶的速度—时间曲线确定缺陷出现的位置及波速。若能获得桩顶的反射波信号，如图 5.47 所示，取入射波峰值与反射脉冲峰值之间的时间差Δt_p，若已知桩的长度，则波的传播速度c可以由下式计算得到

$$c=\frac{2L}{\Delta t_p}$$

从速度曲线还可以确定出入射波峰值与缺陷引起的反射波峰值之间的时间间隔Δt_d。利用上式计算的波速，可以确定出缺陷发生的位置与桩顶之间的距离为

$$s = c\Delta t_d / 2$$

以上计算直接利用了桩顶处测得的速度随时间的变化曲线，称为时间域分析，简称时域分析。

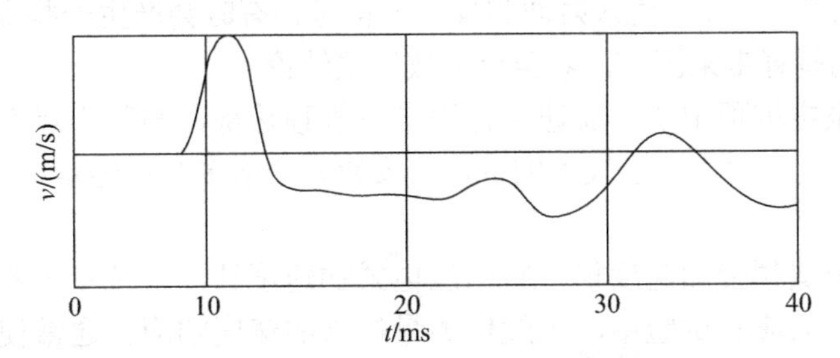

图 5.47　桩顶速度随时间的变化曲线

2. 系统构成

基于反射波法的桩基检测系统框图如图 5.48 所示，该系统由小锤、测振仪、多频段抗混叠滤波器、积分器、手控增益和自控增益放大器组成。

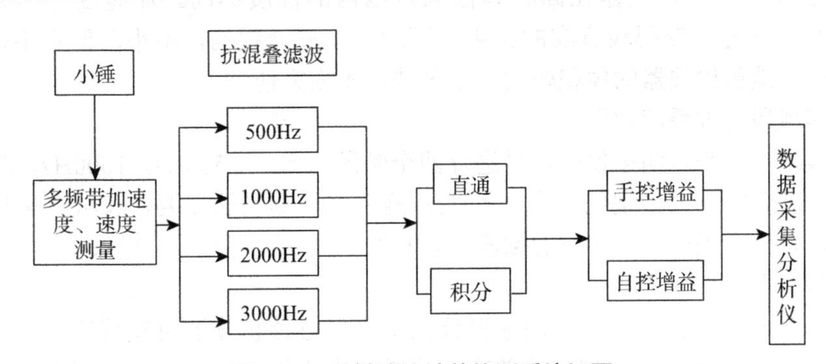

图 5.48　反射波法桩基检测系统框图

（1）小锤

小锤主要用于桩基完整性检测的瞬态激振。对于预制打入桩或短小桩，一般的小手锤即可激起桩底反射。对于稍长的灌注桩，瞬态激振力需增大，才能激起桩底反射，此时可用专用瞬态激振设备。

在低应变实验中，一般使用质量较小的手锤来激发声脉冲。由纵向撞击的理论分析可知，撞击的持续时间受冲击速度影响很小，主要取决于撞击体的质量。因此，使用轻锤可以激发出较窄的脉冲，它包含较丰富的高频分量，从而提高了对桩中缺陷的分辨能力。然而，对于长桩，欲探测深部缺陷，由于声波沿桩身衰减较快，必须采用较重的锤以增加输入能量，这样就不得不牺牲其分辨率。

为了避免锤击引起的桩顶干面的破损，应在桩顶放置垫层。垫层的波阻抗对激发的声脉冲宽度有显著影响。垫层既不能太软，也不能太硬，以产生所要求的脉冲宽度为宜。如对试验结果进行频移分析，还须测量锤子施加于桩的力。一般有两种方法测量这个力：一是将压力传感器放置在锤子和敲击面之间；二是将加速度计固定在锤体的后面。

这里必须强调指出的是，在试验前桩头必须处理好。我国规程要求，被测桩应凿去浮浆，平整桩头，切除桩头外露过长的主钢筋。由于在低应变试验中锤击能量小，声波衰减快，因此无论是从桩顶或缺陷处反射的回波都比较微弱。桩头的浮浆或不平整都会引起“杂波”，严重干扰入射波和反射波信号，有时会产生一些虚假的信号。这不仅给试验结果的解释带来困难，甚至会导致错误结论。

试验时，应敲击桩顶中心。加速度计固定在桩顶边部，与敲击点不能太靠近，又不能放置在钢筋头上。对于直径较大的桩，可安置两个或多个传感器。

（2）测振仪

测振仪是一个宽频带加速度仪，它由压电式加速度计、阻抗变压器、电压放大器和滤波器组成。在低应变试验中，一般仅测量桩顶的速度响应。通常使用加速度计或地震检波器。使用加速度计测得加速度信号，经数值积分转变为速度—时间曲线，而用地震检波器可直接获得速度响应。

如前所述，用手锤激发的声脉冲宽度窄、频带宽、反射波微弱，因此测量所用的加速度计的自振频率应高一些，灵敏度要高。

加速度计和地震检波器在高频和低频范围内的性质不同。加速度计的频响范围大，对于高频信号能获得较真实的结果，而地震检波器频响范围小，但它不需要数值积分。此外，地震检波器的体积较大，携带使用不太方便。

（3）多频段抗混叠滤波器

该滤波器可将来自测振仪的信号进行四个频段的滤波（500Hz，1000Hz，2000Hz，3000Hz），以适应不同桩型的桩身完整性检测及桩长测量的需要。长桩宜采用频率较低的频段，短桩宜采用频率较高的频段，较易看到桩底反射及确定桩长。

（4）积分器

积分器为有源模拟积分器，加速度仪的信号经过该积分器可获得速度信号。适当地选取积分器的截止频率和积分增益有助于桩身完整性的检测。实验证明，只要合适地选择加速度或速度信号的频段，就可以获得理想的实测波形。

（5）手控增益放大器和自控增益放大器

手控增益放大器是放大倍数可调的线性运算放大器。当桩较长时，桩底反射信号或桩深部缺陷的反射信号非常微弱，以致不能判断桩长或缺陷部位，如采用线性放大器，振动波形的前半部分就被截止，淹没了有用的信息。这就需要一种能跟踪反射信号进行自动放大的非线性放大器。这种非线性自控增益放大器的输入输出特性是，当输入信号变小时，该放大器具有很大的放大倍数。随着输入信号的不断增加，放大倍数逐渐减小，输入信号再增加时，输出信号将变为一常量。因此，该放大器具有对桩底反射信号的跟踪放大作用。敲击桩头激起的振动信号随着桩长的增加逐步变小，而自控增益放大器则随反射信号的变小而逐步增加放大倍数。由于测试现场的复杂性，仅根据一点的反射波来确定桩长及缺陷是较为困难的。若可以测得桩底及缺陷的多次反射，而其时差又相同，就可以准确地判断出桩长及其质量。自控增益放大器较好地解决了这个问题。

3. 实测结果

图 5.49 所示为两根预制打入桩的桩身完整性检测的加速度—时间曲线，曲线 a 的

滤波截止频率为 1000Hz，曲线 b 的滤波截止频率为 3000Hz。可以看出，曲线 a 的桩底反射明显，而曲线 b 的反射则不明显。两根桩的实际长度分别为 7.4m 和 7.6m，实测结果分别为 7.42m 和 7.77m。

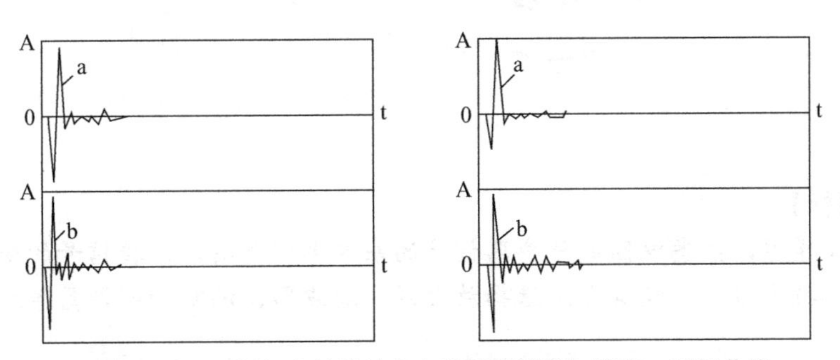

图 5.49　预制打入桩的桩身完整性检测的加速度—时间曲线

图 5.50 所示为采用自控增益放大器后 9m 长灌注桩的桩身完整性检测的加速度—时间曲线。曲线 a 和曲线 b 的滤波频率分别为 1000Hz 和 3000Hz。由图 5.50 可以看到至少三次以上的桩底反射，根据每一次反射计算出的桩长和实际桩长吻合得很好。

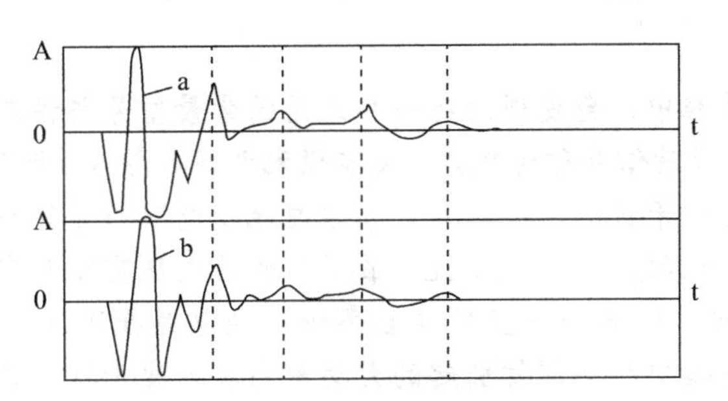

图 5.50　灌注桩的桩身完整性检测的加速度—时间曲线

本章习题

1. 本章介绍的几种测位移方法中，哪种适合测 1mm 以下的小位移，最小分辨率是多少？

2. 差动变压器式位移传感器输出的是什么信号？输出信号的幅值和频率都和哪些量有关？

3. 用定距测量法测速时，请分析 Δx 、 t_0 和测量精度是什么关系？

4. 压电式加速度传感器是怎样测量加速度的？

5. 根据本章介绍的压力的测量方法，设计一种测量声压的方法。

6. 某压力表的指示压力（表压力）为 1.3kPa，当时当地的大气压力正好为 0.1MPa，求该被测压力的绝对压力。

7. 根据你所了解的知识，总结振动测量的意义。

第 6 章　信号调理

【学习目标】

通过本章学习，熟悉电阻式传感器信号的基本调理电路，掌握信号的变换、放大与调理的基本技术方法，能够熟练选择放大器、滤波器、调制和解调器等解决实际应用问题。

【学习要求】

通过理论与实验的结合，掌握电阻式传感器信号调理电路的工作原理和基本应用。学习信号变换及调理的作用，掌握放大器、滤波器的基本特性，掌握幅度和频率调制和解调的基本原理，掌握信号变换的基本原理，包括电压—电流转换和电压—频率转换。

【引例】

在非电量测量过程中，会发现总有一些无用的背景信号与被测信号叠加在一起，这种现象称为干扰，背景信号称为噪声。交流供配电网如图 6.1 所示，在工业现场的分布相当于一个吸收各种干扰的网络，且十分方便地以电路传导的形式传遍各处，经检测装置的电源线进入仪器内部造成干扰。最明显的是电压突变和交流电源波形畸变，它使工频的高次谐波（从低频一直延伸至高频）经电源线进入仪器的前级电路。例如，由调压或逆变电路中的晶闸管引起的大功率高次谐波干扰；又如开关电源经电源线往外泄漏出的几百千赫尖脉冲干扰。

图 6.1　交流供配电网

常见噪声源及干扰源包括：机械干扰、湿度及化学干扰、热干扰、固有噪声干扰、电磁噪声干扰。

在测量过程中，应尽量提高信噪比，以减少噪声对测量结果的影响。这是因为：

（1）传感器输出的信号很微弱，大多数不能直接输送到显示、记录或分析仪器中去，需要进一步放大，有的还要进行阻抗变换。

（2）有些传感器输出的是电参量，需要转换成电信号才能进行处理。

（3）有些传感器输出的是电信号，但信号中混杂有干扰噪声，需要去掉噪声，提高信噪比。

（4）某些场合，为便于信号的远距离传输，需要对传感器测量信号进行调制解调处理。

6.1 电桥

在信号调理中，最基本的调理电路为电桥，主要是将电阻、电感、电容形式转换为测试系统可采集信号形式，如电压、电流等。其特点是精度高、灵敏度高。

按照激励电压的形式，电桥可分为直流电桥、交流电桥；按照输出形式，可分为不平衡桥路、平衡桥路等。本节主要讨论直流电桥和交流电桥的电路原理及应用。

6.1.1 直流电桥

所谓直流电桥，是指输入励磁电源为直流电源，并且由若干电阻桥接形成。一般电路结构如图 6.2 所示，R_1、R_2、R_3、R_4 形成电桥的四个臂。其基本工作原理：首先，在 a、c 两端输入直流励磁电源电压 U_0，在 b、d 两端输出检测电压 U_y。当其中之一或若干电阻发生变化时，导致输出电压发生变化。

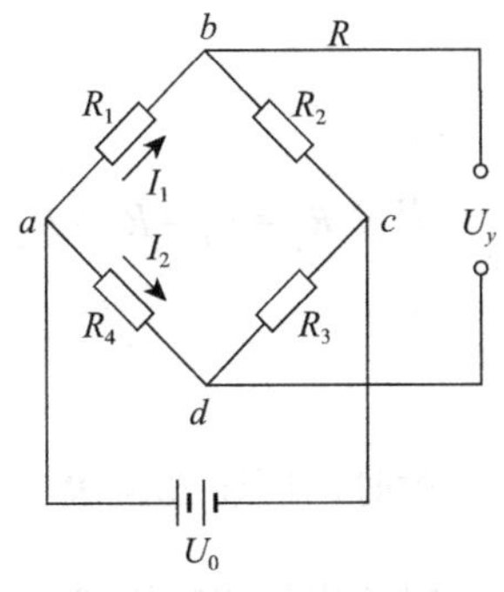

图 6.2　直流电桥电路结构

根据电路结构图可求解输出电压的表达式。首先，根据基尔霍夫电流、电压定理求解 I_1、I_2 电流为：

$$I_1 = \frac{U_0}{R_1 + R_2}, \quad I_2 = \frac{U_0}{R_3 + R_4}$$

显然，此时可求解得到 ab、ad 两端的电压表达式为

$$U_{ab} = \frac{R_1}{R_1 + R_2} U_0, \quad U_{ad} = \frac{R_4}{R_3 + R_4} U_0$$

则输出端电压表达式为

$$U_y = U_{ab} - U_{ad} = \frac{R_1 R_3 - R_2 R_4}{(R_1 + R_4)(R_3 + R_4)} U_0 \qquad (6.1)$$

电桥平衡时，$U_y = 0$，即 $R_1 R_3 = R_2 R_4$。假设四个桥臂电阻的阻值相等时，可以得到输出电压的表达式（按照电阻增量形式计算）为

$$U_y = \frac{1}{4}\left(\frac{\Delta R_1}{R} - \frac{\Delta R_2}{R} + \frac{\Delta R_3}{R} - \frac{\Delta R_4}{R}\right) U_0 \qquad (6.2)$$

在测试中，一般通过改变其中之一电阻实现输出电压的改变，后期测试电路可以通过电压—电流转换电路实现测试信号的转换及规范化。

直流电桥的连接方式主要有三种：半桥单臂、半桥双臂和全桥式，结构如图 6.3 所示。

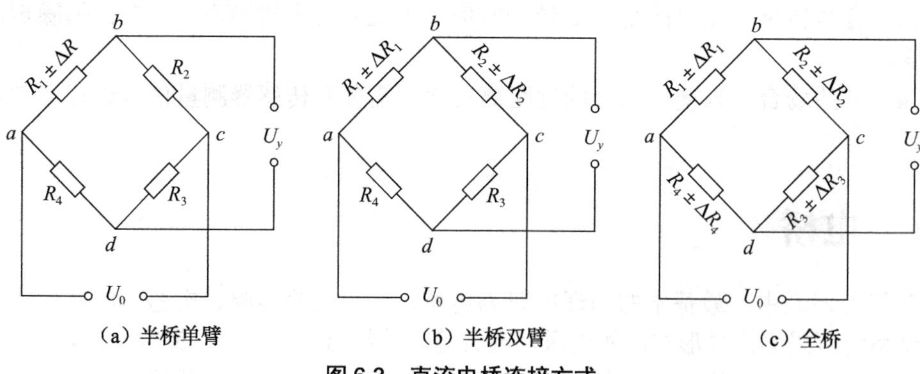

（a）半桥单臂　　（b）半桥双臂　　（c）全桥

图 6.3　直流电桥连接方式

对于半桥单臂情况，输出电压表达式结合式（6.1），并假设 R_1 端增量电阻为 ΔR，则输出电压表达式为

$$U_y=\left(\frac{R_1+\Delta R}{R_1+R_2+\Delta R}-\frac{R_4}{R_3+R_4}\right)U_0 \tag{6.3}$$

假设 $R_1=R_3=R_2=R_4=R_0$，则输出电压计算表达式等效为

$$U_y=\frac{\Delta R}{4R_0+2\Delta R}U_0 \tag{6.4}$$

此时，假设 $\Delta R<<R_0$，则输出电压增量表达式为 $U_y\approx\frac{\Delta R}{4R_0}U_0$。

对于半桥双臂情况，假设四电阻相同为 R_0，并且增量电阻 $\Delta R_1=\Delta R_2=\Delta R$，则得到输出电压增量表达式为 $U_y=\frac{\Delta R}{2R_0}U_0$。

对于全桥电路而言，假设增量电阻相同为 ΔR，那么可以得到输出电压的增量表达式为 $U_y=\frac{\Delta R}{R_0}U_0$。此时可以得到电桥的灵敏度表达式为 $S=\frac{U_y}{\Delta R/R}$，其表示为电桥分辨最小电压的能力。

以上的输出电压求解是在非平衡条件下进行的。在输入电压发生波动或环境温度发生变化时，会导致输出电压的随动波动，造成不必要的测量误差产生。因此，在实际测试电路设计中多采用平衡电桥法，最常用的为零位测量法，测试电路如图 6.4 所示。

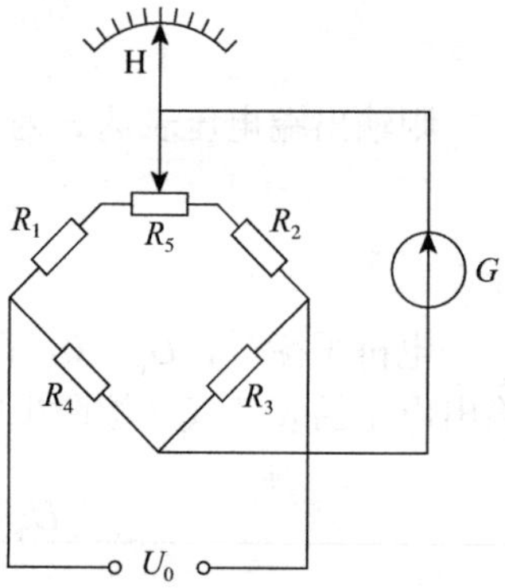

图 6.4　零位测量电路

平衡电桥的电阻计算等式为

$$(R_1+R_5/2)R_3=(R_2+R_5/2)R_4 \tag{6.5}$$

当 R_5 端产生电阻变量 ΔR_5、桥臂端 R_1 产生增量电阻 ΔR_1 时，等效表达式为

$$(R_1 + \Delta R_1 + R_5/2 - \Delta R_5)R_3 = (R_2 + R_5/2 + \Delta R_5)R_4 \tag{6.6}$$

显然，此时 $\Delta R_1 = 2\Delta R_5$。如此，可以降低外界干扰对测试输出的精度影响。

桥臂电阻的变化对输出电压的影响规律为：①相邻两桥臂电阻变化引起的输出电压为两桥臂各阻值变化引起的电压之差；②相对两桥臂电阻变化引起的输出电压为两桥臂各阻值变化引起的电压之和；③和差特性的应用：连接导线的自动补偿。其中，半桥单臂电路特点是可实现直流分量的剔除，便于后续电路放大处理。

综上所述，直流电桥主要有以下特点：

（1）采用直流电源作为激励电源，电源稳定性高；输出 U_o 为直流量，可直接用于直流仪表，精度高。

（2）电桥与后接仪表的连接导线不会形成分布参数，对导线连接的方式要求低。

（3）电桥的平衡电路简单，仅需调节电阻阻值。

（4）输出为直流量，直流放大电路易受温漂和接地电位的影响，因此仅适合于静态量的测量。

（5）静态测量和动态测量可互相转换。

6.1.2　交流电桥

对于交流电桥而言，激励电源电压为交流电压，桥臂负载不仅可以是电阻，还可以是电容及电感等。

电容式交流电桥的基本电路结构如图 6.5 所示，桥臂 1 和 4 上分别含有 1 个可变电容。交流电桥平衡的基本条件为：相对桥臂阻抗模的乘积相等；阻抗角的和相等。

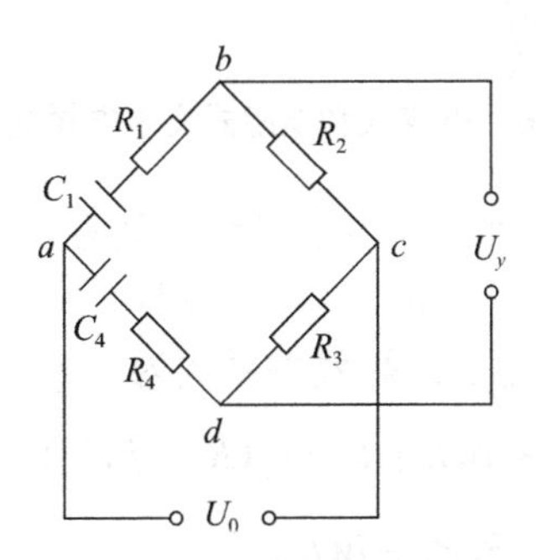

图 6.5　电容式交流电桥的基本电路结构

设四个桥臂的阻抗分别为 Z_1、Z_2、Z_3、Z_4，其表达式分别为

$$Z_1 = Z_{01}e^{j\phi_1},\ Z_2 = Z_{02}e^{j\phi_2}$$
$$Z_3 = Z_{03}e^{j\phi_3},\ Z_4 = Z_{04}e^{j\phi_4} \tag{6.7}$$

形成平衡计算表达式为

$$Z_{01}Z_{03}e^{j(\phi_1+\phi_3)} = Z_{02}Z_{04}e^{j(\phi_2+\phi_4)} \tag{6.8}$$

如此，可以得到交流电桥一般平衡条件：$Z_{01}Z_{03} = Z_{02}Z_{04}$，$\phi_1 + \phi_3 = \phi_2 + \phi_4$。

式中的 ϕ 为阻抗角，当交流电桥为纯电阻电桥时，阻抗角的值为 0；当电桥为感性电桥时，阻抗角的值大于 0；当电桥为容性电桥时，阻抗角的值小于 0。

对于电容式交流电桥，其电路结构如图 6.5 所示，求解平衡条件过程如下：

$$\left(R_1+\frac{1}{jwc_1}\right)R_3=\left(R_4+\frac{1}{jwc_4}\right)R_2 \tag{6.9}$$

那么有

$$R_1R_3+\frac{R_3}{jwc_1}=R_2R_4+\frac{R_2}{jwc_4}$$

如此，得到平衡条件为 $R_1R_3=R_2R_4$ 及 $\frac{R_3}{jwc_1}=\frac{R_2}{jwc_4}$。

因此，在调节电容式交流电桥时，需要同时调节电阻和电容两个参数。

电感式和电阻式交流电桥的电路如图 6.6 所示。

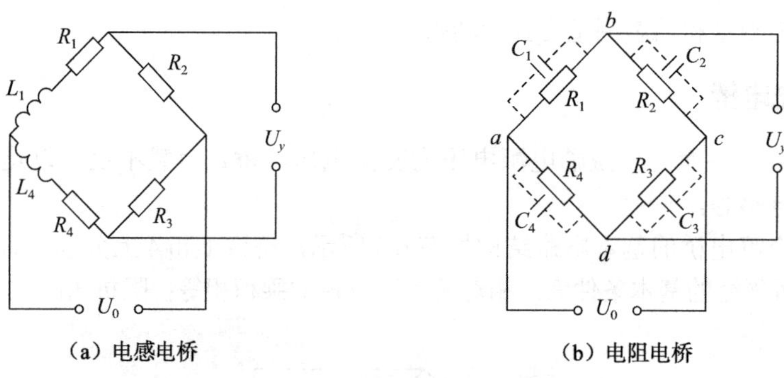

（a）电感电桥　　（b）电阻电桥

图 6.6　电感式和电阻式交流电桥的电路

对于电阻形式的交流电桥而言，由于导线之间存在分布电容，因此，在调节电阻交流电桥平衡时，应同时调节电阻和电容两个参数。

对于电感电桥的平衡调节而言，等效关系式为

$$\left(R_1+jwL_1\right)R_3=R_2(R_4+jwL_4) \tag{6.10}$$

可以得到：$R_1R_3+jwL_1R_3=R_2R_4+jwL_4R_2$

显然的，其平衡条件为 $R_1R_3=R_2R_4$，$L_1R_3=L_4R_2$。也就是说，电感交流电桥的平衡调节同样需要同时调节电阻和电感两个参数。

交流电感电桥主要有如下特点：

（1）优点：电源频率一般为 5000 ～ 10000Hz，此时电桥的输出为调制波，工频干扰不易引入电桥线路中；交流放大电路设计简单，没有零漂问题。

（2）缺点：影响测量精度的因素较多，如元件间的互感耦合、对地电容、相邻交流电路对电桥的感应影响等。采用交流电源作为激励电源，要求其电压波形和频率必须具有很好的稳定性，否则会影响电桥的平衡。电源电压波形畸变时，高次谐波也会导致电桥不平衡。电桥的平衡必须满足幅值和阻抗角两个条件，调节复杂。另外，即

使是纯电阻电桥，由于导线之间的分布电容也会影响到电桥的平衡。

【例 6-1】在使用电阻应变仪时，采用半桥双臂形式，并在双臂上分别串联一片电阻，电路如图 6.7 所示。请问如此处理能否提高系统的灵敏度？

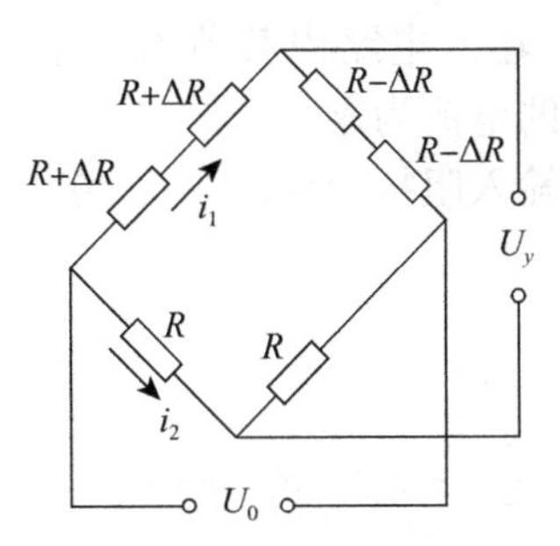

图 6.7　电阻应变仪电路

解：

$$
\begin{aligned}
U_y &= U_{ab} - U_{ad} \\
&= i_1(R + \Delta R + R + \Delta R) - i_2 R \\
&= \frac{U_0}{4R}(2R + 2\Delta R) - \frac{U_0}{2R} R \\
&= \frac{\Delta R}{2R} U_0
\end{aligned}
$$

串联后电桥灵敏度为　$$S_{后} = \frac{U_y}{\Delta R / R} = \frac{U_0}{2}$$

串联前电桥灵敏度为　$$S_{前} = \frac{U_y}{\Delta R / R} = \frac{U_0}{2}$$

由此可见，在半桥双臂各臂串联一片电阻无法实现灵敏度的提高。读者可自行求证两端同时并联一片电阻的情况。

6.2　信号放大

由传感器输出的信号通常需要进行电压放大或功率放大，以便对信号进行检测，因此必须采用放大器（amplifier）。

放大器的种类很多，使用时应根据被测物理量的性质不同而合理选择，如对变化缓慢、非周期性的微弱信号（如热电偶测温时的热电势信号），可选用直流放大器或调制放大器，对压电式传感器，常配有电荷放大器。

6.2.1　运算放大器

在放大电路中，运算放大器（简称运放）是应用最广泛的一种模拟电子器件。其特点是输入阻抗高、增益大、可靠性高、价格低廉、使用方便。一个理想的运算放大器具有以下性质：开环增益为∞；输入阻抗为∞；输出阻抗等于 0；带宽为∞；干扰噪声等于 0。

1. 反向放大器

由运算放大器构成的反向放大器电路如图 6.8（a）所示。

根据基尔霍夫电流定律，输入电路中某节点的电流与输出节点的电流之和等于零。因此，图 6.8（a）中 P 点的电流为零。

由运算放大器性质可知，输入阻抗为∞，即 $i_3=0$，可得

$$i_2=-i_1 \tag{6.11}$$

又知 $i_1=u_1/R_1$，$i_2=u_2/R_2$，故

$$u_2=-u_1R_2/R_1=-ku_1 \tag{6.12}$$

式中，k 为电压放大系数。k 的大小只与输入阻抗 R_1 和反馈阻抗 R_2 有关，而与运算放大器的开环放大倍数无关。当 $R_2=R_1$ 时（将 R_2，R_1 全去掉），则 $u_2=-u_1$，即构成反相跟随器。

2. 同向放大器

反向放大器存在的问题是输入阻抗 R_1 低，通常为数千欧。若要再提高，往往不经济。图 6.8（b）所示的同向放大器则很容易解决这个问题，使运算放大器输入阻抗大幅度提高。

这是因为

$$i_1=\frac{U_1}{R_1},\quad i_2=\frac{U_2-U_1}{R_2} \tag{6.13}$$

由于 $i_1=-i_2$，可得

$$u_2=(\frac{R_2}{R_1}+1)u_1 \tag{6.14}$$

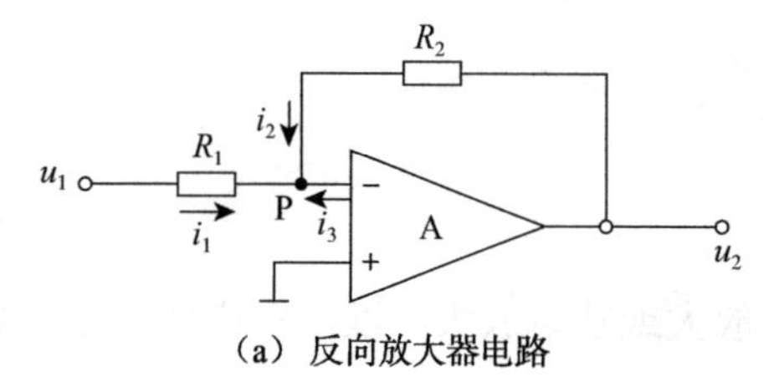

（a）反向放大器电路

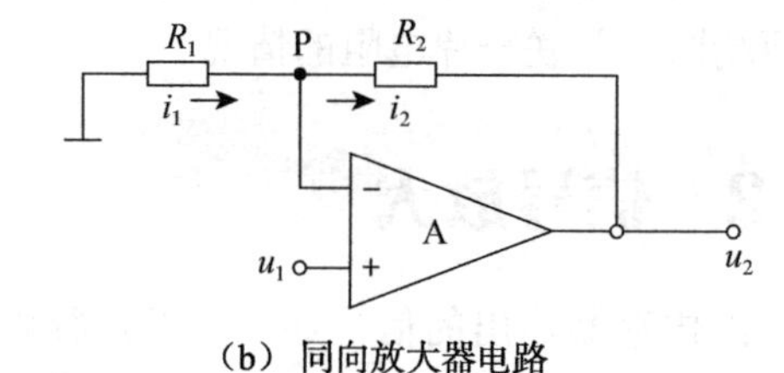

（b）同向放大器电路

图 6.8　运算放大器

6.2.2 差分放大器

多级直流耦合放大电路的各级工作点会相互影响，常见的问题是由于温漂而导致工作点发生变化，从而使得整个放大电路的工作点发生漂移，严重时将使电路无法工作。采用级间阻容耦合可以解决温漂引起的工作点移动问题，但是对较低频率信号和直流信号电路不起作用。

在集成多级放大电路中，不能制作大容量的电容器，因而集成电路内部只能采用

级间直接耦合的方式，为了克服级间耦合的温漂问题，则大量采用温度补偿的手段。典型的补偿型电路是差分放大电路。

1. 分立元件构成的差分放大器

（1）工作原理

分立元件构成的差分放大器的电路结构如图 6.9（a）所示，在电路中的符号如图 6.9（b）所示。

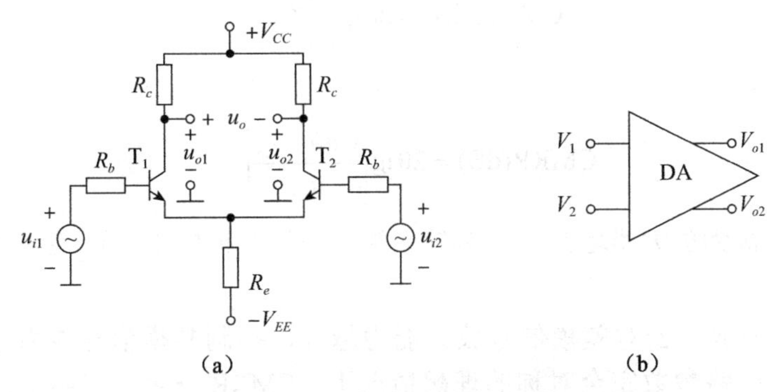

图 6.9　差分放大器的电路结构

差分放大器的主要结构特点是对称性结构，即

$$\beta_1=\beta_2=\beta；\ U_{be1}=U_{be2}=U_{be}；\ r_{be1}=r_{be2}=r_{be}；\ R_{c1}=R_{c2}=R_c；\ R_{b1}=R_{b2}=R_b$$

电路抑制零漂原理：$T\uparrow\to(i_{c1},\ i_{c2})\uparrow\to(u_{c1},\ u_{c2})\uparrow\to u_o=u_{c1}u_{c2}=0$

（2）基本概念

①差分放大器输入端。双端输入从 u_{i1} 和 u_{i2} 同时加信号；单端输入仅从 u_{i1} 或 u_{i2} 对地加信号。

②差分放大器输出端。双端输出从 u_{o1} 和 u_{o2} 输出；单端输出从 u_{o1} 或 u_{o2} 对地输出。

③输入信号。

a. 差模信号：大小相等、极性相反的输入信号，即 $u_{i1}=-u_{i2}$。差模电压增益为

$$u_{id}=u_{i1}-u_{i2},\ A_{ud}=u_{od}/u_{id} \tag{6.15}$$

b. 共模信号：大小相等、极性相同的输入信号，即 $u_{i1}=u_{i2}$。共模电压增益为

$$u_{ic}=(u_{i1}+u_{i2})/2,\ A_{uc}=u_{oc}/u_{ic} \tag{6.16}$$

c. 对于线性放大电路，总输出电压为

$$u_o=u_{od}+u_{oc}=A_{ud}u_{id}+A_{uc}u_{ic}$$

d. 一般输入信号，数值和极性都是任意的信号 u_{i1},u_{i2}，可分解成共模分量和差模分量，则输入信号为

$$u_{i1}=u_{ic}+0.5u_{id},\ u_{i2}=u_{ic}-0.5u_{id} \tag{6.17}$$

为了说明差分放大电路抑制共模信号的能力，常用共模抑制比（CMRR）作为一

项技术指标来衡量。差分放大器对差模电压信号的放大倍数与对共模电压信号的放大倍数之比，表示为

$$\mathrm{CMRR}=\left|\frac{A_{ud}}{A_{uc}}\right| \tag{6.18}$$

以分贝表示为

$$\mathrm{CMRR(dB)}=20\lg\left|\frac{A_{ud}}{A_{uc}}\right| \tag{6.19}$$

也可定义为

$$\mathrm{CMRR(dB)}=20\lg\left|\frac{Gain\cdot u_{ic}}{u_{oc}}\right| \tag{6.20}$$

式中，$Gain$ 为放大器增益；u_{ic} 为输入端存在的共模电压；u_{oc} 为输入共模电压在输出端的结果。

注意：差分放大器对差模信号放大能力越强，抑制共模信号能力越强，则共模抑制比越大。电路参数完全对称的理想情况下，CMRR → ∞。实际上，一般能达到 $10^3\sim10^6$，即 60 ～ 120dB。

（3）输入 / 输出方式

双端输入、双端输出（双入双出）：“浮地”式输入输出方式。适用于输入与输出信号无须接地输入极或中间极。

双端输入、单端输出（双入单出）：适用于将差分信号转换为单端输出的信号的电路。

单端输入、双端输出（单入双出）：单端输入等效于双端输入。

单端输入、单端输出（单入单出）：适用于信号源或前级放大电路必须有一端接地电路。

2. 运放放大器构成的差分放大器（仪用放大器、测量放大器）

图 6.10 所示为三运放差分放大器结构。放大器由二级串联，前级两个同向放大器，对称结构，输入信号加在此处，具有高抑制共模干扰的能力和高输入阻抗。后级差分放大器，切断共模干扰的传输，将双端输入方式变换成单端输出方式，以适应对地负载的需要。

电路对差模信号的放大倍数为

$$V_o=(\frac{2R_1}{R_G}+1)\frac{R_5}{R_4}(V_2-V_1) \tag{6.21}$$

式中，R_G 为调节放大倍数的外接电阻。通常 R_G 采用多圈电位计，并应靠近组件。若距离较远，应将连线绞合在一起。改变 R_G，可使放大倍数在 1 ～ 1000 范围内调节。

无论选用哪种型号运算放大器，组成前级差分放大器的 A_1 和 A_2 两个芯片必须要配对，即两块芯片的温度漂移符号和数值尽量相同或接近，以保证模拟输入为零时，放大器的输出尽量接近于零。

当测量放大器前端的两个运放的特性完全对称时，加在两个输入端的共模电压信

号将以 1:1 的增益比例出现在 V_3 和 V_6 端，电路等效如图 6.11 所示。

图 6.11 中，V_g 表示共模电压信号，可以得到

$$\frac{V_o}{V_g}=\frac{R_5-R_7}{R_4} \tag{6.22}$$

可见，差分放大器对共模信号的增益是与电路中的匹配电阻的大小成正比的，如果电路中对成的电阻匹配得很好，放大器对共模干扰的抑制就会很强。

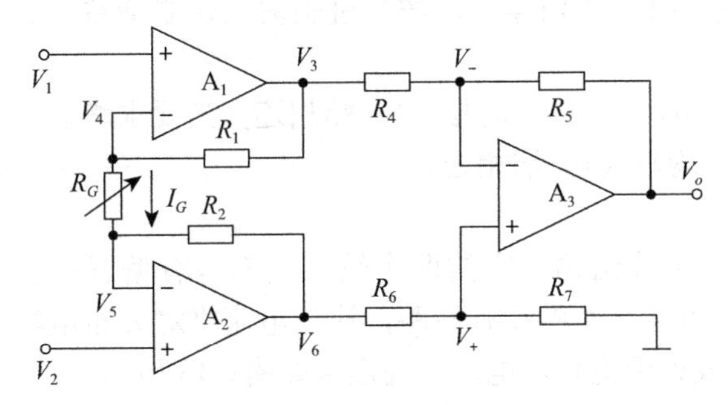

图 6.10　三运放差分放大器结构

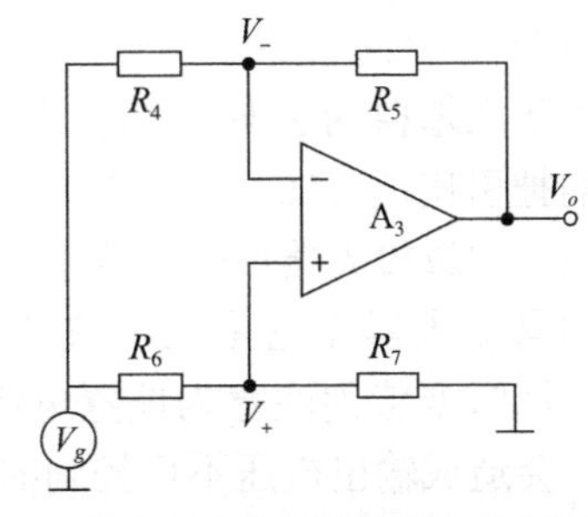

图 6.11　差分放大器对共模信号的抑制原理

3. 典型集成差分放大器

美国 Analog Devices 公司生产的 AD612 型和 AD614 型测量放大器，是根据测量放大器原理设计的典型的三运放结构单片集成电路。其他型号的测量放大器虽然电路有所区别，但基本性能是一致的。

（1）电路结构

AD612 和 AD614 是一种高精度、高速度的测量放大器，能在恶劣环境下工作，具有很好的交直流特性，其内部电路结构如图 6.12 所示。

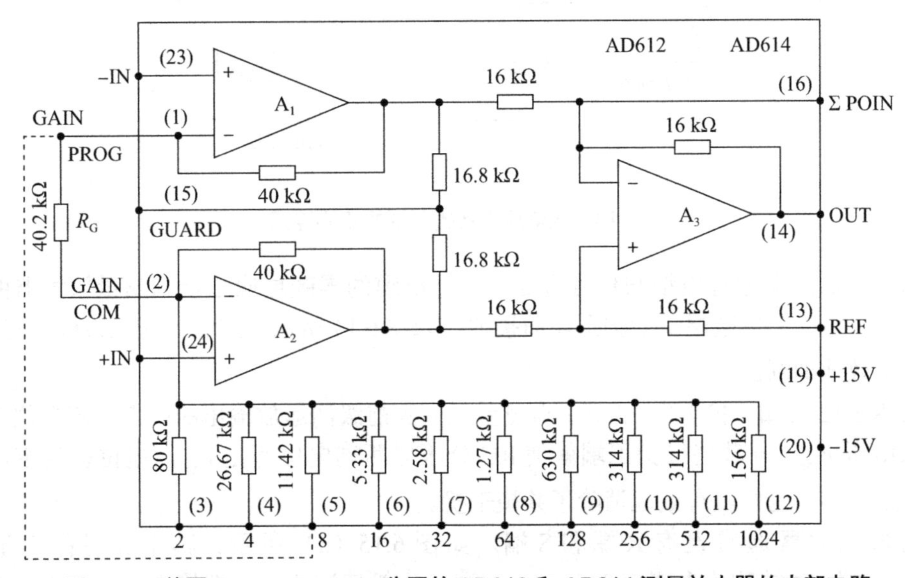

图 6.12　美国 Analog Devices 公司的 AD612 和 AD614 测量放大器的内部电路

（2）电路特点

电路中所有电阻都是采用激光自动修刻工艺制作的高精度薄膜电阻，用这些网络电阻构成的放大器增益精度高，最大增益误差不超过 ±10×10^{-6}/℃，用户可很方便地连接这些网络的引脚，获得 1 ～ 1024 倍二进制关系的增益。

在（1）端和（2）端之间外接一个电阻 R_G，则增益为 $A_f = 1 + 80KQ / R_G$；当 A_1 的反相端（1）和精密电阻网络的各引出端（3）～（12）不相连时，$R_G = \infty$，$A_f = 1$；当精密电阻网络引出端（3）～（10）分别和（1）端相连时，按二进制关系建立增益，其范围为 2^1 ～ 2^8。

当要求增益为 2^9 时，需把引出端（10）、（11）均与（1）端相连；当要求增益为 2^{10}，需把引出端（10）、（11）和（12）均与（1）端相连。

（3）测量放大器使用注意事项

测量放大器无论是三运放结构还是单片结构，它的两个输入端都是有偏置电流的，使用时要特别注意为偏置电流提供回路。如果没有回路，这些电流将对分布电容充电，会造成输出电压不可控制的漂移或处于饱和。电路正确连接如图 6.13 所示。

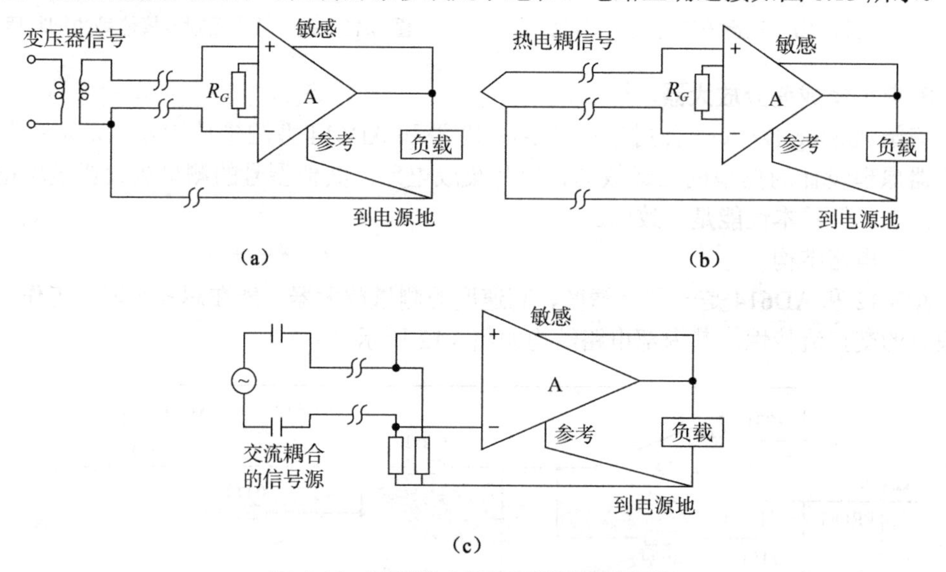

图 6.13　测量放大器输入端的正确连接

当测量放大器通过电缆与信号源连接时，电缆的屏蔽层应连接到测量放大器的护卫端。如果电缆的屏蔽层不接护卫端而接地，如图 6.14 所示，那么对交流共模干扰 V_{cm} 就不能有效地抑制。

由图 6.12 可知，护卫端 15 脚引自测量放大器前级两运放输出的中点，其电位为共模输入电压 V_{cm}。屏蔽层接护卫端就使 RC 分压器两端电位都是 V_{cm}，电位差为零，分压值也必为零，这样就有效地消除了共模干扰。

测量放大器通常设有 R 端和 S 端，如图 6.15（a）所示。其中 S 端称为敏感（Sense）端，R 端称为参考（Reference）端。一般情况下，R 端接电源地，S 端接输出端。

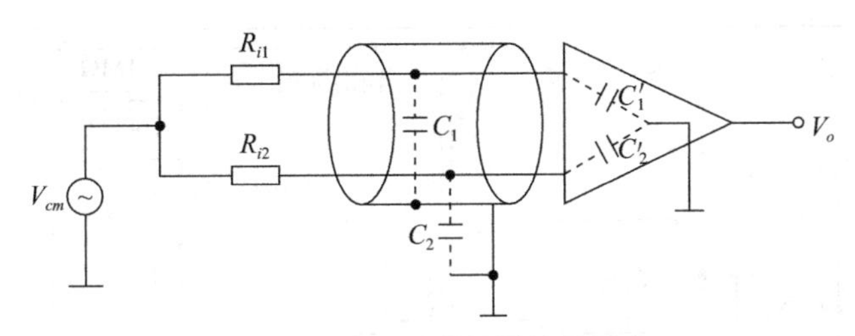

图 6.14　电缆屏蔽层接地的影响

当测量放大器的输出信号要远距离传输时，可按图 6.15（b）加接跟随器，并将 S 端与负载端相连，把跟随器包括在反馈环内，以减小跟随器漂移的影响。R 端可用于对输出电平进行偏移，产生偏移的参考电压 V_r 应经跟随器接到 R 端，以隔离参考源内阻，防止其破坏测量放大器末级电阻的上下对称性而导致共模抑制比降低。

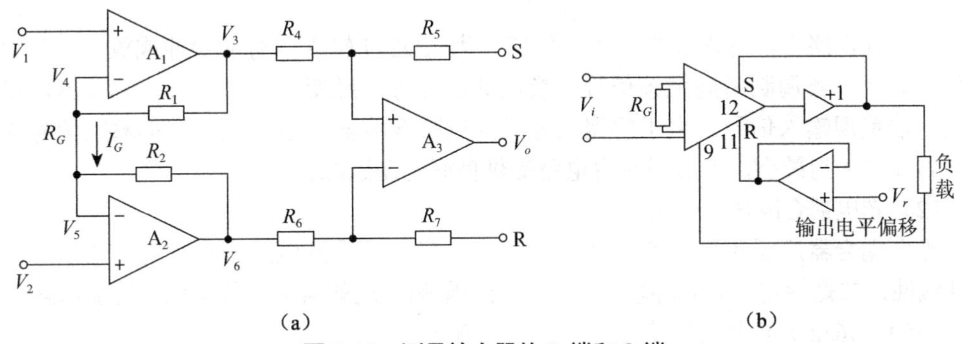

图 6.15　测量放大器的 R 端和 S 端

6.2.3　隔离放大器

测量放大器只能承受有限的共模电压（通常 10V），然而在一些场合，如高压设备的测量过程中，会遇到较高的共模电压。隔离放大器是一种能在其输入端与输出端之间提供电阻隔离的放大器。隔离放大电路的输入、输出与电源电路之间没有直接的电路连接，即信号在传输过程中没有公共的接地端。

隔离放大电路主要用于便携式测量仪器和某些测控系统（如生物医学人体测量、自动化试验设备、工业过程控制系统等）中，能在噪声环境下以高阻抗、高共模抑制能力传送信号。

1. 隔离放大器的工作原理

按耦合方式的不同，隔离放大器可以分为变压器耦合、电容耦合和光电耦合三种。

（1）变压器耦合隔离放大器

AD277 是一种变压器耦合、微型封装的精密隔离放大器，它通过片内变压器耦合对信号的输入和输出进行电气隔离，内部功能框图如图 6.16 所示。该芯片由放大器、调制器、解调器、整流和滤波、电源变换器等组成。工作时，电源 U 连到电源输入引脚 15，使片内振荡器工作，从而产生一定频率的载波信号，通过变压器耦合，经整流和滤波，在隔离输出部分形成隔离电压。该电压除供给片内电源外，还可作为外围电路（如传感器、浮地信号调节、前置放大器）的电源。

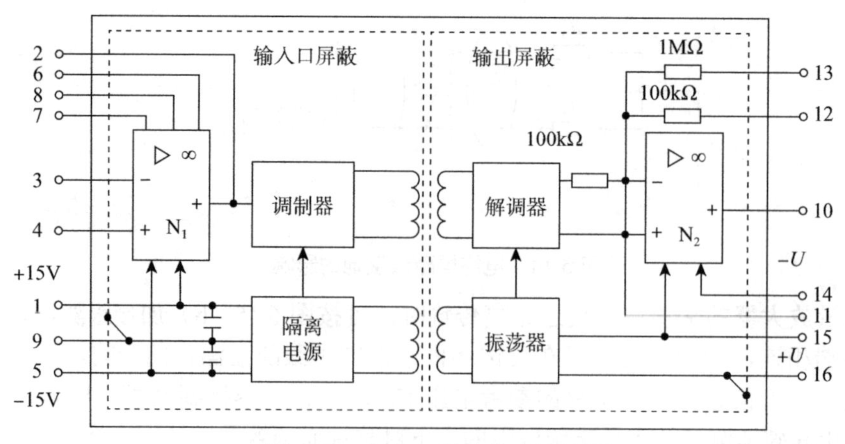

图 6.16　AD277 的内部功能框图

在输入电路中，片内独立放大器能够作为 AD277 输入信号的缓冲或放大。放大后的信号经调制器调制后能把该信号变换成载波信号，经变压器送入同步解调器，以致在输出端重现输入信号。由于解调信号要经三阶滤波器滤波，从而使得输出信号中的噪声和纹波达到最小，为后级应用电路提供良好的激励源。

（2）光电耦合隔离放大器

光电耦合器广泛用作数字电路中的隔离，若用于模拟电路，则有明显的缺点：一是非线性，二是稳定性受到环境温度和时间的影响，这就需要采取特殊措施加以解决。

3650、3652 光电耦合隔离放大器工作原理如图 6.17 所示。

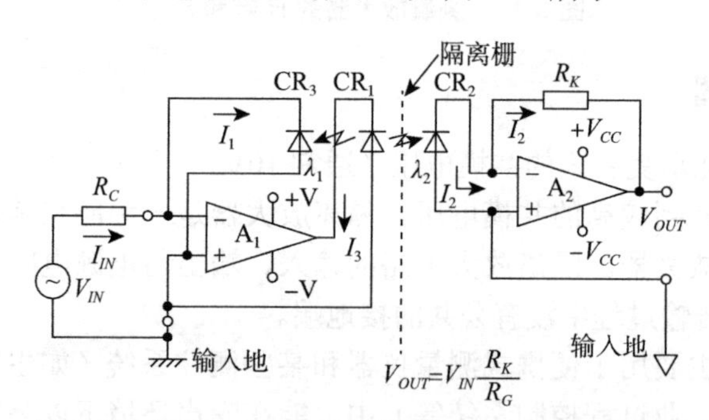

图 6.17　3650、3652 光电耦合隔离放大器工作原理

由放大器 A_1、发光管 CR_1 和光电管 CR_3 构成负反馈回路，$I_1 = I_{IN} = V_{IN} / R_C$。光电管 CR_2 和 CR_3 是完全一致的，从 CR_1 接收到的光量相同，$\lambda_1 = \lambda_2$，则 $I_1 = I_2 = I_{IN}$。放大器 A_2 与 R_K（内置电阻 1MΩ）构成 V/I 转换器，$V_{OUT} = I_2 R_K$，所以有：$V_{OUT} = V_{IN} R_K / R_C$。

这样，由于负反馈回路的存在，解决了光电耦合器件非线性和不稳定的问题。只要 CR_2、CR_3 的一致性能够得到保证，信号的耦合就不会受到光电器件性能的影响。

2. 隔离放大器应用时的注意事项

（1）消除噪声

除了由线性光耦构成之外，其余的隔离放大器都采用了调制解调手段。在调制解调过程中不可避免地会产生一些噪声，噪声也会来自电源和被测对象。为了滤除这些噪声，在信号输入隔离放大器之前和从隔离放大器输出之后，需设置相应的滤波回路。

（2）降低辐射

变压器耦合隔离放大器本身构成一个电磁辐射源，如果周围其他的电路对电磁辐射敏感，就应设法予以屏蔽。

（3）线性光耦的死区

线性光耦构成的隔离放大器，其发光管需要用电流来驱动。当输入信号较小时，驱动电流也较小，发出的光微弱到可能不足以被光电管检测到，这样在 $V_{IN}=0$ 附近就存在一个“死区”。为防止被测信号有可能落在这一区间，在信号进入隔离放大器前应由偏置电路将原始信号抬高，使得综合之后的信号不可能落在这一区间。

6.2.4 仪用放大器

在传感器接口电路中，经常要采用具有高输入阻抗、高共模抑制比的差分放大器。这类放大器精度高、稳定性好，经常用于精密仪器电路和测控电路中，故称为仪用放大器，又称仪器放大器。

图 6.18 所示为并联差分输入仪用放大器（三运放电路）。由于该电路性能优良，广泛地应用在仪器仪表和测控系统中。

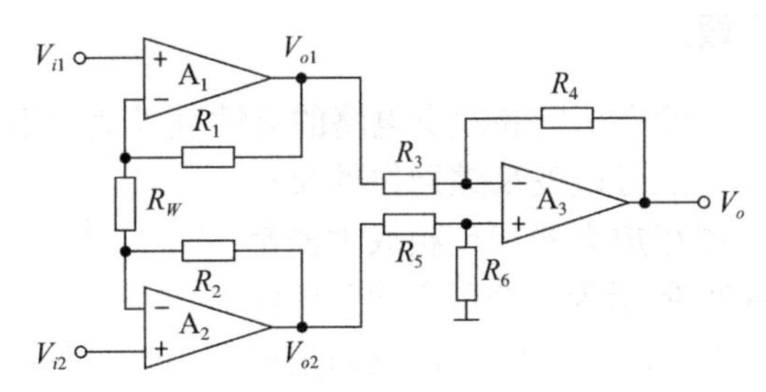

图 6.18　并联差分输入仪用放大器（三运放电路）

三运放总的的差模增益 A_{VD} 为（$R_3=R_5$，$R_4=R_6$）

$$A_{VD}=\frac{R_1+R_W+R_2}{R_W}\frac{R_4}{R_3} \tag{6.23}$$

由式（6.23）可以看出，改变 R_W 可以在不影响共模增益的情况下改变三运放电路的差模增益。

三运放电路的共模增益表达式与基本差分放大器相同，即

$$A_{VC}=\frac{R_6}{R_5+R_6}\frac{R_3+R_4}{R_3}-\frac{R_4}{R_3} \tag{6.24}$$

因此，三运放电路的共模抑制比在电阻匹配精度相同的情况下，要比基本差分放大器高。由此可见，由三运放组成的差分放大器具有高共模抑制比、高输入阻抗和可变增益等一系列优点，它是目前测控系统和仪器仪表中最典型的前置放大器。

图 6.19 所示为串联型差分放大器的原理电路。它是由两个同相放大器串联而成，

所以，又常称之为双运放电路。

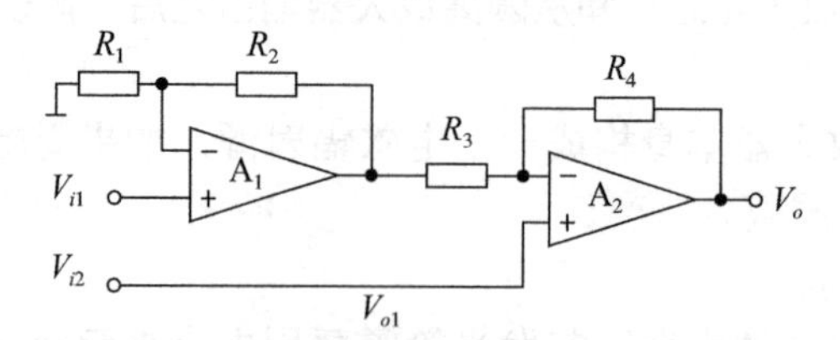

图 6.19　串联型差分放大器的原理电路

由图 6.19 可得

$$V_o = V_{o1} + V_{o2}$$

$$= -\frac{R_4}{R_3}\frac{R_1+R_2}{R_1}V_{i1} + \frac{R_3+R_4}{R_3}V_{i2} \tag{6.25}$$

令 $V_{i1}=V_{i2}=V_{iC}$，可得

$$A_{VC} = \frac{R_3+R_4}{R_3} - \frac{R_4}{R_3}\frac{R_1+R_2}{R_1} \tag{6.26}$$

6.2.5　可变增益放大器

为了增加测控系统的动态范围和改变电路的灵敏度以适应不同的工作条件，经常需要改变放大器的增益。通过改变反馈网络的反馈系数，即电阻的比例，同相放大器和反相放大器都很容易改变增益。图 6.20 所示为一个可变增益的同相放大器的原理图。显然，改变变阻器 R_W 的阻值可以改变放大器的增益，该电路可以连续地改变放大器的增益。

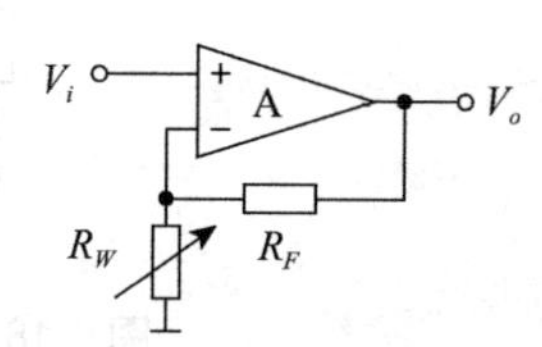

图 6.20　同相可变增益放大器的原理

在实际电路中，往往需要分段地改变放大器增益。把 R_W 换成阻值不同的若干个电阻并用开关切换，就成了实际电路中常用的可变增益放大器。图 6.21 和图 6.22 分别给出了同相可变增益放大器和反相可变增益放大器的实用形式（注意模拟开关的公开端接地或输出端，目的是减少模拟开关漏电的影响）。

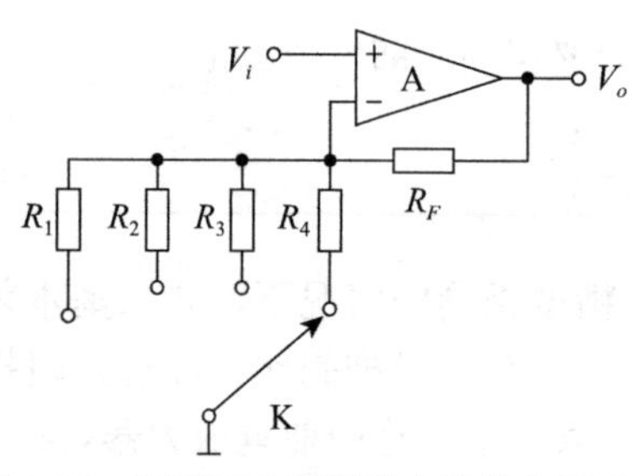

图 6.21　同相可变增益放大器的实用形式

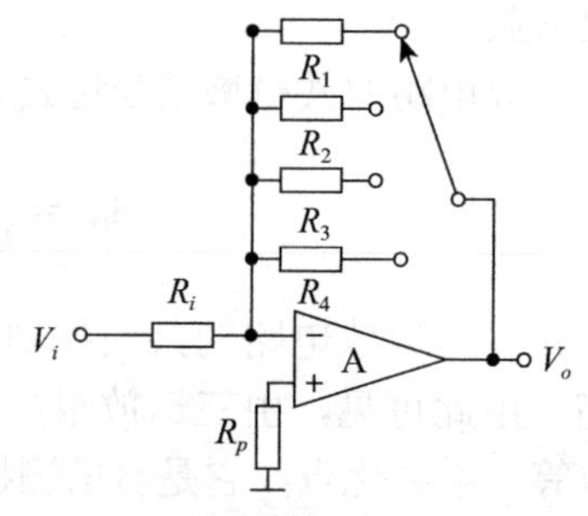

图 6.22　反相可变增益放大器的实用形式

6.2.6　运算放大器的基本参数与性能

1. 运算放大器的性能参数

（1）输入失调电压。一个理想的运放，当两输入端加上相同的直流电压和两输入端短路时，其输出端的直流电压应等于零。但由于电路参数的不对称性，输出电压并不为零，这就叫运放的零点偏移或失调。

为了使输出端输出直流电压为零，须在放大器两输入端间加上一个电压来补偿这种失调。所加电压的大小就叫该运放的失调电压，用 V_{OS} 表示。显然 V_{OS} 越小，说明运放电路参数的对称性越好。

（2）增益带宽积 GBW。

增益：用分贝表示的放大倍数，即 $20\lg A_u$。

通频带：衰减小于 3dB 的频带宽度。放大电路的中频段电压放大倍数与通频带的乘积，简称“增益—带宽积”，当放大电路及其晶体管确定之后，是一个常数。要想提高电路的电压放大倍数，必然导致通频带变窄；而要想展宽放大电路的通频带，又要以牺牲放大倍数为代价。这个问题在设计放大电路时必须全面考虑，兼顾这两个指标。

（3）转换速率。运放在大幅度阶跃信号作用下，输出信号所能达到的最大变化率称为转换速率或摆动率，即运放工作在大信号时，其输出电压所能达到的最大变化速率。用 SR 表示，其单位为 V/μs。

（4）输入输出阻抗。输入阻抗是从放大电路输入端看进去的等效电阻。运放的开环输入阻抗 R_i 是指运放在开环状态下输入差模信号时，两输入端之间的等效阻抗。放大电路对其负载而言相当于信号源，可以将它等效为戴维南电路，这个戴维南等效电路的内阻就是输出电阻。放大电路输出电阻 R_O 的大小决定它带负载的能力。对输出为电压信号的放大电路，即电压放大，R_O 越小，负载电阻 R_L 的变化对输出电压 V_O 的影响越小。

（5）共模抑制比。集成运放是一个双端输入、单端输出的高增益直接耦合放大器，因此它对共模信号有很强的抑制能力。电路参数越对称，共模负反馈越强，则其共模抑制能力越强。运放的共模特性是通过共模抑制比和共模电压范围来描述的。运放的差模电压放大倍数 A_{VD} 与共模电压放大倍数 A_{VC} 之比称为共模抑制比，表示为

$$K_{CMR} = 20\lg\frac{A_{VD}}{A_{VC}}(\mathrm{dB})$$

2. 测量放大电路的误差与补偿

在测试系统中，测量电路前段测试信号一般微弱，需要进行信号的放大处理，主要通过运算放大器实现信号放大处理。由于在设计电路过程中通常将放大电路视为理想放大，而实际上由于电路设计工艺问题导致了实际放大电路效能发生变化。运算放大器主要误差来源如表 6.1 所示。最主要的误差因素是噪声和失调漂移，固定的失调可以通过调整来解决。

减小漂移的主要方法：采用噪声小的器件；采用信号调制解调与滤波，限制通频带；采用屏蔽措施；采用高共模抑制比电路。

表 6.1 运算放大器误差来源汇总

序号	参数名称	理想值	实际值
1	差模增益	∞	90 ～ 100dB以上
2	共模增益	0	0dB以上
3	输入阻抗	∞	100kΩ ～数兆欧
4	输出阻抗	0	10Ω ～数百欧
5	带宽	0 ～∞	0 ～ 10Hz或0 ～ 10kHz
6	动态范围	0 ～供电电压	有限部分
7	输入失调电压	0	纳伏至毫伏
8	输入失调电流	0	皮安至微安
9	噪声	0	纳伏至微伏

测试信号放大的失调主要包括电压、电流两种情况。其中，电压失调包括输入和输出两种失调情况。输入失调电压 u_{os} 是为了使输出电压为 0，在输入端所需要加的补偿电压。输出失调电压 u_o 是当输入为零时输出不为零，这时输出端的电压。

电压失调的基本电路如图 6.23 所示。根据图示，得到失调电压的计算表达式为

$$u_o=(1+R_2/R_1)\,u_{os}$$

对于电流失调情况，基本电路参考图 6.23。输入端有直流偏置电流 I_{b1}、I_{b2} 流过，于是在 R_2 和 R_3 两端产生电压降 u_1 和 u_2，所以在输出端产生的失调电压为

$$u_{o2}=-R_2I_{b1}+(1+R_2/R_1)\,R_3I_{b2}$$

若取 $R_3=R_1//R_2$，则有

$$u_{o2}=-R_2(I_{b2}-I_{b1})\;=R_2I_{os}$$

式中，I_{os} 为输入失调电流，若其不等于零，那么 R_2 越大，输入电压失调就越大。一般情况下，R_2 取 10 ～ 200kΩ。

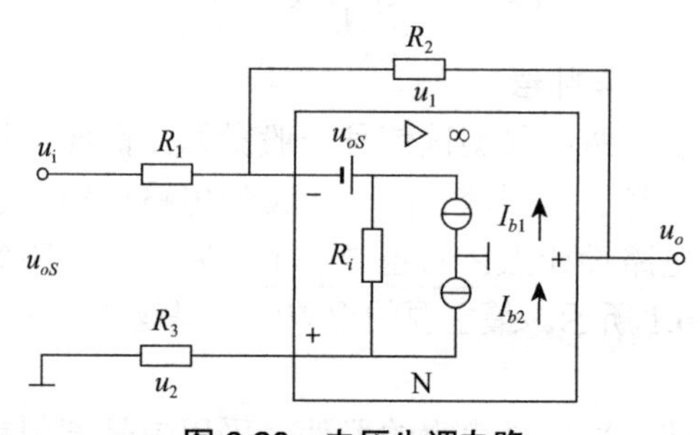

图 6.23 电压失调电路

输入失调电压和输入失调电流实测电路如图 6.24 所示，显然当开关闭合时，输出电压由输入端失调电压引起，计算表达式为

$$u_1 = (1 + R_2 / R_1) u_{oS}$$

当开关 S 打开后，输出端电压不仅受到输入端电压的失调影响，同时还受到输入端失调电流产生电压降影响，失调电流主要来源于电阻 R_3 上。那么有

$$I_{b2}R_3 - I_{b1}R_3 = I_{os}R_3$$

如此，可以求出输入端电压的计算表达式为

$$\frac{u_2 - (u_{os} + I_{os}R_3)}{R_2} = \frac{u_{os} + I_{os}R_3}{R_1}$$

如此，可以求解输入失调电流的计算表达式为

$$I_{os} = \frac{u_2 - u_1}{R_3(1 + R_2 / R_1)}$$

参数选择时，随着 R_2 和 R_3 两电阻的增加，灵敏度增加，一般要求 R_3 电阻值远远小于被测放大电路输入端电阻。通常取 R_3 电阻值为 100kΩ。R_2 和 R_1 二者电阻比值一般要求为 100 左右，并且 R_1 经常取小值。为了获得较高的测试精度，要求支路两端 R_3 的电阻精度、阻值相同。

对于输入失调电压电流的调整，主要包括外部调整法和内部调整法，常用的外部调整电路如图 6.25 所示。外部调整计算表达式为

$$U_a = \frac{R_1 // R_2}{R_1 // R_2 + R_4} = \frac{R_1 R_2}{R_4 R_1 + R_4 R_2 + R_1 R_2} \tag{6.27}$$

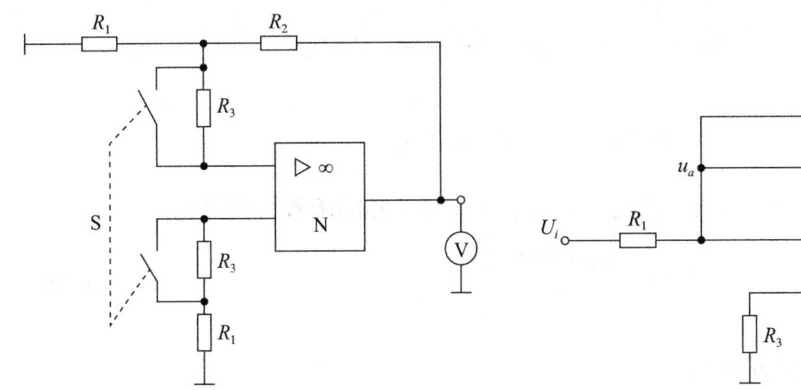

图 6.24　输入失调电压、电流测试电路　　**图 6.25　外部调整电路**

转换速率和最大不失真频率是运算放大器及放大电路中一个重要参数，反映集成运放对于高速变化的输入信号的响应情况。只有输入信号变化速率的绝对值小于转换速率 SR 时，运放的输出才能跟上输入的变化。转换速率 SR 越高，表明集成运放的高频性能越好。

6.3　信号滤波

信号调理中的滤波器的作用实质上是“选频”，即允许某一部分的信号顺利通过，

而使一部分频率的信号急剧衰减。在无线电通信、自动测量及控制系统中，常常利用滤波电路进行模拟信号的处理，如用于数据传送、抑制干扰等，其作用如下：

（1）剔除无用信号（噪声、干扰等）。

（2）分离不同频率的有用信号。

（3）对测量仪器或控制系统的频率特性进行补偿。

滤波电路的种类很多，本节主要介绍由集成运放放大器和 RC 网络组成的有源滤波电路。根据其工作信号的频率范围，滤波器可以分为四大类，即低通滤波器（LPF）、高通滤波器（HPF）、带通滤波器（BPF）和带阻滤波器（BEF）。

低通滤波器指低频信号能够通过而高频信号不能通过的滤波器，而高通滤波器的性能与之相反，即高频信号能通过而低频信号不能通过。带通滤波器是频度在某一个频带范围内的信号能通过而在频带范围之外的信号均不能通过，而带阻滤波器的性能与之相反，即某个频带范围内的信号被阻断，但允许在此频带范围之外的信号通过。

6.3.1 理想滤波器

按通过的频率范围，滤波器可分为低通滤波器、高通滤波器、带通滤波器和带阻滤波器，幅频特性如图 6.26 所示。

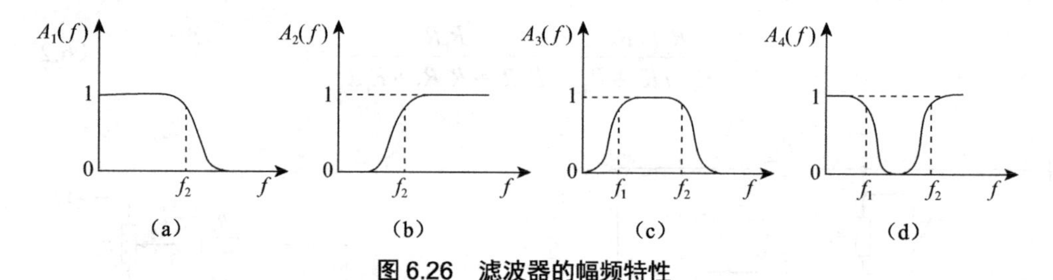

图 6.26 滤波器的幅频特性

理想滤波器在通带频段内应满足不失真条件，系统频响函数可以描述为

$$H(f)=\begin{cases} A_0 e^{-j2\pi f\tau} & |f|<f_0 \\ 0 & |f|>f_0 \end{cases} \tag{6.28}$$

其幅频、相频特性分别为

$$H(f)=A_0 \tag{6.29}$$

$$\phi(f)=2\pi f(t-t_0) \tag{6.30}$$

它对单位脉冲信号输入的响应为

$$2A_0 f_0 \frac{\sin 2\pi f_0(t-t_0)}{2\pi f_0(t-t_0)}$$

$$h(t)=F^{-1}[H(f)] \tag{6.31}$$

其图形如图 6.27 所示。

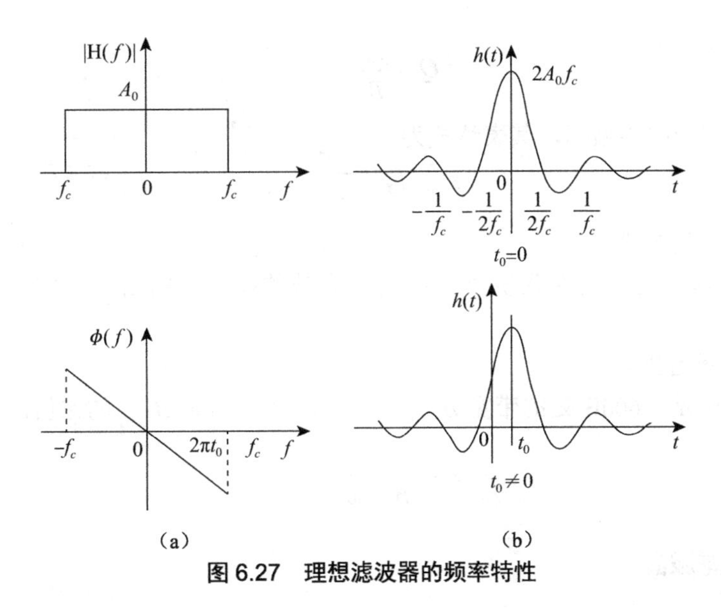

图 6.27　理想滤波器的频率特性

理想滤波器是理想化的模型，在物理上是不可能实现的。图 6.28 所示为一实际滤波器的幅频特性曲线。

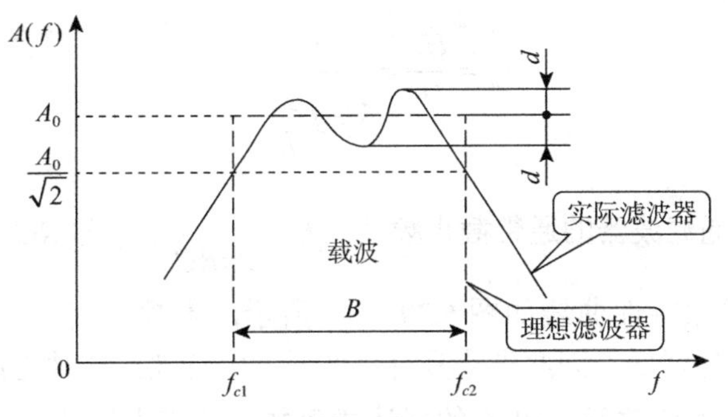

图 6.28　实际滤波器的幅频特性曲线

实际滤波器用下列参数来描述。

（1）纹波幅度

滤波器顶部幅值的波动量，称为纹波幅度，标以 d，幅频特性平均值为 A_0。d/A_0 越小越好，至少应小于 –3dB，即

$$d << \frac{A_0}{\sqrt{2}} \tag{6.32}$$

（2）截止频率

幅频特性值 A_0 下降到 0.707 时，A_0 所对应的频率为截止频率 f_c。图 6.28 中 f_{c1}、f_{c1} 分别为上下截止频率。

（3）带宽和品质因数

滤波器带宽：上下截止频率之间的频率范围。

品质因数：中心频率 f_n 和带宽 B 之比，以 Q 表示。

$$Q=\frac{f_n}{B} \tag{6.33}$$

式中，f_n 和为中心频率，其表达式为

$$f_n=\sqrt{f_{c1}f_{c2}} \tag{6.34}$$

（4）倍频程选择性

倍频程选择性是描述对带宽外频率成分衰减的能力，用 $2f_{c2}$ 或 $1/2f_{c1}$ 的分贝数来表征。

（5）滤波器因数

滤波器因数是 - 60dB 处的带宽 $B_{-60\text{dB}}$ 与 - 3dB 处的带宽 $B_{-3\text{dB}}$ 的比值。

$$\lambda=\frac{B_{-60\text{dB}}}{B_{-3\text{dB}}} \tag{6.35}$$

6.3.2 低通滤波器

最简单的低通滤波器由电阻和电容元件构成，如图 6.29（a）所示。

实际上这是一个最简单的 *RC* 低通电路，一般称为无源低通滤波器。该低通电路的电压放大倍数为

$$\dot{A}_u=\frac{\dot{U}_o}{\dot{U}_i}=\frac{1}{1+j\dfrac{f}{f_0}} \tag{6.36}$$

式中，f_0 为低通滤波器的通带截止频度，$f_0=\dfrac{1}{2\pi RC}$。f_0 与 *RC* 的乘积成反比。

电路的对数幅频特性曲线如图 6.29（b）所示，当频率高于 f_0 后，随着频率的升高，电压放大倍数将降低，因此电路具有“低通”的特性。这种无源 *RC* 低通滤波器的主要缺点是电压放大倍数低，由 $\dot{A}_u$ 的表达式可知，通带电压放大倍数只有 1。同时带负载能力差，若在输出端并联一个负载电阻，除了使电压放大倍数降低以外，还将影响通带截止频率 f_0 的值。

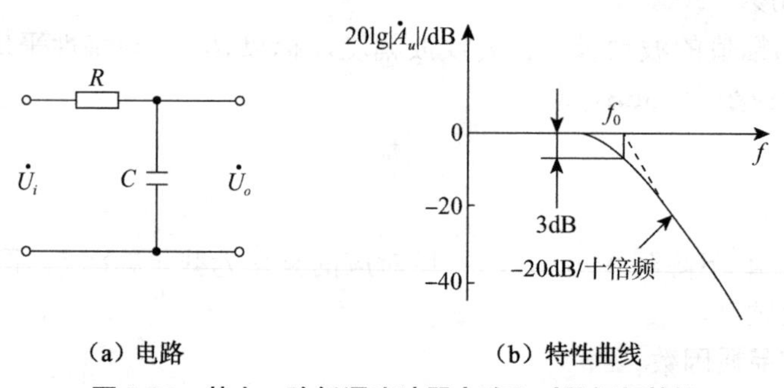

图 6.29 基本一阶低通滤波器电路和对数幅频特性

为了使滤波特性更接近于理想情况，可以采用二阶低通滤波器，如图 6.30（a）所

示。由图可见，输入电压 $\dot{U}_i$ 经过两级 RC 低通电路以后，再接到集成运放放大器的同相输入端，因此在高频段，对数幅频特性将以 - 40dB/ 十倍频的速度下降，与一阶低通滤波器相比，下降的速度提高了一倍，使滤波特性比较接近于理想情况。

如图 6.30（a）所示，电路中第一级的电容 C 不接地而改接到输出端，这种接法相当于在二阶有源滤波电路中引入了一个反馈，其目的是使输出电压在高频段迅速下降，但在接近于通带截止频率 f_0 的范围内又不致下降太多，从而有利于改善滤波特性。当 $f=f_0$ 时，每级 RC 低通电路的相位移为 $-45°$，故两级 RC 电路的总相位移为 $-90°$，因此在 f 接近于但又低于 f_0 的频率范围内，$\dot{U}_o$ 与 $\dot{U}_i$ 的相位差小于 90°，则此时通过电容 C 引回到同相输入端的反馈基本上是正反馈，即反馈信号将加强输入信号的作用，使电压放大倍数增大，因此在接近于 f_0 的频段，幅频特性将得到补偿而不致下降过快。但当 $f>>f_0$ 时，每级 RC 电路的相位移近似等于 $-90°$，则两级 RC 电路的总相移将趋近于 $-180°$，此时 $\dot{U}_o$ 将与 $\dot{U}_i$ 反相，通过电容 C 引回的反馈成为负反馈，反馈信号将削弱输入信号的作用，使电压放大倍数减小，于是高频段的幅频特性将急剧衰减。由此可见，引入这样的反馈将使滤波电路的幅频特性更加接近于理想特性，得到更佳的滤波效果。

二阶低通滤波电路的对数幅频特性如图 6.30（b）所示。由图可见，Q 值越大，则 $f=f_0$ 时的 $|\dot{A}_u|$ 值也越大。Q 的含义类似于谐振回路的品质因数，故有时称为等效品质因数，而将 $1/Q$ 称为阻尼系数。若 $Q=1$，$f=f_0$ 时的 $|\dot{A}_u|=A_{up}$，由图 6.30（b）看出，此时既可保持通频带的增益，而高频段幅频特性又能很快衰减，同时还避免了在 $f=f_0$ 处幅频特性产生一个较大的凸峰，因此滤波效果较好。

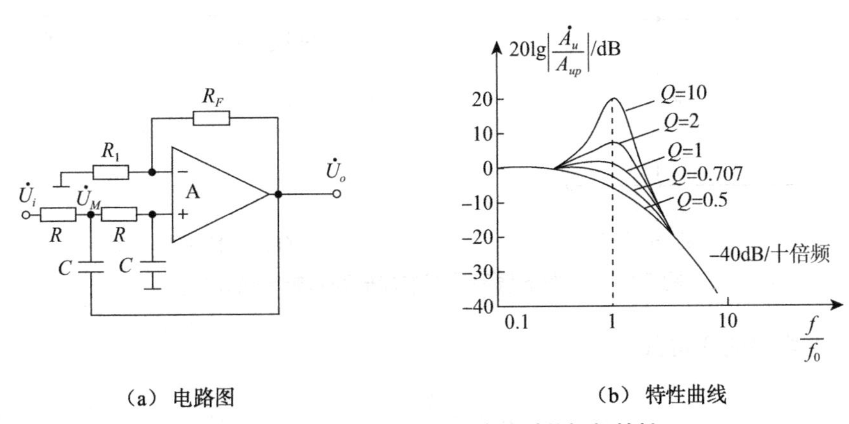

（a）电路图　　　（b）特性曲线

图 6.30　二阶低通滤波器电路和对数幅频特性

二阶低通滤波电路的电压放大倍数为

$$A_u=\frac{\dot{U}_o}{\dot{U}_i}=\frac{A_{up}}{1+(3-A_{up})j\omega RC+(j\omega RC)^2}=\frac{A_{up}}{1-(\frac{f}{f_0})^2+j\frac{1}{Q}\cdot\frac{f}{f_0}} \tag{6.37}$$

式中，$f_0=\dfrac{1}{2\pi RC}$；$A_{up}=1+\dfrac{R_F}{R_1}$；$Q=\dfrac{1}{3-A_{up}}$。

一阶与二阶低通滤波器的对数幅频特性之比较如图 6.31 所示。由图可见，后者比前者更接近于理想特性。如欲进一步改善滤波特性，可将若干个二阶滤波电路串联起来，构成更高阶的滤波电路。

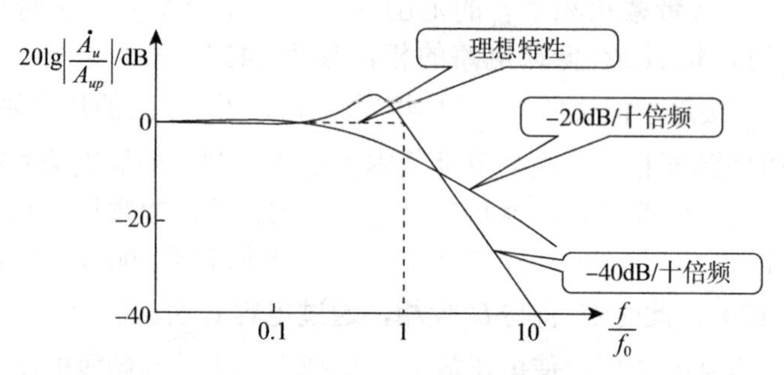

图 6.31　一阶与二阶低通滤波器的对数幅频特性比较

6.3.3　高通滤波器

如将低通滤波器中起滤波作用的电阻和电容的位置互换，即可组成相应的高通滤波器。图 6.32（a）所示为无源高通滤波器的电路图，其对数幅频特性如图 6.32（b）所示。

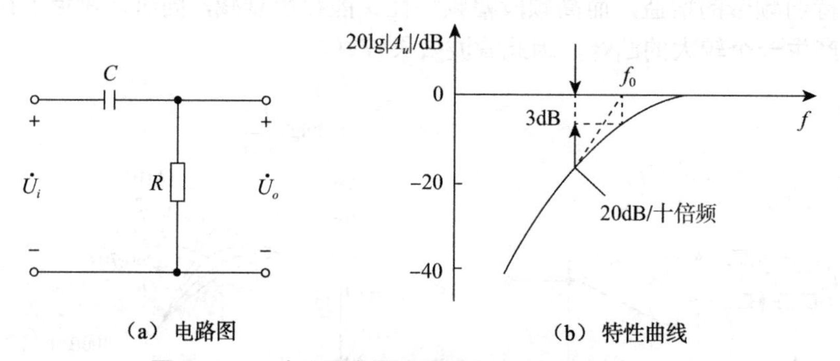

（a）电路图　　（b）特性曲线

图 6.32　一阶无源高通滤波器电路和对数幅频特性

此高通电路的通带截止频率为

$$f_0=\frac{1}{2\pi RC} \tag{6.38}$$

为了克服无源滤波器电压放大倍数低以及带负载能力差的缺点，同样可以利用集成运放放大器与 *RC* 电路结合，组成有源高通滤波器。图 6.33 所示为二阶有源高通滤波器的电路。通过对比可以看出，这个电路是在图 6.30 所示的二阶低通滤波器的基础上，将滤波电阻和电容的位置互换以后得到的。

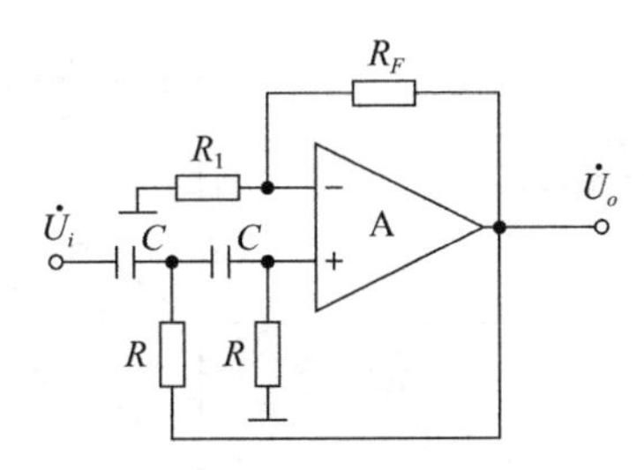

图 6.33　二阶有源高通滤波器的电路

二阶高通滤波器电压放大倍数为

$$A_u = \frac{\dot{U}_o}{\dot{U}_i} = \frac{(j\omega RC)^2 A_{up}}{1+(3-A_{up})j\omega RC+(j\omega RC)^2} = \frac{A_{up}}{1-(\frac{f_o}{f})^2 - j\frac{1}{Q}\cdot\frac{f_o}{f}} \tag{6.39}$$

式中，A_{up}、f_0 和 Q 分别表示二阶高通电路的通带电压放大倍数、通带截止频率和等效品质因数，它们的表达式也与二阶低通滤波器相同。

6.3.4　带通滤波器

带通滤波器的作用是只允许某一段频带内的信号通过，而将此频带以外的信号阻断。这种滤波器经常用于抗干扰的设备中，以便接收某一频带范围的有效信号，而消除高频段及低频段的干扰和噪声。将低通滤波器和高通滤波器串联起来，即可获得带通滤波电路，其原理如图 6.34 所示。

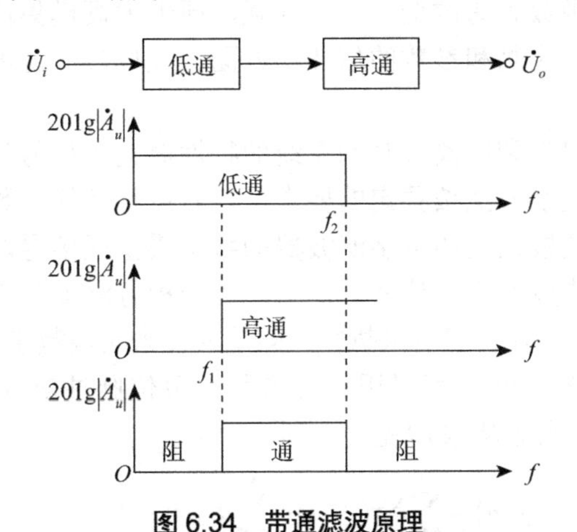

图 6.34　带通滤波原理

在图 6.34 中，低通滤波器的通带截止频率为 f_2，即它只允许 $f<f_2$ 的信号通过，而高通滤波器的通带截止频率为 f_1，即它只允许 $f>f_1$ 的信号通过。现将二者串联起来，且 $f_2>f_1$，则其通带是上述二者频带的覆盖部分，即等于 f_2-f_1，成为一个带通滤波器。

根据以上原理组成的带通滤波器的典型电路如图 6.35 所示。输入端的电阻 R 和电容 C 组成低通电路，另一个电容 C 和电阻 R_2 组成高通电路，二者串联起来接在集成运算放大器的同相输入端，电路的其余部分与前面介绍的二阶低通有源滤波电路相同。

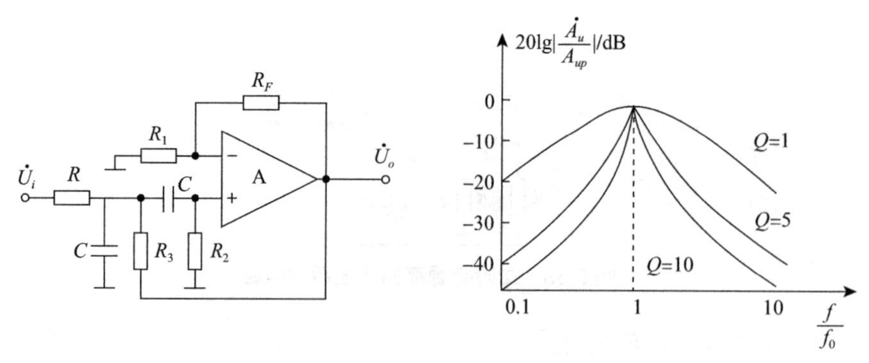

图 6.35 带通滤波器电路和对数幅频特性

为了估算方便，设 $R_2 = 2R$ ，$R_3 = R$ ，此时可求得带通滤波器的电压放大倍数为

$$A_{up} = \frac{\dot{U}_o}{\dot{U}_i} = \frac{A_{uo}}{(3 + A_{uo}) + j(\frac{f}{f_0} - \frac{f_0}{f})} = \frac{A_{up}}{1 + jQ(\frac{f}{f_0} - \frac{f_0}{f})} \tag{6.40}$$

式中，$f_0 = \frac{1}{2\pi RC}$；$A_{up} = \frac{A_{uo}}{3 - A_{uo}} = QA_{uo}$；$A_{uo} = 1 + \frac{R_F}{R_1}$；$Q = \frac{1}{3 - A_{uo}}$。

6.3.5 数字滤波器

数字滤波是数字信号分析中最重要的组成部分之一，与模拟滤波相比，它具有精度和稳定性高、系统函数容易改变、灵活性强、便于大规模集成和可实现多维滤波等优点。在信号的过滤、检测和参数的估计等方面，经典数字滤波器是使用最广泛的一种线性系统。

数字滤波器的作用是利用离散时间系统的特性对输入信号波形（或频谱）进行加工处理，或者说利用数字方法按预定的要求对信号进行变换。数字滤波器一般可以用两种方法实现：一种是根据描述数字滤波器的数学模型或信号流图，用数字硬件装配成一台专门的设备，构成专用的信号处理机；另一种方法就是直接利用通用计算机，将所需要的运算编成程序让计算机来执行，即用软件来实现数字滤波器。

一般时域离散系统或网络可以用差分方程、单位脉冲响应以及系统函数进行描述。如果系统输入、输出服从N阶差分方程

$$y(n) = \sum_{i=0}^{M} b_i x(n-i) + \sum_{i=1}^{N} a_i y(n-i)$$

那么其系统函数，即滤波器的传递函数为

$$H(z) = \frac{\sum_{i=0}^{M} b_i z^{-i}}{1 - \sum_{i=1}^{N} a_i z^{-i}} \tag{6.41}$$

对于同一个系统函数 $H(z)$，对输入信号的处理可实现的算法有很多种，每一种算法对应于一种不同的运算结构（网络结构）。根据计算表达式可知，可用乘法器、加法器和单位延时器来实现。这三种基本运算单元的常用流图表示方法如图 6.36 所示。

经典数字滤波器按照单位取样响应 $h(n)$ 的时域特性可分为无限冲激响应（Infinite Impulse Response，IIR）系统和有限冲激响应（Finite Impulse Response，FIR）系统。

无限长单位冲激响应滤波器的基本特点：① 单位冲激响应 $h(n)$ 是无限长的。② 系统函数 $H(z)$ 在有限 z 平面（$0<|z|<\infty$）上有极点存在。③ 结构上是递归型的，即存在着输出到输入的反馈，主要包括直接 I 型、直接 II 型、级联型及并联型等类型。

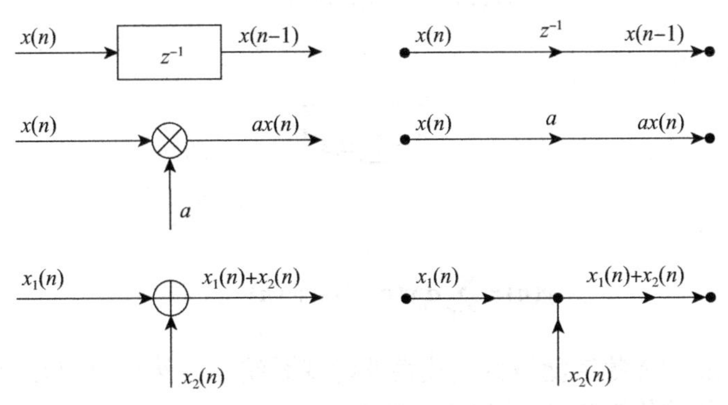

图 6.36　运算单元的流图

一个 N 阶的 IIR 滤波器的输入输出关系可以用如式（6.41）的 N 阶的差分方程来描述。将式（6.41）重写为

$$y(n)=\sum_{i=0}^{M}b_i x(n-i)+\sum_{i=1}^{N}a_i y(n-i) \tag{6.42}$$

从式（6.42）可以看出，系统的输出 $y(n)$ 由两部分构成：第一部分是一个对输入 $x(n)$ 的 M 阶延时链结构，每阶延时抽头后加权相加，构成一个横向结构网络；第二部分是一个对输出 $y(n)$ 的 N 阶延时链的横向结构网络，是由输出到输入的反馈网络。这两部分相加构成输出。

第一个网络实现零点，即实现 $x(n)$ 加权延时 $\sum_{k=0}^{N}b_k x(n-k)$，第二个网络实现极点，即实现 $y(n)$ 加权延时 $\sum_{k=1}^{N}a_k y(n-k)$。

直接 I 型的结构流图按照差分方程可以绘制出，如图 6.37 所示。

由图 6.37，直接 I 型结构的系统函数 $H(z)$ 也可以看成两个独立的系统函数的乘积。输入信号 $x(n)$ 先通过系统 $H_1(z)$，得到中间输出变量 $y_1(n)$，然后再把 $y_1(n)$ 通过系统 $H_2(z)$，得到输出信号 $y(n)$，即

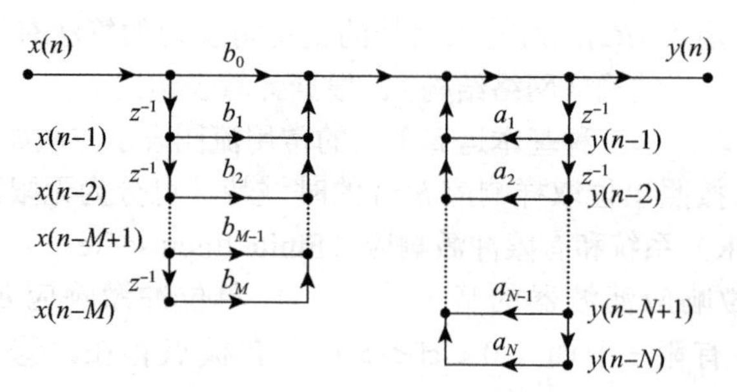

图 6.37　直接 I 型的结构流图

$$H(z) = H_1(z)H_2(z) = \frac{\sum_{i=0}^{M} b_i z^{-i}}{1 - \sum_{i=1}^{N} a_i z^{-i}} \tag{6.43}$$

对应的差分方程为

$$y(n) = \sum_{i=1}^{N} a_i y(n-i) + y_1(n) \tag{6.44}$$

假设所讨论的 IIR 数字滤波器是线性非时变系统，显然交换 $H_1(z)$ 和 $H_2(z)$ 的级联次序不会影响系统的传输效果，即

$$H(z) = H_1(z)H_2(z) = H_2(z)H_1(z) \tag{6.45}$$

证明系统函数没有变化：

$$y_2(n) = \sum_{k=1}^{N} a_k y_2(n-k) + x(n)\text{；}\quad y(n) = \sum_{k=0}^{M} b_k y_2(n-k)$$

$$Y_2(z) = Y_2(z)\sum_{k=1}^{N} a_k z^{-k} + X(z)\text{；}\quad Y(z) = Y_2(z)\sum_{k=0}^{M} b_k z^{-k}$$

因此，$Y_2(z) = \dfrac{X(z)}{1 - \sum_{k=1}^{N} a_k z^{-k}}$，所以式（6.46）成立。

$$H(z) = \frac{Y(z)}{X(z)} = \frac{Y(z)}{Y_2(z)}\frac{Y_2(z)}{X(z)} = \frac{\sum_{k=0}^{M} b_k z^{-k}}{1 - \sum_{k=1}^{N} a_k z^{-k}} \tag{6.46}$$

直接Ⅱ型结构又称为典范型结构，其结构流图如图 6.38 所示。

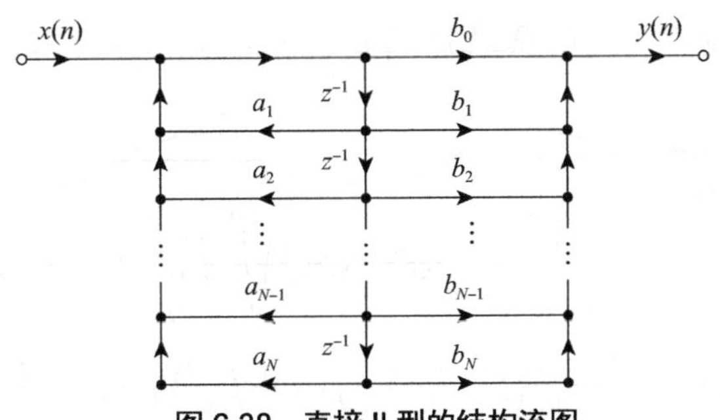

图 6.38　直接 II 型的结构流图

在级联型结构中，每个一阶网络只关系到滤波器的一个零点和一个极点，每个二阶网络只关系到滤波器的一对共轭零点和一对共轭极点。调整系数 β_{0j}、β_{1j} 和 β_{2j} 只会影响滤波器的第 j 对零点，对其他零点并无影响，同样，调整分母多项式的系数 α_{1j} 和 α_{2j} 也只单独调整了第 j 对极点。因此，与直接型结构相比，级联型结构便于准确地实现滤波器零点和极点的调整。此外，因为在级联结构中，后面的网络的输出不会流到前面，所以其运算误差也比直接型小。

并联型结构的特点：①可以单独调整极点位置，但对于零点的调整却不如级联型方便，而且当滤波器的阶数较高时，部分分式展开比较麻烦。②在运算误差方面，由于各基本网络间的误差互不影响，没有误差积累，因此比直接型和级联型误差稍小一点。因此，在要求准确地传输零点的场合下，宜采用级联结构，而在要求误差较小时，宜采用并联结构。

6.4　调制与解调

调制是使一个信号的某些参数在另一信号的控制下发生变化的过程，如图 6.39 所示，信号（控制信号）称为调制信号，调制的信号称为载波，调制后输出的是已调制波。解调是最终从已调制波中恢复出调制信号的过程。

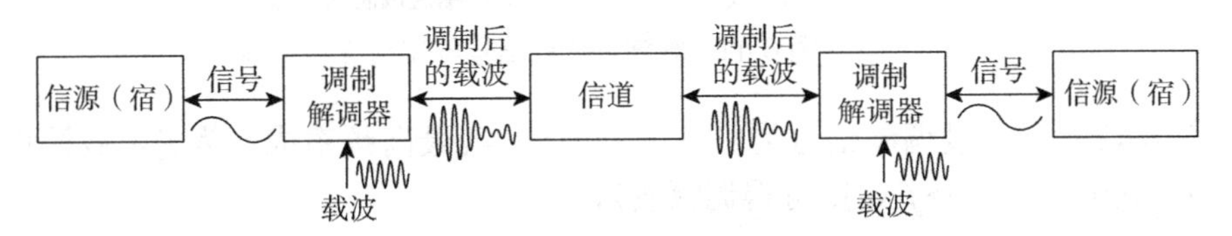

图 6.39　模拟通信与调制解调器

根据载波受调制的参数不同，调制可分为调幅（AM）、调频（FM）、调相（PM），信号经载波信号调制后，可形成调幅、调频、调相信号，如图 6.40 所示。信源的信号经载波调制后，经信道进行传输，调制后的载波进一步经载波解调后，恢复为信宿的信号。

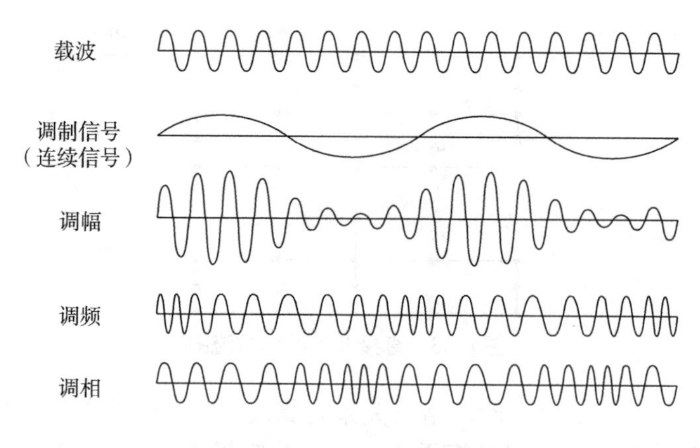

图 6.40　模拟调制的三种方法

6.4.1　幅值调制与解调

1. 幅值调制

调幅是将一个高频简谐信号（载波信号）的幅值与被测试的缓变信号（调制信号）相乘，使载波信号的幅值随测试信号的变化而变化。调幅时，载波、调制信号与调制波的关系如图 6.41 所示。

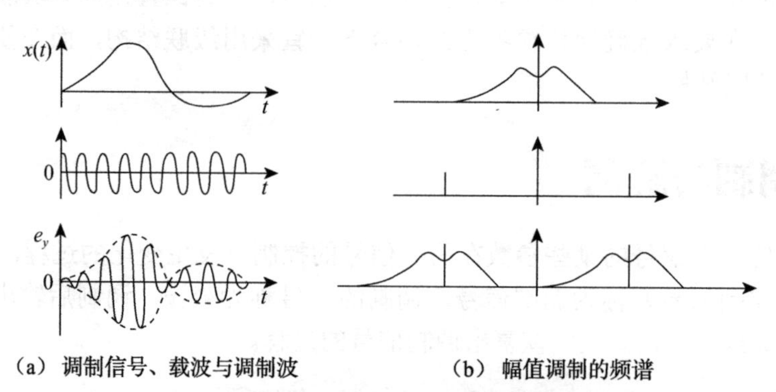

（a）调制信号、载波与调制波　　（b）幅值调制的频谱

图 6.41　载波、调制信号与调制波的关系

如图 6.42 所示，设调制信号为被测信号 $x(t)$，其最高频率成分为 f_m，载波信号为 $\cos 2\pi f_0 t$，其中要求 $f_0 >> f_m$，则可得调幅波为

$$x(t) \cdot \cos 2\pi f_0 t = \frac{1}{2}[x(t)e^{-j2\pi f_0 t} + x(t)e^{j2\pi f_0 t}] \tag{6.47}$$

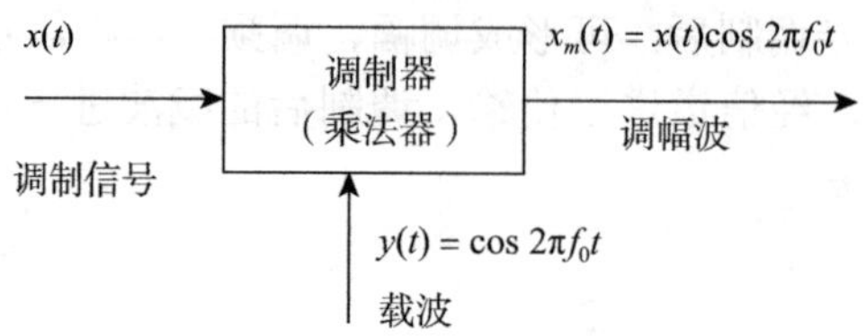

$x(t)$ 调制信号 → 调制器（乘法器）→ $x_m(t) = x(t)\cos 2\pi f_0 t$ 调幅波

$y(t) = \cos 2\pi f_0 t$ 载波

图 6.42　幅值调制

如果已知傅里叶变换对 $x(t) \leftrightarrow X(f)$，根据傅里叶变换的性质：在时域中两个信号相乘，则对应在频域中为两个信号进行卷积，即

$$x(t) \cdot y(t) \leftrightarrow X(f) * Y(f) \tag{6.48}$$

而余弦函数的频域图形是一对脉冲谱线，即

$$\cos 2\pi f_0 t \leftrightarrow \frac{1}{2}\delta(f - f_0) + \frac{1}{2}\delta(f + f_0) \tag{6.49}$$

根据傅里叶频移变换性质，可得

$$x(t) \bullet \cos 2\pi f_0 t \leftrightarrow \frac{1}{2}[X(f) * \delta(f - f_0) + X(f) * \delta(f + f_0)] \tag{6.50}$$

由单位脉冲函数的性质可知，一个函数与单位脉冲函数卷积的结果就是将其频谱图形由坐标原点平移至该脉冲函数频率处。所以，如果以高频余弦信号作载波，把信号 $x(t)$ 与载波信号相乘，其结果就相当于把原信号 $x(t)$ 的频谱图形由原点平移至载波频率 f_1 处，幅值调制的频谱如图 6.41（b）所示。

从调制过程看，载波频率 f_0 必须高于原信号中的最高频率 f_m，才能使已调制波保持原信号的频谱图形，不致重叠。为了减少放大电路可能引起的失真，信号的频宽（$2f_m$）相对中心频率（载波频率 f_0）越小越好。调幅以后，原信号 $x(t)$ 中所包含的全部信息均转移到以 f_0 为中心、宽度为 $2f_m$ 的频带范围之内，即将原信号从低频区推移至高频区。因为信号中不包含直流分量，可以用中心频率为 f_0、通频带宽为 $\pm f_m$ 的窄带交流放大器放大，然后再通过解调，从放大的调制波中取出原信号。调频过程相当于频谱“搬移”过程。

综上所述，幅值调制的过程在时域上是调制信号与载波信号相乘的运算，在频域上是调制信号与载波信号卷积的运算，是一个频移的过程。这就是幅值调制得到广泛应用的最重要的理论依据。

幅值调制的频移功能在工程技术上具有重要的使用价值。例如，广播电台把声频信号移频至各自分配的高频、超高频频段上，既便于放大和传递，也可避免各电台之间的干扰。

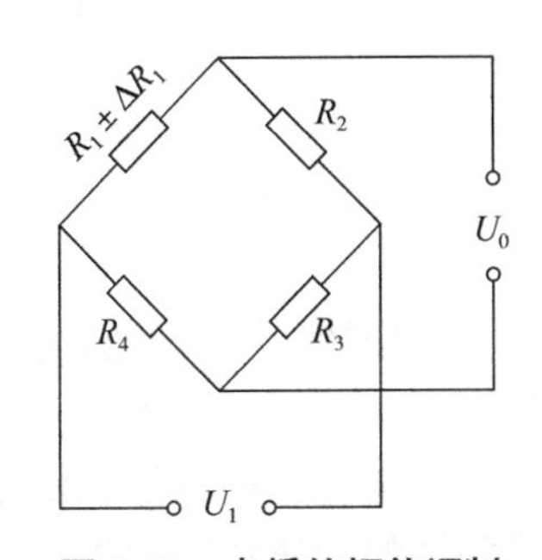

图 6.43　电桥的幅值调制

下面研究如图 6.43 所示的利用电桥的幅值调制的实现过程。

不同接法的电桥可表示为

$$U_0 = K\frac{\Delta R}{R}U_i \tag{6.51}$$

式中，K 为接法系数。当电桥输入 $\frac{\Delta R}{R} = R(t)$ 为被测的缓变信号，$U_i = E_0 \cos 2\pi f_0 t$ 时，式（6.51）可表示为

$$U_0 = KR(t)E_0 \cos 2\pi f_0 t \tag{6.52}$$

可以看出，电桥的输出电压 U_0 随 $R(t)$ 的变化而变化，即 U_0 的幅值受 $R(t)$ 的控制，其频率为输入电压信号 U_i 的频率 f_0。

可以看出，$U_i = E_0\cos 2\pi f_0 t$ 实际上是载波信号，电桥的输入 $\frac{\Delta R}{R} = R(t)$ 实际上是调制信号，$R(t)$ 对载波信号进行了幅值调制，U_0 是调幅信号。这就是说，电桥是一个调幅器。从时域上讲调幅器是一个乘法器。

2. 幅值调制的解调

为了从调幅波中将原测量信号恢复出来，就必须对调制信号进行解调。常用的解调方法有同步解调、整流检波解调和相敏检波解调。

（1）同步解调

如图 6.44 所示，同步解调是将已调制波与原载波信号再作一次乘法运算，即

$$x(t)\cdot\cos 2\pi f_0 t\cdot\cos 2\pi f_0 t = \frac{1}{2}x(t) + \frac{1}{2}x(t)\cos 2\pi 2 f_0 t \tag{6.53}$$

$$\begin{aligned} F[x(t)\cos 2\pi f_0 t\cos 2\pi f_0 t] &= F[\frac{1}{2}x(t) + \frac{1}{2}x(t)\cos 2\pi 2 f_0 t] \\ &= \frac{1}{2}\{X(f) + X(f)[\frac{1}{2}\delta(f-f_0) + \frac{1}{2}\delta(f+f_0)]\} \\ &= \frac{1}{2}X(f) + \frac{1}{4}X(f-f_0) + \frac{1}{4}X(f+f_0) \end{aligned} \tag{6.54}$$

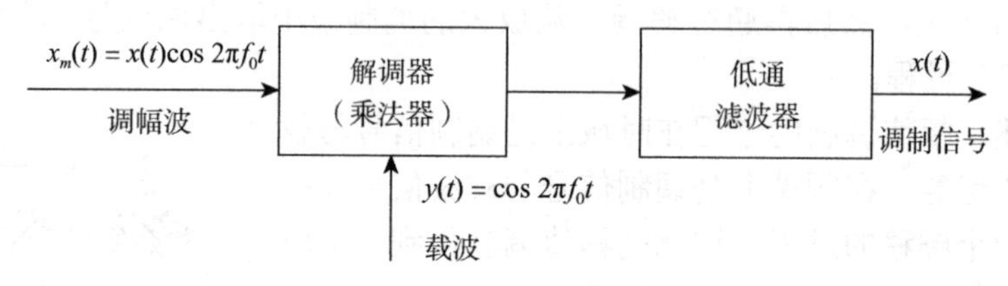

图 6.44　同步解调方法

同步解调的信号的频域图形将再一次进行“搬移”，即将以坐标原点为中心的已调制频谱搬移到载波中心 f_0 处。由于载波频谱与原来调制时载波频谱相同，第二次搬移后的频谱有一部分搬移到原点处，所以同步解调后的频谱包含两部分，即与原调制信号相同的频谱和附加的高频频谱。与原调制信号相同的频谱是恢复原信号波形所需要的，而附加的高频频谱则是不需要的。当用低通滤波器滤去大于 f_m 的成分时，则可以复现原信号的频谱，也就是说在时域恢复了原波形。图 6.45 中高于低通滤波器截止频率 f_c 的频率成分将被滤去。

所以，在同步解调时，所乘的信号与调制时的载波信号具有相同的频率和相位。

（2）整流检波解调

在时域上，将被测信号即调制信号 $x(t)$ 在进行幅值调制之前，先预加一直流分量 A，使之不再具有正负双向极性，然后再与高频载波相乘得到已调制波，这种解调方式称为整流检波解调。在解调时，只需对已调制波作整流和检波，最后去掉所加直流分量 A，就可以恢复原调制信号，如图 6.46 所示。

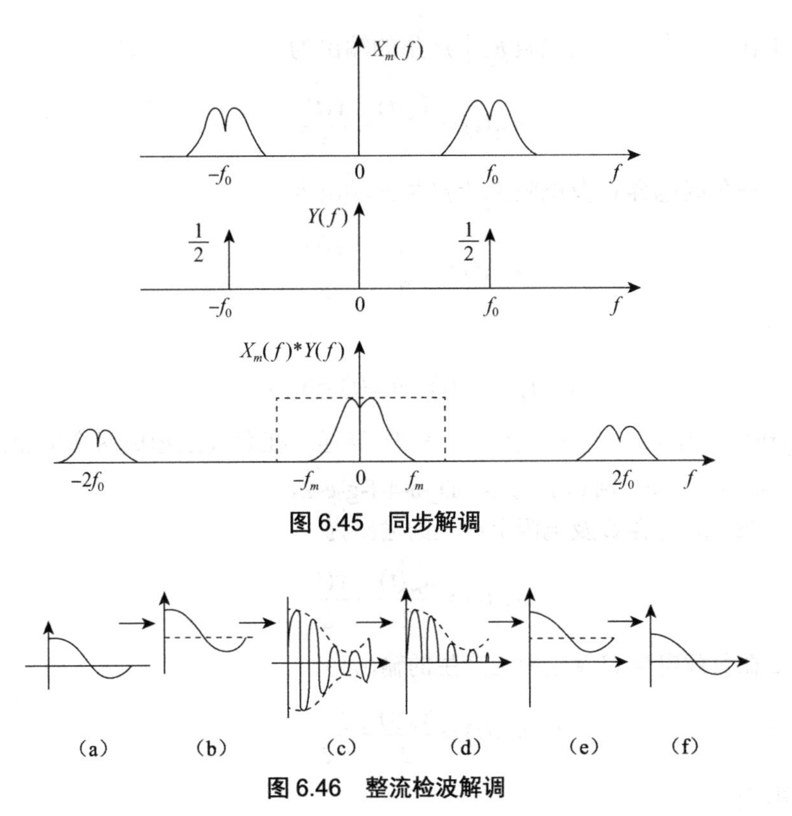

图 6.45　同步解调

图 6.46　整流检波解调

此方法虽然可以恢复原信号，但在调制解调过程中有一加减直流分量 A 的过程，由于实际工作中要使每一直流本身很稳定，且使两个直流完全对称是较难实现的，这样原信号波形与经调制解调后恢复的波形虽然幅值上可以成比例，但在分界正、负极性的零点上可能有漂移，从而使得分辨原波形正、负极性上可能有误。相敏检波解调技术就解决了这一问题。

（3）相敏检波解调

相敏检波解调方法能够使已调幅的信号在幅值和极性上完整地恢复成原调制信号。相敏检波器的电路如图 6.47 所示。

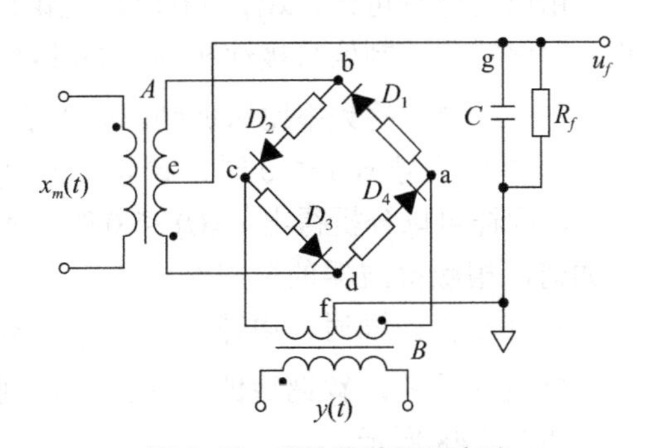

图 6.47　相敏检波器的电路

它由四个特性相同的二极管 $D_1 \sim D_4$ 沿同一方向串联成一个桥式电路，各桥臂上通过附加电阻将电桥预调平衡。四个端点分别接在变压器 T_1 和 T_2 的次级线圈上，变压器 T_1 的输入信号为调幅波 $x_m(t)$，T_2 的输入信号为载波 $y(t)$，$u_f(t)$ 为输出。要求 T_2 的次级输出远大于 T_1 的次级输出。

当调制信号 $x(t) > 0$ 时，调幅波 $x_m(t)$ 与载波 $y(t)$ 同相。若 $x_m(t)>0$，$y(t)>0$，此时二极管 D_2 和 D_3 导通，在负载上形成两个电流回路：回路 1 为 e-g-f-3-c-D_3-d-2-e，回路 2 为 1-b-D_2-c-3-f-g-e-1。

回路 1 在负载电容 C 及电阻 R_f 上产生的输出为

$$u_{f1}(t)=\frac{x_m(t)}{2}-\frac{y(t)}{2} \tag{6.55}$$

回路 2 在负载电容 C 及电阻 R_f 上产生的输出为

$$u_{f2}(t)=\frac{x_m(t)}{2}+\frac{y(t)}{2} \tag{6.56}$$

总输出为

$$u_f(t)=u_{f1}(t)+u_{f2}(t)=x_m(t) \tag{6.57}$$

若 $x_m(t)<0$，$y(t)<0$，此时二极管 D_1 和 D_4 导通，在负载上形成两个电流回路：回路 1 为 e-g-f-4-a-D_1-b-1-e，回路 2 为 2-d-D_4-a-4-f-g-e-2。

回路 1 在负载电容 C 及电阻上产生的输出为

$$u_{f1}(t)=\frac{x_m(t)}{2}-\frac{y(t)}{2} \tag{6.58}$$

回路 2 在负载电容 C 及电阻上产生的输出为

$$u_{f2}(t)=\frac{x_m(t)}{2}+\frac{y(t)}{2} \tag{6.59}$$

总输出为

$$u_f(t)=u_{f1}(t)+u_{f2}(t)=x_m(t) \tag{6.60}$$

由以上分析可知，$x(t)>0$ 时，无论调制波是否为正，相敏检波器的输出波形均为正，即保持与调制信号极性相同。同时可知，这种电路相当于在 0 ～ t_1 段对 $x_m(t)$ 全波整流，故解调后的频率比原调制波高 1 倍。

当调制信号 $x(t)<0$ 时，调幅波 $x_m(t)$ 与载波 $y(t)$ 反相，同样可以分析得出：$x(t)<0$ 时，不管调制波极性如何，相敏检波器的输出波形均为负，保持与调制信号极性相同。同时，电路在 t_1 ～ t_2 段相当于对 $x_m(t)$ 全波整流后反相，解调后的频率为原调制波的 2 倍。结果如图 6.48 所示。

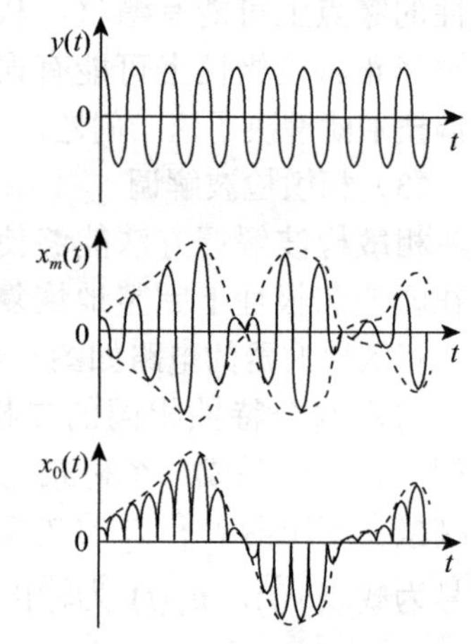

图 6.48　相敏检波器的波形

相敏滤波器输出波形的包络线就是所需要的信号，因此必须把它和载波分离。由于被测信号的最高频率 $f_m \leqslant (1/10 \sim 1/5)\,f_0$（载波频率），所以应在相敏检波器的输出端再接一个适当频带的低通滤波器，即可得到与原信号波形一致但已经放大了的信号，达到解调的目的。

3. 幅值调制与解调的应用

幅值调制与解调在工程技术上用途很多，下面以常用的 Y6D 型动态应变仪作为典型实例进行介绍，如图 6.49 所示。

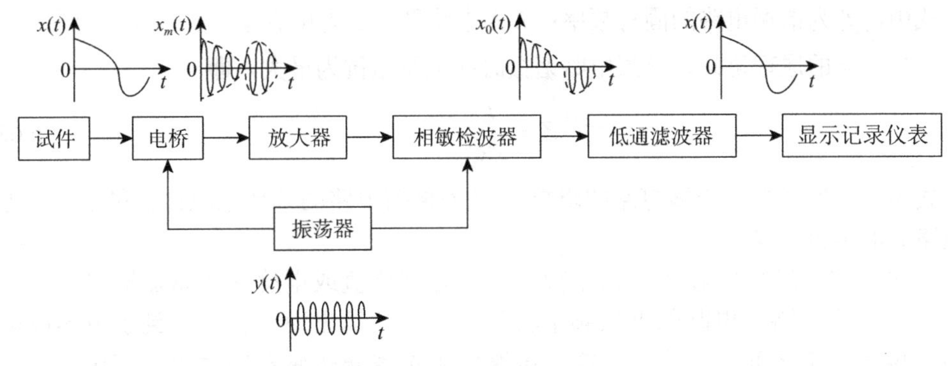

图 6.49 动态应变仪

交流电桥由振荡器供给高频等幅正弦激励电压源作为载波$y(t)$，贴在试件上的应变片受力$F(\varepsilon)$等作用，其电阻$\Delta R/R$变化反映试件上的应变ε的变化。由于电阻R为交流电桥的桥臂，则电桥有电压输出$x(t)$。作为原信号的$x(t)$，其与高频载波$y(t)$作幅值调制后的调制波$x_m(t)$，经放大器后幅值将放大为$u_1(t)$。$u_1(t)$送入相敏检波器后被解调为原信号波形包络线的高频信号波形$u_2(t)$，$u_2(t)$进入低通滤波器后，高频分量被滤掉，则恢复了原来被放大的信号$u_3(t)$。最后记录器将$u_3(t)$的波形记录下来，反映了试件应变变化情况，其应变大小及正负都能准确地显示出来。

6.4.2 频率调制与解调

调频就是调制信号（缓变的被测信号）去控制载波信号的频率，使其随调制信号的变化而变化。经过调频的被测信号寄存在频率中，不易衰落也不易混乱和失真，使信号的抗干扰能力得到很大的提高。同时，调频信号还便于远距离传输和采用数字技术。调频信号的这些优点使得其调频和解调技术在测试技术中得到了广泛应用。

1. 频率调制

谐振电路（Resonant circuit）是把电容、电感等电参数变化量变换成电压变化量的电路，它也可以用作调频电路，是检测系统中最常见的一种中间变换电路。

（1）谐振电路的变换原理

谐振电路通常是把电容、电感（有时还有电阻）作为元件构成的电路，它通过耦合从高频振荡器取得电路电源，如图 6.50 所示。电路阻抗值取决于电容、电感的相对值和电路电源的频率值。当电路产生谐振时（在电容、电感和电源达到谐振条件时），它的谐振频率（也称固有频率）可由算式算出。

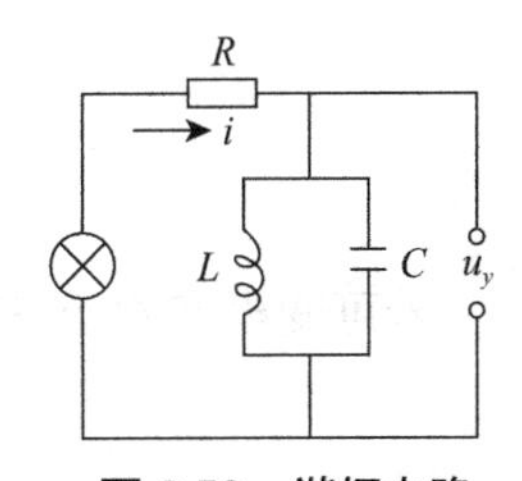

图 6.50 谐振电路

对于图 6.50 所示的谐振电路，谐振频率为

$$f_n = \frac{1}{2\pi\sqrt{LC}} \tag{6.61}$$

式中，f_n为谐振电路的固有频率；L为电感量；C为电容量。

由电工学的原理可知，谐振电路谐振时的电路阻抗为最大，即

$$Z=\frac{L}{R'C} \tag{6.62}$$

式中，Z为谐振时谐振电路的阻抗；R'为谐振电路的等效电阻；L和C分别为谐振电路的电感和电容。

由此可知，当把电容式传感器输出的电容变化值或电感式传感器输出的电感变化值接入谐振电路，电路的谐振频率将随传感器的输出而变化，达到了电容或电感与电路振荡频率之间的变换。同样，电路的阻抗也随传感器的输出而变化，达到了电容或电感与电路阻抗之间的变换。当谐振电路的电源电流为i时，谐振电路的输出电压为

$$u_y=iZ=i\frac{L}{R'C} \tag{6.63}$$

式中，u_y为谐振电路输出电压；i为高频激励电流。

谐振电路把参数（电容、电感）的变化变换成了电压的变化，经过必要的放大后即可进行记录。

（2）谐振电路作调频器

用谐振电路调频的方法称为直接调频法。它是在谐振电路中并联或串联电容、电感，这个电容或电感的变化受调制信号控制，高频激励电源（从电路外的高频信号发生器中耦合而得）是调频器的载波，谐振电路的输出电压就是调频波，如图 6.51 所示。

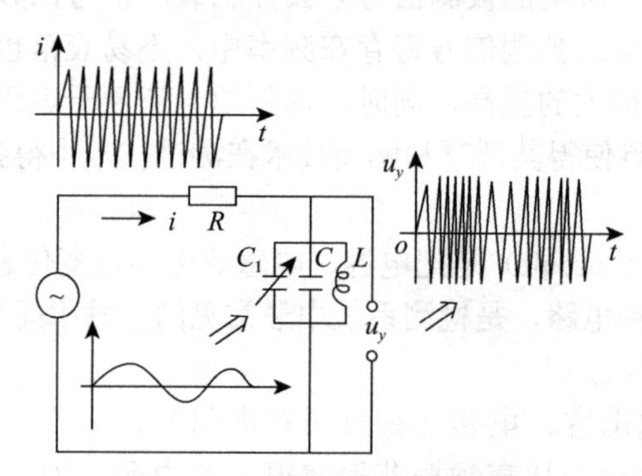

图 6.51　谐振电路作调频器原理

若可变电容C_1的初始电容量为C_0，当调制信号为$x(t)$时，则可变电容的电容量为

$$C_1=C_0+\Delta C=C_0+K_XC_0x(t) \tag{6.64}$$

式中，K_X为比例系数。

在无信号输入时，$x(t)=0$，谐振电路的谐振频率为

$$f_1=\frac{1}{2\pi\sqrt{L(C+C_0)}} \tag{6.65}$$

当有信号输入时，$x(t)\neq 0$，谐振电路的谐振频率为

$$f=\frac{1}{2\pi\sqrt{L(C+C_1)}}=\frac{1}{2\pi\sqrt{L(C+C_0+\Delta C)}}=\frac{1}{2\pi\sqrt{L(C+C_0)(1+\dfrac{\Delta C}{C+C_0})}}\tag{6.66}$$

$$=\frac{1}{2\pi\sqrt{L(C+C_0)}}(1+\frac{\Delta C}{C+C_0})^{-\frac{1}{2}}$$

把 $(1+\dfrac{\Delta C}{C+C_0})^{-\frac{1}{2}}$ 用二项式公式展开，并取前两项，则式（6.66）变为

$$f=\frac{1}{2\pi\sqrt{L(C+C_0)}}(1-\frac{\Delta C}{2C+C_0})=f_0(1-\frac{\Delta C}{2C+C_0})\tag{6.67}$$

由于

$$\Delta C=K_X C_0 x(t)\tag{6.68}$$

所以

$$f=f_0(1-\frac{K_X C_0}{2C+C_0}x(t))=f_0(1-K_f x(t))\tag{6.69}$$

若无信号输入时，谐振电路的输出电压为

$$u_{y0}=u_m\cos(2\pi f_0 t+\varphi)\tag{6.70}$$

在有信号 $x(t)$ 输入时，谐振电路的电压为

$$u_y=u_m\cos(2\pi f t+\varphi)=u_m\cos\{2\pi f_0[1-K_f x(t)]t+\varphi\}\tag{6.71}$$

由式（6.71）可知，当有信号 $x(t)$ 输入时，谐振电路输出电压的频率受输入信号 $x(t)$ 控制，从而达到调频的目的。

2. 频率解调

f/V（频率 / 电压）转换电路的作用是把频率信号转变为与其成正比的直流电压信号。将涡轮流量计、光电式或磁阻式转速传感器与其配合使用，可以实现稳态和动态测量与记录，若与计算机连接，可以对流量、转速等物理量自动实现数据采集、处理和控制。

DZP 型 f/V 转换器是利用电容充放电后的电压累计，并使累计电压与其输入频率成正比的关系进行工作的。图 6.52 所示为 DZP 型 f/V 转换器的组成框图。

射极跟随器用来提高输入阻抗，以便与高输入阻抗传感器相匹配；交流放大级可将频率信号的幅值加以放大；限幅级用来对信号进行整形，并使输出方波的幅值恒定，且频率与输入信号同频；f/V 转换级（泵电路）能将方波信号变换成与输入频率成比例的直流电压信号。

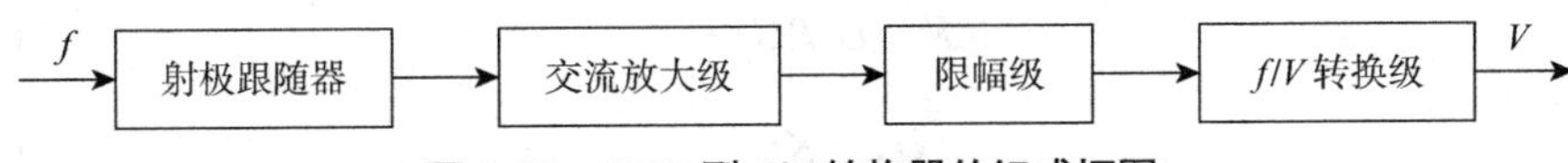

图 6.52　DZP 型 f/V 转换器的组成框图

f/V转换级的工作原理如图6.53（a）所示。当输入信号在t_1时间间隔内，通过C_1和D向C_2充电。由于D导通，其正向压降使BG截止，输入信号电压U_1加在C_1和C_2上，这时电路可简化成如图6.53（b）所示的电路。忽略二极管D上的正向管压降，$t=0$时，即在第一个脉冲的前沿时，C_1、C_2上的电压为

$$U_{C_1}=\frac{C_1U_1}{C_1+C_2}\ （\text{A 对 B}） \tag{6.72}$$

$$U_{C_2}=\frac{C_2U_1}{C_1+C_2}\ （\text{C 对地}） \tag{6.73}$$

在t_1时间间隔内，输入电压U_1和输出电压U_2可由下式计算

$$U_1=\frac{1}{C_1}\int i_1\mathrm{d}t+\frac{1}{C_2}\int i_2\mathrm{d}t \tag{6.74}$$

$$i_1=i_2+i_3 \tag{6.75}$$

$$U_2=Ri_3=\frac{1}{C_2}\int(i_1-i_2)\,\mathrm{d}t \tag{6.76}$$

在t_1时间内，可以将输入信号看作阶跃信号加在线路上，此时有

$$U_2=Ri_3(t)=\frac{U_1C_1}{R(C_1+C_2)}e^{-\frac{t_1}{R(C_1+C_2)}} \tag{6.77}$$

由式（6.77）可知，输出电压按指数规律变化，其充电常数$T_S=R(C_1+C_2)$。

当$t_1=t_2$时，即第一个脉冲结束，A点接地，B点电位也下跳U_1幅度，使B点电位低于C点电位（$U_C>U_B$）。这时，BG管的基极电位高于发射极电位，则BG导通，同时，C_1通过BG放电并被反向充电，如图6.53（c）所示。

若C_1与BG的放电时间比输入脉冲的重复频率周期T小很多，则B、C两点在C_1反向充电中达到电位相等。由于C_2向R放电，C点电位下降，致使D导通，所以C_1通过D也向R放电，这时BG截止，形成C_1和C_2并联向R放电，它的电路如图6.53（d）所示。图中，$C=C_1+C_2$，并且它的放电时间常数为$RC=R(C_1+C_2)=T_S$。从而可知，在整个周期内，其充放电时间常数是一样的。当第二个脉冲到来时，又重复上述过程，每一个周期内经BG从电源E_C获取一次能量。在开始阶段，一个周期内电压上升量大于电压下降量，当输出回路积累一定电压后，会出现一个周期内电压上升量与电压下降量相等的情况，即达到了动态平衡，至此，频率转换为直流电压的过渡过程结束，输出电压如图6.53（e）所示。

因为$T_S=1/f$，所以输出电压的平均值为

$$U_2=U_1RC_1f \tag{6.78}$$

令

$$K=U_1RC_1 \tag{6.79}$$

则

$$U_2=Kf \tag{6.80}$$

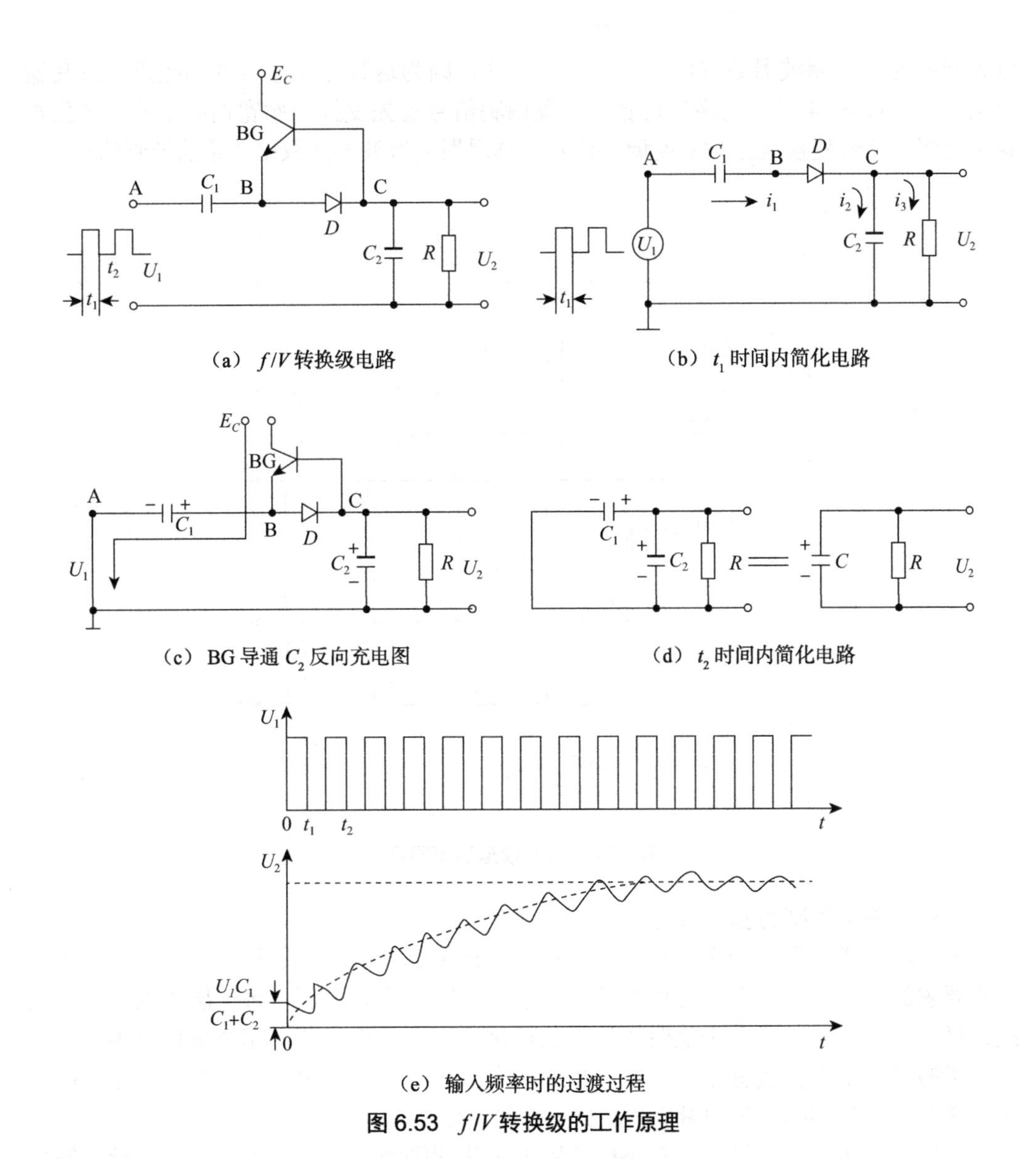

（a） f/V 转换级电路

（b） t_1 时间内简化电路

（c） BG 导通 C_2 反向充电图

（d） t_2 时间内简化电路

（e） 输入频率时的过渡过程

图 6.53　f/V 转换级的工作原理

由式（6.78）可知，若 U_1、R、C_1 各值保持不变，输出电压就与输入频率 f 成正比。

这种类型的转换器，由于电压的积累需要一个过渡过程，因此响应时间较长，不适用于快速变化的动态检测。

6.4.3　脉冲调制原理

1. 脉冲模拟调制的基本原理

脉冲模拟调制是用采样信号的采样值去控制脉冲序列信号的参数。脉冲序列信号有 4 个参数：脉冲幅度、脉冲宽度、脉冲频率、脉冲位置，因此脉冲模拟调制有 4 种方式，即脉冲幅度调制（PAM）、脉冲宽度调制（PWM）、脉冲频率调制（PFM）、脉冲位置调制（PPM）。为了提高脉冲位置调制信号解调的质量，往往不采用直接把脉冲位置调制信号通过滤波器滤取出调制信号的方法，因为这种方法很难抑制噪声、提高输出信噪比。图 6.54 所示电路是将脉冲位置调制信号首先变换成脉宽调制信号，之后再将脉宽调制信号变换成脉冲幅度调制信号，再用振幅检波方法取出原始的调制信号。

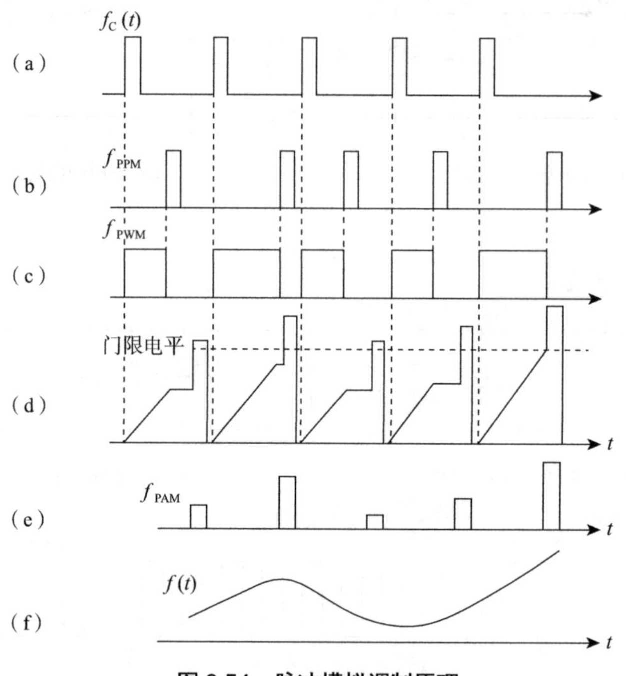

图 6.54　脉冲模拟调制原理

2. 脉冲数字调制的基本原理

常见的采样信号是一个标量信号，对一个标量信号的量化过程是根据采样值的范围和要求的量化精度，把信号可能的最大取值范围分成若干层，每一层代表一个量化级，每一级对应的中间电平值叫作该级的量化电平。采样值落在哪个量化级中，就取哪一级的量化电平值代替该采样值。相邻两个量化级的量化电平之差称为量化间隔，用 Δ 表示。量化间隔相等的量化分层称为均匀量化。

非均匀量化是在采样值比较小的范围内量化间隔小，随采样值的增大，量化间隔增大，以保证在整个采样值的变化范围内相对量化误差基本不变。

编码是用有限的符号组合起来表示信息的过程。脉冲数字调制中的编码是把量化值变成数字代码的过程。数字代码的形式很多，通常采用的有二进制码、八进制码、十进制码、十六进制码等，应用最多最普遍的是二进制码。二进制码又有很多种，如自然二进制码、折叠二进制码、格雷码等。采用哪种代码要根据系统总体性能指标要求而定，例如对于双极性的语音信号，多采用折叠二进制码。代码的位数要根据量化的级数确定。

由模拟信号转换为数字信号的过程称为 A/D 变换，由数字信号转换为模拟信号的过程称为 D/A 变换。A/D 变换包含采样保持、量化、编码。PCM 调制就是 A/D 变换过程。

6.5　信号变换

在信号的测量、处理、传输、记录与显示以及控制等领域中，为了抗干扰、提高传输效率和满足不同设备及电路联结等需要，广泛地应用各类信号变换技术。

（1）按变换的方式分类

①线性变换。线性变换是采用线性电路来完成的，线性变换只能改变信号频谱分量的相对大小，而不会产生新的频率成分。某些波形变换和电压—电流转换可依靠线性变换电路来完成。

②非线性变换。非线性变换是采用非线性电路来完成的，利用非线性电路可以实现频率转换，例如混频、分频和倍频等。信号的非线性变换主要应用于信号的传输方面，特别是信号的远距离传输，也就是信号的遥传。

（2）按信号变换的内容分类

①电量与非电量间的变换

②模拟量与数字量间的变换

③电压（或电流）与频率（或时间）间的变换

④交流与直流间的变换

⑤功率变换

⑥波形变换

⑦频率转换（包括变频、各类信号调制及解调、倍频与分频）等

（3）信号线性变换电路的一般要求

①输出信号与输入信号成线性关系。

②有足够高的输入阻抗。这里的输入阻抗指广义输入阻抗，即信号变换电路对信号源或前级电路的影响要足够小，不会使信号源或前级电路的状态产生过大的改变而影响测量结果。

③有足够的驱动能力和动态范围。

④满足应用的其他要求，如电源、功耗、频率、工艺、成本等。

传感器输出的微弱信号经过放大后还要根据后续的测量仪表、数据采集器、计算机外围接口电路等仪器对输入信号的要求，将信号进行相应的各种变换，如电压—电流转换、电压—频率转换、模拟—数字和数字—模拟变换等。

6.5.1　电压—电流转换

在远距离信号传输中，电压信号容易遭受干扰，应将直流电压信号转换为直流电流信号进行传输。采用电压—电流转换器要求输出的电流具有较好的恒流特性，以避免受到传输线路电阻和负载电阻变化（在规定范围内）的影响。因此，电压—电流转换器不但应使输入电阻尽量大，这样可以减小对信号源的影响，同时输出电阻也应尽量大，以保持输出电流的恒流特性。电压—电流转换器利用运算放大器是很容易实现的，下面介绍几种常用的电压—电流转换器电路。

电压 / 电流转换器（VCC）用来将电压信号变换为与电压成正比的电流信号。其用途为：

① 常用作传感器或其他检测电路中的基准（参考）恒流源。

② 在磁偏转的示波装置中，常用来将线性变化电压转换成扫描用的线性变化电流。

③ 在控制系统中作为可控电流源，驱动某些执行装置，如记录仪、记录笔和电流表的偏转。

VCC 按负载接地与否，可分为负载浮地型和负载接地型两类。

1. 负载浮置的电压—电流转换电路

（1）反相式（图 6.55）

根据运算放大器的特性，可以求得

$$i_I = i_L = \frac{u_I}{R_1} \tag{6.81}$$

特点：要求信号源和运算放大器都能给出要求的负载电流值，这是由于信号 u_I 加于运算放大器反相输入端所造成的。从式（6.81）可知，负载电流的大小与负载 R_L 无关，由输入电压和输入段电阻确定。因此，这种电路的缺点是负载电流全部要由输入信号源提供。

（2）同相式（图 6.56）

将输入信号接入同相端，可以减小负载从信号源汲取的电流，如图 6.56 所示。

$$i_L = i_I = \frac{u_i}{R_1} \tag{6.82}$$

特点：信号接于运算放大器的同相端，由于同相端有较高的输入阻抗，因而信号源只需要提供很小的电流。

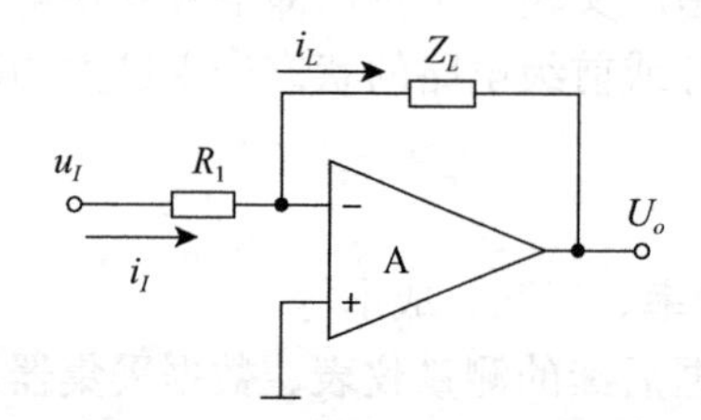

图 6.55　反相式电压—电流转换电路

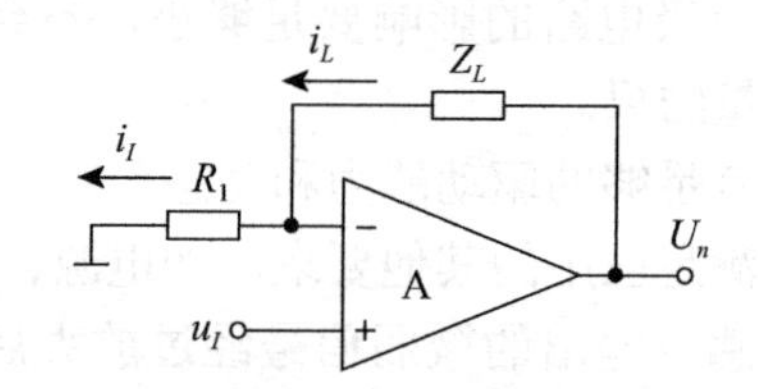

图 6.56　同相式电压—电流转换电路

（3）电流放大式（图 6.57）

由图 6.57 所示电路，可以得到

$$i_L = i_F + i_{R3}，\ i_F = i_I = \frac{u_I}{R_1}$$

$$i_{R_3} = \frac{-u_o}{R_3} = \frac{\left(u_I \dfrac{R_2}{R_1}\right)}{R_3}$$

由此可得

$$i_L = \frac{u_I}{R_1} + \frac{u_I R_2}{R_1 R_3} = \frac{u_I}{R_1}(1 + \frac{R_2}{R_3}) \tag{6.83}$$

特点：调节 R_1、R_2 和 R_3 都能改变 VCC 的变换系数，只要合理地选择参数，电路在较小的输入电压 u_I 作用下，就能给出较大的与 u_I 成正比的负载电流。负载电流大部分由运算放大器提供，只有很小一部分由信号源提供，对信号源影响小。该电路要求运算放大器给出较高的输出电压。

（4）大电流输出电压 / 电流转换器（图 6.58）

由图 6.58 所示电路，可以得到

$$i_L = i_1 = \frac{u_I}{R_1} \tag{6.84}$$

特点：由于采用了三极管 T 来提高驱动能力，其输出电流可高达几安培甚至几十安培。采用同相输入方式，具有很高的输入阻抗，信号源只要提供很小的电流。当负载 Z_L 的阻抗值较高时，电路中的运放仍然需要输出较高的电压。该电路只能用于 $u_I > 0$ 的信号。

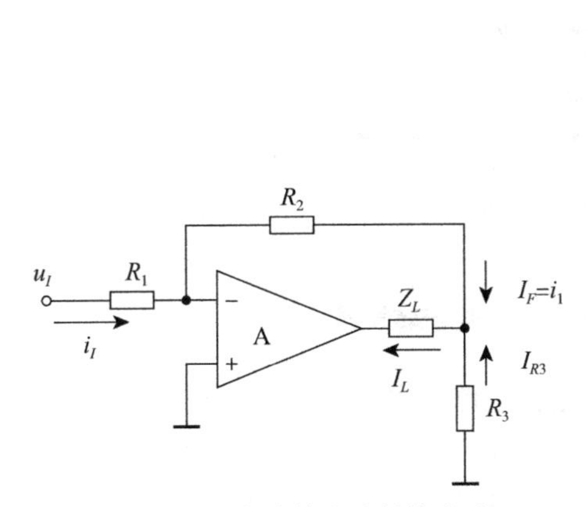

图 6.57　电流放大式转换电路

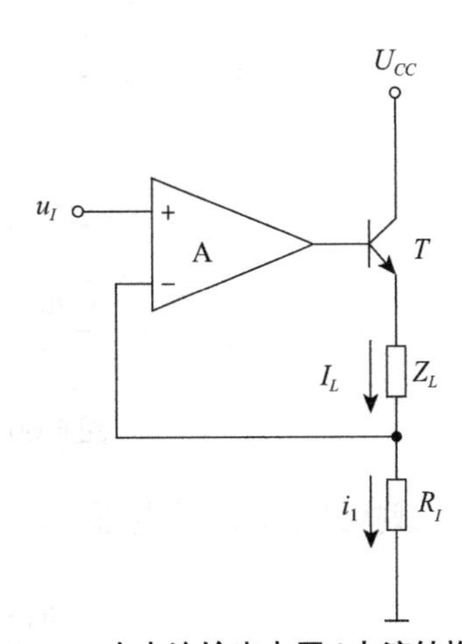

图 6.58　大电流输出电压 / 电流转换器

（5）大电流和高电压输出电压 / 电流转换器（图 6.59）

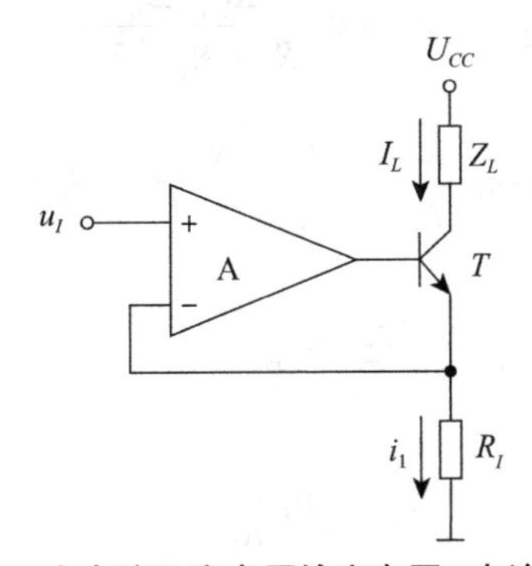

图 6.59　大电流和高电压输出电压 / 电流转换器

由图 6.59 所示电路，可以得到

$$i_L = \frac{\beta}{1+\beta} i_1 = \frac{\beta}{1+\beta} \frac{u_I}{R_1}$$

β 为晶体管 T 的直流电流增益。选用 β 值较大的晶体管，可有 β>>1，则

$$i_L=\frac{u_I}{R_1} \tag{6.85}$$

特点：可以满足负载 Z_L 的阻抗值较高时需要较高输出电压的要求，该电路同时也能给出较大的负载电流。由于采用同相输入方式，也具有很高的输入阻抗。电路应选用 β 值较大的晶体管，才能得到较高的精度。该电路只能用于 $u_I>0$ 的信号。

2. 负载接地的电压—电流转换器

（1）负载接地型电压—电流转换器（图 6.60）

由于实际应用中常常要求负载电阻一端接地，以便与后续电路相连，所以可以采用单个或两个运算放大器电路，电路组成负载接地的电压—电流转换器，如图 6.60 所示。

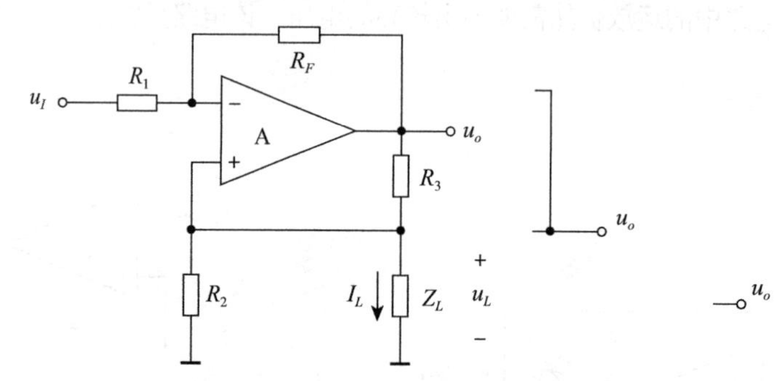

图 6.60　负载接地型电压—电流转换器

负载接地的单运放电压—电流转换器，根据电路的叠加原理，输出电压为

$$u_o=-u_I\frac{R_2}{R_1}+u_L(1+\frac{R_2}{R_1})$$

由图 6.60 可知

$$u_L=I_LZ_L=u_o\frac{R_3\,/\!/\,Z_L}{R_4+R_3\,/\!/\,Z_L}$$

因此

$$I_L=-u_I\frac{R_2}{R_1}\bigg/[(\frac{R_4}{R_3}-\frac{R_2}{R_1})Z_L+R_4]$$

令

$$\frac{R_4}{R_3}=\frac{R_2}{R_1} \tag{6.86}$$

则

$$I_L=-u_I\frac{1}{R_3} \tag{6.87}$$

式（6.87）表明，当单运放电压—电流转换器采用电阻满足式（6.86），则负载电流与输入电压成线性关系，与负载电阻无关。在选择电阻参数时，通常将 R_1、R_3 阻值取大一些，以减少输入信号源的电流 I_L 和 R_4 的分流作用，电阻值 R_2、R_4 要选得小一些，以减小 R_F 上的电压降。

特点：该电路的输出电流 i_L 将会受到运算放大器输出电流的限制，负载阻抗 Z_L 的大小也受到运算放大器输出电压 u_o 的限制，在最大输出电流 $i_{L\max}$ 时，应满足 $u_{o\max} \geqslant u_{R3}+i_{L\max}Z_L$。为了减少电阻 R_3 上的压降，应将 R_3 和 R_F 取小一些，而为了减少信号源的损耗，应选用较大的 R_1 和 R_2 值。该电路最大的缺点是引入了正反馈，使得电路的稳定性降低。

（2）高性能负载接地型电压—电流转换器（图 6.61）

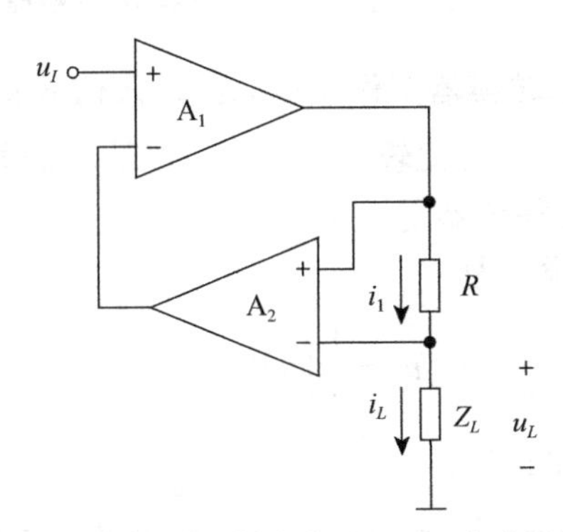

图 6.61　高性能负载接地型电压—电流转换器

由图 6.61 所示电路，A_1 为普通运算放大器，A_2 为仪器放大器（如 AD620），假定 A_2 的增益为 K，则有 $u_I = KRi_1 = KRi_L$，所以

$$i_L = \frac{1}{KR}u_I \tag{6.88}$$

特点：该电路既可以在负载接地的情况下得到很高的变换精度，又具有很高的工作稳定性。

6.5.2　电压—频率转换

电压—频率转换就是将输入电压转换为与之成正比的频率信号输出。变换后的输出波形可以是任何周期性波形，如方波、脉冲序列、三角波或正弦波等。将模拟输入电压转化成频率信号，可提高信号传输的抗干扰能力，还可以节省系统接口资源。电压—频率转换在调频、锁相、模 / 数变换等许多领域得到广泛的应用。

电压 / 频率转换电路（VFC）应用十分广泛，在不同的应用领域有不同的名称，如在无线电技术中，它被称为频率调制（FM）；在信号源电路中，它被称为压控振荡器（OSC）；在信号处理与变换电路中，它又被称为电压 / 频率转换电路和准模 / 数转换电路。

1. 积分复原型电压—频率转换器

积分复原型电压—频率转换器由积分器、比较器和积分复原模拟开关等部分组成。积分复原型电压—频率转换器基本原理相似，主要差别在于复位方法、复位时间长短、模拟开关常用晶体管、场效应管等元件。图 6.62 所示为积分复原型电压—频率转换器原理。

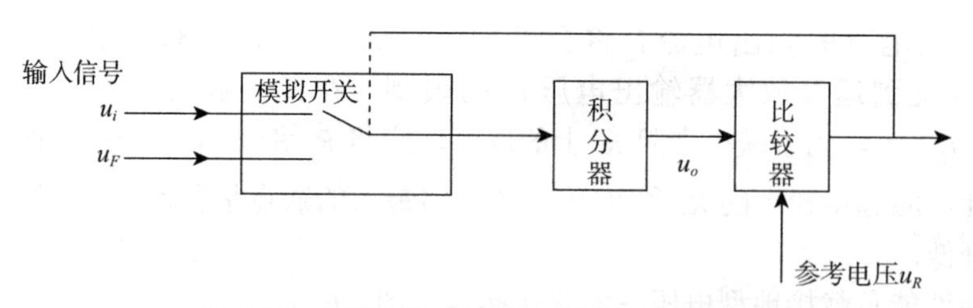

图 6.62　积分复原型电压—频率转换器原理

积分复原型电压—频率转换器工作原理为：输入信号 u_i 经过积分器积分，积分后的电压 u_o 与比较器的参考电压 u_R 比较，当 $u_o = u_R$ 时比较器翻转，比较器输出控制模拟开关切换到 u_F，模拟开关使积分器复原为零。

假定 $u_i > 0$，则积分器输出为

$$u_o = \frac{1}{\tau}\int u_i \mathrm{d}t$$

式中，τ为积分器的时间常数。

经过一段时间 T_1 后，$u_o = \frac{1}{\tau}u_i T_1 = u_R$，比较器翻转，积分器经过一段时间 T_2 后，复原为零。比较器输出频率$f_0 = \frac{1}{T_1 + T_2}$，令 $T_1 >> T_2$，则

$$f_0 \approx \frac{1}{T_1} \approx \frac{1}{\tau u_R} u_i \tag{6.89}$$

由式（6.89）可知，变换电路的输出频率f_0与输入电压 u_i 成正比。

2. 电压频率转换器集成电路

LM331 是美国 NS 公司生产的性能价格比较高的集成芯片，可用作精密频率电压转换器、A/D 转换器、线性频率调制解调、长时间积分器及其他相关器件。LM331 采用了新的温度补偿能隙基准电路，在整个工作温度范围内和低到 4.0V 电源电压下都有极高的精度。LM331 的动态范围宽，可达 100dB；线性度好，最大非线性失真小于 0.01%，工作频率低到 0.1Hz 时还有较好的线性；变换精度高，数字分辨率可达 12 位；外接电路简单，只需接入几个外部元件就可方便构成 V/F 或 F/V 等变换电路，并且容易保证转换精度。

LM331 的内部电路组成如图 6.63 所示，由输入比较器、定时比较器、R-S 触发器、输出驱动管、复零晶体管、能隙基准电路、精密电流源电路、电流开关、输出保护管等部分组成。输出驱动管采用集电极开路形式，因而可以通过选择逻辑电流和外接电阻，灵活改变输出脉冲的逻辑电平，以适配 TTL、DTL 和 CMOS 等不同的逻辑电路。LM331 可采用双电源或单电源供电，可工作在 4.0 ～ 40V，输出可高达 40V，而且可以防止电源短路。

图 6.63 是由 LM331 组成的单稳定时电路。当输入端 V_i + 输入正电压时，输入比较器输出高电平，使 R-S 触发器置位，Q 输出高电平，输出驱动管导通，输出端 f_0 为逻辑低电平，同时，电流开关打向右边，电流源 I_R 电容 C_L 充电。此时由于复零晶体

管截止，电源 Vcc 也通过电阻 R_t 对电容 C_t 充电。当电容 C_t 两端充电电压大于 Vcc 的 2/3 时，定时比较器输出高电平，使 R–S 触发器复位，Q 输出低电平，输出驱动管截止，输出端 f_0 为逻辑高电平，同时，复零晶体管导通，电容 C_t 通过复零晶体管迅速放电，电流开关打向左边，电容 C_L 对电阻 R_L 放电。当电容 C_L 放电电压等于输入电压 V_i 时，输入比较器再次输出高电平，使 R–S 触发器置位，如此反复循环，构成自激振荡。

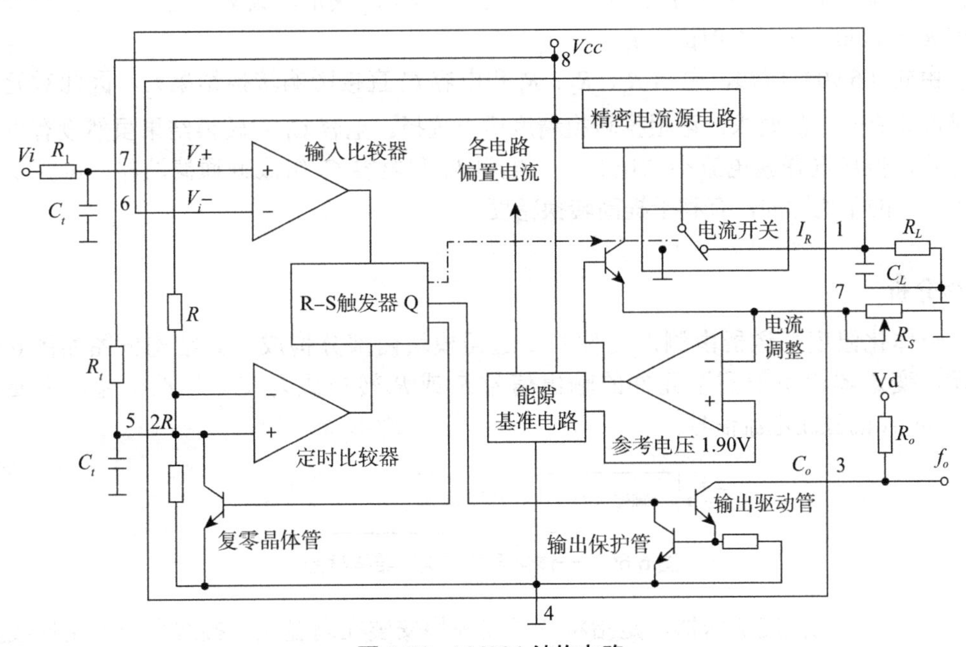

图 6.63　LM331 结构电路

图 6.64 所示为电容 C_t、C_L 充放电和输出脉冲 f_0 波形。

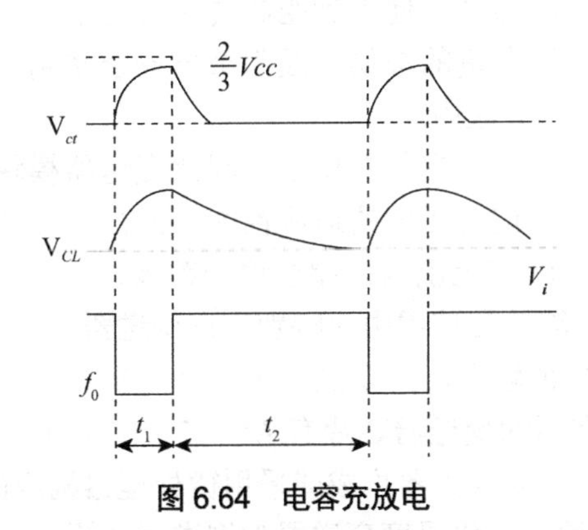

图 6.64　电容充放电

设电容 C_L 的充电时间为 t_1，放电时间为 t_2，根据电容 C_L 上电荷平衡的原理，则有

$$(I_R - V_L/R_l)\ t_1 = t_2 V_L/R_L$$

从上式可得

$$f_0 = 1/(t_1 + t_2) = V_L/(R_L I_R t_1)$$

实际上，该电路的 V_L 在很小的范围内（大约 10mV）波动，因此，可认为 $V_L=V_t$，故上式可以表示为

$$f_0 = V_t / (R_L I_R t_l) \tag{6.90}$$

可见，输出脉冲频率 f_0 与输入电压 V_i 成正比，从而实现了电压—频率转换。式中 I_R 由内部基准电压源供给的 1.90V 参考电压和外接电阻 R_s 决定，$I_R = 1.90/R_s$，改变 R_s 的值，可调节电路的转换增益，t_1 由定时元件 R_t 和 C_t 决定，其关系是 $t_1 = 1.1R_tC_t$，典型值 $R_t = 6.8\text{k}\Omega$，$C_t = 0.01\mu\text{F}$，$t_1 = 7.5\mu\text{s}$。

由式（6.90）可知，电阻 R_s、R_L、R_t 和电容 C_t 直接影响转换结果 f_0，因此对元件的精度要有一定的要求，可根据转换精度适当选择。电容 C_L 对转换结果虽然没有直接的影响，但应选择漏电流小的电容器。电阻 R_L 和电容 C_L 组成低通滤波器，可减少输入电压中的干扰脉冲，有利于提高转换精度。

案例分析

一体化温度变送器由测温元件和变送器模块两部分构成，其结构框图如图 6.65 所示。变送器模块把测温元件的输出信号 E_t 或 R_t 转换成为统一标准信号，主要是 4 ～ 20mA 的直流电流信号。

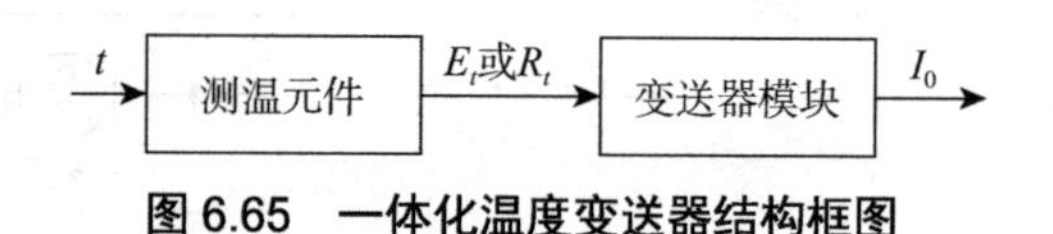

图 6.65　一体化温度变送器结构框图

所谓一体化温度变送器，是指将变送器模块安装在测温元件接线盒或专用接线盒内的一种温度变送器，其变送器模块和测温元件形成一个整体，可以直接安装在被测温度的工艺设备上，输出为统一标准信号。这种变送器具有体积小、重量轻、现场安装方便、输出信号抗干扰能力强、便于远距离传输等优点，对于测温元件采用热电偶的变送器，还具有不必采用昂贵的补偿导线而节省安装费用的优点，因而一体化温度变送器在工业生产中得到广泛应用。

由于一体化温度变送器直接安装在现场，因此变送器模块一般采用环氧树脂浇注全固化封装，以提高对恶劣使用环境的适应性能。但由于变送器模块内部的集成电路一般工作温度在 -20 ～ + 80℃范围内，超过这一范围，电子器件的性能会发生变化，变送器将不能正常工作，因此在使用中应特别注意变送器模块所处的环境温度。

一体化温度变送器品种较多，其变送器模块大多数以一片专用变送器芯片为主，外接少量元器件构成，常用的变送器芯片有 AD693、XTR101、XTR103、IXR100 等。变送器模块也有由通用的运算放大器构成或采用微处理器构成的。

下面以 AD693 构成的一体化温度变送器为例进行介绍。

1. AD693 变送器芯片

AD693 是一种专用变送器芯片，它可以直接接受传感器的直流低电平输入信号并转换成 4 ～ 20mA 的直流输出电流。该芯片的原理如图 6.66 所示，它主要由信号放大器、U/I 变换器、基准电压源和辅助放大器构成。传感器的直流低电平输入信号加在引

脚17，18上，经信号放大器放大或衰减为60mV的电压信号，U/I变换器将该电压信号转换为4～20mA的信号，由端子10，7输出。

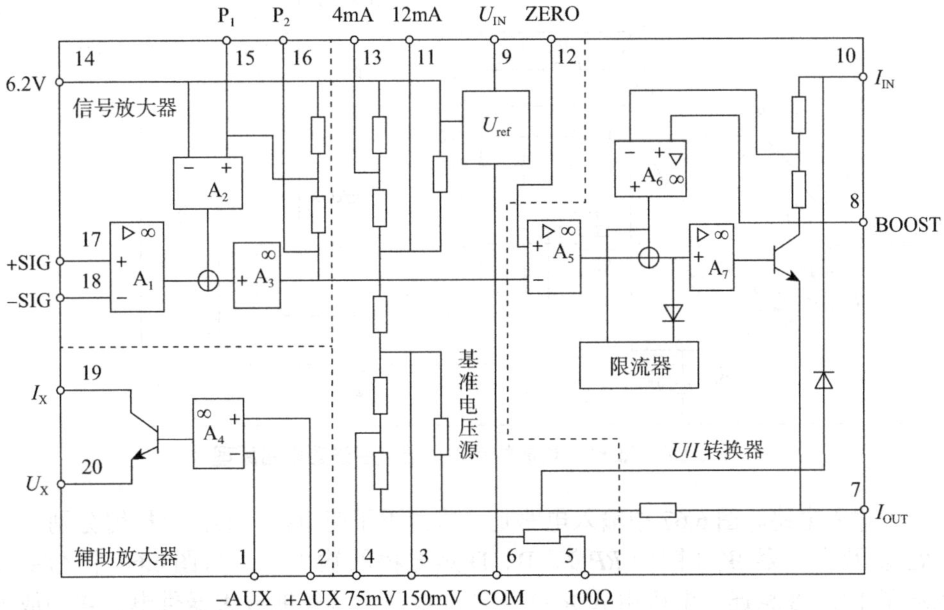

图6.66 AD693原理

(1) 信号放大器。信号放大器是由A_1、A_2、A_3三个运算放大器和若干反馈电阻组成，其输入信号范围为0～100mV。设计放大倍数为2倍，通过端子14，15，16外接适当阻值的电阻，可以调整放大器的放大倍数，以使输出的电压信号为0～60mV。

(2) U/I变换器。U/I变换器将0～60mV的直流电压输入信号转换为0～16mA的直流电流输出信号，通过端子9，11，12，13外接适当阻值的电阻并采取适当的连接方法，可以使输出为4～20mA，0～20mA，或12±8mA等多种直流电流输出信号。U/I变换器中，还设置了输出电流限幅电路，可使输出电流最大不超过32mA。

(3) 基准电压源。基准电压源由基准稳压电路和分压电路组成，通过将其输入端子9与端子8相连或外接适当的电阻，可以输出6.2V电压信号及其他多种不同的基准电压，供零点调整、量程调整及用户使用。

(4) 辅助放大器。辅助放大器是一个可以灵活使用的放大器，由一个运算放大器和电流放大级组成，输出电流范围为0.01～5mA。它主要作为信号调理用，另外也有多种用途，如作为输入桥路的供电电源、输入缓冲级和U/I变换器；提供大于或小于6.2V的基准电压；放大其他信号然后与主输入信号叠加；利用片内提供的100Ω和75mV或150mV的基准电压产生0.75mA或1.5mA的电流作为传感器的供电电流等。辅助放大器不用时，须将同相输入端（端子2）接地。

2. AD693构成的热电偶温度变送器

AD693构成的热电偶温度变送器的电路原理如图6.67所示，它由热电偶、输入电路和AD693组成。

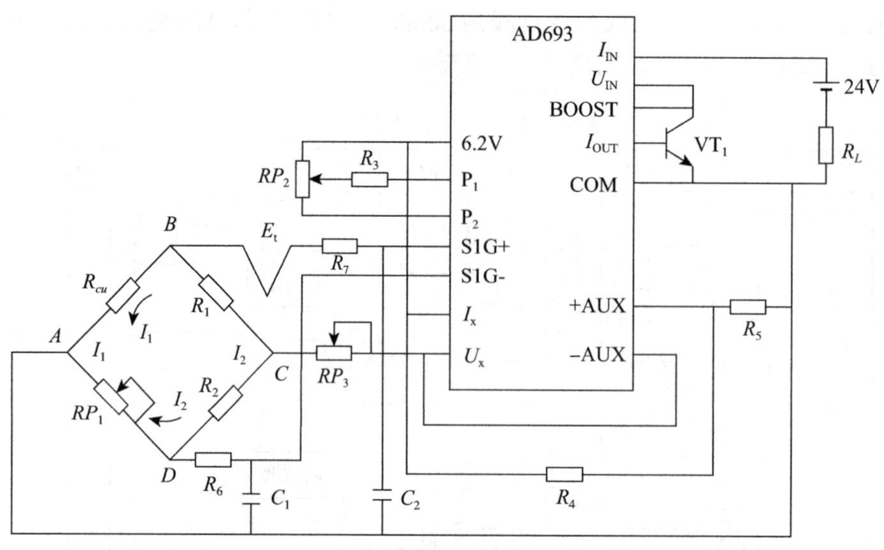

图 6.67 AD693 构成的热电偶温度变送器电路原理

（1）输入电路。图 6.67 中输入电路是一直流不平衡电桥，其四个桥臂分别是 R_1、R_2、R_{cu} 以及电位器 W_1（图中 RP_1）。B、D 是电桥的输出端，与图 6.66 中 AD693 的输入端子 17，18 相连。电桥由 AD693 的基准电压源和辅助放大器供电，辅助放大器端子 20 与 1 相连，构成电压跟随器，其输入由 6.2V 基准电压经 R_4、R_5 分压提供。若取 $R_4 = R_5 = 2\text{k}\Omega$，则桥路供电电压为 3.1V。电位器 W_3（图中 RP_3）用来调节电桥的总电流，设计时确定电桥总电流为 1mA。由于电桥上、下两个支路的固定电阻 $R_1 = R_2 = 5\text{k}\Omega$，且比 R_{cu}、电位器 W_1 的电阻值大得多，因此可以认为上、下两个支路的电流相等，即 $I_1 = I_2 = I/2 = 0.5\text{mA}$。

从图 6.66 可知，AD693 的输入信号 U_i 为热电偶所产生的热电势 E_t 与电桥的输出信号 U_{BD} 之代数和，即

$$U_i = E_t + U_{BD} = E_t + I_1R_{cu} - I_2R_{W1} = E_t + I_1(R_{cu} - R_{W1}) \tag{6.91}$$

式中，R_{cu}、R_{w1} 分别为铜补偿电阻和电位器 W_1 的阻值。

（2）AD693 放大倍数的调整。为了使变送器能与各种热电偶配合使用，AD693 的输入信号范围应为 0 ～ 5mV 至 0 ～ 55mV 可调。由于 U/I 变换器的转换系数是恒定值，因此调整信号放大器的放大倍数可以调整不同的输入信号范围。图 6.66 中 AD693 端子 14，15，16 所接的电位器 W_2 和电阻 R_3，起调整放大器放大倍数的作用。

对于不同的输入信号范围，AD693 端子 14，15，16 所接电阻的数值和接法是不同的。

对于 0 ～ 30mV 的输入信号，要求在端子 14，15 外接一个电阻 R_{14-15}，其计算公式为

$$R_{14-15} = \frac{400}{\dfrac{30}{U_{is}} - 1} \tag{6.92}$$

对于 30 ～ 60mV 的输入信号，要求在端子 15，16 外接一个电阻 $R_{15\text{-}16}$，其计算公式为

$$R_{15-16}=\frac{400\left[1-\dfrac{60}{U_{is}}\right]}{\dfrac{30}{U_{is}}-1} \tag{6.93}$$

式（6.92）和式（6.93）中，U_{is} 均为所要求的输入信号范围的上限值。

将 5mV 和 55mV 分别代入式（6.92）和式（6.93），求得 $R_{14\text{-}15}=80\Omega$，$R_{15\text{-}16}=80\Omega$。

按输入信号可在 0 ～ 55mV 范围内调整的要求，综合考虑 $R_{14\text{-}15}$、$R_{15\text{-}16}$ 的数值，可取 $R_3=0.9R_{14\text{-}15}$，即取 $R_3=72\Omega$，同时取 $W_2=1.5\text{k}\Omega$。

（3）变送器的静特性。AD693 的转换系数等于信号放大器放大倍数与 U/I 变换器转换系数的乘积，设其值为 K，即

$$I_o=KU_i \tag{6.94}$$

式中，U_i 为 AD693 的输入信号。

将式（6.91）代入式（6.94），可得变送器输出与输入之间的关系为

$$I_o=KU_i=KE_t+KI_1(R_{cu}-R_{W1}) \tag{6.95}$$

从式（6.95）可以看出：

①变送器的输出电流 I_o 与热电偶的热电势 E_t 成正比关系。

② R_{cu} 阻值大小随温度而变。合理选择 R_{cu} 的数值，可使 R_{cu} 随温度变化而引起的 I_1R_{cu} 变化量的绝对值近似等于热电偶因冷端温度变化所引起的热电势 E_t 的变化值，两者互相抵消。不同热电偶 R_{cu} 的阻值是不同的，其值可由下式求得

$$R_{cu}=\frac{E_r}{I_1\alpha_{20}} \tag{6.96}$$

式中　R_{cu} ——铜补偿电阻在 20℃时的电阻值，Ω；

I_1 ——桥臂电流，可认为 I_1 不变，mA；

α_{20} ——铜电阻在 20℃附近的平均电阻温度系数，其值一般为 0.004/℃；

E_r ——热电偶在 20℃附近平均每度所产生的热电势，mV/℃。

严格地讲，热电偶的热电势 E_t 与温度之间的关系，以及补偿电阻 R_{cu} 阻值变化与温度之间的关系都是非线性的。但由于两者非线性程度不同，因此，这种补偿只是近似的。

③改变 W_1 的阻值可以改变式（6.95）第二项的大小，即可以实现变送器的零点调整和零点迁移。W_1 为调零电位器，零点调整和零点迁移量的大小可近似用下式计算

$$U=0.5(R_{cu}-R_{w1}) \tag{6.97}$$

④改变转换系数 K，可以改变仪表输出电流 I_o 与输入信号 E_t 之间的比例关系，从而可以改变仪表的量程。K 是通过调节电位器 W_2 改变，故 W_2 为量程调整电位器。

⑤改变 K 值（调量程）时，将同时影响式（6.95）第二项的大小，即同时影响仪

表的零点，而调整零点时对仪表的满度值也有影响，因此，温度变送器的零点调整和量程调整相互有影响。

在图 6.67 中，外接的晶体管 VT_1 起到降低 AD693 功耗的作用，从而可以提高可靠性和提高 AD693 的使用温度范围。R_6，C_1 和 R_7，C_2 分别构成 RC 滤波电路，用于抑制输入的干扰信号。

本章习题

一、判断题

1. 平衡纯电阻交流电桥须同时调整电阻平衡与电容平衡。（　）
2. 调幅波是载波与调制信号的叠加。（　）
3. 带通滤波器的波形因数 λ 值越大，其频率选择性越好。（　）
4. 将高通滤波器与低通滤波器串联可获得带通或带阻滤波器。（　）

二、问答题

1. 调幅波的解调方法有哪几种？
2. 如何实现信号的放大与隔离？
3. 对于电容式、电感式、电阻式交流电桥，如何进行平衡求解？

第7章 现代测试系统

【学习目标】

学习测试系统的基本组成、现场总线技术和智能测试系统及其网络化技术。学习多路模拟开关、采样保持和模/数与数/模转换的有关内容。了解几种较为流行的现场总线。认识智能传感器、智能测试系统和测试系统的网络化技术，为进一步的设计开发打下基础。

【学习要求】

掌握计算机测试系统的基本组成。掌握多路模拟开关、采样保持和模/数与数/模转换的有关内容。了解几种较为流行的现场总线。掌握测试系统的智能化和网络化技术，了解智能传感器和智能测试系统的组成原理。熟悉测试系统的网络化技术，包括基于现场总线技术和基于 Internet 技术的网络化测试系统。

【引例】

图书馆书库对环境有严格的要求，这主要是为了防止图书，尤其是古籍书潮湿、霉变。因此，图书馆环境监控系统要对书库温度、湿度、可燃气体浓度进行严格监测，同时还要监测风道滤网的压差，对滤网堵塞给出及时报警。图 7.1（a）所示为温湿度传感器，能同时监测周围环境的温度和湿度，图 7.1（b）是采集到的数据，显示了图书馆环境的温度、湿度和二氧化碳浓度。图书馆环境监测系统还可以选用具有模拟量输入通道和上位机通信接口（串行端口、网络端口等）的数据采集模块。多个数据采集模块布置在不同的位置并组合起来使用，可以在一个大型图书馆中用来监测书库的环境情况，还可以与楼宇自动化系统配套使用，实现互联通信。这些是通过哪些测试系统实现的呢？通过以下的学习就知道了。

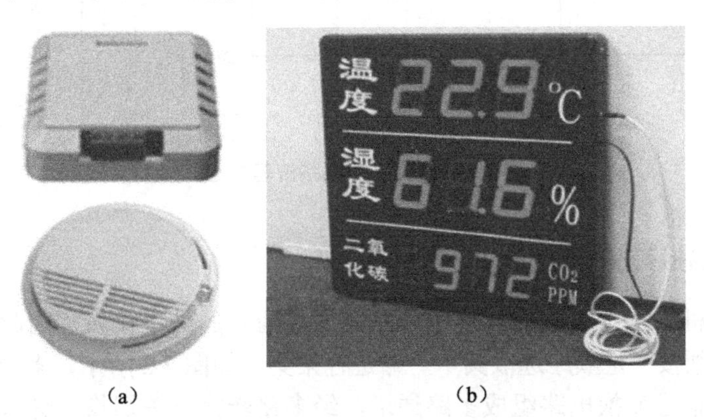

（a）　　（b）

图 7.1　图书馆智能环境监测系统

随着计算机、微电子等技术的发展并逐步渗透到测试和仪器仪表技术领域，测试技术与仪器也不断进步，相继出现了智能仪器、PC仪器、网络化仪器等微机化仪器，计算机与现代仪器设备间的界限日渐模糊。与计算机技术紧密结合已成为当今仪器与测控技术发展的主流。通常把具有自动化、智能化、可编程化等功能的测试系统称为现代测试系统。

本章主要介绍计算机测试系统的基本组成、现场总线技术和智能测试系统及其网络化技术。

7.1 计算机测试系统的基本组成

计算机测试系统采用计算机作为主体和核心，代替传统测试系统的常规电子线路，解决传统测试系统难以解决的问题，还能简化电路、增强功能、降低成本、易于升级。在现代测试系统中，特别是高精度、高性能、多功能的测试系统中，已经很少采用传统的电子线路进行测试系统设计，主要采用计算机或微处理器为核心进行系统设计。

计算机测试系统的基本组成如图7.2所示。与传统的测试系统相比，计算机测试系统是通过将传感器输出的模拟信号转换成数字信号，利用计算机丰富的资源达到测试自动化和智能化的目的。

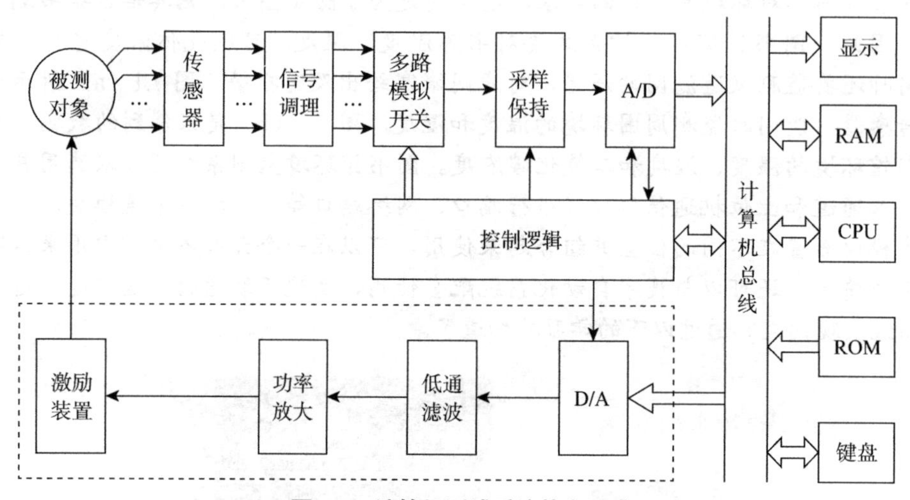

图7.2　计算机测试系统基本组成

7.1.1 多路模拟开关

由于计算机在某一时刻只能接收一路模拟量信号的采集输入，因此当有多路模拟量信号时，必须按一定顺序选取其中一路进行采集。如图7.2所示，多个信号分别由各自的传感器和信号变换电路组成多路通道，经多路转换开关切换，进入公用的采样保持（S/H）电路和模/数（A/D）转换电路，然后输入计算机。这种结构的特点是多路信号共同使用一个S/H和A/D电路，简化了电路结构，降低了成本。对信号的采集是由多路转换开关分时切换、轮流选通的，因而相邻两路信号在时间上是依次得到的，不能获得同一时刻的数据，这样就产生了时间偏斜误差。尽管这种时间偏斜对于要求严格同步的采集测试系统不适用，但对于大多数中低速测试系统则是应用最为广泛的结构。如果测试系统要求消除这种偏斜误差，可以在原有结构基础上加以改进，在多路转换开关之前为每个信号通路增加一个 S/H 电路，使多个信号的采样在同一时刻进行，然后由各自的保持器来保持采集的数据，等待多路转换开关分时切换进入公用的 S/H 和 A/D 电路。但是，在被测信号路数较多的情况下，同步采得的信号在保持器中保持的时间会加长，而实际使用的保持器总有一定的泄漏，使信号有所衰减。同时由于各路信号保持的时间不同，致使各路保持信号的衰减量不同。所以严格意义上讲，这种改进的结构还是不能获得真正的同步输入。在选择模拟多路开关时，应根据具体要求，选择满足各种性能指标的合适的芯片。以下是常用的多路转换器。

AD7501、AD7503：多路输入、一路输出（用于 A/D 转换）。

CD4051、CD4052：多路输入、一路输出（用于 A/D 转换），或一路输入、多路输出（用于 D/A 转换）。

如 CD4051 就是一种常用的 8 路模拟开关，其内部结构如图 7.3 所示。使用两块 CD4051 亦可构成 16 路模拟开关。

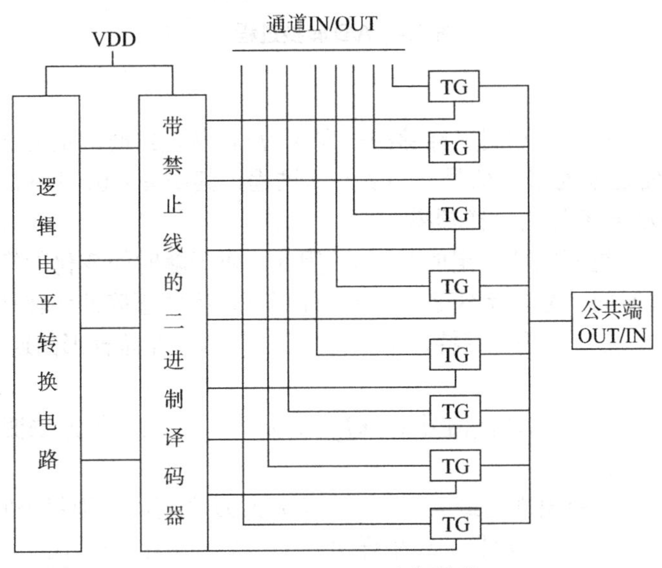

图 7.3　CD4051 内部结构

7.1.2　A/D 转换与 D/A 转换

把模拟信号到数字信号的转换称为模 / 数转换，简称 A/D 转换，而把数字信号到模拟信号的转换称为数 / 模转换，简称 D/A 转换。同时，把实现 A/D 转换的电路称为 A/D 转换器，简写为 ADC；把实现 D/A 转换的电路称为 D/A 转换器，简写为 DAC。A/D 转换与 D/A 转换是数字信号处理的必要程序。一般在进行 A/D 转换前，需要将模拟信号预处理，再经 A/D 转换成为数字信号后，送入数字信号分析仪或数字计算机完成信号处理。如果需要，再由 D/A 转换器将数字信号转换成模拟信号，去驱动计算机外围执行元件或模拟式显示、记录仪等。为了与计算机技术相适应，通常所用的 ADC 和 DAC 输出的数字量用二进制编码表示。

1. A/D 转换

A/D 转换包括采样、量化、编码等过程，其工作过程如图 7.4 所示。

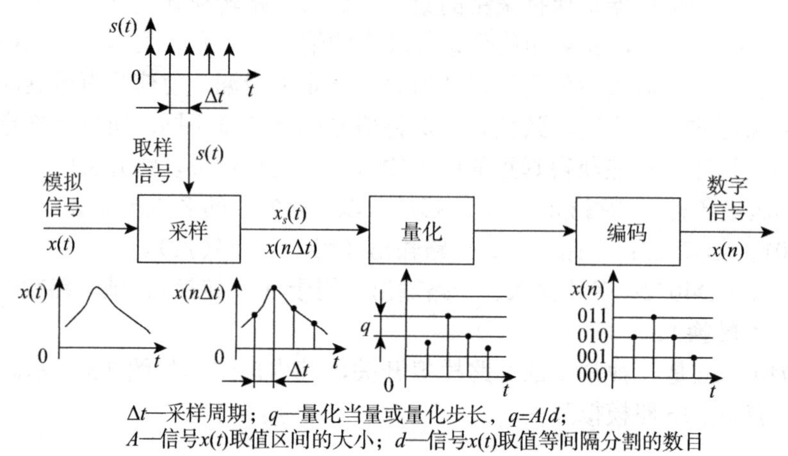

图 7.4　A/D 转换过程

（1）采样

采样（或称为抽样）是利用采样脉冲序列 $p(t)$，从连续时间信号 $x(t)$ 中抽取一系列离散样值，使之成为采样信号 $x(nT_s)$ 的过程，其中 $n = 0$，1…。T_s 称为采样间隔或采样周期，$1/T_s = f_s$ 称为采样频率。

由于后续的量化过程需要一定的时间 τ，因此，对于随时间变化的模拟输入信号，要求瞬时采样值在时间 τ 内保持不变，这样才能保证转换的正确性和转换精度，这个过程就是采样保持。正是有了采样保持，实际采样后的信号才是阶梯形的连续函数。

（2）量化

量化又称幅值量化，把采样信号 $x(nT_s)$ 经过舍入或截尾的方法变为只有有限个有效数字的数的过程。

若取信号 $x(t)$ 可能出现的最大值 A，令其分为 D 个间隔，则每个间隔长度为 $R = A/D$，R 称为量化增量或量化步长。当采样信号 $x(nT_s)$ 落在某一小间隔内，经过舍入或截尾方法而变为有限值时，则会产生量化误差，如图 7.5 所示。

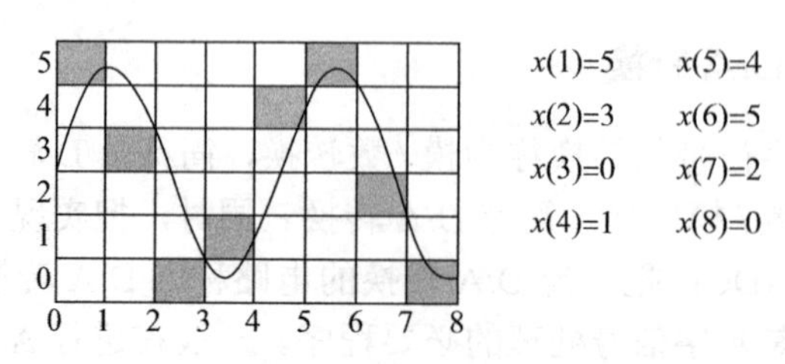

图 7.5　信号的量化过程

一般又把量化误差看成模拟信号作数字处理时的可加噪声，故量化误差又称为舍入噪声或截尾噪声。量化增量 D 越大，则量化误差越大，量化增量大小，一般取决于计算机 A/D 转换卡的位数。例如 8 位二进制为 $2^8 = 256$，即量化电平 R 为所测信号最大电压幅值的 1/256。

（3）编码

编码是将离散幅值经过量化以后变为二进制数字的过程。采样、量化后的信号还不是数字信号，需要把它转换成数字编码脉冲，即编码。最简单的编码方式是二进制编码。具体说来，就是用二进制码来表示已经量化了的样值，每个二进制数对应一个量化值，然后把它们排列，得到由脉冲组成的数字信息流。用这样方式组成的脉冲串的频率等于抽样频率与量化比特数的积，称为所传输数字信号的数码率。显然，采样频率越高，量化比特数越大，数码率就越高，所需要的传输带宽就越宽。

信号 $x(t)$ 经过上述变换以后，即变成了时间上离散、幅值上量化的数字信号。

A/D 转换器的技术指标包括分辨力、转换精度、转换速度。

分辨力是用输出二进制数码的位数来表示。位数越多，则量化增量越小，量化误差越小，分辨力也就越高。常用的有 8 位、10 位、12 位、16 位、24 位、32 位等。例如，某 A/D 转换器输入模拟电压的变化范围为 −10 ～ 10V，转换器为 8 位，若第一位用来表示正、负符号，其余 7 位表示信号幅值，则最末一位数字可代表 80mV 模拟电压（$10\text{V} \times 1/2^7 \approx 80\text{mV}$），即转换器可以分辨的最小模拟电压为 80mV。而同样情况用一个 10 位转换器，能分辨的最小模拟电压为 20mV（$10\text{V} \times 1/2^9 \approx 20\text{mV}$）。

转换精度是具有某种分辨力的转换器在量化过程中由于采用了四舍五入的方法，因此最大量化误差应为分辨力数值的一半。如上述 8 位转换器最大量化误差应为 40mV（$80\text{mV} \times 0.5 = 40\text{mV}$），全量程的相对误差则为 0.4%（$40\text{mV}/10\text{V} \times 100\%$）。可见，A/D 转换器数字转换的精度由最大量化误差决定。实际上，许多转换器末位数字并不可靠，实际精度还要低一些。

由于含有 A/D 转换器的模数转换模块通常包括有模拟处理和数字转换两部分，因此整个转换器的精度还应考虑模拟处理部分（如积分器、比较器等）的误差。一般转换器的模拟处理误差与数字转换误差应尽量处在同一数量级，总误差则是这些误差的累加和。例如，一个 10 位 A/D 转换器用其中 9 位计数时的最大相对量化误差为 $2^{-9} \times 0.5 \approx 0.1\%$，若模拟部分精度也能达到 0.1%，则转换器总精度可接近 0.2%。

转换速度是指完成一次转换所用的时间，即从发出转换控制信号开始，直到输出端得到稳定的数字输出为止所用的时间。转换时间越长，转换速度就越低。转换速度与转换原理有关，如逐位逼近式 A/D 转换器的转换速度要比双积分式 A/D 转换器高许多。除此之外，转换速度还与转换器的位数有关，一般位数少的（转换精度差）转换器转换速度高。目前常用 A/D 转换器转换位数有 8 位、10 位、12 位、14 位、16 位，其转换速度依转换原理和转换位数不同，一般在几微秒至几百毫秒之间。

由于转换器必须在采样间隔 T_s 内完成一次转换工作，因此转换器能处理的最高信号频率就受到转换速度的限制。如 50μs 内完成 10 位 A/D 转换的高速转换器，采样频率可高达 20kHz。

2. D/A 转换

D/A 转换器将输入的数字量转换为模拟电压或电流信号输出，其基本要求是输出信号 A 与输入数字量 D 成正比，即

$$A = qD$$

式中，q 为量化当量，即数字量的二进制码最低有效位所对应的模拟信号幅值。

根据二进制计数方法，一个数是由各位数码组合而成的，每位数码均有确定的权值，即

$$D_n = d_{n-1} \times 2^{n-1} + d_{n-2} \times 2^{n-2} + \cdots + d_1 \times 2^1 + d_0 \times 2^0$$

式中，d_i（$i = 0$，1，…，$n-1$）等于 0 或 1，表示二进制数的第 i 位。二进制数可表示为 $d_{n-1}d_{n-2}\cdots d_2d_1d_0$。

为了将数字量表示为模拟量，应将每一位代码按其权值大小转换成相应的模拟量，然后根据迭加原理将各位代码对应的模拟分量相加，其和即为与数字量成正比的模拟量，即实现了 D/A 转换。输出应当是与输入的数字量成比例的模拟量 A，即 $A = KD_n$。式中，K 为转换比例系数。D/A 转换器的转换过程是把输入的二进制数中为 1 的每一位代码，按其位权的大小，转换成相应的模拟量，然后将各位转换以后的模拟量，经求和运算放大器相加，其和便是与被转换数字量成正比的模拟量，从而实现数模转换。一般的 D/A 转换器输出模拟量 A 是与输入数字量 D 的模拟电压量成正比。比例系数 K 为一个常数，单位为电压量纲。

上述过程常用倒 T 形电阻解码网络实现。倒 T 形电阻解码网络 D/A 转换器是目前使用最为广泛的一种形式，其电路结构如图 7.6 所示。

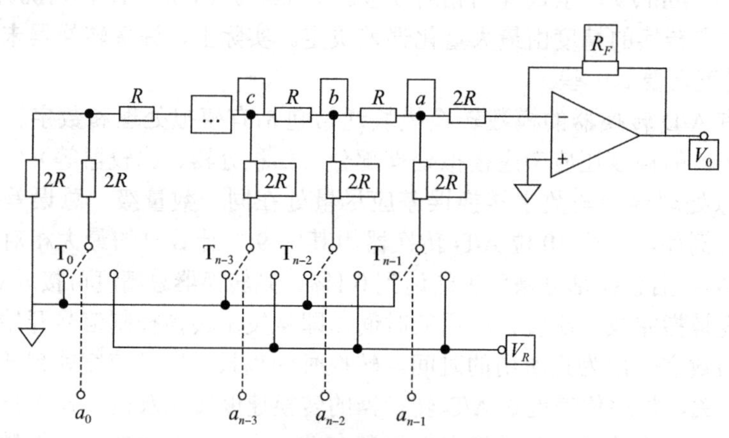

图 7.6 倒 T 形电阻解码网络 D/A 转换器的电路结构

由图 7.6 可知，按着虚短、虚断的近似计算方法，求和放大器反相输入端的电位始终接近于零，因此无论开关合到那一边，都相当于接到了“地”电位上，流过每个支路的电流也始终不变。在图 7.6 所示开关状态下，从最左侧将电阻折算到最右侧，先是两个 $2R$ 并联，电阻值为 R，再和 R 串联，又是 $2R$，一直折算到最右侧，电阻仍为 R，则可写出电流 I_Σ 的表达式为

$$I_{\Sigma}=\frac{I}{2}d_{n-1}+\frac{I}{4}d_{n-2}+\cdots+\frac{I}{2^{n-1}}d_1+\frac{I}{2^n}d_0$$

式中，$I=\frac{V_{REF}}{R}$。

在求和放大器的反馈电阻阻值等于 R 的条件下，输出模拟电压为

$$U_0=-RI_{\Sigma}=-R(\frac{I}{2}d_{n-1}+\frac{I}{4}d_{n-2}+\cdots+\frac{I}{2^{n-1}}d_1+\frac{I}{2^n}d_0)$$

$$=-\frac{V_{REF}}{2^n}(d_{n-1}2^{n-1}+d_{n-2}2^{n-2}+\cdots+d_1 2^1+d_0 2^0)$$

此电路的特点：

（1）当输入数字信号的任何一位是“1”时，对应开关便将 2R 电阻接到运算放大器反相输入端，而当其为“0”时，则将电阻 2R 接地。

（2）当输入数字量某一位为“1”，而其他位为“0”时，这一位对应的 T 形电阻网络的节点其右视等效电阻为 2R，因此在此节点上通过开关向运算放大器提供的电流是流入这一节点电流的一半，而相邻节点提供的电流相差均为 2 倍，故从参考电流流入电阻网络的总电流为 $I=\frac{V_{REF}}{R}$，只要 V_{REF} 选定，电流 I 为常数。

（3）输出模拟电压值可表示为

$$U_0=-\frac{V_{REF}}{2^n}\left(d_{n-1}\times 2^{n-1}+d_{n-2}\times 2^{n-2}+\cdots+d_1\times 2^1+d_0\times 2^0\right)$$

从 D/A 转换器得到的输出电压 U_0 是转换指令来到时刻的瞬时值，不断转换可以得到各个不同时刻的瞬时值，这些瞬时值的集合对一个信号而言在时域仍是离散的，而将其恢复为原来的时域模拟信号，还必须通过保持电路进行波形复原。

保持电路在 D/A 转换器中相当于模拟存储器，其作用是在转换间隔的起始时刻接收 D/A 转换输出的模拟电压脉冲，并保持到下一个转换间隔的开始。由图 7.7 可知，D/A 转换经保持器输出的信号实际为矩形脉冲构成，为得到光滑的输出信号，还必须通过低通滤波器取出其中的高频噪声，从而恢复原始信号。

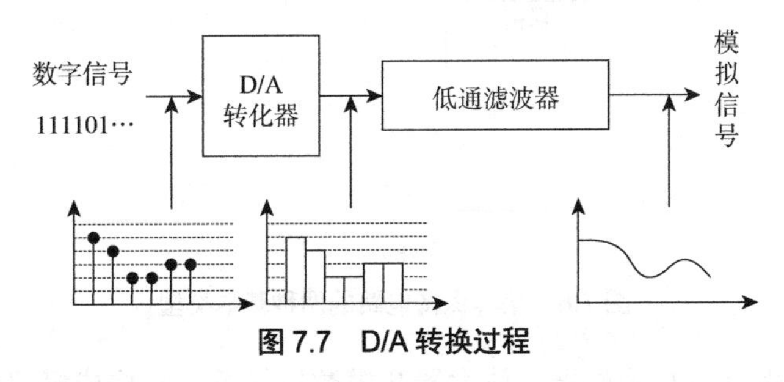

图 7.7　D/A 转换过程

7.1.3　采样保持（S/H）

S/H 是计算机系统模拟量输入通道中的一种模拟量存储装置，是连接采样器和模

数转换器的中间环节。在对模拟信号进行A/D变换时，从启动变换到变换结束，需要一定的时间，即A/D转换器的孔径时间。为了防止孔径误差的产生，必须在A/D转换开始时将信号电平保持住不变，而在A/D转换结束后又能跟踪输入信号的变化，即对输入信号处于采样状态。能完成上述功能的器件称为采样保持器，在低速系统中一般可以省略这种装置。

采样保持电路由模拟开关、存储元件和缓冲放大器A组成，如图7.8（a）所示。在采样时刻，加到模拟开关上的数字信号为低电平，此时模拟开关被接通，使存储元件（通常使用电容器）两端的电压U_B随被采样信号U_A变化。当采样间隔终止时，数字信号D变为高电平，模拟开关断开，U_B则保持在断开瞬间的值不变，如图7.8（b）所示。缓冲放大器的作用是放大采样信号，它在电路中的连接方式有两种基本类型：一种是将信号先放大再存储，另一种是将信号先存储再放大。对理想的采样保持电路，要求开关没有偏移并能随控制信号快速动作，断开的阻抗要无限大，同时还要求存储元件的电压能无延迟地跟踪模拟信号的电压，并可在任意长的时间内保持数值不变。

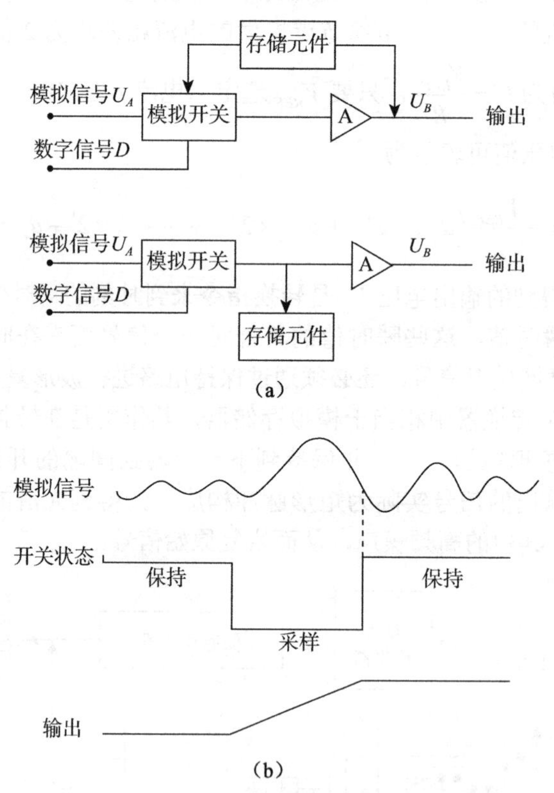

图7.8　采样保持电路的两种基本类型

通常，采样保持器与采样器、放大器和模数转换器一起构成模拟量输入通道，用于工业过程计算机系统或数据采集系统。现场信号（如温度、压力、流量、物位、机械量和成分量等被测参数）经过信号处理（标度变换、信号隔离、信号滤波等）送入采样器，在控制器控制下对信号进行分时巡回和多路切换选择，然后经放大器和采样保持电路再送入模数转换器，转换成计算机能接受的二进制数码。

7.2　现场总线技术

现场总线（Fieldbus）是近年来迅速发展起来的一种工业数据总线，主要解决工业现场的智能化仪器仪表、控制器、执行机构等现场设备间的数字通信以及这些现场控制设备和高级控制系统之间的信息传递问题。由于现场总线具有简单、可靠、经济实用等一系列突出优点，因而受到了许多标准团体和计算机厂商的高度重视。同时，微处理器的出现，特别是微控制器的发展为现场总线的产生和发展创造了条件。

现场总线的节点设备称为现场设备或现场仪表，节点设备的名称及功能随应用的企业而定。用于过程自动化构成 FCS 的基本设备包括：

（1）变送器。常用的变送器有温度、压力、流量、物位和分析五大类，每类又有多个品种。变送器既有检测、变换和补偿功能，又有 PID 控制和运算功能。

（2）执行器。常用的执行器有电动、气动两大类，每类又有多个品种。执行器的基本功能是信号驱动和执行，还内含调节阀输出特性补偿、PID 控制和运算等功能，另外，有阀门特性自校验和自诊断的功能。

（3）服务器和网桥。服务器下接 Hub、上接 LAN，网桥连接在 Hub 之间。

（4）辅助设备。总线电源、便携式编程器等。

（5）监控设备。工程师实行现场总线组态，操作员实行工艺操作与监视，计算机站用于优化控制和建模。

对于现场总线，一方面是把传统的模拟仪表变成数字仪表，变单一功能为多项功能，实现现场仪表的互操作和互换信息；另一方面是把 DCS（分散型控制系统）变成 FCS（现场控制系统），在现场建立开放式的现场通信网络，实现全系统的数字通信网络化，如图 7.9 所示。

现场总线有以下优点：

① 1 对 N 的结构，一对传输线，可以对应多台现场数字仪表，也可采用网络拓扑结构。

②现场总线采用数字信号传输。

③易于实现远程监控。

④综合多种功能，以微处理器为基础的数字仪表具有多种功能。

目前，较为流行的现场总线有 FF、LonWorks、Profibus、WorldFIP、CAN、HART 等，我国市场有一些系统集成公司推出基于不同现场总线的系统。下面简要介绍其中的两种现场总线技术。

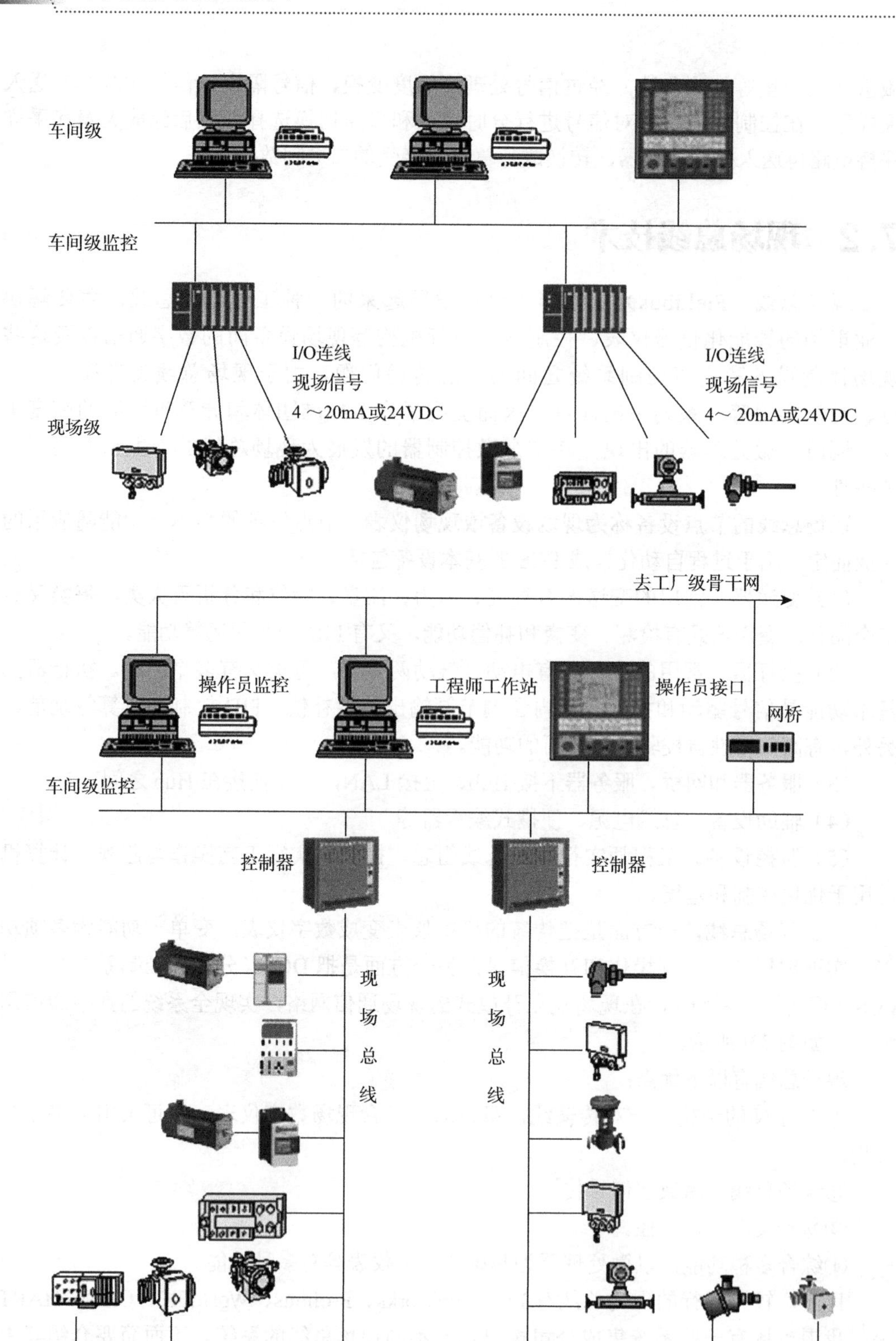

图 7.9　FCS 对 DCS 的变革

7.2.1 CAN 总线技术

CAN 是 Controller Area Network 的缩写，是 ISO 国际标准化的串行通信协议。在当前的汽车产业中，出于对安全性、舒适性、方便性、低公害、低成本的要求，各种各样的电子控制系统被开发了出来。这些系统之间通信所用的数据类型及对可靠性的要求不尽相同，多条总线构成的情况下线束数量会随之增加。为满足“减少线束数量”、“通过多个 LAN，进行大量数据的高速通信”的需要，1986 年德国电气商博世公司开发出面向汽车的 CAN 通信协议。此后，CAN 通过国际标准 ISO11898 及 ISO11519 进行标准化，在欧洲已是汽车网络的标准协议。

CAN 属于现场总线的范畴，是一种有效支持分布式控制或实时控制的串行通信网络，具有以下性能特点。

（1）有专门的国际标准 ISO11898。

（2）节点数可达 110 个，任一节点可在任一时刻主动发送。

（3）报文以标识符分为不同的优先级，可满足不同的实时性要求。

（4）非破坏性总线仲裁技术，大大节省了总线冲突的仲裁时间。

（5）通过对报文滤波可实现点对点、一点对多点和全局广播等传送方式。

（6）短帧结构，传输时间短，受干扰概率低，适于工业环境。

（7）每帧信息都采用 CRC 校验及其他检错措施，数据出错率极低。

（8）通信介质选择灵活（双绞线、同轴电缆或光纤）。

（9）速率最高可达 1Mb/s，最远可达 10km。

（10）错误严重情况下自动关闭输出，保证不影响总线上其他节点通信。

（11）性价比高，器件容易购置，节点价格低。

CAN 通信协议规定有 4 种不同的帧格式，即数据帧、远程帧、错误帧和超载帧。

CAN 总线基于下列 5 条基本规则进行通信协调：总线访问、仲裁、编码 / 解码、出错标注、超载标注。

CAN 控制器的工作是多主方式，网络中的各节点都可根据总线访问优先权（取决于报文标识符）采用无损的逐位仲裁方式进行总线的优先权访问，且 CAN 协议废除了站地址编码，而由对通信数据进行编码来代替，这可使不同的节点同时接收到相同的数据，这些特点使得 CAN 总线构成的网络各节点之间的数据通信实时性强，并且容易构成冗余结构，提高系统的可靠性和系统的灵活性。而利用 RS485 只能构成主从式结构系统，通信方式也只能以主站轮询的方式进行，系统的实时性、可靠性较差。

CAN 总线通过 CAN 收发器接口芯片 82C250 的两个输出端 CANH、CANL 与物理总线相连，并且 CANH 端的状态只能是高电平或悬浮状态，CANL 端只能是低电平或悬浮状态。这就保证不会出现在 RS485 网络中的损坏现象，即在 RS485 网络中当系统有错误，出现多节点同时向总线发送数据时，会导致总线呈现短路，从而损坏某些节点。CAN 节点在错误严重的情况下具有自动关闭输出功能，以使总线上其他节点的操作不受影响，从而保证不会出现在网络中因为个别节点出现问题，使得总线处于“死锁”状态。另外，CAN 具有的完善的通信协议可由 CAN 控制器芯片及其接口芯片来实现，从而可大大降低系统开发难度，缩短开发周期，这些是仅有电气协议的RS485所无法比拟的。

与其他现场总线比较而言，CAN总线是具有通信速率高、易实现、性价比高等诸多特点的一种已形成国际标准的现场总线。这些也是目前CAN总线应用于众多领域，且具有强劲的市场竞争力的重要原因。与一般的通信总线相比，CAN总线的数据通信具有突出的可靠性、实时性和灵活性的优点。由于其良好的性能及独特的设计，CAN总线越来越受到人们的重视。图7.10所示是三一集团和三江集团万山厂分别采用博世力士乐CAN总线技术开发的多功能摊铺机和全电控大型平板车。CAN已经形成国际标准，并已被公认为几种最有前途的现场总线之一。其典型的应用协议有SAE J1939/ISO 11783、CANOpen、CANaerospace、DeviceNet、NMEA 2000等。

图7.10 采用CAN总线技术开发的工程机械

7.2.2 FF总线技术

FF（Foundation Fieldbus）现场总线基金会是由WORLDFIP NA（北美部分，不包括欧洲）和ISP Foundation于1994年6月联合成立的，是一个国际性的组织，其目标是建立单一的、开放的、可互操作的现场总线国际标准。这个组织目前有100多个成员单位，包括全世界主要的过程控制产品及系统的生产公司。1997年4月，该组织在中国成立了中国仪器仪表行业协会现场总线专业委员会（CFC），致力于这项技术在中国的推广应用。FF成立的时间比较晚，在推出自己的产品和把这项技术完整地应用到工程上相对于Profibus和WORLDFIP要晚。但是由于FF是以Fisher Rosemount公司为核心的ISP（可互操作系统协议）与WORLDFIP NA两大组织合并而成的，因此这个组织具有相当实力。目前，FF在IEC现场总线标准的制订过程中起着举足轻重的作用。

FF总线系统的功能体系结构共分为五个层次。最底层是H1层。H1层的特点是可以总线供电，可以通过中继器延长电缆距离；网段的调度设备（LAS）可以冗余；可以在仪表中运行功能块，使控制功能分散到现场仪表；可以用于本质安全防爆环境。第二层是高速以太网（High Speed Ethernet，HSE）层。HSE层的特点是高性能的控制干线，通信速率达到100Mb/s；采用标准以太网设备和网络；通过连接设备可以集成H1子系统；HSE可以选择冗余；通过HSE不但能够运行标准的功能块，而且可以运行灵活功能块，以满足批量控制和混合控制的需要。第三层是OPC数据交换层（OPC DX）。在这一层，服务器与服务器之间可以交换数据，从而使数据可以用于支持各种应用软件包，如应用于 ERP 系统、资产管理系统、历史数据处理、最优化算法、数据仓库等，通过 OPC DX 还可以与非 FF 系统进行数据交换。第四层是 APPLICATION PACKAGES 层，上述各种应用软件包在这一层运行。第五层是 MIS 系统，将过程数据用于全厂管理。

FF 现场总线即为 IEC 定义的 H2 总线，由 Foundation Fieldbus（FF）组织负责开发，并于 1998 年决定全面采用已广泛应用于 IT 产业的 HSE 标准。该总线使用框架式以太网（Shelf Ethernet）技术，传输速率从 100Mb/s 到 1Gb/s 或更高。HSE 完全支持 IEC 61158 现场总线的各项功能，诸如功能块和装置描述语言等，并允许基于以太网的装置通过一种连接装置与 H1 装置相连接。连接到一个连接装置上的 H1 装置无须主系统的干预就可以进行对等层通信。连接到一个连接装置上的 H1 装置同样无须主系统的干预也可以与另一个连接装置上的 H1 装置直接进行通信。

HSE 总线成功地采用 CSMA/CD 链路控制协议和 TCP/IP 传输协议，并使用了高速以太网 IEEE 802.3u 标准的最新技术。

FF 现场总线具有以下优势：

（1）减少硬件。FF 总线使用标准功能块完成控制策略任务，功能块是标准的自动化函数，许多控制系统功能块（如模拟输入、模拟输出、PID 控制）都可以通过使用功能块由现场设备完成。而设计一致的功能块使不同厂家的设备可以无缝地集成在一起，节省了硬件，且使分散到现场的控制设备可以减少 I/O 模板和控制器以及相应的模板底板、机箱和电源。

（2）安装方便。FF 总线允许多台设备挂接在一对电缆上，减少电缆；单个设备可测量多个变量；系统更加紧凑和更易维护等。

（3）提高数据质量。FF 总线采用了数字通信，信息量大大增加，允许从变送器中传送多个变量到系统中进行存档、趋势分析、过程优化、产生报表等。从而提高了精度，减少了失真（不需 A/D 和 D/A），使控制更为可靠，控制分布在现场设备中，提高了控制质量。

（4）互可操作性。FF 总线是开放的协议，经过基金会认证的不同生产厂家的设备可互操作。

现场总线基金会自 1984 年成立以来，经过多年的发展，已经形成了一个开放的、全数字化的工业通信系统，并在 20 世纪末开始进入中国市场，推动了中国工业自动化技术的进步，并开始了大型全区域系统集成的应用。一个开放式的总线协议，很重要的一点就是有多少设备支持这个协议，否则这个协议的开放性就没有意义了。从 2001 年起，支持 FF 总线的产品越来越多。据统计，2002 年通过 FF 基金会认证注册的产品增长了 24%，累计达到 137 种。其中，压力仪表 32 种，温度仪表 12 种，流量仪表 19 种，物位仪表 12 种，分析仪表 16 种，阀门类仪表 30 种，高速以太网连接设备 5 种，调节仪表 1 种，其他仪表 10 种。

7.3　测试系统的智能化和网络化技术

高新技术的发展要求测试系统具有智能化和网络化的特点。计算机、微电子、通信和网络等技术的日渐成熟，为测试技术智能化和网络化提供了强大技术动力与物质支持。测试系统的智能化使传感器具有逻辑判断、数据处理、自适应能力。测试系统的网络化有利于降低测试系统的成本，实现远距离测控和资源共享，以及测试设备的远距离诊断与维护。

7.3.1 智能测试系统

测试技术和测试系统经历了从机械式仪表到光学仪表、电动仪表、自动化测试系统及智能仪器的发展历程。20 世纪 80 年代以来，随着计算机科学技术的发展，特别是微处理器和个人电脑的出现，推动了以测试仪器和微处理器结合为特征的智能仪器的诞生。这些智能仪器不仅能进行测量并输出测量结果，而且能对结果进行存储、提取、加工和处理。

人工智能原理及技术的发展，人工神经网络技术、专家系统、模式识别技术等在测试中的应用，更进一步促进了测试智能化的进程，成为 21 世纪测试技术的发展方向。

1. 智能测试系统的基本构成

智能测试系统是具有智能功能的测试系统，具有一般测试系统信息获取、传输、存储、处理与再现的一切功能。但是，智能测试系统又区别于一般测试系统，其原理如图 7.11 所示。智能测试系统还包含一个智能反馈与控制子系统，使在一般测试系统中需要人来完成的工作由机器自己完成，具有学习能力，能够积累知识，不断完善自己。因此，智能测试系统能够更准确、更可靠、更快速地完成测试任务。

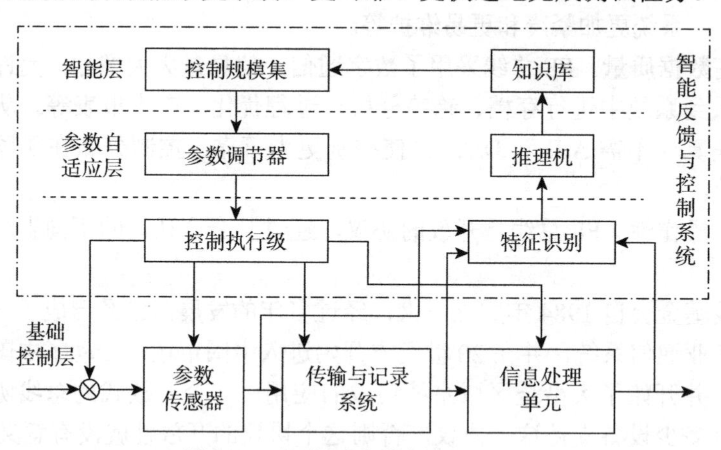

图 7.11 智能测试系统的原理框图

智能测试系统的基本特征：①含有智能子系统以及知识库；②智能子系统是系统的控制主体，控制系统的结构变更、决策和运行；③智能测试系统不仅依赖于在建造测试系统时设定的固定输入—输出数学模型，而且能够在知识积累和自组织自适应控制中调整和改变其原有模型；④系统能利用知识进行推理、学习或联想；⑤系统具有两个信息流，一是被测信息流，二是内部控制信息流。

智能测试系统除具有一般测试系统的主要功能外，还具有下列基本性能。

（1）识别、判断、推理与决策能力。智能测试系统能够利用已获得的信息对测试过程与信号特点进行分析、判断和预测，确定被测对象类型，确定采用何种工作方式能获得最佳测试效果。

（2）学习能力。学习能力是智能测试系统的重要标志。现阶段真正做到智能机器的自学习难度是很大的。但是，可以通过人为帮助使机器获得知识、积累知识，并使机器能够灵活应用这些知识，使其能力得到提高，这种学习方式称为人工辅助学习。神经网络是一种典型的人工智能方法，具有许多优异的性能，它的可塑性、自适应性和自组织性使其具有很强的自学能力；它的并行处理机制使其具有快速处理问题的能力；它的分布式存储方式使其具有良好的容错性。因此，研究开发人工神经元网络在测试系统中的应用，可能是解决智能测试系统自学习问题的重要途径。

（3）自组织能力。智能测试系统能够对自身状态进行检测与诊断，若局部出现故障，可以自身修复或重新组织消除故障，使系统功能正常。智能测试系统还能够按照自组织规则完善自身结构性能，或具有新的能力。

（4）容错性和鲁棒性（robustness，健壮性）。容错性是系统对多种故障具有屏蔽和自恢复的能力。鲁棒性表明系统对环境干扰等诸因素不敏感，即具有较强的抗干扰和环境适应能力。

（5）测试过程自适应能力。测试系统能够根据被测信号的变化实时地调整测试系统参数，如前置放大倍数、极性、偏置，采样方式与频率，数据压缩与记录等，以保证最有效地获得信息。测试过程自适应能力是智能测试系统应该具有的功能，但一般测试系统也可实现该功能。

2. 智能仪器的特点

智能仪器是计算机技术与测量仪器相结合的产物，是含有微型计算机或微处理器的测量（或检测）仪器，具有对数据的存储、运算、逻辑判断及自动化操作等功能，具有一定智能的作用（表现为智能的延伸或加强等）。近年来，智能仪器已开始从较为成熟的数据处理向知识处理发展。网络化虚拟仪器、模糊判断、故障诊断、容错技术、传感器融合、机件寿命预测等，使智能仪器的功能向更高的层次发展。智能仪器对仪器仪表的发展以及科学实验研究产生了深远影响，是仪器设计的里程碑。

与传统仪器仪表相比，智能仪器具有以下功能特点。

①智能仪器使用键盘代替传统仪器中的旋转式或琴键式切换开关来实施对仪器的控制，从而使仪器面板的布置和仪器内部有关部件的安排不再相互限制和牵连，有利于提高仪器技术指标，并方便了仪器的操作。

②微处理器的运用极大地提高了仪器的性能。

③智能仪器运用微处理器的控制功能，可以方便地实现量程自动转换、自动调零、触发电平自动调整、自动校准、自诊断等功能，有力地改善了仪器的自动化测量水平。

④智能仪器具有友好的人机对话的能力，使用人员只需通过键盘输入命令，仪器就能实现某种测量和处理功能，与此同时，智能仪器还通过显示屏将仪器运行情况、工作状态以及对测量数据的处理结果及时告诉使用人员，使人机之间的联系非常密切。

⑤智能仪器一般都配有 GPIB 或 RS232 等通信接口，使智能仪器具有可程控操作

的能力。从而可以很方便地与计算机和其他仪器一起组成用户所需要的多种功能的自动测量系统，来完成更复杂的测试任务。

3. 智能仪器典型功能的实现方法

传统仪器（包括模拟式仪器和数字式仪器）的主要功能是实时地完成一次测量，并将测量结果显示出来，但测量结果的准确性完全取决于仪器各部件的精密度和稳定性水平，当该水平降低时，测量结果就包含较大的误差。图 7.12 所示为一个数字电压表的结构框图，滤波器、衰减器（电阻网络）、放大器、A/D 转换器及基准电压源的温度漂移或时间漂移都将反映到测量结果中去。另外，传统仪器不能保证测量状态的“正常性”。所谓测量状态的“正常性”，是指测量必须在仪器系统和仪器各部件完全无故障的情况下进行，非智能仪器在部件有故障时有时也可以给出测量结果，但并不通知使用者这个显示值是错误的。

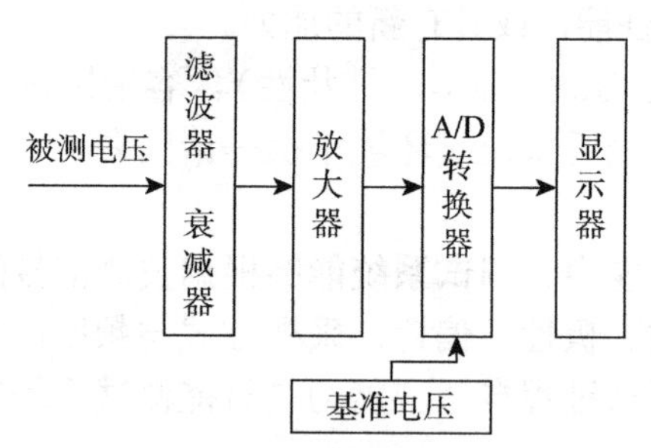

图 7.12　数字电压表结构框图

智能仪器采用自校、自检方法，较好地解决了传统仪器的这些问题，并采用自动量程切换等，简化了仪器的操作，提高了仪器的工作效率。

（1）自动校准功能的实现

①校准存储器法。传统仪器的校准是通过对实物量具（如标准量块、标准电阻、铯原子频率标准等）的直接测量，或通过与更高准确度的同类仪器的比较测量来实现的。校准过程必须由专业人员操作，仪器校准后，在使用时必须根据误差修正表对测量结果进行修正，给用户造成很多麻烦。而智能仪器可以为用户提供一种极为方便的自动校准方式。在自动校准时，仪器提示操作者把校准用标准量接入输入端，仪器自动进行一次测量，并将测量结果存入校准存储器，然后再提示输入另一校准点标准量，再重复上述测量存储过程。当完成预定的各校准点的测量后，仪器可自动计算出任意两个校准点之间的插值公式系数，存入校准存储器。在正式测量时，仪器利用存储的插值公式系数自动对测量值进行修正。这种校准方法称为校准存储器法。

校准存储器采用锂电池供电的电可擦除存储器（EEPROM），可将信息保存 10 年。校准存储器法可以节省大量的校准时间（从几小时缩短到几分钟），可由非专业人员操作，而且在校准时，不需要打开机盖，不需要调整任何元件，可使机内状态始终保持稳定。

目前，有些智能仪器还允许用户根据现场情况进行补充校准，如设置冷端温度补偿偏置量，以校正实际冷却端温度与仪器自动测定的冷端温度的偏差。

②动态自校法。除校准存储器法之外，智能仪器还广泛应用动态自校法。动态自校法包括两种，一种是测量时的实时零点自校，另一种是仪器内装基准源自校。

实时零点自校是指仪器在进行每一次测量之前先进行一次本机的零点测量。自校过程如图 7.13 所示，开机后在微机控制下仪器输入端自动接地（0V 电压），此时得到的测量值是仪器各部件（滤波器、衰减器、放大器、A/D）产生的零点漂移值 V_{0x}，此值计入微机的数据存储器 RAM。然后微机发出控制信号使输入端接入被测电压，测量值 V_0 为被测电压与零点漂移电压之和，被测电压为 $V_x = V_0 - V_{0x}$。将此差值作为本次测量结果加以显示，这样就消除了硬件的零点漂移对测量结果的影响。显然，零点自校功能大大降低了对衰减器、放大器等关键测量部件稳定性的要求，这对仪器的设计和制造具有重大意义。

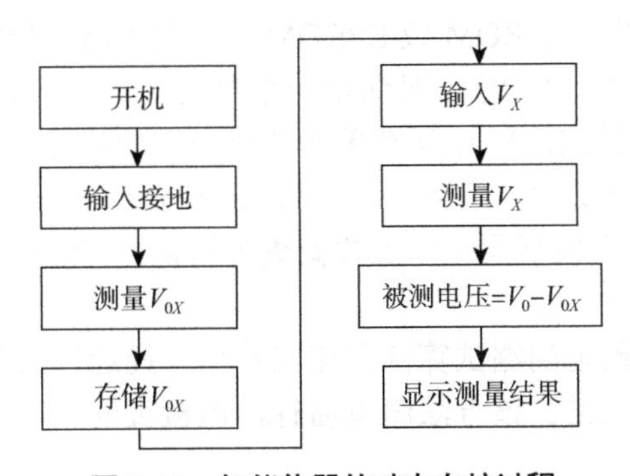

图 7.13　智能仪器的动态自校过程

仪器内装基准源自校是用内装基准进行校准的一种简单易行的方法。当按自动校准键时，仪器自动测量基准电压值，并存入机内 EEPROM，将基准电压值与测量值相比较，其差值经比例计算后作为修正值在各次测量后对测量结果进行修正。

这种动态自校法可以补偿仪器灵敏度的温漂和时漂，但不能完全代替仪器的定期校准，同时仪器内部的基准电压也还需要定期进行校准。

仪器的零点漂移和灵敏度漂移是造成测量误差的主要来源之一。要减少漂移可以在硬件上选用高质量的放大器和 A/D 转换器。但这种办法将提高仪器的成本，而且其作用也是有限的。如目前高精度电压表的分辨力可达到 10nV，因此要从硬件上满足分辨力的要求是十分困难的，而仪器的动态自校功能较好地解决了这个问题。

（2）硬件的自检与故障诊断

硬件自检是智能仪器利用事先编制的自动检测程序，对仪器的主要部件进行检测，并对故障进行定位的过程，以保证测量的正确性。硬件的自检与故障诊断主要包括以下几个方面。

①自检方式。智能仪器的自检方式有开机自检、周期性自检和键控自检三种。

开机自检是仪器通电后进行的全面检查。开机自检的内容包括对面板显示装置的检查、对插件板连接可靠性的检查以及其他在仪器运行时不需要经常检查的项目，如对随机存储器 RAM 和只读存储器 ROM 是否可写入或读出的检查等，最常用的是面板功能键的检查等。

周期性自检是在运行过程中周期性地自动插入的自检操作。这种操作可以保证仪器在使用过程中一直处于正常状态。周期性自检不影响仪器的正常工作，因此只有当出现故障给予报警时，用户才会觉察。

除了上述两种自检方式之外，有些仪器的自检可由操作人员控制，即在面板上设置一个“自检按键”，用来启动自检程序。这种自检方式较简便，人们可以在测量的过程中根据需要执行自检操作。

②自检算法。仪器自检的内容比较广泛，每一仪器的自检项目与仪器的性能、结构密切相关。一般来说，自检的对象包括存储器 RAM、ROM、母线、插件、按键、特殊部件等。仪器的自检项目越多，使用和维修就越方便，但是相应的自检硬件和软件也越复杂。

a. ROM 或 EPROM 的检测。由于 ROM 或 EPROM 中存储着仪器的控制软件，因此对其检测是至关重要的。对 ROM 或 EPROM 的检测方法有检验和法和典型算例法。

检验和法是在将程序写入 ROM 时保留一个单元（一般是最后一个单元），在此单元中写入“校验字”，以使 ROM 中所有单元的每一列的和为奇数。在自检时，对每列进行异或运算，若各列的运算结果都为“1”，即校验和等于 FFH 或 FFFFH，则认为 ROM 正常。这种方法不能发现同一列上的偶数个错误，但这种错误的概率很小，一般可不予考虑。

典型算例法是输入预定的测试算例和相应数据，经运行后将运行结果与预定结果对比以判断存储器是否正常。该方法简单易行，但检查的完备与否与典型算例的选择有密切关系。

b. RAM 的检测。数据存储器 RAM 的检测是通过检测其读写功能来实现的。通常选用特征字 55H（01010101）和 AAH（10101010）分别对 RAM 的每个单元进行先写后读操作，然后从读写是否相符来判断 RAM 的功能是否正常。但这种检测方法属于破坏性检测，将丢失 RAM 中存储的数据，故只能用于开机自检。若 RAM 中已存有数据，可以采用异或法记性检测，即把 RAM 单元的内容求反并与原码进行异或运算，如果结果为 FFH，则表明该 RAM 单元读写功能正常，否则，说明该单元有故障，检测后再恢复原单元内容。

c. 电路插线板的检测。在母线结构的插件中，每个插件等效于一个或多个存储单元。当进行某种测量时，必须对有关插件进行寻址，插件向主机发出应答信号，利用该应答信号的出现与否来判断插件是否插入。

对于 A/D 转换器及有关器件，还可以用标准输入法进行故障检查及故障位判断。将仪器的 D/A 转换输出接入 A/D 转换器，启动自检程序后，程序将测试字送入 D/A 转换接口，经转换后变成模拟电压，再由 A/D 转换器读取测量结果，并与测试字比较，以判断 A/D 转换器及相关器件是否正常。通过使用不同的测试字，还可以进一步判断故障的位置。

由此可知，自检功能主要是依靠软件完成的。智能仪器的设计者应力求最大限度地利用被检仪器本身能提供的信号、电路等现有条件，使仪器能够简单而方便地进行自检。

③自检结果的表达。自检过程中，如果检测到仪器出现某些故障，应该以适当的

形式发出指示，提醒操作人员注意。故障显示方式较多，一般都借用仪器本身的数字显示器或 CRT 显示器进行故障显示。但是为把故障显示与正常显示相区别，故障显示除给出约定的故障代号以外，往往伴随着闪烁，这样就能够以更醒目的方式引起操作人员的注意。出错代码通常以“Error X”字样表示，其中“X”为故障代号，操作人员根据出错代码，查阅仪器手册或帮助功能就可确定故障内容。

（3）自动量程转换

自动量程转换是智能仪器的主要功能之一，使仪器可在很短时间内自动选定量程，对提高测量精度和测量效率有重要作用。自动量程转换可以通过改变电阻衰减器的衰减比例，或调节程控放大器增益的方法实现。

①电阻衰减器法。在实际检测中，经常将物理量转化为电压进行测量，改变电压量程的最简单的方法是在电压输入电路中增加衰减器，如图 7.14 所示。量程的转换可通过控制开关 S_1、S_2、S_3、S_4 的通断来实现。

②程控放大器法。图 7.15 所示为采用程控放大器的量程转换简图，程控放大器的增益控制端由微处理器控制，当仪器的量程数较少时，可将部分控制线接地。

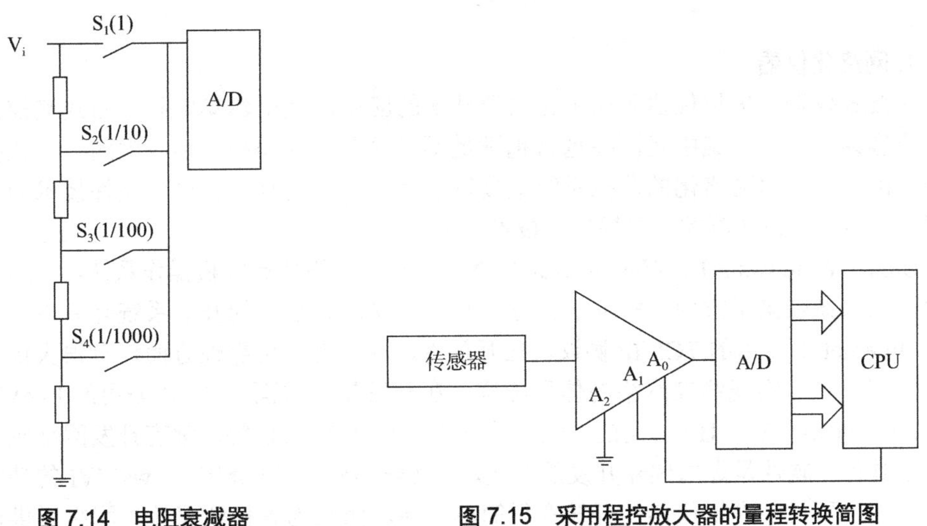

图 7.14　电阻衰减器　　**图 7.15　采用程控放大器的量程转换简图**

如压力检测中采用压力传感器，相对精度为 ±0.1%，采用 $3\frac{1}{2}$ 位 A/D 转换器。仪器有 0 ～ 10MPa 和 0 ～ 1MPa 两挡量程。在小量程时，采用大的放大倍数，以提高分辨力，其中，量程转换由单片机控制。在大量程时，程控放大器控制端 $A_2A_1A_0$ 为 000，当压力达到最大时，A/D 转换器输出为 1999。在此量程内，若 A/D 转换器输出小于 200，则经程序判别后自动转入小量程挡（0 ～ 1MPa），并使程控放大器控制端 $A_2A_1A_0$ 为 011，使放大器增益提高为 8。若在小量程挡内，A/D 转换器输出大于满量程值（如 200×8 = 1600）时，则应自动转入大量程，使程控放大器增益恢复为 1。由于本例中只采用两挡增益，因此可只用单片机的一条输出线来同时控制各增益控制线 A_1、A_0。

7.3.2 测试系统的网络化技术

随着生产过程自动化控制要求的不断提高，传统测试系统的缺点越来越突出。传统测试系统由多台测量仪器组成，仪器间的匹配问题以及仪器间不同的测量精度使整个测试系统精度的提高受到限制，信号的传输速度也受到限制，从而给被测信号的实时分析带来困难。在很多情况下，如果时间延误，则测得的信号与实时信号存在很大差异，自动控制难以实现。由多台仪器组成的测试系统相对分散，不易携带，使现场实测受到限制。因此，对传统测试系统的改造势在必行。

网络的最大特点就是可以资源共享，使现有资源得到充分利用，从而实现多系统、多专家的协同测试与诊断，解决已有总线在仪器台数上的限制，使一台机器为更多的用户使用，达到测量信息共享以及整个测试过程高度自动化、智能化的目的，同时可以减少硬件的设置，有效降低测试系统的成本。另外，网络还可以不受地域的限制，这就决定了网络化测试系统可以实现远程测控，使测试人员不受时间和空间的限制，随时随地获取所需信息。同时，网络化测试系统还可以实现测试设备的远距离测试与诊断，提高测试效率。正是网络化测试系统的这些优点，使网络化测试技术备受关注。

1. 网络化仪器

总线式仪器、虚拟仪器等微机化仪器技术的应用，使组建集中和分布式测控系统变得更容易。但是，集中式测控越来越满足不了复杂、远程和范围较大的测控任务的需求。因此，组建网络化的测控系统就显得非常必要，同时计算机软硬件技术的不断升级与进步，为组建测控网络提供了技术条件。

Unix、Windows NT、Windows2000、Netware 等网络化计算机操作系统，为组建网络化测试系统带来了方便。标准的计算机网络协议，如 OSI 的开放系统互联参考模型 RM、Internet 上使用的 TCP/IP 协议，在开放性、稳定性、可靠性方面均有很大优势，采用它们很容易实现测控网络的体系结构。在开发软件方面，如 NI 公司的 LabVIEW 和 LabWindows/CVI，HP 公司的 VEE，微软公司的 VB、VC 等，都有开发网络应用项目的工具包。软件是虚拟仪器开发的关键，如 LabVIEW 和 LabWindows/CVI 的功能都十分强大，不仅使虚拟仪器的开发变得简单方便，而且为虚拟仪器接入网络提供可靠便利的技术支持。LabWindows/CVI 中封装了 TCP 类库，可以开发基于 TCP/IP 的网络应用。LabVIEW 的 TCP/IP 和 UDP 网络 VI 能够与远程应用程序建立通信，其具有的 Internet 工具箱还为应用系统增加了 E-mail、FTP 和 Web 能力，利用远程自动化 VI，还可对控制其他设备的分散的 VI 进行控制。LabVIEW 5.1 中还特别增加了网络功能，提高了开发网络应用程序的能力。

基于 Internet 的测控系统中，前端模块不仅完成信号的采集和控制，还兼顾实施对信号的分析与传输，因为它以一个功能强大的微处理器和一个嵌入式操作系统为支撑。在这个平台上，使用者可以很方便地实现各种测量功能模块的添加、删除以及不同网络传输方式的选择。另外，基于 Internet 的测控系统最为显著的特点是信号传输的方式发生了改变。基于 Internet 的测控系统对测量、控制信号等的传输是建立在公共的 Internet 上的，有了前端嵌入式模块，系统的测量数据安全有效地传输便成为可能。基于 Internet 的测控系统对测得结果的表达和输出也有了较大改进，一方面，不管身在何处，使用者都可通过客户机方便地浏览到各种实时数据，了解设备现在的工作情况，另一方面，在客户端的控制中心，所拥有的智能化软件和数据库系统都可被调用来对测得结果进行分析，以及为使用者下达控制指令或作决策提供帮助。

2. 网络化传感器

为适应大型工业过程的多测点、多参数、远程测控系统的需要，基于现场总线的开放型的智能传感器网络应运而生。

现场总线是用于现场智能设备与控制室系统之间的全数字化、开放的、双向的串行通信网络。现场总线的不断发展和基于现场总线的智能传感器的广泛使用，使智能传感器网络进入了局部测控网络阶段。

智能传感器网络技术是将传感器技术、通信技术和计算机技术融合在一起，从而实现信息的采集、传输和处理的真正统一和协同。它改变了传统的布线方式和信息处理技术，不仅可以节约大量现场布线，而且实现了现场信息共享。

（1）智能传感器网络的特点

①全数字化通信。提高了信号的抗干扰能力，使过程控制的准确性和可靠性更高，还可利用数字通信的检错功能检查传输中的误码。

②通信线供电。该方式允许智能传感器直接从通信线上摄取能量，保证了现场的安全性。

③开放式互联网络。既可与同层网络相连，也可与不同层网络相连。只要遵守统一的网络协议，不同厂家的产品就可以方便地挂接在现场总线上，实现“即接即用”。

④专门为工业过程控制而设计。工业过程所涉及的特殊工作环境和各种干扰因素，要求系统必须是专门为工业过程控制而设计的，没有一种系统能覆盖各种应用场合。

（2）智能传感器网络的优点

①采用总线结构简化了系统布线，成本大大降低。

②组态简单使用方便，有大量满足各种过程控制的功能模块。

③能监测更多的信息及诊断状况，可在控制室中而不需亲临现场即可监测设备。

④采用并行连接，安装、运行、维护简便。

⑤符合统一的标准，自由选择不同品牌设备。

⑥现场总线只使用一个数据库，保持了数据库的一致性。

（3）智能传感器网络的应用

现场总线是面向未来工业控制网络的通信标准，有其自己的网络协议。智能传感器网络协议参照国际标准化组织制定的开放系统互连 OSI 模型建立，将其简化为应用层、数据链路层、物理层三层体系结构。

应用层为过程控制用户提供了一系列的服务，用于简化或实现分布式控制系统中的应用进程之间的通信，同时为分布式现场总线控制系统提供了应用接口的操作标准，实现了系统的开放性。

数据链路层规定了应用层和物理层之间的接口，链路层的重要性在于所有接到同一物理通道上的应用进程都是通过它的实时集中式管理来协调的。在集中式管理模式下，物理通道可被有效地利用起来，并可有效地减少或避免实时通信的延迟。

物理层提供机械、电气、功能性和规程性的功能，以便在数据链路实体之间建立、维护和拆除物理连接。物理层规定了网络物理通道上的信号协议，定义了所有传输媒介的类型和介质中的传输速率、通信距离、拓扑结构和供电方式等。

3. 基于现场总线技术的网络化测试系统

现场总线是连接智能现场设备和自动化系统的数字式、双向传输、多分支结构的通信网络，其基础是智能仪表。分散在各个工业现场的智能仪表通过现场总线连为一体，并与控制室中的控制器和监视器共同构成网络化测试系统。通过遵循一定的国际标准，可以将不同厂商的现场总线产品集成在同一套系统中，具有互换性和互操作性。基于现场总线技术的网络化测试系统把传统分布式测试系统的控制功能进一步下放到现场智能仪表，由现场智能仪表完成数据采集、数据处理、控制运算和数据输出等功能。现场仪表的数据通过现场总线传到控制室的控制设备上，控制室的控制设备用来监视各个现场仪表的运行状态，保存各智能仪表上传的数据，同时完成少量现场仪表无法完成的高级控制功能。另外，基于现场总线技术的网络化测试系统还可通过网关和企业的上级管理网络相连。

现场总线种类繁多，但任何一种现场总线系统都是由现场总线测量、变送和执行单元组成的网络化系统，如图 7.16 所示。

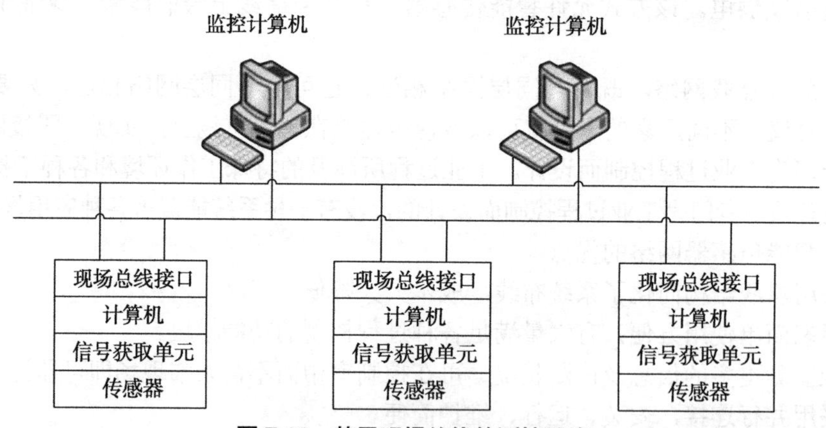

图 7.16　基于现场总线的测控网络

与传统测控仪表相比，基于现场总线的仪表单元具有如下优点：

（1）彻底的网络化。从最底层的传感器和执行器，到上层的监控 / 管理系统，均通过现场总线网络实现互联，同时还可以进一步通过上层的监控 / 管理系统连接到企业内部网甚至 Internet。彻底的网络化意味着系统具有较高的可靠性和灵活性，系统很容易进行重组和扩建。

（2）一对 N 的结构。一对传输线可以对应多台现场数字仪表，也可采用其他网络拓扑结构，简化工程设计。

（3）双向传输。传统的 4 ～ 20mA 电流信号，一条线只能传递一路信号，而现场总线设备在一条线上既可以向上传递传感器信号，也可以向下传递控制信息。自诊断现场总线仪表本身具有自诊断功能，而且这种诊断信息可以送到中央控制室，便于维护，这在只能传递一路信号的传统仪表中是做不到的。

（4）智能化与自治性。现场总线设备能处理各种参数、运行状态信息及故障信息，具有很高的智能，能在部件、甚至网络故障的情况下独立工作，大大提高了整个控制系统的可靠性和容错能力。

（5）组态灵活。不同厂商的设备既可互连也可互换，并且现场设备间可实现互操作。

4. 基于 Internet 的网络化测试系统

基于 Internet 的网络化测试系统实现了数据共享，具有信息传递快捷和交互性强等特点，推动着控制技术向着网络化、分布性和开放性的方向发展，这种发展趋势使控制系统功能的扩展更加灵活，性能不断提高。

现场总线技术从工业现场设备底层向上发展，逐步扩展到网络化。开放性和分布性使计算机网络从 Internet 顶层向下渗透，直至和底层的现场设备可以通信。基于 Internet 的远程测控系统应运而生，它通过现场控制网络（或现场总线）、企业网和 Internet 把分布于各局部现场、独立完成特定功能的控制计算机互连起来，以实现资源共享、协同工作、远程监测和集中管理、远程诊断为目的的全分布式设备状态监测和故障诊断系统，如图 7.17 所示。基于 Internet 的远程监控系统是 Internet、Web 数据库技术、TCP/IP 网络通信技术、现场总线技术、浏览器技术、设备故障诊断技术发展的产物。

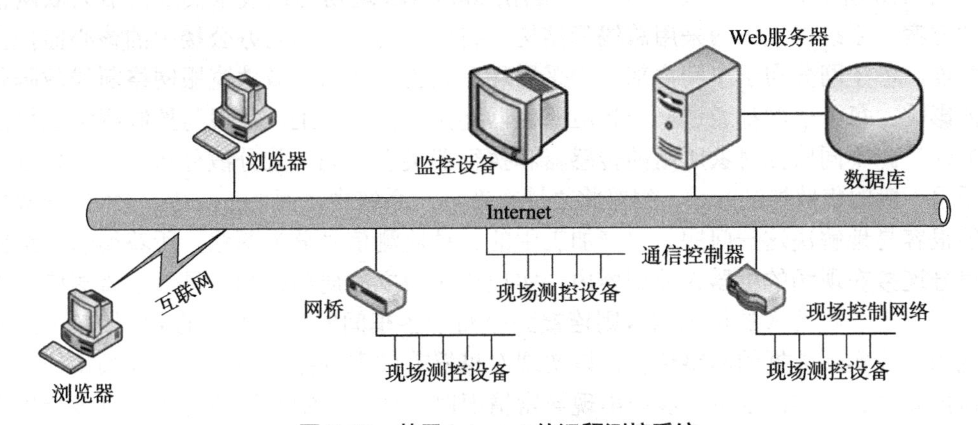

图 7.17　基于 Internet 的远程测控系统

基于 Internet 的网络化测试系统主要由以下几部分组成：数据库和 Web 服务器、现场测控设备、远程监控设备、交换式以太网、浏览器等。现场测控设备完成现场设备的数据采集和监测控制，可以采用智能模块如模糊控制，也可以采用 PID 模块控制，使得控制功能下放。同时，设备运行状态通过以太网的 TCP 或 UDP 传送到远程监控设备处理和显示，并将这些数据存入数据库中。远程监控设备可以进行简单的故障检测和分析，把结果告诉现场测控设备，或通过 Telnet 技术直接控制调整现场设备，还可以通过故障诊断数据库进行知识的学习，解决更复杂的现场问题。浏览器可以是授权的客户，允许通过 HTTP 查看或调度系统资源信息，优化系统整体运作。由图 7.17 可以看出，现场设备可以直接接在以太网上，如网络仪器仪表、网络传感器和网络 PLC 等，也可以是通过通信控制器把现场总线（HART 总线、CAN 总线、LONWORKS 总线等）和以太网连在一起。

案例分析 1

本实例是以基于 Lonworks 技术的机器人监控系统进行分析的。

1. 控制网络设计

在制造业的生产过程中，使用工业机器人的加工流程之间需要紧密地配合与协作，各机器人之间的通信与传感器数据的共享必不可少，这一特点对生产中出现的异常情况，如缺料、故障、卡死等的智能化处理尤为重要。传统的集中通信方式存在硬件结构复杂、现场布线困难、不易于扩展能力和实时性差等缺点，难以满足工业机器人高速、精密的协调化加工需要。因此，采用现场总线技术将众多分散的底层传感器和执行器连接起来，各底层控制器和监控级计算机都作为网络结点接入总线，构成具有高速数据通信和信息共享特点的控制网络。在控制网络中，各个控制级的智能结点都将相关的生产数据以网络变量的形式发送到现场总线网络中，监控主机和其他控制级的智能结点都可以根据程序设定对这些数据进行访问并分析处理，从而实现理想的全局监控效果以及各底层工业机器人在加工过程中的良好配合，尤其在生产线中的异常情况处理中，将会发挥重要的作用。对于有高级智能化信息处理功能的机器人和计算机而言，所有这些实时性数据都为进一步的传感器融合和信息融合创造了条件。

图 7.18 所示为一个制造业生产中应用 Lonworks 现场总线技术实现机器人联网监控的方案。系统中主干网采用总线形结构，将厂区内各车间与办公楼中的核心监控主机相连，各子网分布于车间内部，均采用环形结构，从而有效地克服网络断线故障带来的影响。每个子网都通过一个相应路由器连接到主干网上，实现与控制网络主机之间的通信。不同监控对象所用的传感器和执行器类型不同，且分散分布于全厂各处。如采用一般的集散控制方式，很难将之连接在同一系统中，而 Lonworks 技术的开放性则能很容易地解决这一问题。生产加工中的各种监测信号分为两路，所获得的一组监测信号连接在现场的机器人控制器内，实现相对独立的局部控制，另一组监测信号以及生产线上各机器人的控制信号则连接到分布于各车间的智能模块的 I/O 接口上，通过现场总线实现数据的网络传输，以实现对机器人的现场控制与网络远程操作相结合的监控体系。这样，当生产线中出现异常情况时，通过控制网络即可实现对多个机器人之间的工作协调，并进行异常情况的紧急处理；当现场总线网络出现故障时，相对独立的机器人系统仍然可以正常地工作。

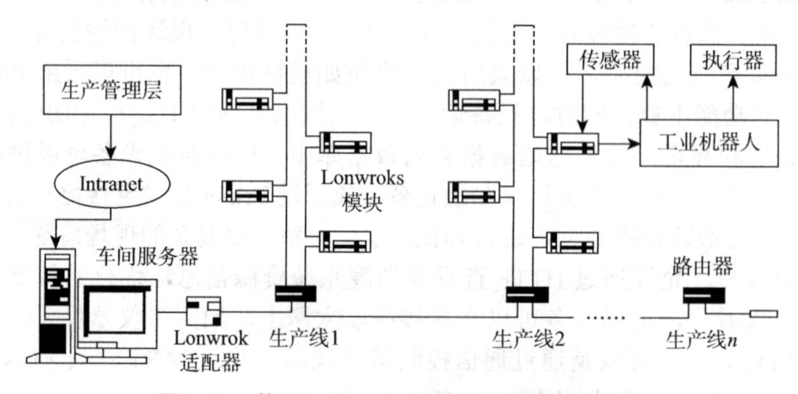

图 7.18　基于 Lonworks 的机器人监控网络结构

2. 系统监控与管理

经过智能模块的计算和转换，各种现场生产数据通过 Lonworks 网络送到监控中心的计算机，通过组态软件以 DDE 动态数据交换（Dynamic Data Exchange）或 ODBC 开放式数据库互联（Open Database Connectivity）接收网上数据，生成数据文件并实时显示，实现对全厂生产现场各机器人的在线监控，并对异常信号进行多媒体的声光报警。组态软件编写的程序还可以对各智能模块的拆卸、断电和故障做出判断并报警。

为满足企业信息化管理的需要，可在插有 Lonworks 网卡的控制网监控主机的内部再插一块 TCP/IP 的企业内部 Intranet 网卡，利用组态软件实现企业管理中的生产数据共享。各相关的被授权部门则可通过企业内部网，根据各自的访问权限对生产过程进行远程监视。此外，组态软件还具备自动生成报表的功能，可生成全厂和各车间的各类报表，各类信息数据都能直接提供给企业的管理人员，并在此基础上构建 CIMS 或 ERP 等形式的企业信息化管理系统，用以支持全厂和各车间管理与决策，其数据流程如图 7.19 所示。

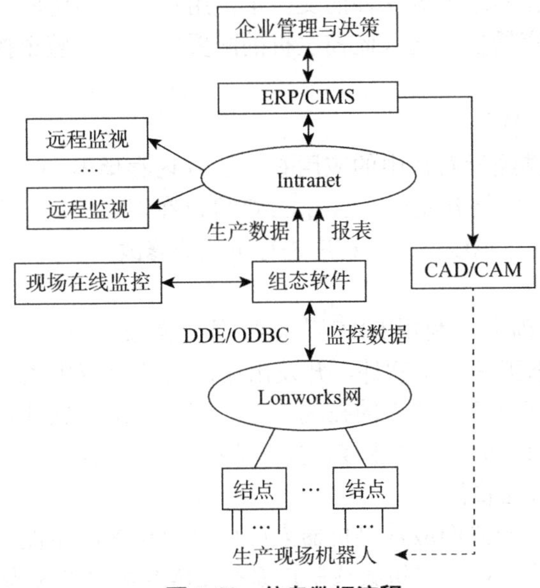

图 7.19　信息数据流程

制造业生产管理具有双重性，即根据产品加工流程进行的纵向管理，或者根据生产工艺类型和人员配备进行的横向管理。以机器人加工技术为代表的现代化生产线系统具有高度的连续性，从最初的元件或毛坯，经过多个生产环节的逐步加工和装配，最后形成产品，整个过程前后连贯，其管理模式是纵向的。另外，在同一工厂的不同车间中，各条生产线上都具有处于相同生产环节的机器人设备和操作维护人员，如每条生产线上都有进料、装配和包装等环节，如果是生产同一种产品，则各生产线中各环节都是平行且相同的。为以最高效率发挥人力资源，便于设备的维护和生产的进行，同类生产和技术人员应能够分工管理分布于不同车间中的同一类生产工艺和设备，并且也可以减少生产线维修的备件数量。这样就可以最大程度地减少备用劳动力人员，由每车间一组备用人员精简到全厂多个车间共用较少组的备用人员，也就是该管理模式是横向化。

但这种纵横交叉的模式，在一定程度上增加了管理的难度。应用现场总线这种网络化控制技术，可以很好地解决这一问题。通过组态软件所制作的监控界面，既能按各车间生产线的实际加工过程进行监控，也能够将分布于厂区不同车间内的同类机器人加工过程放置在计算机的同一监控窗口之内，形成一个一体的“虚拟车间”，使处于不同车间的同类机器人的现场数据可同时显示于这个“虚拟车间”的内部，这样可以灵活地配备生产、技术和维修过程中所需要的人员，并进行高效的生产物流控制，从而提高整体的管理效率。

3. 系统软件

（1）现场总线网络系统软件

Lonworks 总线具有功能完善的软件平台，包括网络通信管理系统 LNS 和现场调试工具 Lonbuilder 等，其通信协议 Lontalk 采用 ISO/OSI 模型的全部七层结构，是直接面向对象的网络协议。在网络系统软件的支持下，用户只需要将网络的拓扑结构模型和各智能模块及其网络变量参数输入监控主机的配置文件中，整个控制网络就可自行配置并运行。

（2）智能模块编程软件

各智能模块内部神经元芯片中的应用 CPU、片内存储器和 I/O 接口构成现场总线的底层控制体系。应用网络开发语言 Neuron C 可以在网络的监控主机上编写各智能模块的内部程序，并可通过总线网络对程序进行下载或修改。

（3）监控组态软件

在现场总线的基础上，利用 DDE 动态数据交换或 ODBC 开放式数据库互连技术，可通过 FIX、组态王等组态软件，开发出面向某特定应用生产现场的系统监控软件，实现对全厂生产现场各机器人的在线监控。同时，组态软件还可实现数据的远传与共享、历史数据显示、报表自动生成、异常情况报警等功能。

（4）企业信息化管理软件

现代制造业企业，一方面应是以机器人应用为特点的高精度、高效率、高质量自动化生产，另一方面应是以计算机集成制造系统 CIMS 和企业资源计划 ERP 等先进管理模式的信息化生产。现场总线技术为生产层数据的网络化传输、存储和共享提供了条件，通过先进数据库软件、CAD/CAM 软件、CIMS 或 ERP 系统软件等，就可使信息化管理深入从企业最高的管理决策层到最低的生产层中每一个环节。

案例分析 2

本实例是基于 Internet 的网络化测试仪器与系统进行介绍的。

1. 网络化流量计

流量计是用来检测流动物体流量的仪表，可记录各个时段的流量，并在流量过大或过小时报警。现在已有商品化的、具有联网能力的流量计，按照上述定义，又称网络化流量计。用户可以在安装过程中通过网络浏览器对其若干参数进行远程配置。在嵌入 FTP 服务器后，网络化流量计就可将流量数据传送到指定计算机的指定文件里，STMP（简短消息传输协议）电子邮件服务器可将报警信息发送给指定收信人。技术人员收到报警信息后，可利用该网络化流量计的互联网地址远程登录，运行适当的诊断程序、重新进行配置或下载新的固件，以排除障碍，而无须离开办公室赶赴现场。

2. 网络化电能表

电能自动抄表系统在一定意义上相当于一种用于测量电能数据的网络化仪器——网络化电能表。因为利用电能自动抄表系统，经电缆或电话线或无线电或电力线路，用电管理部门便可完成对异地用电信息的测取和监控。

3. 分布式光纤温度传感网络

用于工业过程检测的分布式光纤温度传感网络是一种实时、在线、多点光纤温度测量系统，是一种新型检测方法与技术。系统中的光纤既是传输媒体，又是传感媒体，利用光纤背向拉曼散射的强度，经波分复用器和光电检测器采集了带有温度信号的背向拉曼散射光电信号，再经信号处理，解调后将温度信息实时从噪声中提取出来并进行显示，它是典型的激光光纤温度通信网络。在一根长为 2km 的光纤上可采集 1000 个温度信息并进行空间定位，已经应用于煤矿、隧道的火灾自动温度报警系统，也可用于油库、危险品仓库的温度报警和大型设备温度分布测量等。分布式光纤温度传感网络的传感光纤不带电，抗射频和电磁干扰，能在有害环境中安全运行，具自标定、自校准和自检测功能。

本章习题

1. 简述计算机测试系统各组成环节的主要功能。
2. 列举几种常见的现场总线。
3. 智能传感器应具有哪些主要功能？
4. 什么是传感器的集成化和智能化？试举例说明。
5. 简述智能测试系统的基本构成。
6. 举例说明基于现场总线的网络化测试系统和基于 Internet 技术的网络化测试系统之间的异同。

参考文献

[1] 江征风 . 测试技术基础 [M]. 北京：北京大学出版社，2007.

[2] 彭智娟 . 传感器与测试技术 [M]. 山东：山东科学技术出版社，2008.

[3] 谢志萍 . 传感器与检测技术 [M]. 北京：电子工业出版社，2004.

[4] 金伟 . 现代检测技术 [M]. 北京：北京邮电大学出版社，2006.

[5] 郁有文 . 传感器原理及工程应用 [M]. 西安：西安电子科技大学出版社，2000.

[6] 郁有文 . 检测与转换技术 [M]. 西安：西安电子科技大学出版社，2000.

[7] 高延滨 . 检测与转换技术 [M]. 哈尔滨：哈尔滨工程大学出版社，2007.

[8] 马忠丽 . 信号检测与转换技术实验教程 [M]. 哈尔滨：哈尔滨工程大学出版社，2008.

[9] 马忠丽，王辉 . 信号检测与转换实验技术 [M]. 哈尔滨：黑龙江人民出版社，2008.

[10] Ramon Pallas-Areny，John G.Webster，张论译 . 传感器和信号调节 [M]. 北京：清华大学出版社，2003.

[11] 陈裕泉 . 现代传感器原理及应用 [M]. 北京：科学出版社，2007.

[12] 张宏润等 . 传感器技术与实验 [M]. 北京：清华大学出版社，2005.

[13] 何金田 . 传感检测技术实验教程 [M]. 哈尔滨：哈尔滨工业大学出版社，2005.

[14] 傅攀 . 传感技术与实验 [M]. 成都：西南交通大学出版社，2007.

[15] 张宏建 . 现代检测技术 [M]. 北京：化学工业出版社，2007.

[16] 赵光宙 . 信号分析与处理 [M]. 北京：机械工业出版社，2011.

[17] 张国雄 . 测控电路 [M]. 北京：机械工业出版社，2010.